江苏省高等学校重点教材（2021-1-126）
“十二五”普通高等教育本科国家级规划教材
中国矿业大学教材建设工程资助教材

煤炭加工利用概论

第四版

主编　孟献梁　李晓
主审　吴国光

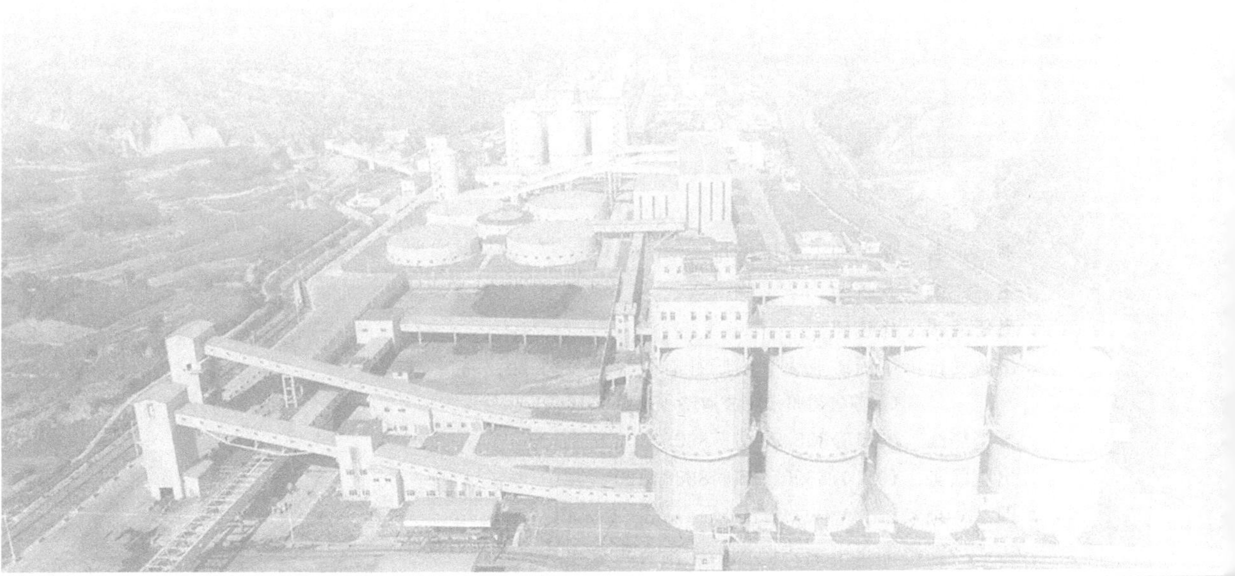

中国矿业大学出版社
·徐州·

内容提要

本教材以各类煤炭加工利用工艺原理为主线，对传统教学内容和课程体系进行了重组和整合。教材从煤炭加工利用的生产实际出发，加入了大量生产实例，将煤化学基础、煤的筛分和破碎、煤炭分选、水煤浆、粉煤成型等煤炭加工技术，与煤炭焦化、煤炭气化、煤炭液化、煤基化学品合成等煤炭转化利用有机结合。在强调煤炭加工利用基本原理的同时，着重加大了煤炭加工利用技术的实际应用。

本教材可作为普通高等院校煤化工、煤炭综合利用专业的教学、成人教育和职业培训教材，也可供从事能源、燃气、煤化工、煤炭综合利用等相关领域的生产技术人员参考。

图书在版编目(CIP)数据

煤炭加工利用概论 / 孟献梁，李晓主编. — 4版. 徐州 ：中国矿业大学出版社，2024. 11. — ISBN 978-7-5646-6394-0

Ⅰ. TQ536

中国国家版本馆 CIP 数据核字第 2024NW9013 号

书　　名　煤炭加工利用概论
主　　编　孟献梁　李　晓
责任编辑　褚建萍
出版发行　中国矿业大学出版社有限责任公司
（江苏省徐州市解放南路　邮编 221008）
营销热线　(0516)83885370　83884103
出版服务　(0516)83995789　83884920
网　　址　http://www.cumtp.com　**E-mail**:cumtpvip@cumtp.com
印　　刷　苏州市古得堡数码印刷有限公司
开　　本　787 mm×1092 mm　1/16　**印张** 18.25　**字数** 467 千字
版次印次　2024 年 11 月第 4 版　2024 年 11 月第 1 次印刷
定　　价　46.00 元

前　言

“富煤、贫油、少气”是我国资源禀赋的典型特点。煤炭作为我国的主体能源，累计探明储量为2.01万亿t，资源保有量为1.95万亿t。根据最新数据统计显示，2023年我国煤炭产量为47.1亿t，进口量为4.7亿t。煤炭在我国一次能源生产和消费结构中的比重长期保持在75%和70%左右，为国民经济的持续、稳定、快速发展提供了支撑。实践证明，煤炭是保障我国能源安全的重要支柱和稳定器，也是关系国家经济命脉的重要基础产业。未来一段时期内，煤炭仍将继续在我国的化石能源生产和消费格局中扮演主导角色。

我国政府郑重承诺，力争在2030年前使CO_2排放量达到峰值，并努力争取在2060年前实现碳中和。煤炭的加工与利用旨在提高煤炭的热能利用率，减少环境污染，减轻运输压力，并提高经济效益。毫无疑问，对煤炭进行合理加工和利用是实现“双碳”目标的重要技术途径和手段。

近年来，我国的煤炭加工工业发展迅速，特别是煤化工工业不断壮大。煤炭加工利用技术不断进步，新设备、新工艺、新技术层出不穷。随着煤炭加工业的快速发展，现有的煤炭加工技术人员已无法满足需求。为了适应这种需要，培养大批煤炭加工工程技术及管理人员，提高其工程技术素质，我们在《煤炭加工利用概论》第三版的基础上，组织相关专家进行了修订再版。

全书的编写力求内容简明扼要，图文并茂。各章内容自成系统，可单独讲授。

全书共分九章，具体编写分工如下：第一章由李晓和张双全编写；第二章由宋树磊编写；第三章由王章国和解京选编写；第四、七章由孟献梁和吴国光编写；第五章由武建军编写；第六章由孟献梁和周敏编写；第八章由彭耀丽编写；第九章由赵云鹏编写。全书由孟献梁和李晓统稿。

由于时间仓促，书中难免存在缺点或不妥之处，希望读者批评指正。

编　者

2024年6月

目　录

第一章　煤化学基础

第一节　煤的生成

煤是植物遗体经过生物化学作用和物理化学作用等复杂变化转变而成的沉积有机矿产，是多种高分子化合物和矿物质组成的混合物。从植物死亡、堆积到转变为煤要经过一系列复杂的演变过程，这个过程称为成煤作用。植物死亡后一般在沼泽水的覆盖或半覆盖下，经过生物化学作用，植物细胞结构遭受破坏，组织器官逐步消失，转化为颗粒细小的胶体状的泥炭或腐泥，这一过程称为泥炭化作用（或腐泥化作用）；随着泥炭埋藏深度的加大，在上覆岩层的压力和地热温度作用下，泥炭经成岩作用转化为褐煤，褐煤再经变质作用逐步向烟煤和无烟煤转化。

煤的生成过程十分复杂，造成煤与煤之间的性质千差万别（主要体现在矿物质含量及煤的可选性、硫含量、煤岩组成、有机质的化学组成、发热量、黏结性等方面），不仅不同煤田的煤质差别较大，即使是同一煤田中不同煤层、不同采样地点的煤质，也有很大的不同。煤质的差异，是煤生成过程中各种因素综合作用的结果。其中主要是成煤物质、成煤环境和煤化作用程度决定了煤的组成、结构和性质。

一、煤是由植物形成的

人们发现，在煤层中常常有保存完好的古代植物化石，有时还可看到由树干变成的煤，有的甚至还保留了原来断裂树干的形状。利用显微镜可以观察到煤中存在着植物的某些原始组分，如细胞结构、孢子、花粉、树脂、角质层和木栓层等。这些事实充分证明煤是由植物形成的。

二、腐殖煤的成煤作用过程

高等植物转化为煤要经历复杂而漫长的过程，一般需要几千万年甚至上亿年的时间。高等植物在泥炭沼泽中首先转化为泥炭，然后逐步向褐煤、烟煤（长焰煤、气煤、肥煤、焦煤、瘦煤、贫煤）、无烟煤转化。整个成煤作用过程可划分为两个阶段，即泥炭化作用和煤化作用。煤化作用又分为成岩作用和变质作用两个连续的过程。泥炭向褐煤的转化称为成岩作用过程，褐煤向烟煤、无烟煤的转化称为变质作用过程。

（一）泥炭化作用

由高等植物转化为泥炭的生物化学作用过程称为泥炭化作用。高等植物的遗体聚积在湖泊或沼泽中，构成植物细胞的物质在微生物参与下不断降解，使植物细胞结构遭到不同程度的破坏，导致植物的组织器官消失，逐步变成颗粒细小、含水量极大的泥炭。一般认为，泥炭化过程中的生物化学作用大致分为两个阶段：第一阶段，在喜氧细菌的作用下，植物遗体中的有机化合物经过氧化分解和水解作用，转化为简单的化学性质活泼的化合物；第二阶段，在厌氧细菌作用下，分解产物相互作用，进一步合成新的较稳定的有机化合物，如腐殖酸、沥青等。这两个阶段不是截然分开的，在植物分解作用进行不久，合成作用也就开始了。

植物所有的有机组分和泥炭沼泽中的微生物都参与了成煤作用，而且各种组分对于形成泥炭与泥炭进一步转变成煤的过程均有影响，并在不同程度上决定着煤的性质。

湖沼中植物形成泥炭的过程如图 1-1 所示。

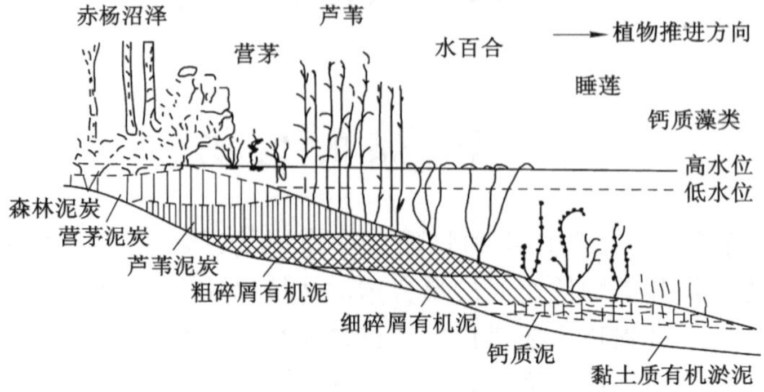

图 1-1　湖沼中植物形成泥炭的过程

（二）煤化作用

当泥炭层积累到一定厚度时，下部泥炭层内的生物化学作用逐渐减弱以至停止，在以温度和压力为主的物理化学作用下，泥炭经历了向褐煤、烟煤、无烟煤转变的煤化作用。煤化作用包括成岩作用和变质作用两个阶段，通常把泥炭转化为褐煤的物理化学作用过程称为成岩作用，把褐煤向烟煤、无烟煤转化的化学作用过程称为变质作用。

泥炭在沼泽中层层堆积，越积越厚，当地壳下降速度较大、积水较深时，不适宜植物的生长，泥炭将被泥沙等沉积物覆盖。当泥沙沉积层上面的水深适宜植物生长时，泥炭重新开始形成。如此反复，就会形成多层泥炭，最终形成多煤层，如图 1-2 所示。

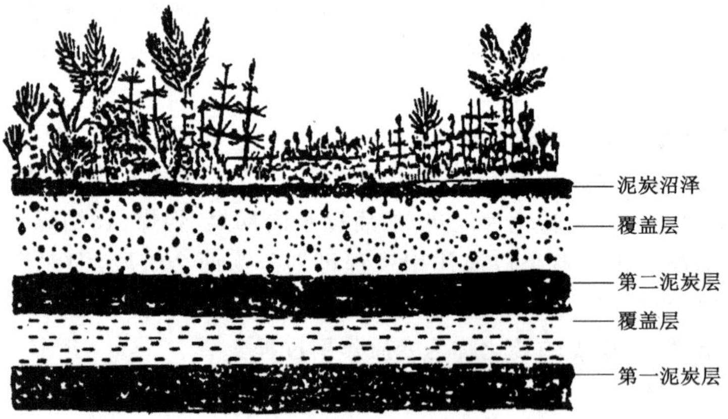

图 1-2　多泥炭层的形成

在上覆沉积物的压力作用下，泥炭发生了压紧、失水、胶体老化、固结等一系列变化，微生物的作用逐渐消失，取而代之的是缓慢的物理化学作用。这样，泥炭逐渐变成了较为致密的岩石状的褐煤。当褐煤层继续沉降到地壳较深处时，上覆岩层压力增大，地温增高，褐煤中的物理化学作用速度加快，煤的分子结构和组成产生了较大的变化。碳含量明显增加，氧含量迅速减少，腐殖酸也迅速减少并很快消失，褐煤逐渐转化成为烟煤。随着煤层沉降深度的进一步加大，压力和温度继续提高，煤的分子结构继续变化，煤的性质也不断地发生变化，煤化程度不断提高，最终变成无烟煤。

促成煤变质作用的主要因素是温度和时间。温度过低（<50～60 ℃），褐煤的变质就不明显了，如莫斯科煤田早石炭世煤至今已有3亿年以上，但仍处于褐煤阶段，而同一时期的其他地方的煤已经变质到烟煤或无烟煤了。通常认为，煤化程度是煤受热温度和持续时间的函数。温度越高，变质作用的速度越快。因为变质作用的实质是煤分子的化学变化，温度高促进了化学反应速度的提高。因此，在较低温度下长时间受热和较高温度下短时间受热，就可能得到同样煤化程度的煤。这就是有些成煤年代较早而煤化程度却不高的原因。

第二节　煤有机质的大分子结构

煤的生成过程决定了煤的分子结构，煤的分子结构决定了煤的性质，因此研究煤的结构，不仅具有重要的理论意义，而且对于煤炭加工利用具有重要的指导作用。由于煤炭组成的复杂性、多样性、非晶质性和不均匀性，将煤分离成为简单的化合物并研究其分子结构是一件非常困难的事情。虽然已对煤的分子结构做了长期、大量的研究工作，并取得了重要进展，但遗憾的是，迄今为止尚未明了煤分子结构的全貌，只是根据试验结果和分析推测，提出了若干煤的结构模型。

一、煤大分子结构的构成

根据试验研究，煤的有机质可以大体分为两部分：一部分是以环状结构为主的芳香族化合物，称为大分子化合物；另一部分是以链状结构为主的化合物，称为低分子化合物。前者是煤有机质的主体，一般占煤有机质的90%以上，后者含量较少且主要存在于低煤化程度的煤中。煤的大分子结构通常是指煤中芳香族化合物的结构。煤的大分子结构十分复杂，它具有高分子聚合物的特点，但又不同于一般的聚合物，它没有统一的聚合单体。一般认为，煤的大分子是由多个结构相似的“基本结构单元”通过桥键连接而成的。这种基本结构单元类似于聚合物的聚合单体，它可分为规则部分和不规则部分。规则部分由几个或十几个苯环、脂环、氢化芳香环及杂环（含氮、氧、硫等元素）缩聚而成，称为基本结构单元的核或芳香核；不规则部分则是连接在核周围的烷基侧链和各种官能团。随着煤化程度的提高，构成核的环数增多，连接在核周围的侧链和官能团数量则不断变短和减少。

煤的大分子结构示意图如图1-3所示。

二、基本结构单元的核

煤的基本结构单元的核是缩合环结构，也称为芳香环或芳香核。基本结构单元的核主要由不同缩合程度的芳香环构成，也含有少量的氢化芳香环和氮、硫杂环。低煤化程度煤基本结构单元的核以苯环、萘环和菲环为主；中等煤化程度烟煤基本结构单元的核以菲环、蒽环和吡环为主；在无烟煤阶段，基本结构单元核的芳香环数急剧增大，逐渐向石墨结构转变。

三、基本结构单元周围的烷基侧链和官能团

基本结构单元的缩合环上连接有数量不等的烷基侧链和官能团。

（一）烷基侧链

连接在缩合环上的烷基侧链是指甲基、乙基、丙基等基团。日本学者滕井修治等将煤在

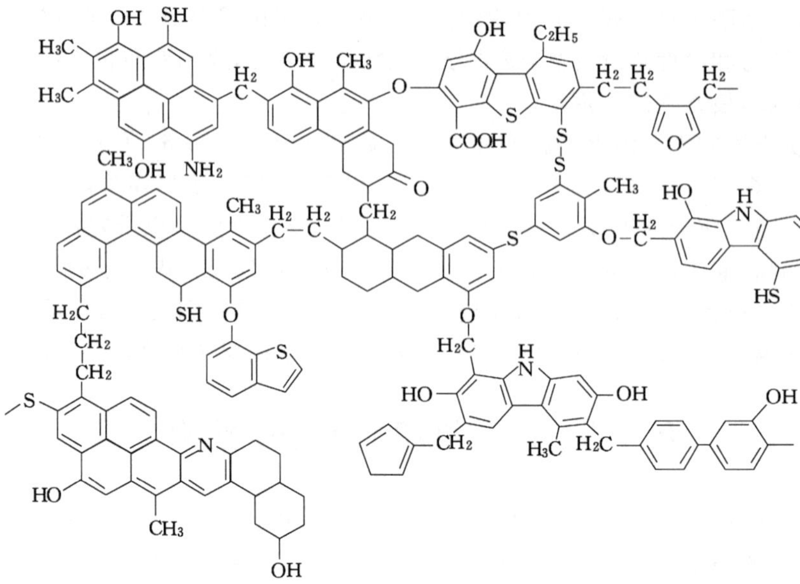

图 1-3　煤的大分子结构示意图

缓和条件下氧化，把烷基转化为羧基，然后通过元素分析和红外光谱测定，研究了不同煤种烷基侧链的平均长度，见表 1-1。表中数据表明，烷基侧链的平均长度随煤化程度提高而迅速缩短。

表 1-1　烷基侧链的平均长度

碳含量(daf)/%	侧链的长度(碳原子数)
65.1	5.0
74.3	2.3
80.4	2.2
84.3	1.8

（二）含氧官能团

煤分子上的含氧官能团有羟基（—OH）、羧基（—COOH）、羰基（$\rangle C=O$）、甲氧基（$—OCH_3$）和醚键（—O—）等。

煤中含氧官能团随煤化程度提高而减少。其中甲氧基消失得最快，在年老褐煤中就几乎不存在了；其次是羧基，羧基是褐煤的典型特征，到了烟煤阶段，羧基的数量大为减少，到中等煤化程度的烟煤时，羧基已基本消失；羟基和羰基在整个烟煤阶段都存在，甚至在无烟煤阶段还有发现。羰基在煤中的含量虽少，但随煤化程度提高而减少的幅度不大，在不同煤化程度的煤中均有存在。煤中的氧有相当一部分是以非活性状态存在的，主要是醚键和杂环中的氧。

（三）含硫和含氮官能团

煤中的含硫官能团与含氧官能团的结构类似，包括硫醇、硫醚、二硫醚、硫醌及杂环硫等。煤中的氮含量一般为1%～2%，主要以六元杂环、吡啶环或喹啉环等形式存在。此外，还有胺基、亚胺基、腈基、五元杂环吡咯和咔唑等。

四、连接基本结构单元的桥键

煤的大分子是由若干基本结构单元通过化学键连接而成的三维结构，结构单元之间的连接是通过次甲基键（$—CH_2—$、$—CH_2—CH_2—$、$—CH_2—CH_2—CH_2—$）、醚键（—O—）、硫醚键（—S—、—S—S—）、次甲基醚键（$—CH_2—O—$、$—CH_2—S—$）以及芳香碳—碳键（$C_{ar}—C_{ar}$）等桥键实现的。

五、煤中的低分子化合物

在煤的缩聚芳香结构中还分散着一些独立存在的非芳香化合物，可用普通有机溶剂如苯、醇等萃取出来。它们的性质与煤主体有机质有很大的不同，通常称它们为低分子化合物。

煤中的低分子化合物来源于成煤植物（如树脂、树蜡、萜烯等）、成煤过程中形成的未参与聚合的化合物以及形成的低分子聚合物。低分子化合物与煤大分子主要通过氢键力和范德瓦耳斯力结合。煤中低分子化合物的含量一般不超过5%，但有的人认为实际含量远远大于此数值，在褐煤和烟煤中，低分子化合物可达煤有机质的10%～23%。实际测值低是由于萃取时间短以及低分子化合物与煤的大分子结合太紧密，导致无法有效萃取。煤中低分子化合物的含量虽然不多，但它们的存在对煤的黏结性能、液化性能等影响很大。

煤中低分子化合物可分为两类，即烃类和含氧化合物。煤中的烃类主要是正构烷烃，此外还有少量的环烷烃和长链烯烃；含氧化合物有长链脂肪酸、醇和酮、甾醇类等。

第三节　煤的工业分析组成

从化学角度来看，煤是由无机组分和有机组分组成的混合物。无机组分主要包括黏土矿物、石英、方解石、石膏、黄铁矿等矿物质和水。有机组分主要是由碳、氢、氧、氮、硫等元素构成的复杂高分子有机化合物的混合物。有机组分是煤的主要组成部分，也是煤炭加工利用的主要对象。煤的矿物质和有机质的化学成分十分复杂，特别是有机质化学成分的完全分离和鉴定几乎是不可能的。为了指导煤炭加工利用和研究煤的性质，在实用上通常采用较为简单的办法分析和研究煤的组成，主要有三种方法，即工业分析、元素分析和溶剂萃取。

工业分析是确定煤化学组成最简单的方法，它是在规定条件下，将煤的组成区分为水分、灰分、挥发分和固定碳四种组分。工业分析是一种条件试验，除了水分以外，灰分、挥发分和固定碳是煤中物质在测定条件下的转化产物，不是煤中的固有成分，其测定结果依测定条件变化而变化。为了使测定结果具有可比性，工业分析的测定方法均有严格的标准。如在我国的国家标准中分别规定了水分、灰分、挥发分和固定碳的测定方法。工业分析虽然简单，但分析结果对于研究煤炭性质、确定煤炭的合理用途以及在煤炭贸易中具有重要的作用。

一、煤的水分

（一）煤中水分的存在状态

水分是煤中的重要组成部分，是煤炭质量的重要指标。煤中的水分可分为游离水和化合水。

煤中游离水是指与煤呈物理态结合的水，它吸附在煤的外表面和内部孔隙中。因此，煤的颗粒越细、内部孔隙越发达，煤中吸附的水分就越高。煤中的游离水分可分为两类，即在常温的大气中易于失去的水分和不易失去的水分，前者吸附在煤粒的外表面和较大的毛细孔隙中，称为外在水分，用 M_f 表示；后者则存在于较小的孔隙中，称为内在水分，用 M_{inh} 表示。煤的内在水分和外在水分的质量之和就是煤的全水分，它代表了刚开采出来，或使用单位刚收到或即将投入使用状态下煤中的全部水分(游离水分)。全水分用 M_t 或 M_{ar} 表示。通俗地说，外在水分就是煤长时间暴露在空气中所失去的水分，而这时没有失去仍然残留在煤中的水分就是内在水分，有时也称为风干煤样水分。

严格地说，外在水分、内在水分、全水分等指的是水分占煤样质量的百分数。按照一定的采样程序从商品煤堆、商品煤运输工具或用户煤场等处所采煤样称为应用煤样，将应用煤样送到化验室后称为收到煤样，它含有的水分占收到煤样质量的百分数称为煤的全水分或收到基全水分。应用煤样在空气中放置一定时间，使煤中水分在大气中不断蒸发，当煤中水的蒸气压与大气中水的蒸气分压达到平衡时，所失去的水分占收到煤样质量的百分数就是收到基外在水分，用 $M_{f,ar}$ 表示。

煤失去外在水分后所处的状态称为风干状态或空气干燥状态，失去外在水分的煤样称为风干煤样或空气干燥煤样，按照制样程序得到的一般分析试验煤样就是粒度小于0.2 mm 的空气干燥煤样。残留在风干煤样中的全部水分质量占风干煤样质量的百分数称为空气干燥基内在水分，用 $M_{inh,ad}$ 表示。通常，煤质分析化验采用的煤样均是空气干燥煤样，空气干燥煤样的水分也可称为空气干燥基水分或一般分析试验煤样水分，用 M_{ad} 表示，在缺乏数据时，M_{ad} 与 M_{inh} 可以相互替代使用。

通常，为了应用方便，将收到基外在水分和空气干燥基内在水分分别简称为外在水分和内在水分，符号也分别简化为 M_f 和 M_{inh}。

外在水分和内在水分构成了煤的全水分(即收到基全水分)，它们的关系可用下式表示：

$$M_{ar} = \frac{100 - M_f}{100} \cdot M_{inh} + M_f \text{ ，\%}$$

煤的化合水包括结晶水和热解水。结晶水是指煤中含结晶水的矿物质所具有的，如石膏($CaSO_4 \cdot 2H_2O$)、高岭石($2Al_2O_3 \cdot 4SiO_2 \cdot 4H_2O$)中的结晶水，通常煤中结晶水含量不大；热解水是煤炭在高温热解条件下，煤中的氧和氢结合生成的水，它取决于热解的条件和煤中的氧含量。通常，如果不做特殊说明，煤中的水分均是指煤中游离态的吸附水。这种水在稍高于 100 ℃的条件下即可从煤中完全析出，而结晶水和热解水析出的温度要高得多。$CaSO_4 \cdot 2H_2O$ 在 163 ℃才析出结晶水，而 $2Al_2O_3 \cdot 4SiO_2 \cdot 4H_2O$ 则要在 560 ℃才析出结晶水，煤分子中的氢和氧化合为水也要在 300 ℃以上才能形成。因此，煤中水分的测定温度一般在 105～110 ℃，在此温度下化合水的析出可以忽略不计。

在煤质研究中，经常会用到一个重要概念——煤的最高内在水分。煤的最高内在水分是指煤样在 30 ℃、相对湿度达到 96%的条件下吸附水分达到饱和时测得的水分，用符号 MHC 表示。这一指标反映了年轻煤的煤化程度，用于煤质研究和煤的分类。由于空气干燥基水分的平衡湿度一般低于 96%，因此，最高内在水分高于空气干燥基水分。

需要说明的是，在煤的工业分析国家标准中，水分项只有空气干燥基水分(或一般分析试验煤样水分)的测定方法，全水分、外在水分、内在水分和最高内在水分等指标的测定另有国家标准予以规范。

（二）煤中水分与煤化程度的关系

煤的全水分不仅受煤化程度的影响，煤的粒度对其也有很大的影响，全水分与煤化程度没有明显的规律性关系。但煤的内在水分与煤化程度呈规律性变化。从褐煤开始，随煤化程度的提高，煤的内在水分逐渐下降，到中等煤化程度的肥煤和焦煤阶段，内在水分最低。此后，随煤化程度提高，内在水分又有所上升。这是由于煤的内在水分吸附于煤的孔隙内表面上，内表面积越大，吸附水分的能力就越强，煤的水分就越高。此外，煤分子结构上极性的含氧官能团的数量越多，煤吸附水分的能力也越大。低煤化程度的煤内表面积发达，分子结构上含氧官能团的数量也多，因此内在水分就较高。随煤化程度的提高，煤的内表面积和含氧官能团均呈下降趋势，因此，煤中的内在水分也是下降的。到无烟煤阶段，煤的内表面积有所增大，因而煤的内在水分也有所提高。煤的最高内在水分与煤化程度的关系见表 1-2。

表 1-2　煤的最高内在水分与煤化程度的关系

煤　种	褐　煤	长焰煤	不黏煤	弱黏煤	气　煤	肥　煤	焦　煤	瘦　煤	贫　煤	无烟煤
MHC/%	15～35	5～20	5～20	3～10	1～6	0.5～4	0.5～4	1～3	1～3.5	1.5～10

（三）煤中水分对煤炭利用的影响

煤中的水分对煤炭的利用过程是有害的或者是不利的。在煤炭燃烧、气化、炼焦时，水分的存在要额外吸收热量，使过程热效率降低。在煤炭运输过程中，水分高意味着运力的浪费。因此，在煤炭贸易中，水分成为一项重要的计价依据，水分高，煤价就要下降。但煤中适量的水分又有利于减少运输和贮存过程中煤粉尘的产生，可以减少煤的损失和减轻环境污染。

二、煤的灰分及煤灰成分

煤的灰分是指将煤样在 815 ℃的条件下完全燃烧后所得残渣占煤样质量的百分数，称为煤的灰分产率，用 A 表示。煤的灰分来自煤燃烧过程中煤中矿物质的转化，如方解石转化为氧化钙，硫铁矿转化为氧化铁。

煤灰成分十分复杂，取决于煤中原有矿物质的种类和含量。不同产地煤的灰分组成差别很大，与煤化程度没有规律可循。煤灰中的元素有几十种，地球上天然存在的元素几乎在煤灰中均可发现，但常见的元素只有硅、铝、铁、钙、镁、钛、钾、钠、硫、磷等，在一般的煤灰成分测定中也只分析这几种。由于煤灰成分的复杂性，很难测定其中的化合物含量，只测定元素的含量，并用氧化物形式表示，如 SiO_2、Al_2O_3、CaO、MgO、Fe_2O_3、TiO_2、K_2O、Na_2O、SO_3、P_2O_5。其中，最主要的是 SiO_2、Al_2O_3、CaO、MgO、Fe_2O_3 几种，一般占 95%以上。煤灰中各成分的含量取决于原始的矿物组成。

我国煤中的矿物组分大多以硅铝酸盐类为主，因此，煤灰中 SiO_2 含量最大，其次是 Al_2O_3。我国煤灰成分的一般范围见表 1-3，我国部分产地煤的煤灰成分见表 1-4。

三、煤的挥发分和固定碳

在 900 ℃下，将煤隔绝空气加热 7 min，煤的有机质发生热解反应，形成部分小分子的化合物呈气态析出，其余有机质则以固体形式残留下来。由有机质热解形成并呈气态析出

表 1-3 我国煤灰成分的一般范围

煤灰成分	褐煤		硬煤	
	最低值/%	最高值/%	最低值/%	最高值/%
SiO_2	10	60	15	>80
Al_2O_3	5	35	8	50
Fe_2O_3	4	25	1	65
CaO	5	40	0.5	35
MgO	0.1	3	<0.1	5
TiO_2	0.2	4	0.1	6
SO_3	0.6	35	<0.1	15
P_2O_5	0.04	2.5	0.01	5
K_2O+Na_2O	0.09	10	<0.1	10

表 1-4 我国部分产地的煤灰成分

单位：%

煤产地	SiO_2	Al_2O_3	Fe_2O_3	CaO	MgO	TiO_2	K_2O+Na_2O	SO_3	碱酸比①
阳泉无烟煤	52.7	33.6	7.0	0.2	1.3	0.8	2.0	0.4	0.12
晋城无烟煤	47.4	33.6	4.7	6.5	0.9	0.9	3.3	2.7	0.19
西山贫瘦煤	56.3	31.4	6.9	2.2	0.5	1.0	0.5	1.2	0.11
灵武不黏煤	37.9	14.5	16.4	10.9	5.0	0.9	2.5	11.8	0.65
长广气煤	46.1	29.7	15.2	3.5	0.5	1.6	1.1	2.4	0.26
大同弱黏煤	57.8	18.4	13.1	3.4	0.7	1.3	—	3.2	0.22
扎赉诺尔煤	41.1	13.6	12.4	14.0	3.0	1.2	3.0	9.5	0.58

注：① 碱酸比$=\frac{Fe_2O_3+CaO+MgO+K_2O+Na_2O}{SiO_2+Al_2O_3+TiO_2}$。

的化合物称为挥发物，该挥发物占煤样质量的百分数称为挥发分或挥发分产率。以固体形式残留下来的有机质称为固定碳。固定碳不能单独存在，它与煤中的灰分一起形成的残渣称为焦渣，从焦渣中扣除灰分就是固定碳。挥发分用 V 表示，固定碳用 FC 表示。

煤的水分和灰分反映了煤的无机物的组成特点，而挥发分和固定碳则反映了煤的有机质的组成特点。挥发分能够反映出煤的大部分性质，几乎在所有研究或利用煤的场合均需要煤的挥发分数据。因此，煤的挥发分是煤最重要的参数指标之一。

煤的挥发分随煤化程度的提高而下降。褐煤的挥发分最高，通常大于 40%，无烟煤的挥发分最低，小于 10%。煤的挥发分主要来自煤分子上不稳定的脂肪侧链、含氧官能团断裂后形成的小分子化合物和煤有机质高分子缩聚时生成的氢气。随着煤化程度的提高，煤分子上的脂肪侧链和含氧官能团均呈下降趋势，煤的挥发分随煤化程度的提高而下降。因此，挥发分可以作为表征煤化程度的指标。

煤岩组分中壳质组的挥发分最高，镜质组次之，惰质组最低。由于各个显微组分有不同的挥发分，因此煤的挥发分将随显微组成的变化而变化，并且非常敏感。腐殖煤镜质组的挥发分随煤化程度的提高而较为均匀地下降。

第四节　煤有机质的元素组成

研究表明，煤的有机质主要是由碳、氢、氧、氮和硫等五种元素组成的，煤的元素分析就是对碳、氢、氧、氮和硫含量的分析测定。煤的元素分析一般只测定碳、氢、氮和硫的含量，氧含量则通过差减法得到。

一、煤中的碳元素

碳是构成煤分子骨架最重要的元素之一，也是煤燃烧过程中放出热能最主要的元素之一。随煤化程度的提高，煤中的碳元素逐渐增加，从褐煤的60%左右一直增加到年老无烟煤的98%。腐殖煤的碳含量高于腐泥煤，在不同煤岩组分中，碳含量的顺序是：惰质组＞镜质组＞壳质组。

二、煤中的氢元素

氢元素是煤中第二重要的元素，主要存在于煤分子的侧链和官能团上，在有机质中的含量为2.0%～6.5%，随煤化程度的提高而呈下降趋势。从低煤化程度到中等煤化程度阶段，氢元素的含量变化不十分明显，但在高变质的无烟煤阶段，氢元素的降低较为明显而且均匀，从年轻无烟煤的4%下降到年老无烟煤的2%左右。因此，我国无烟煤分类中采用氢元素含量作为分类指标。氢元素的发热量约为碳元素的4倍，虽然含量远低于碳含量，但氢元素的变化对煤的发热量影响很大。

腐泥煤的氢含量高于腐殖煤。腐殖煤中不同煤岩组分氢含量的顺序是：壳质组＞镜质组＞惰质组。

三、煤中的氧元素

氧也是组成煤有机质的重要元素，主要存在于煤分子的含氧官能团上，如—OCH_3、—COOH、—OH、$>C{=}O$等基团上均含有氧原子。随煤化程度的提高，煤中的氧元素迅速下降，从褐煤的23%左右下降到中等变质程度肥煤的6%左右，此后，氧含量下降速度趋缓，到无烟煤时大约只有2%。氧元素在煤燃烧时不产生热量，在煤液化时要无谓地消耗氢气，对于煤的利用不利。腐泥煤的氧含量低于腐殖煤。腐殖煤中不同煤岩组分氧含量的顺序是：镜质组＞惰质组＞壳质组。

四、煤中的氮元素

煤中的氮元素含量较少，一般为0.5%～1.8%，与煤化程度之间无规律可循。它主要来自成煤植物的蛋白质。在煤中主要以胺基、亚胺基、五元杂环（吡咯、咔唑等）和六元杂环（吡啶、喹啉等）等形式存在。煤中的氮在煤燃烧时也不放热，主要以N_2的形式进入废气，少量形成NO_x。当煤在炼焦时，煤中的部分氮形成NH_3、HCN及其他有机含氮化合物，其余的则留在焦炭中。

五、煤中的硫元素

硫是煤中主要的有害元素，在煤的焦化、气化和燃烧中均产生对工艺和环境有害的硫化合物。

煤中硫的来源有两种：一种是成煤植物本身所含有的硫——原生硫，另一种是来自成煤环境及成岩变质过程中加入的硫——次生硫。对于绝大多数煤来说，其中的硫主要是次生硫。煤中的硫分为有机硫和无机硫。一般煤中的有机硫含量较低，但组成很复杂，主要由硫醚或硫化物、二硫化物、硫醇、巯基化合物、噻吩类杂环化合物及硫醌化合物等组分或官能团所构成。煤中的有机硫一般低于0.2%～0.5%，但也有有机硫高于1%～2%甚至更高的情况。低有机硫煤中的有机硫主要来自成煤植物中的蛋白质和微生物的蛋白质；高有机硫煤中的有机硫则主要来自沉积环境，即是次生硫。反应活性较高的腐殖酸是次生有机硫的生产者。有机硫存在于煤的有机质分子上，分布均匀，极难脱除。煤中的无机硫主要以硫铁矿、硫酸盐等形式存在，其中尤以硫铁矿硫居多。脱除硫铁矿硫的难易程度取决于硫铁矿的颗粒大小及分布状态，颗粒大则较易去除，极细颗粒的硫铁矿硫难以采用常规方法脱除。一般情况下，煤中的硫酸盐硫是黄铁矿氧化所致，因而未经氧化的煤中的硫酸盐硫很少。

煤中的有机硫用 S_o 表示，硫铁矿硫用 S_p 表示，硫酸盐硫用 S_s 表示；有机硫和无机硫之和称为煤的全硫，用 S_t 表示，即

$$S_t = S_o + S_p + S_s$$

煤中的有机硫和硫铁矿硫称为可燃硫，燃烧后可形成 SO_2 等有害气体。

煤中硫含量的高低与成煤的原始环境有密切关系，与煤化程度没有明显的关系。根据最近的研究结果，对有机硫而言，在泥炭化和早期成岩阶段形成的有机硫多以硫醇、硫醚及饱和环状含硫化合物为主；晚期成岩阶段和变质阶段形成的有机硫以噻吩硫为主。许多学者认为高硫煤中的硫经历了一个逐渐积聚的过程，在这一过程中，沉积环境起到了决定性作用，一般陆相煤的硫含量较低，而海相煤则含硫较高。这是因为在海相的还原环境下，海水中的硫酸根被还原形成硫铁矿进入煤层，此外，海相植物本身的含硫量较高。

煤中元素含量随煤化程度的变化规律见表1-5。

表1-5　煤中元素含量随煤化程度的变化规律

煤　种	C_{daf}/%	H_{daf}/%	O_{daf}/%	N_{daf}/%
泥　炭	55～62	5.3～6.5	27～34	1～3.5
年轻褐煤	60～70	5.5～6.6	20～23	1.5～2.5
年老褐煤	70～76.5	4.5～6.0	15～20	1～2.5
长焰煤	77～81	4.5～6.0	10～15	0.7～2.2
气　煤	79～85	5.4～6.8	8～12	1～1.2
肥　煤	82～89	4.8～6.0	4～9	1～2
焦　煤	86.5～91	4.5～5.5	3.5～6.5	1～2
瘦　煤	88～92.5	4.3～5.0	3～5	0.9～2
贫　煤	88～92.7	4.0～4.7	2～5	0.7～1.8
年轻无烟煤	89～93	3.3～4.0	2～4	0.8～1.5
典型无烟煤	93～95	2.0～3.2	2～3	0.6～1.0
年老无烟煤	95～98	0.8～2.0	1～2	0.3～1.0
腐泥煤	75～80	6.5～7.0	—	—

第五节　煤的理化性质

煤的理化性质主要是指煤的物理性质、物理化学性质和化学性质。煤的物理性质主要包括煤的密度、煤的硬度、煤的光学性质、煤的电磁性质、煤的热性质等，煤的物理化学性质主要指煤的润湿性、润湿热和孔隙率等，煤的化学性质主要包括煤的氧化、煤的加氢、煤的磺化等。

一、煤的密度

煤的密度因研究目的和用途不同，可分为真相对密度、视相对密度和堆积密度。

（一）煤的真相对密度

1. 煤的真相对密度的概念

煤的真相对密度是在 20 ℃时单位体积（不包括煤中所有孔隙）煤的质量与同体积水的质量之比，用 TRD 表示。真相对密度是煤的主要物理性质之一，在研究煤的分子结构、确定煤化程度、制定煤的分选密度时，都会用到煤的真相对密度。

2. 煤的真相对密度的影响因素

影响煤的真相对密度的因素有成因类型、煤化程度、煤岩组成、矿物质等。

（1）成因类型的影响

不同成因的煤其密度是不同的，腐殖煤的真相对密度总比腐泥煤大。例如除去矿物质的纯腐殖煤的真相对密度在 1.25 以上，而纯腐泥煤的真相对密度一般小于 1.2。

（2）煤化程度的影响

自然状态下的煤成分比较复杂，因各种因素的综合影响使其密度大体上随煤化程度的加深而提高。煤化程度较低时，真相对密度增加较慢。接近无烟煤时，真相对密度增加很快。

（3）煤岩组成的影响

就腐殖煤而言，惰质组密度最大，镜质组其次，壳质组最小。

（4）矿物质的影响

煤中矿物质的含量与组成对煤的密度影响很大，煤中矿物质的密度比有机物的密度大得多。例如，常见的矿物质黏土密度为 2.4～2.6 g/cm^3，石英密度为 2.6 g/cm^3，黄铁矿密度为 5.0 g/cm^3。可以粗略地认为，灰分每增加 1%，则煤的真相对密度增加 0.01。

（二）煤的视相对密度

煤的视相对密度是 20 ℃时单位体积（仅包括煤的内部孔隙）煤的质量与同体积水的质量之比，用 ARD 表示。煤的视相对密度可用于计算煤的埋藏量。

（三）煤的堆积密度

煤的堆积密度是指 20 ℃时单位体积（包括煤的内外孔隙和煤粒间的空隙）煤的质量与同体积水的质量之比，用 BRD 表示。堆积密度的大小除了与煤的真相对密度有关外，主要决定于煤的粒度组成和堆积的密实度。堆积密度对煤炭生产和加工利用部门在设计矿车、煤仓，估算煤堆质量、炼焦炉炭化室和气化炉的装煤量等方面都有很大的实用意义。

二、煤的硬度

煤的硬度是指在外来机械力的作用下煤抵抗变形或破坏的能力。由于机械力的不同，煤硬度表示的方式有:刻划硬度(莫氏硬度)、弹性回跳硬度(肖氏硬度)、压痕硬度(努普硬度、显微硬度)和耐磨硬度等。常用的是刻划硬度和显微硬度。

(一) 刻划硬度

煤的刻划硬度又称为莫氏硬度,是由德国矿物学家莫斯(Frederich Mohs)于1824年首先提出的测定矿物硬度的方法。它采用一套具有标准硬度的矿物刻划煤,得到粗略的相对硬度。标准矿物的莫氏硬度见表1-6。根据莫氏硬度的划分,煤的硬度一般为1~4。煤的硬度与煤化程度有关,中等煤化程度的焦煤,硬度较小,为2~2.5,随着煤化程度的提高,硬度增加,无烟煤的硬度最大,约为4。同一煤化程度的煤,惰质组的硬度最大,壳质组最小,镜质组居中。刻划硬度的准确性较差,在科学研究上一般采用显微硬度的指标。

表1-6 标准矿物的莫氏硬度

矿　物	硬度级别	矿　物	硬度级别
滑　石	1	长　石	6
石　膏	2	石　英	7
方解石	3	黄　晶	8
氟　石	4	刚　玉	9
磷灰石	5	金刚石	10

(二) 显微硬度

显微硬度属于压入硬度的一种。一般采用形状特殊(如角锥形、圆锥形等)而又非常坚硬的压入器,施加一定的压力,使压入器压入样品表面,形成压痕,卸除压力后用显微镜测量压痕的尺寸,如用方形棱锥体金刚石压入器时,测量压痕对角线的长度,即可计算出显微硬度值:

$$H = 2\sin\frac{\alpha}{2}\cdot\frac{P}{d^2} \tag{1-1}$$

式中　H——显微硬度,MPa;

P——加在压入器上的负荷,N;

d——压痕对角线长度,mm;

α——方形棱锥体两相对锥面的夹角,一般为136°。

从褐煤开始,显微硬度随煤化程度提高而上升,在碳含量为75%~80%时有一个极大值;此后,显微硬度随煤化程度的提高而下降,在碳含量达到85%左右时最低;煤化程度再提高,显微硬度又开始上升,到无烟煤阶段,显微硬度几乎随煤化程度的提高而呈直线增加。

由图1-4可见,整个曲线像一个靠背椅,"椅背"是无烟煤,"椅面"是烟煤,"椅脚"为褐煤。当碳含量为78%左右时,显微硬度有一最大值。当碳含量为87%时,硬度最小。在无烟煤阶段,随变质程度的升高,镜质组的显微硬度急剧升高,变化幅度很大,为300~2 000 MPa,因此显微硬度可作为详细划分无烟煤的指标。在不同还原程度煤中,强还原煤的显微硬度比弱还原煤的小。

惰质组的显微硬度比镜质组高。惰质组中菌类的显微硬度最高。因此,在煤的光片进行抛光时,惰质组比镜质组磨损得慢,所以惰质组比相邻较软的组分耐磨硬度要高。

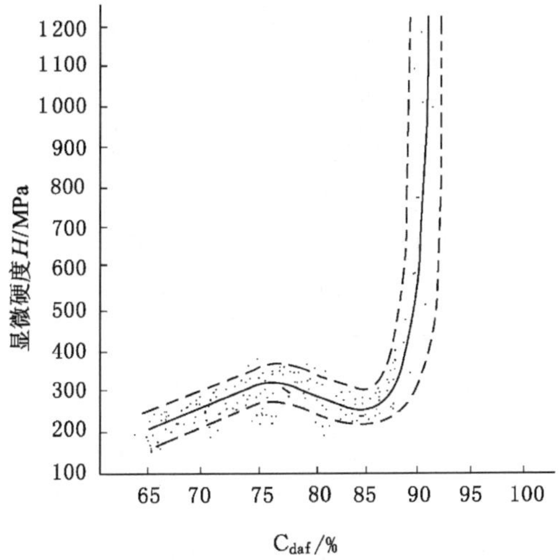

图 1-4　煤的显微硬度与碳含量的关系

三、煤的透光率

煤的透光率是指煤样在 100 ℃的稀硝酸溶液中处理 90 min，所得有色溶液对一定波长(475 nm)光的透过率。有色溶液透光率的测定有分光光度计法和目视比色法两种。分光光度计法因其重现性差，一般用得不多，我国国家标准采用目视比色法测定有色溶液的透光率，用 P_M表示。

透光率在反映年轻煤的煤化程度时非常灵敏，特别是在煤样受到轻微氧化时，其测值不受影响，而其他反映煤化程度的指标如挥发分、碳含量、发热量等则有明显的变化。因此，在我国煤炭分类中将 P_M列为划分长焰煤和褐煤的主要指标以及褐煤划分小类的指标。一般年轻褐煤的 P_M小于 30%，年老褐煤为 30%～50%；长焰煤的 P_M通常大于 50%；气煤的 P_M一般大于 90%。

四、煤的润湿性

当液体和固体接触时，如果固体分子与液体间的作用力大于液体分子间的作用力，则固体可被液体润湿；反之，则不能被润湿。所谓润湿性是指液体与固体接触时，固体被液体所润湿的程度。通常采用接触角表示煤的润湿性的大小，接触角越大，煤的润湿性越差。

五、煤的孔隙率

煤是由远古植物在沼泽中形成的，植物在沼泽中分解形成胶体状物质，其中存在大量孔隙，转化成煤后成为煤中的孔隙。孔隙体积占煤总体积的百分数就是孔隙率。煤中孔隙的孔径并不均匀，通常根据孔径大小将其划分为大孔、中孔和微孔。

随煤化程度的加深，总孔容积呈下降趋势，到碳含量大于 88%以后，煤的总孔容积又有所提高，孔隙率与煤化程度的关系如图 1-5 所示。

碳含量小于 75%的褐煤，大孔占优势；碳含量为 75%～82%的煤，中孔占优势；碳含量为 88%～91%的煤，微孔占优势。

年轻煤中的孔隙主要是由胶体孔隙转化而来的，由于成煤作用中受到的压力较小，孔径也就较大；到了中等煤化程度的煤，由于煤化作用，分子结构的变化会使分子趋于紧密，因而孔隙会减小；到了高煤化程度的无烟煤，煤分子缩聚加剧，使煤的体积收缩，由于收缩不均，

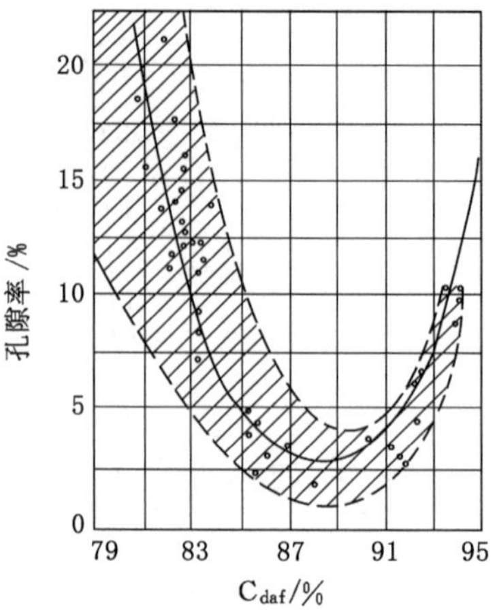

图 1-5　孔隙率与煤化程度的关系

产生的内应力大于煤的强度时，就会在局部形成裂隙，这些裂隙基本以微孔为主。

六、煤的氧化

（一）不同氧化条件下煤的氧化产物

煤的氧化是研究煤结构和性质的重要方法，同时又是煤炭加工利用的一种工艺。煤的氧化是煤分子结构从复杂到简单的转化过程。氧化的温度越高、氧化剂越强、氧化的时间越长，氧化产物的分子结构就越简单，从结构复杂的腐殖酸到较简单的苯羧酸，直至最后被完全氧化为二氧化碳和水。常用的氧化剂有：高锰酸钾、重铬酸钠、双氧水、空气、纯氧、硝酸等。煤的氧化可以按其进行的深度或主要产物分为 5 个阶段（表 1-7），即表面氧化、轻度氧化、中度氧化、深度氧化和完全氧化。

表 1-7　煤氧化的阶段

氧化深度	主要氧化条件	主要氧化产物
表面氧化	从常温到 200 ℃左右，空气或氧气氧化	表面碳氧络合物
轻度氧化	100～300 ℃空气或氧气氧化 100～300 ℃碱溶液中，空气或氧气氧化 80～100 ℃硝酸氧化等	可溶于碱的高分子有机酸（再生腐殖酸）
中度氧化	200～300 ℃碱溶液中空气或氧气加压氧化，碱性介质中 $KMnO_4$ 氧化及双氧水氧化等	可溶于水的复杂有机酸（次腐殖酸）
深度氧化	条件同上，增加氧化剂用量，延长反应时间	可溶于水的苯羧酸
完全氧化	燃烧	二氧化碳和水

（二）煤的风化与自燃

1. 煤的风化

煤的风化是指离地表较近的煤层，经受风、雪、雨、露、冰冻、日光和空气中氧等的长时间作用，使煤的性质发生一系列不利变化的现象。在浅煤层中被风化了的煤称为风化煤。被开采出来存放在地面上的煤，经长时间与空气作用，也会发生缓慢的氧化作用，使煤质发生变化，这一过程也称为风化作用。经风化作用后，煤的性质主要发生以下一些变化。

（1）化学组成的变化：碳元素和氢元素含量下降，氧含量增加，腐殖酸含量增加；

（2）物理性质的变化：光泽暗淡，机械强度下降，硬度下降，疏松易碎，表面积增加，对水的润湿性增大；

（3）工艺性质的变化：低温干馏焦油产率下降，发热量降低，煤的黏结性下降甚至消失，煤的可浮性变差，浮选回收率下降，精煤脱水性恶化。

风化煤中的腐殖酸常与钙、镁、铁和铝离子结合形成不溶性的腐殖酸盐，所以用碱溶不能直接抽出，而要先进行酸洗，有些风化煤因风化程度较深，生成了相对分子质量更低的黄腐酸，可以溶于酸并能用丙酮抽提出来。

2. 煤的自燃

煤风化过程的实质是煤的氧化过程，也就是一个放热过程。如果煤氧化释放的热量不能及时散发，煤就会吸收这些热量，从而导致温度升高。温度的升高又会加剧煤的氧化，释放出更多的热量。当温度达到煤的着火点时就会发火燃烧，这一过程称为煤的自燃。煤的自燃一般发生在较高的煤堆内部或通风不畅的采空区。因为这些地方的通风散热不好，易使氧化产生的热量积聚，促使煤堆或煤层温度缓慢上升而自发燃烧。

第六节　煤的工艺性质

煤炭在加工转化过程中表现出来的性质称为煤的工艺性质。

一、煤的热解和黏结成焦性能

煤的热解是指煤炭按照一定的工艺条件隔绝氧气加热，并生成气、液、固三种产物的过程，热解也称为炭化或干馏。

炼焦属于高温热解，是将配合好的煤在焦炉中隔绝空气加热到950～1 050 ℃，生产出满足一定强度、块度和组成要求的焦炭的转化过程。煤的炼焦性能是指单种煤或配合煤在一定炼焦条件下，能否炼制出优质焦炭的性能。

焦炭是炼铁的主要原料之一，焦炭在炼铁时的作用主要是还原剂、燃料和料层的骨架，特别是骨架作用最为关键。提高焦炭的反应后强度、降低反应性可有效提高焦炭的骨架作用。

（一）煤的热解

黏结性烟煤的热解过程大致可分为三个阶段。

（1）干燥脱吸阶段（室温～300 ℃）

从室温到300 ℃，煤的基本性质不会发生变化，煤中吸附的水分和气体在此阶段脱除。室温～120 ℃是煤的脱水干燥阶段，120～300 ℃是煤中吸附的CH_4、CO_2、N_2等气体的脱吸阶段。

（2）胶质体的生成和固化阶段（300～550 ℃）

该阶段以煤的裂解、解聚为主，黏结性烟煤形成以液体为主的胶质体，阶段末期，胶质体固化形成半焦。

300～450 ℃时，煤发生激烈的裂解、解聚反应，生成了大量的相对分子质量较小的气相组分（主要是CH_4、H_2、不饱和烃等气体和焦油蒸气，这些气相组分称为热解的一次气体）和相对分子质量较大的黏稠液相组分。这一阶段中形成的气(气相组分)、液(液相组分)、固(尚未分解的煤粒)三相混合物称为胶质体,胶质体的特性将对煤的黏结、成焦性有决定性的作用。

煤热解产生的焦油主要是在该阶段以蒸气形式析出,大约在 450 ℃时焦油的析出量最大。

450～550 ℃时,胶质体分解加速,开始缩聚,生成相对分子质量很大的物质,胶质体固化成为半焦。

(3) 半焦转化为焦炭的阶段(550～1 000 ℃)

该阶段以缩聚反应为主,由半焦转化为焦炭。

550～750 ℃时,半焦缩聚析出大量的气体,主要是 H_2 和少量的 CH_4,成为热解的二次气体。半焦分解释放出大量气体后,体积收缩产生裂纹。在此阶段基本上不产生焦油。

750～1 000 ℃时,半焦进一步缩聚,继续析出少量气体,主要是 H_2,同时芳香碳网不断增大,结构单元的排列有序化进一步增强,最后半焦转化成为焦炭。

非黏结性煤的热解过程与黏结性煤相近,只是在热解过程中没有软化熔融的现象出现。

煤化程度低的非黏结性煤如褐煤、长焰煤等,其热解过程与黏结性烟煤大体类似,同样有分解、裂解和缩聚等反应发生,生成大量气体和焦油,只是在热解过程中没有胶质体生成,不会产生熔融、膨胀等现象,热解前后煤粒仍然呈分离状态,不会黏结成块。

煤化程度高的非黏结性煤,如贫煤、无烟煤,其热解过程较为简单,以缩聚反应为主,释放出少量的热解气体,其中热值高的烃类如甲烷含量较低,氢含量较高,煤气热值相对较低。

(二) 煤的黏结性和结焦性及其评定方法

黏结性烟煤在隔绝空气加热时,会产生软化、熔融、再固化的现象,其中煤软化熔融的性质称为煤的热塑性,简称煤的塑性。煤的塑性是煤可焦化性能的前提,也是决定焦炭反应后强度(CSR)和焦炭反应性(CRI)的关键因素。煤的黏结性是指烟煤在干馏时产生的胶质体黏结自身和/或惰性物料的能力。煤的结焦性是指单种煤或配合煤在工业焦炉或模拟工业焦炉的炼焦条件下(一定的升温速度、加热终温等),黏结成块并最终形成具有一定块度和强度的焦炭的能力。黏结性是结焦性的必要条件,而胶质体的塑性、流动性、膨胀性、透气性、热稳定性等对煤的结焦性也有较大的影响。煤的黏结性是评价烟煤能否用于炼焦的主要依据,也是评价低温热解、气化或动力用煤的重要依据。

炼焦用煤必须具有黏结性,即粉状的炼焦煤在高温热解过程中能够“软化”“熔融”,形成以液体为主的黏稠胶质体,固化后则能形成块状焦炭,肥煤和气肥煤的黏结性最好;炼焦用煤也必须具有结焦性,即煤在热解时,能形成一定块度和足够强度的焦炭,焦煤的结焦性最好。

煤的黏结性和结焦性的评定方法很多,国际上和我国常用的方法介绍如下。

1. 罗加指数

罗加指数是由波兰学者罗加提出的一种测定煤的黏结性的方法。

罗加指数是用煤焦化后焦炭的耐磨强度来表示煤的黏结性强弱,反映了煤在胶质体阶段黏结自身和惰性物料并最终形成具有一定耐磨强度焦炭的能力。罗加指数法具有明显的优点,如设备简单、测定快速、所需试验煤样少,且不但能反映煤的黏结能力,还能在一定程度上反映结焦性。但罗加指数法也有缺点,如加热速度远远高于工业炼焦的加热速度,导致黏结性测值偏高;对强黏结性煤区分能力差,对弱黏结性煤的重现性差;标准无烟煤的不同时导致测定结果差异,使得各国间的测值不具可比性。

2. 黏结指数

黏结指数是我国科学工作者经过对煤的黏结过程的深入分析和研究后,针对罗加指数的缺点改进而来的。其测定原理和仪器设备与罗加指数法完全相同,实践表明,黏结指数在我国的应用是成功的,并已经作为我国煤炭分类的主要指标之一。

3. 胶质层指数

胶质层指数又称胶质层最大厚度。胶质层指数法是由苏联学者提出的测定煤的黏结性的方法,它模拟工业焦炉的半个炭化室,单向加热,加热速度(3 ℃/min)与工业炼焦条件接近,主要测定煤在热解时形成胶质体的数量,即胶质层最大厚度 Y,此外还可得到辅助指标最终收缩度 X 和体积曲线。

胶质层指数法较适合于中等黏结性的煤,其优点是 Y 值具有加和性,即混合煤的 Y 值可通过各单种煤 Y 值进行加权平均而得。因此,胶质层指数在配煤炼焦时具有重要的指导意义。胶质层指数法有不少缺点,如胶质层厚度只能反映胶质体的数量,不能反映胶质体的质量;测定过程的规范性强,影响测定结果的因素多;测定时所需煤样量大;对弱黏结性煤和强黏结性煤的测定结果不准,重现性差。这一方法在东欧各国中应用较为普遍,在我国的应用也十分广泛,特别是在焦化厂指导炼焦配煤方面有独到之处,因此,我国现行煤炭分类国家标准中也采用 Y 值作为分类指标之一。

4. 奥阿膨胀度

奥阿膨胀度是测定煤炭黏结性的方法之一,奥阿膨胀度主要取决于煤的胶质体数量、胶质体的不透气性和胶质体期间气体析出的速度。如果胶质体数量多、透气性差、温度间隔宽,膨胀度就大;反之,膨胀度就小。中等煤化程度的肥煤、焦煤膨胀度大,其余煤种的膨胀度小,甚至是负值(膨胀曲线低于基线)或不膨胀。

奥阿膨胀度对中、强黏结性煤的区分能力强,对强黏结性煤,区分能力好于 Y 值,测定时人为误差小,结果重现性好。缺点是对弱黏结性煤区分能力差,对试验仪器加工精度要求高,规范性太强。奥阿膨胀度指标也被我国现行煤炭分类方案采用,作为 Y 值的补充指标。

5. 坩埚膨胀序数

坩埚膨胀序数(CSN),又称自由膨胀序数(FSI),是一种通过测定煤炭的膨胀性来判断黏结性的方法。其测定要点是:称取 1 g 粒度小于 0.2 mm 的煤样装入专用坩埚,放入电加热炉内,按规定的方法加热,将所得的焦块与一套带有序号的标准焦块侧面图形(图 1-6)相比较,与焦块最为接近的一个图形的序号,便是该种煤的坩埚膨胀序数。膨胀序数共分为 17 种,序数越大,表示煤的膨胀性和黏结性越强。

坩埚膨胀序数的大小取决于煤的熔融特性、胶质体生成期间析气情况与胶质体的不透气性。由于测定时加热速度很快,约为 530 ℃/min,煤料塑性体突然固结成半焦而得到焦块,它主要取决于煤临近固化前的塑性体特性,有可能将黏结性较弱的煤判断为黏结性较强的煤。此外,这种方法是根据焦块外形来作判断的,从而使判断带有较强的主观性,往往对膨胀序数 5 以上煤黏结性的区分能力较差。但该法快速简便,在英国等国家习用已久,在国际硬煤分类方案中被选为黏结性的分类指标。

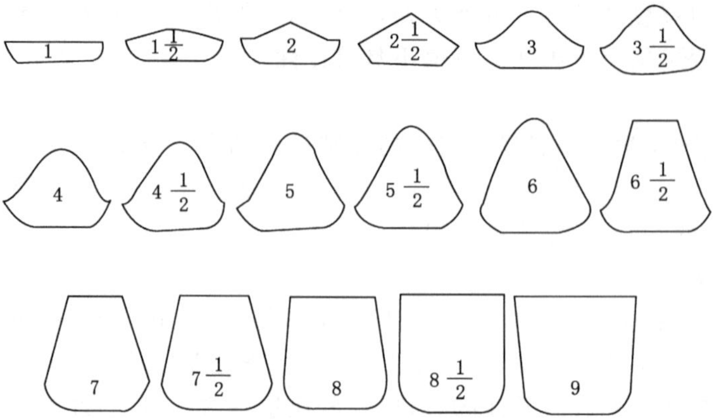

图 1-6　标准焦块侧面图形及其对应的坩埚膨胀序数

二、煤的加氢液化性能

（一）概述

煤加氢是研究煤的化学结构与性质的主要方法之一，也是具有发展前途的煤液化技术。煤的加氢又称为煤的氢化。最初研究煤加氢的目的是通过煤加氢液化制取液体燃料油。人们研究了煤和烃类的化学组成后发现，固体的煤与液体的烃类在化学元素的组成上几乎没有区别，仅仅是各元素含量的比例不同而已，特别是 H 与 C 原子比。一般石油的 H/C 接近 2，褐煤、长焰煤、肥煤、无烟煤分别约为 0.9、0.8、0.7 和 0.4。从分子结构来看，煤主要由结构复杂的芳香烃组成，相对分子质量高达 5 000 以上，而石油则主要由结构简单的直链烃组成，相对分子质量小得多，仅为 200 左右。通过对煤加氢，可以破坏煤的大分子结构，生成相对分子质量小、H 与 C 原子比大、结构简单的烃，从而将煤转化为液体油。典型煤和烃类的元素组成见表 1-8。

表 1-8　典型煤和烃类的元素组成

元素	无烟煤	中挥发分烟煤	高挥发分烟煤	褐煤	煤焦油沥青	甲苯	汽油	甲烷
C	93.7	88.4	80.3	72.7	87.43	91.3	86	75
H	2.4	5.0	5.5	4.2	6.5	8.7	14	25
O	2.4	4.1	11.1	21.3	3.5			
N	0.9	1.7	1.9	1.2	2.2			
S	0.6	0.8	1.2	0.6	0.37			
H/C	0.31	0.68	0.82	0.86	0.9	1.14	1.94	4

研究表明，在一定条件下对煤进行不同程度的加氢处理，煤的性质将发生巨大变化。轻度加氢可以生成以固体为主的洁净燃料，深度加氢可以将煤液化生成液体油，经进一步加工可以得到发动机燃料、化工产品或化工原料。

煤的液化技术早在 19 世纪就有人开始研究，20 世纪 20 年代首先在德国实现工业化，50 年代因中东油田廉价石油充斥世界，煤炭液化技术的研究又陷入停顿。20 世纪 70 年代，世界范围内爆发石油危机，煤炭液化技术的研究再次受到各国重视，这一时期开发了很多有代表性的煤炭液化新技术，为后来液化技术的发展奠定了重要的基础。21 世纪初，中国经济高速发展，石油对外依存度大幅度上升，煤炭液化技术为中国政府和企业界所重视，以中国神华能源股份有限公司为代表的煤炭巨头开始投巨资开发相关技术，并开始了示范装置的建设和运行。从此，煤炭液化技术在中国得到了前所未有的发展，并开发出了全套的具有自主知识产权的工艺和设备，为煤炭液化技术在我国的长远发展奠定了重要的基础。

（二）煤的加氢液化性能的评价

煤的可液化性能一般通过高压釜试验，以煤的转化率和油产率为评价指标。

试验时将煤样装入高压釜，按比例加入溶剂制成煤糊。用氮气驱除空气，并检查气密性。通入氢气至所需要的初始压力，按设定条件加热并恒温一定时间。自然冷却后，收集并计量釜内气体，取出反应液固体产物进行分离、分析。

液固产物复杂，一般用溶剂萃取分离。可溶于正己烷的物质称为油，不溶于正己烷而溶于苯的物质称为沥青烯，不溶于苯而溶于四氢呋喃的物质称为前沥青烯，不溶于四氢呋喃的物质称为残渣（或未反应煤）。

液化产物的产率定义如下（常以百分数表示）：

$$\text{油产率}=\frac{\text{正己烷可溶物质量}}{\text{原料煤质量(daf)}}\times100\% \tag{1-2}$$

$$\text{沥青烯产率}=\frac{\text{苯可溶而正己烷不溶物的质量}}{\text{原料煤质量(daf)}}\times100\% \tag{1-3}$$

$$\text{前沥青烯产率}=\frac{\text{吡啶(或 THF)可溶而苯不溶物的质量}}{\text{原料煤质量(daf)}}\times100\% \tag{1-4}$$

$$\text{煤液化转化率}=\frac{\text{干煤质量}-\text{苯(或 THF、吡啶)不溶物的质量}}{\text{原料煤质量(daf)}}\times100\% \tag{1-5}$$

三、煤的气化性能

煤炭气化已经成为现代煤化工的前导技术，煤的气化性能就显得极为重要，成为对煤气化设备的复杂程度、运行的可靠程度和气化成本的重要影响因素。煤的气化性能主要包括煤与气化剂的反应活性（可用不同温度下 CO_2 还原率表征）、灰渣的熔融流动性两个方面。这两方面的特性也反映煤在燃烧时表现出来的特性。

（一）煤的气化反应性

煤的气化反应性又称煤的反应活性，指在一定温度条件下煤与气化介质（CO_2、O_2、水蒸气等）相互作用的反应能力。反应性好的煤在气化和燃烧过程中反应速度快、效率高，特别是对采用流化床和气流床等高效的新型气化技术，煤的反应性的好坏直接影响到煤在气化炉中反应的快慢、反应的完全程度、耗煤量、耗氧量及煤气的有效成分等。反应性好的煤可以在生产能力基本稳定的情况下，使气化炉在较低温度下操作，可以延长气化炉的寿命及检修周期，降低操作费用。煤的反应性也影响煤在锅炉中燃烧的技术状况。因此，煤的反应性是煤气化和燃烧的重要特性指标。目前我国采用煤经过 900 ℃脱挥发分后制备的煤焦对 CO_2 还原的能力，即 CO_2 的还原率（$\alpha\%$）表征煤的气化反应性。需要指出的是，该指标测定中制焦的方法步骤是固定不变的，与煤在实际气化炉条件下热解成焦的过程有很大的不同，特别是升温速率的不同，这将会对制备的焦的气化反应活性产生较大的影响。但总体来说，这一指标还是能够反映煤在高温条件下与各种气化剂反应的能力。

CO_2 的还原率测定方法要点是：先将煤样在 900 ℃下保持 1 h 进行干馏，除去挥发物。

然后筛分并选取 3～6 mm 粒级的焦渣（煤经过干馏后就成为焦渣）装入反应管中，加热到一定温度后（褐煤加热到 750 ℃，烟煤和无烟煤加热到 850 ℃），通入一定流速的 CO_2 气体与焦渣反应，每隔 50 ℃，测定反应后气体中 CO_2 的含量，计算以被还原成 CO 的 CO_2 量占通入 CO_2 总量的百分数 α% 作为煤对 CO_2 的化学反应性指标。不同温度下 CO_2 还原率按式(1-6)计算：

$$\alpha = \frac{100(100 - a - \gamma)}{(100 - a) \cdot (100 + \gamma)} \times 100 \tag{1-6}$$

式中 α——CO_2 还原率（反应性），%；

a——钢瓶 CO_2 气体中杂质气体含量，%；

γ——反应后气体中剩余的 CO_2 含量，%。

以各温度下的 α 值为纵坐标，对应的温度为横坐标绘制成反应性曲线，如图 1-7 所示。

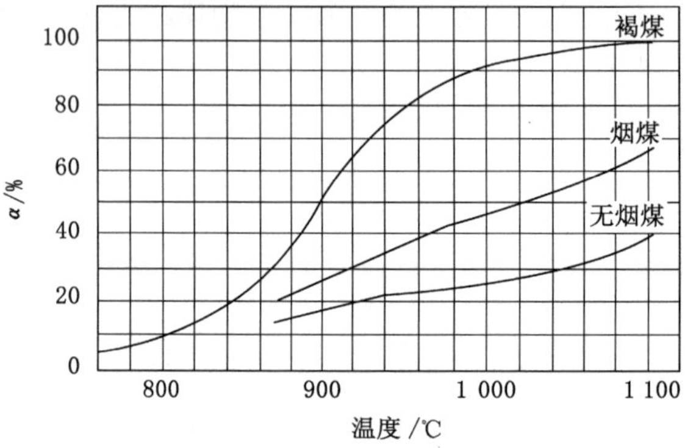

图 1-7　煤的气化反应性曲线

很多研究者已对煤焦与 CO_2、O_2 和水蒸气的气化反应进行了大量的研究，认为影响煤焦气化反应性的因素很多，其中主要包括煤化程度、矿物质、显微组分、孔结构及其表面积、热解条件和气化条件等。

（二）煤灰的熔融特性

煤中的矿物质在煤的燃烧或气化时，在高温的作用下会发生复杂的化学反应，有原矿物质的分解，也有转化产物之间的重新化合，最终成为灰渣。这种反应十分复杂，很难综合研究。试验条件下的研究结果还不能准确预测矿物的具体转化行为，但可以作为推测性依据。

因为不同煤矿煤中的矿物质在矿物组成上差别巨大，形成的灰的组成也十分复杂，其含量变化范围很大。灰成分中各组分含量及其比例决定了煤灰的熔融特性。煤灰中的成分以硅铝酸盐、硫酸盐以及各种金属氧化物等的混合物形式存在，当加热到一定温度时，这些混合物中的某些组分首先熔化，随着温度的升高，熔化的成分就逐渐增多，最终全部熔融成为流体。因此，煤灰不像一般纯物质那样具有确定的熔融温度，能使固态灰分同时全部转变为液态，其原因在于各种成分有着各自不同的熔点，煤灰熔化时只能有一个熔化的温度范围，在技术上采用煤灰熔融性测定中的四个特征温度进行表示。

变形温度(deforming temperature，DT)，煤灰锥体尖端开始弯曲或变圆时的温度。

软化温度(softening temperature，ST)，煤灰锥体弯曲至锥尖触及底板变成球形或半球形时的温度。

半球温度(hemispheric temperature,HT),煤灰锥体形变至近似半球形,即高等于底长的一半时的温度。

流动温度(flowing temperature,FT),煤灰锥体完全熔化展开成高度小于 1.5 mm 薄层时的温度。

通常以煤灰软化温度 ST 作为衡量煤灰熔融性的指标,即灰熔点。如图 1-8 所示。

图 1-8 煤灰灰锥变形和熔融温度

传统上将煤灰的软化温度 ST 作为煤灰的熔点,根据 ST 的高低,把煤灰分为易熔(ST<1 160 ℃)、中等易熔(ST 为 1 160～1 350 ℃)、难熔(ST 为 1 350～1 500 ℃)和不熔(ST 在 1 500 ℃以上)。实践证明,煤灰熔融性特征温度只能反映一些初步的现象和趋势,不能真正反映煤灰渣在具体设备运行中的表现。对于现代气流床的气化设备来说,均采用液态排渣,液态灰渣黏温特性更能反映灰渣对于气化炉运行的影响和要求。对于移动床的气化和燃烧设备来说,煤的结渣性更能反映煤灰对设备运行的影响。

煤灰的熔融流动性主要与煤灰的化学组成、灰渣气氛、温度等有关,其中最重要的是煤灰的化学组成。

(三)煤灰的黏度-温度特性

煤灰黏度是指煤灰在熔融状态下的内摩擦系数。煤灰黏度是动力用煤和气化用煤的重要指标,特别是对于液态排渣炉来说,仅靠煤灰熔融温度的高低已经不能正确判断煤灰渣在液态时的流动特性,而需要测定煤灰在熔融态时的黏度-温度特性曲线。近年来,世界上液态排渣的大型现代化锅炉和气化炉有了很快发展,特别是现代煤气化工艺中,很多工艺对煤灰黏度提出了要求,因为这些煤气化工艺均是在高于煤灰熔点的温度下操作的,采用液态排渣,一般希望煤灰黏度小一点为好,这样可以在较低温度下操作,以延长设备的使用寿命,有利于降低操作费用,提高经济效益。例如,在固定床液态排渣煤气炉中,其排渣黏度应小于 5.0 Pa·s;煤粉气化过程中,其排渣黏度应小于 25.0 Pa·s;而在液态排渣锅炉中,顺利排渣的黏度范围是 5.0～10.0 Pa·s。试验表明,由于煤灰组成不同,虽然两种煤灰的熔融温度可能相近,但其黏度-温度特性曲线有很大的差别。因此,需要测定煤灰的黏度-温度特性曲线,才能了解灰渣的流动特性,以帮助制定相应的操作条件或采用添加助熔剂或配煤的方法来改变煤灰的流动性,使其符合液态排渣炉的使用要求。

影响煤灰黏度的关键因素是煤灰成分,特别是二氧化硅、氧化铝、氧化铁和三价铁百分率、氧化钙以及氧化镁。其中 SiO_2 和 Al_2O_3 能提高煤灰黏度;Fe_2O_3、CaO 和 MgO 能降低煤灰黏度;三价铁百分率增加时,煤灰黏度增加,临界黏度温度升高。但当 Fe_2O_3 含量高、SiO_2 含量低时,增加 SiO_2 含量反会降低煤灰黏度。此外,Na_2O 也能降低煤灰黏度。

灰渣的流动性不仅取决于它的化学成分,也取决于它的矿物质组成。化学成分相同但矿物组成不同的灰渣,完全可能有不同的流动性。只有在真溶液范围内灰渣的黏度才完全取决于它的化学成分,而与各成分的来源(即矿物质组成)无关。

（四）煤的结渣性

在煤的气化、燃烧过程中，煤中的碳与氧反应，放出热量产生高温使煤中的灰分熔融成渣。对固态排渣气化炉，渣的形成一方面使气流分布不均匀，易产生风洞，造成局部过热，而给操作带来一定的困难，结渣严重时还会导致停产；另一方面由于结渣后煤块被熔渣包裹，煤中碳未完全反应就排出炉外，增加了碳的损失。为了使生产正常运行，避免结渣，往往通入适量的水蒸气，但是水蒸气的通入会降低反应层的温度，使煤气质量及气化效率下降。煤的结渣性是反映煤灰在气化或燃烧过程中成渣的特性。煤的结渣性测定方法是模拟工业发生炉的氧化层反应条件。实验室以大于 6 mm 的渣块占总灰渣质量的百分数来评价煤的结渣性强弱。

影响结渣性的因素主要是煤中矿物质的含量及组成。一般矿物质含量高的煤容易结渣，矿物质中钙、铁含量高容易结渣，而 Al_2O_3 含量高则不易结渣。此外，结渣性还随鼓风强度的提高而增强。

煤的结渣性与煤灰熔融性有一定关系，一般来说，灰熔点低的煤容易结渣，灰熔点高的煤不容易结渣。通常 ST>1 350 ℃不容易结渣，但有时有例外，特别是煤灰产率高时更是如此。

四、煤的燃烧性能

（一）煤的发热量

煤的发热量是煤最重要的质量指标，根据煤的发热量可以计算耗煤设备的热量平衡、耗煤量、热效率，还可估算锅炉燃烧时的理论空气量、烟气量以及理论燃烧温度等，是锅炉设计的重要依据，也是目前煤炭贸易计价的主要依据。煤的发热量还是煤分子结构和组成等信息的综合反映，在研究煤质和对煤炭分类中也有重要意义。

1. 煤炭发热量的测定

一般采用氧弹法测定煤的发热量，其基本原理是：称取 1 g 粒度小于 0.2 mm 的煤样置入有 10 mL 水的氧弹中，向氧弹充入氧气，使氧弹中氧的初压力为 2.6～3.0 MPa，然后将氧弹放入充有定量水的内桶中，利用电流将煤样点燃。煤样燃烧后产生的热量通过氧弹传给内桶中的水，使水的温度升高。根据内桶水的温升和氧弹系统的热容量（水温升高 1 ℃，系统所需要的热量）可以计算出煤在氧弹中燃烧后释放出的热量，此即弹筒发热量，用 $Q_{b,ad}$ 表示。

2. 煤在氧弹中燃烧和在大气中燃烧不同的分析

煤在氧弹中燃烧时，氧弹中的气氛是高压纯氧。在这一特殊条件下，煤的燃烧反应与大气条件下的燃烧有较大的区别。

(1) 氮（包括氧弹中原有少量空气中的氮）在高压氧条件下，生成了高价氮氧化物，这些高价氮氧化物与水作用生成硝酸。氧弹中氮氧化形成硝酸的过程是放热的，而煤在大气中燃烧时并不生成高价氮氧化物，更不会在锅炉内生成硝酸而放热。显然，煤在氧弹中燃烧时放出更多的热量。

(2) 煤中的可燃硫（有机硫和硫铁矿硫）在氧弹中燃烧时，由于高压氧的存在，生成的 SO_2 又转化为 SO_3，并与水作用生成了 H_2SO_4，H_2SO_4 溶于水形成稀硫酸，这一系列过程都是放热的。而煤在大气中燃烧时绝大部分的可燃硫以 SO_2 形式放出。显然，由于煤中硫的存在，使煤在氧弹中燃烧释放出的热量大于煤在大气中燃烧释放出的热量。

(3) 煤中的吸附水以及煤中的氢燃烧后生成的水在氧弹中均以液体形式存在，而煤在大气燃烧时水以蒸汽的形式排放到大气中。由蒸汽变为液态的水要释放出大量的热。可见，由于水的存在形态不同，煤在氧弹中燃烧后释放出的热量大于在大气中燃烧所释放出的热量。

(4) 煤在氧弹中燃烧是恒容燃烧，在大气中燃烧是恒压燃烧。在恒压条件下燃烧时因气体体积增大需向环境做功，从而使释放的热量减少。在氧弹中燃烧时则不存在向环境做功的问题，释放的热量就大。煤在恒压和恒容条件下燃烧释放的热量差别不大，一般不做校正，直接使用恒容条件下测得的结果。

3. 影响煤发热量的因素

煤的发热量是煤质特性的综合指标，煤质特性是决定煤的发热量的主要因素。煤的成因类型、煤岩组成、矿物质含量、煤化程度等对煤的发热量均有不同程度的影响。

(1) 成因类型的影响

腐泥煤和残植煤的发热量较腐殖煤高，主要原因是前者氧含量低、氢含量高。

(2) 煤岩组成的影响

相同煤化程度的煤，煤岩组成不同时煤的发热量也有差别。这是因为各煤岩成分的发热量不同。通常，壳质组的发热量最高，镜质组次之，惰质组最低。但对于低煤化程度煤，其惰质组的发热量可能高于镜质组。随着煤化程度的提高，这种差别逐步减小，到无烟煤阶段，几乎没有差别了。

(3) 矿物质含量的影响

因为矿物质不会对煤的热值有贡献，它的存在意味着能产生热量的有机质的减少。因此，矿物质含量对煤发热量的影响是线性的，对于每一种煤都可以得到确定的线性方程加以描述。如中煤平朔集团有限公司安家岭露天矿煤的发热量与灰分的关系可以用 $Q_{gr,d}=34\ 306-409.5A_d$(J/g，灰分数值不代入百分号)进行描述。

(4) 煤化程度的影响

腐殖煤的发热量与煤化程度有很好的相关关系。从低煤化程度的褐煤开始，随着煤化程度的提高，煤的发热量逐渐增加，到肥煤、焦煤阶段，发热量达到最大，最高可达 37 kJ/g。此后，随煤化程度提高，煤的发热量则呈下降趋势。这一规律与煤的元素组成的变化是吻合的。

影响煤发热量的元素主要是C、H、O三种元素，其中O不产生热量。从低煤化程度的褐煤开始，随煤化程度的提高，其中的氧含量迅速下降，碳含量则逐渐增加，氢含量变化不大，所以煤的发热量是增加的，到中等变质程度的肥煤和焦煤达到最高值。此后，煤中的氧含量的减少趋缓，而氢含量则明显下降，碳含量虽然明显增加，但它的发热量仅为氢的四分之一左右，因此，使煤的发热量呈下降趋势。煤的高位发热量与碳含量的关系如图1-9所示。

(二) 煤的着火性能

煤的着火性能可以采用煤的着火温度、燃料比和煤的着火特性指数等参数进行表征。

1. 煤的着火温度

煤的着火温度又称煤的着火点、燃点、临界温度等。它是指煤加热至开始燃烧的温度。煤的着火温度可以判断煤在燃烧炉中的连续接火燃烧情况，亦可判断煤的氧化程度和发生

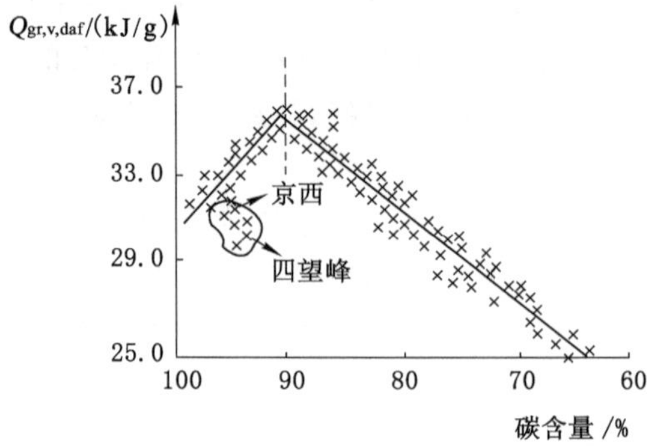

图 1-9 煤的高位发热量与碳含量的关系

自燃的倾向。

（1）煤着火温度的测定方法

测定煤着火温度的方法主要有气体氧化剂法和固体氧化剂法。气体氧化剂采用空气或氧气，固体氧化剂采用亚硝酸钠或硝酸银。固体氧化剂法比气体氧化剂法的重现性好。目前我国采用的是亚硝酸钠法。该法要点是：将煤样与亚硝酸钠按一定比例混合均匀，并按规定的方法加热，当达到一定温度时，煤样和氧化剂亚硝酸钠在瞬间发生剧烈反应而爆燃，利用仪器后肉眼观察，确定爆燃时的温度即煤的着火温度。

从测定煤着火温度的原理来看，主要是利用亚硝酸钠在加热时分解释放的活性氧对煤样氧化、燃烧的难易程度作为评判煤着火温度的依据。由于亚硝酸受热分解产生的氧与空气中分子态氧有很大区别，因此，亚硝酸钠法测定的着火温度并非煤样在实际条件下的着火温度，但可以反映煤样着火温度的相对高低和着火的难易程度。一般来说，亚硝酸钠法测得的结果低于煤样的实际着火温度。

还可以利用热重分析仪测定煤在氧气流或空气流中的着火温度，比亚硝酸钠法测定的着火温度更接近实际的煤着火温度。

（2）煤着火温度的影响因素

煤的着火温度随煤化程度的加深而升高，但煤化程度相同的煤往往着火温度也有较大的差异，这时，煤的内在水分越高则着火温度越低。煤受到轻微氧化后，其着火温度明显降低。

（3）煤着火温度与反应活性的关系

煤的着火点实际上与煤的反应活性密切相关，这两个指标反映的问题实质是相同的，即与煤大分子的结构密切相关。煤着火温度的测定类似于用氧作气化剂测定煤的反应活性。吴恕等研究了两者之间的关系（图 1-10），他们首先将 800～1 100 ℃范围内的反应活性数值按 50 ℃的间隔做平均化处理，得到平均的二氧化碳还原率 $\bar{\alpha}\%$，$\bar{\alpha}\%$ 与着火温度之间的关系可用下面的公式表示：

$$\bar{\alpha}\% = 266.48—0.9T_i + 7.73 \times 10^{-4} T_i^2 \tag{1-7}$$

2. 燃料比

美国和日本等国家通常采用燃料比（固定碳/挥发分）作为定性判断煤的燃烧性能的指标，近年来我国也广泛应用此指标。烟煤燃料比一般为 1～4，贫煤为 4～9，无烟煤＞9，褐煤

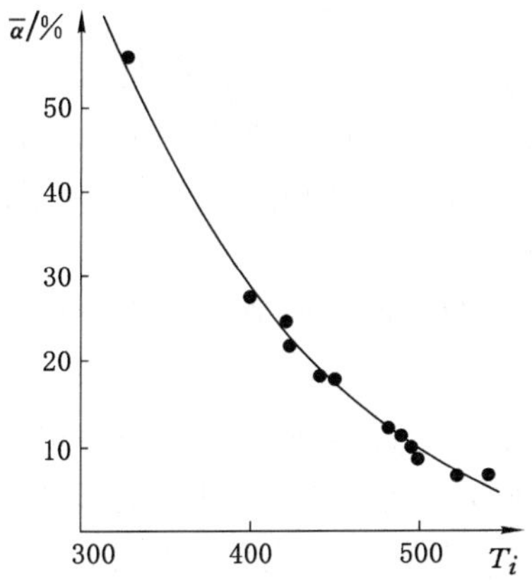

图 1-10　煤的着火温度与平均反应活性的关系

仅为 0.6～1.5。燃料比小于 2.0 时，煤的燃烧性能好。对于燃料比大于 3.0 的煤如果采用水平燃烧方式，在炉膛和燃烧器的设计上要采取措施，方能保证燃烧稳定性和燃烧效率。对于燃料比大于 9.0 的无烟煤，不宜采用水平燃烧方式，应采用 U 形或 W 形燃烧方式。

3. 煤的着火特性指数 F_z

傅维标在系统研究了煤的可燃烧性之后提出了一个 F_z 指数，用以评价煤的着火特性。F_z 指数定义如下：

$$F_z = (V_{ad} + M_{ad})^2 \times C_{ad} \times 100 \tag{1-8}$$

根据煤的 F_z 指数大小，可以将煤的可燃性分为以下几类：

(1) 极难燃煤：$F_z \leqslant 0.5$；

(2) 难燃煤：$0.5 < F_z \leqslant 1.0$；

(3) 准难燃煤：$1.0 < F_z \leqslant 1.5$；

(4) 易燃煤：$1.5 < F_z \leqslant 2.0$；

(5) 极易燃煤：$F_z > 2$。

F_z 指数越大，着火温度越低，其着火特性越好。尽管煤质千变万化，但只要 F_z 指数相同，则它们的着火特性就是相同的。这就给锅炉的设计者和运行人员提供了一个简便而实用的判别煤焦着火特性的准则。

通用着火特性指数 F_z 可改变长期以来只用干燥无灰基挥发分来判断煤着火特性的片面观点。因为煤焦着火温度与干燥无灰基挥发分之间不存在通用规律。例如合山劣质煤的挥发分较高，但其着火温度却较高，过去无法解释这一现象。由 F_z 指数就可知道，合山劣质煤 F_z 数值很小，所以其着火温度较高。再如福建陆加地煤、龙岩煤与加福煤的 V_{daf} 都在 3%～4%，似乎它们都应该很难燃，但实际情况是前二者较易燃，而加福煤极难燃。这是因为它们的 F_z 指数分别为 0.75、0.6 和 0.15，因此，陆加地煤与龙岩煤确实易燃。其主要原因是它们的内在水分含量很高，内在水分析出的结果使煤的孔隙率增加，即活性增大，所以容易着火。

五、煤的机械加工性能

煤的机械加工方法很多，如磨碎、破碎、成型、筛分、分选、成浆等。

（一）煤的可磨性

煤的可磨性是指煤磨碎成粉的难易程度。在有关的工业生产中，测定煤的可磨性具有重要的意义。火力发电厂、水泥厂、气流床气化厂，在设计与改进制粉系统并估计磨煤机的产量和耗电量时，常需测定煤的可磨性；在型焦工业中，为了决定粉碎系统的级数及粉碎机的类型，也要预先测定煤的可磨性。

根据里廷格(Rittssge)磨碎定律，磨碎所消耗的功与被磨颗粒增加的表面积成正比。

1. 可磨性的测定要点

国际上普遍采用哈德格罗夫法评定煤的可磨性，它是根据里廷格定律建立起来的。其测定要点是：将美国某矿区的烟煤作为标准煤，其可磨性指数定为100。测定时，先将四个一组可磨性指数各不相同的标准煤样，在哈氏可磨仪上研磨，该标准煤样在规定条件下，经过一定破碎功的研磨，以标准煤的200网目筛下物质量为纵坐标，相应的可磨性指数为横坐标得一直线，此直线就是该哈氏可磨仪的校准图。被测煤样在哈氏可磨仪上研磨后，根据200网目筛下物的质量在校准图上即可查出相应的可磨性指数，用HGI表示。

2. 影响可磨性的因素

煤的可磨性指数(HGI)反映的是煤的综合物理特性，它不仅受化学组成的影响，同时受煤岩形态、显微组分分布、矿物质颗粒大小和赋存状态等因素控制。

(1) 可磨性与煤的工业分析指标之间的关系

从统计规律来看，水分和挥发分越高，可磨性指数越低；相反，灰分和固定碳含量越高，可磨性指数越高。但是任何一个变量对可磨性指数的影响都不是很显著。可磨性指数与煤质工业分析结果间的非线性较大。仅从煤的工业分析等化学组分出发，将其看作一种均匀的物质，不能科学地反映煤的可磨性。煤的显微组分、矿物质类型、颗粒大小和分布以及煤种的显微构造等物理因素是决定煤的可磨性能的重要因素。同时，矿物组分在煤颗粒中的分散状况以及含量和组成均影响煤的可磨性。

(2) 煤岩形态和显微组分分布的影响

煤是一种经过沉积并经历复杂地质构造运动后形成的特殊岩体，在煤块中仍然保留了煤在经历了拉伸、挤压、剪切等运动后出现的裂缝和节理。这些显微构造(“内伤”)的存在可能引起粉碎性能的变化，这可能是一些产于平整地层煤种可磨性差，但产于褶皱、断层等地质构造复杂的煤种容易粉碎的内在原因。

由煤岩学研究可知，煤中镜质组、壳质组和惰质组等在煤中的分布和含量各不相同，使得其强度、载荷变形和弹性率等方面表现出不同的特征。煤的物理结构参数如表面积、孔隙率、孔径和孔径分布等的差异直接影响煤颗粒的可磨性能。此外，在进行煤的宏观煤岩类型分类时，可以发现镜煤和亮煤往往表现为裂隙发育明显，容易破碎。因此，煤的显微构造是煤的可磨性差异的另一内在因素。

(3) 煤化程度的影响

煤化程度对煤的可磨性的影响规律是：在低煤化程度阶段，随煤化程度的增加，煤的可磨性缓慢增加，在碳含量为87%～90%时，可磨性迅速增大，在碳含量为90%左右达到最大值，此后随煤化程度的进一步提高而迅速下降。哈德格罗夫可磨性指数与煤化程度的关系如图1-11所示。

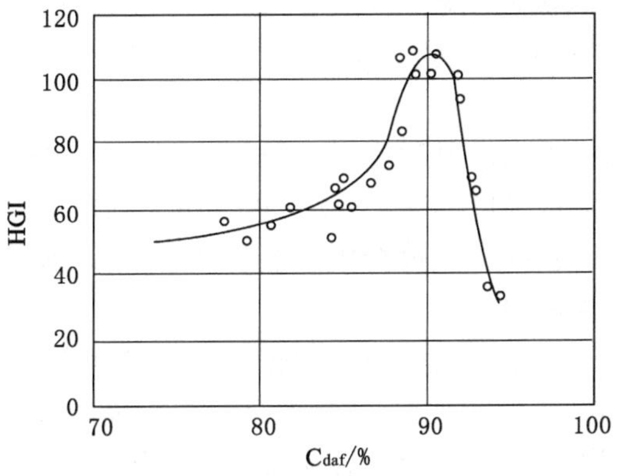

图 1-11　哈德格罗夫可磨性指数与煤化程度的关系

（二）煤的机械强度

煤的机械强度是指块煤在外力作用下抵抗破碎的能力，包括煤的抗碎强度、耐磨强度和抗压强度等物理性质。因此，测定煤的机械强度的方法很多，且各不相同，如落下试验法、转鼓试验法、耐压试验法等，应用比较广泛的是落下试验法，即测定煤的抗碎强度。

使用块煤作燃料或原料的设备，如固定床煤气发生炉、链条锅炉、煅烧炉及部分高温窑炉，对煤的块度都有一定要求。煤在运输、装卸以及加工过程中既有颗粒间的摩擦，又有堆积中的挤压，还有提升落下后的碰撞等，常使原来的大块煤破碎成小块，甚至产生较多的粉末。为了正确地估计块煤用量及确定在使用前是否需要筛分，使用块煤的用户必须了解煤的机械强度。

1. 煤的机械强度测定方法要点

煤的机械强度测定法是：用 60～100 mm 的块煤 25 kg，放在特制的活底铁箱中，在离地面 2 m 高处打开铁箱活底，让煤样自由落到地面的钢板上，用 25 mm 的方孔筛筛分，将大于 25 mm 的煤样再进行落下和筛分，重复三次后称出大于 25 mm 块煤的质量 G_1。以 G_1 占原来煤样质量 G 的百分率作为煤炭的落下强度，即抗碎强度。

采用落下试验法测定煤的机械强度的分级标准如表 1-9 所示。

表 1-9　煤的机械强度分级标准

级　别	煤的机械强度	＞25 mm 粒度所占比例/%
一级	高强度煤	≥65
二级	中强度煤	50～65
三级	低强度煤	30～50
四级	特低强度煤	≤30

2. 煤的机械强度与煤质的关系

煤的机械强度与煤化程度、煤岩组成、矿物质含量和风化、氧化等因素有关。高煤化程度和低煤化程度煤的机械强度较大，中等煤化程度的肥煤、焦煤机械强度最小。宏观煤岩组分中丝炭的机械强度最小，镜煤次之，暗煤最坚韧。矿物质含量高的煤的机械强度大。煤经风化和氧化后机械强度将降低。

我国大多数无烟煤的机械强度较大，一般为60%～92%；但也有少数的煤呈片状、粒状，煤质松软、机械强度差，一般为40%～20%，甚至低于20%。

（三）煤的脆度

煤的脆度是表征煤被粉碎的难易程度，即机械坚固性的一个指标。煤的脆度与煤的岩相组成及煤化程度有关。根据脆度的降低，煤岩组分按下列次序排列：丝炭最脆，镜煤、亮煤居中，而暗煤最硬。由于丝炭易碎，故煤粉中丝炭甚多。可见，研究煤不同岩相类型的脆度能为煤岩选择破碎提供理论依据。

测定煤的脆度有如下两种试验方法：抗压强度法和抗碎强度法。抗压强度是与脆度相反的一种性质。因此，暗煤的抗压强度最大，丝炭的抗压强度最小，而镜煤和亮煤的抗压强度居中。纯的镜煤有生成裂纹的趋向，因而比较容易破裂。亮煤中的壳质组越多则强度越大。

抗碎强度和煤化程度的关系如图1-12所示。曲线在焦煤和肥煤位置出现最低点，即脆性最大，而年轻煤和年老煤则由于各自不同的结构原因，脆度均小于中等变质程度烟煤。

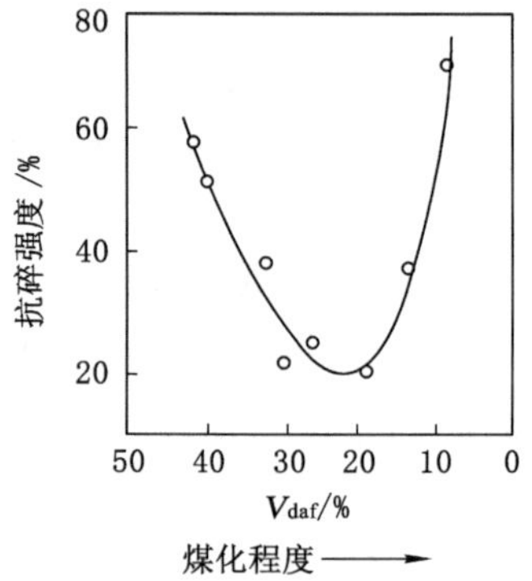

图1-12　抗碎强度和煤化程度的关系

（四）煤的弹性和塑性

由于物质的弹性与其结构有关，特别是与构成它的分子间的结合力的大小有着密切的关系，因此测定煤的弹性对于研究煤的结构也是很重要的。煤的弹性模量可以显示出煤的结构单元间的化学键的特性。此外，因为煤的弹性与煤的压缩成型性关系密切，型块成型脱模后的相对膨胀率表征了煤的弹性。煤的弹性增大则促使型块松散，因此研究煤的弹性也有助于提高型煤与型焦的产品质量。

可塑性与弹性相反，可塑性越大，成型加工越容易。塑性是将压缩的能量吸收起来，使颗粒靠紧。弹性是把能量储存起来，当外力消失后又释放出来。塑性增加，弹性降低，使型块的质量提高。年轻褐煤中含有较多的腐殖酸，塑性好，无黏合剂也可以高压成型。典型褐煤、年老褐煤、烟煤、无烟煤不具有塑性，须加黏结剂（焦油、沥青等）或黏合剂（黄泥、纸浆废液等）混捏，才能压成型块。

煤岩组分的塑性（压缩性）从大到小的次序为：壳质组＞镜质组＞惰质组。随煤化程度的增加，其差别渐小。

（五）煤的筛分特性及粒度组成

商品煤是由粒径不同的颗粒（块或粉）构成的混合物，其物料组成的粒度大小并不均一。在煤的加工利用过程中，往往对其粒度大小及分布（即粒度组成）有一定要求，这就需要使用筛分机对原料煤进行筛选，以得到不同粒度组成的产品。煤的粒度组成是指煤料中各粒度范围物料的质量占总煤料质量的百分比。

一般采用筛分的办法测定煤的粒度组成，对于超细煤粉则要使用显微镜或激光粒度分析仪等设备。煤炭企业通常使用筛分分析的方法来检查筛分和破碎过程的物料粒度组成，并使用尺寸为 100 mm、50 mm、25 mm、13 mm、6 mm、3 mm 和 0.5 mm 等筛子。根据煤炭加工利用的需要，可增加(或减少)某一或某些级别，或以生产中实际的筛分级代替其中相近的筛分级。上述煤炭粒度的筛分可在实验室振动筛和手筛上进行。粒度小于 0.5 mm 的煤粉或煤泥须在实验室用的套筛上进行筛分，即将不同筛孔的筛网装在直径为 200 mm、高为 50 mm 的圆形筛框上，套筛筛面的排列是筛孔自上而下逐渐减少。

(六) 煤的可选性

煤的可选性是指煤与其中的无机矿物质进行分离作业的难易程度，它是评价煤炭可加工性的重要指标。煤的可选性反映了按要求的质量指标从原煤中分选出合格产品的难易程度和经济性。通过研究煤的可选性，可以选择合理的分选技术路线，并对分选效果进行预先初步估计；选煤厂则可根据入选原煤的可选性等级，概略地评定煤的分选效果。

一般海陆交互相煤田的煤层结构较简单、变化也较小，而陆相则较复杂、变化也大；盆地边缘煤层结构复杂、内在灰分偏高，盆地中心结构较简单、内在灰分低。风氧化会改变煤的性质，使灰分增高、精煤回收率降低、中煤含量加大。

煤的可选性可以通过浮沉试验、浮选试验、接触角测定、煤岩学等技术手段进行评价。浮沉试验、浮选试验是传统的评价手段，具有方法简单、快速的特点，但不能深入认识煤可选性高低的原因。用煤岩学观点评价煤的可选性，可以考虑到煤的成因因素，如煤岩组成、矿物质嵌布特征等，能够为选煤厂设计提供详尽的破碎、分选工艺和设备的选择技术参数，能够在选煤操作中检查产品的质量并分析其优劣原因，能够在提高精煤产率、降低精煤灰分和硫分方面提供重要数据，从而可以减少浮沉试验工作量。因此，需要研究和建立用煤岩学观点评价和预测煤的可选性方法，从煤层形成的地质成因角度研究煤的可选特性。煤岩学方法不仅能够评价已开采煤的可选性，而且可以预测煤田较广泛区域内煤的可选性。

煤可选性的决定性因素是煤的原始成煤过程。在成煤作用过程的两大阶段中，第一个阶段即泥炭化作用是决定煤可选性的最主要的成因因素。在泥炭化作用阶段，植物遗体的聚集环境特性，如覆水深度、水流状况、泥炭沼泽与周围环境的物质交换等决定了矿物质进入泥炭层的方式、与泥炭层结合的状态等关键特性。在随后的煤化作用中，温度、压力、作用时间(成煤年代)等会对煤与矿物质之间结合的紧密性进一步产生作用，与此同时，煤化作用的进行，使煤的有机质也发生着巨大的变化，这些变化对煤的可选性都会产生不可忽略的影响。

从本质上看，煤之所以可选(即煤的有机质与矿物质可以实现分离)，是由于赋存于煤中的矿物质能通过自然或人工破碎的手段达到彼此解离，断开连接成为独立存在的个体，然后根据煤和矿物质性质(如密度、亲水性、导电性、抗磁性等)的差异在选煤设备中实现分离。目前在选煤工业上普遍采用的是根据煤和矿物质密度差别实现分离的重选法(适宜于粗粒分选)和根据亲水性差别实现分离的浮选法(适宜于细粒分选)两大类。

无论重选还是浮选，煤与矿物质分离作业的难易程度取决于两方面的因素：一是煤与矿物质的解离难易程度，二是煤与矿物质解离后的分离难易程度。无论是解离还是分离，无不与煤中矿物质颗粒的粒度大小有关。在采煤过程中，煤的自然破碎或者人为后期破碎使得原生状态下矿物质的颗粒尺寸越大时，通过破碎实现煤与矿物质的解离就越容易，从而在分选时煤和矿物质的分离也越容易，煤的可选性就越好。对于细粒级的浮选作业，可浮性除了与物料粒度有关之外，更重要的是与煤的表面亲水性有关，煤化程度越高，煤中的氧含量越低，煤的亲水性越低，煤与矿物质亲水性的差别就越大，煤的可浮性也就越好。通常浮选作业并不用于褐煤等低煤化程度的煤种，而是用于中高煤化程度的煤种，如烟煤、无烟煤，重选则无煤种限制。

煤中矿物质颗粒的尺寸与赋存方式取决于成煤过程的泥炭化作用期间的具体历程，煤化程度则取决于埋藏深度及成煤时间的长短。

从煤的生成过程我们知道，泥炭沼泽中的植物遗骸经过生化作用转化为泥炭，在这个漫长的过程中，随时有外来的矿物质随水流进入泥炭沼泽。从煤中矿物质的赋存状态的研究可以看出，外部矿物质进入泥炭层的方式是多种多样的，主要与水流的冲击力度有关。水量越大，流速越快，不仅水中携带的泥沙类矿物质量越多，而且对于业已形成的泥炭层的冲击也越大，矿物质就有可能与泥炭层有机质充分混合，经成煤作用后，矿物质以细粒镶嵌、浸染状分布在煤的有机质中，使煤中有机质颗粒和矿物质颗粒的粒度均很小，这时，要彻底解离煤和矿物质，就必须破碎到很小的粒度，不仅破碎花费很高的代价，分选的难度也大幅上升，煤的可选性就很差。很明显，煤有机质和矿物质的连生颗粒中，煤有机质或矿物质的粒度大小是影响煤可选性的最重要因素。

矿物质在煤中的嵌布状态分为以下几种类型：

(1) 呈条带状、薄层状、细脉状、较大的透镜体状。具有这种结构的煤，其矿物质一般在开采过程中不会自然解离，但采用机械破碎的方法很容易解离，煤的可选性好。通常绝大多数煤中的矿物质以这种方式与煤结合。

(2) 呈细分散状和浸染状。具有这种结构的煤，其矿物质颗粒细小且在煤中分布均匀，不但在开采过程中不能自然解离，就是深度破碎也很难解离。以这种方式与煤结合的矿物质数量不在少数，对煤的可选性、选煤作业方式和精煤的回收率影响巨大。

(3) 充填在煤的裂隙中和植物的细胞腔中。具有这种结构的煤，因其矿物质颗粒细小并且与煤结合比较密切，所以很难在开采过程中自然解离，深度破碎结果只能使选煤的成本成倍增加，而解离效果并不理想。以这种方式与煤结合的矿物质数量较少，选煤作业很少考虑其影响。

这种划分是合乎实际情况的，与选煤实践一致。

第七节　中国煤的分类及不同煤种的性质

由中国科学院、原煤炭部、原冶金部等单位共同研究，参照苏联的煤炭分类标准，于1956年12月提出了我国煤炭分类方案，1958年4月经原国家技术委员会正式颁布试行。在试行过程中发现了很多问题，1974年我国有关部门开始对煤炭进行新的分类研究，经有关部委、科研机关和高等院校的专家、教授多次会议论证，并对全国主要煤矿、煤产地煤质资料进行了全面分析研究，基本上取得了一致意见。于1985年1月19日通过了煤炭分类国家标准，并于1986年10月1日起正式实施。2009年又对该标准进行了微调。

一、无烟煤的分类

无烟煤采用 V_{daf} 和 H_{daf} 作为指标，将无烟煤分为一号至三号三个小类，见表 1-10。

表 1-10　无烟煤的分类

类　别	符　号	数　码	分类指标	
			V_{daf}/%	H_{daf}/%
无烟煤一号	WY1	01	0～3.5	0～2.0
无烟煤二号	WY2	02	>3.5～6.5	>2.0～3.0
无烟煤三号	WY3	03	>6.5～10.0	>3.0

注：在已确定无烟煤小类的生产矿、厂的日常工作中，可以只按 V_{daf} 分类；在地质勘探工作中，为新矿区确定小类或生产矿、厂和其他单位需要重新核定小类时，应同时测定 V_{daf} 和 H_{daf}，按上表分小类。如两种结果有矛盾，以按 H_{daf} 划分出的小类结果为准。

二、烟煤的分类

烟煤根据干燥无灰基挥发分 V_{daf}、黏结指数、胶质层最大厚度和奥阿膨胀度这四个指标，划分为 12 大类，见表 1-11。

表 1-11　烟煤的分类

类　别	符　号	数　码	分类指标			
			V_{daf}/%	$G(G_{R.I.})$	Y/mm	b②/%
贫　煤	PM	11	>10.0～20.0	≤5		
贫瘦煤	PS	12	>10.0～20.0	>5～20		
瘦　煤	SM	13	>10.0～20.0	>20～50		
		14	>10.0～20.0	>50～65		
焦　煤	JM	15	>10.0～20.0	>65①	≤25.0	(≤150)
		24	>20.0～28.0	>50～65		
		25	>20.0～28.0	>65①	≤25.0	(≤150)
肥　煤	FM	16	>10.0～20.0	(>85)*	>25.0	(>150)
		26	>20.0～28.0	(>85)①	>25.0	(>150)
		36	>28.0～37.0	(>85)①	>25.0	(>220)
1/3 焦煤	1/3 JM	35	>28.0～37.0	>65①	≤25.0	(≤220)
气肥煤	QF	46	>37.0	(>85)①	>25.0	(>220)
气　煤	QM	34	>28.0～37.0	>50～65		
		43	>37.0	>35～50		
		44	>37.0	>50～65		
		45	>37.0	>65①	≤25.0	(≤220)
1/2 中黏煤	1/2ZN	23	>20.0～28.0	>30～50		
		33	>28.0～37.0	>30～50		
弱黏煤	RN	22	>20.0～28.0	>5～30		
		32	>28.0～37.0	>5～30		

表 1-11(续)

类　别	符　号	数　码	分类指标			
			V_{daf}/%	$G(G_{R.I.})$	Y/mm	b②/%
不黏煤	BN	21	>20.0～28.0	≤5		
		31	>28.0～37.0	≤5		
长焰煤	CY	41	>37.0	≤5		
		42	>37.0	>5～35		

注:① 当烟煤的黏结指数测值 $G≤85$ 时,用干燥无灰基挥发分 V_{daf} 和黏结指数 G 来划分煤类;当黏结指数测值 $G>85$ 时,则用干燥无灰基挥发分 V_{daf} 和胶质层最大厚度 Y,或用干燥无灰基挥发分 V_{daf} 和奥阿膨胀度 b 来划分煤类。

② 当 $G>85$ 时,用 Y 和 b 并列作为分类指标。当 $V_{daf}≤28.0\%$ 时,b 暂定为 150%;当 $V_{daf}>28.0\%$ 时,b 暂定为 220%。当 b 值和 Y 值有矛盾时,以 Y 值为准来划分煤类。分类用的煤样,如原煤灰分小于或等于 10%者,无须减灰。灰分大于 10%的煤样,须按《煤样的制备方法》(GB/T 474—2008),用氯化锌重液减灰后再分类。

三、褐煤的分类

褐煤采用透光率 P_M 作为指标,表示煤化程度参数,用以区分褐煤和烟煤,并将褐煤划分小类。采用恒湿无灰基高位发热量作为辅助指标区分烟煤和褐煤,将褐煤分为 2 小类,见表 1-12。

表 1-12　褐煤的分类

类　别	符　号	数　码	分类指标	
			P_M/%	$Q_{gr,maf}$/(MJ/kg)
褐煤一号	HM1	51	0～30	—
褐煤二号	HM2	52	>30～50	≤24

注:凡 $V_{daf}>37.0\%$、$P_M>30\%～50\%$的煤,如恒湿无灰基高位发热量 $Q_{gr,maf}>24$ MJ/kg,则划为长焰煤。

气化、液化和燃烧等用煤部门,采用数码编号时对指导生产和选择合适的煤源仍有一定的实用意义。

四、各类煤的特性与主要用途

(一) 无烟煤(WY)

无烟煤的特点是固定碳高,挥发分低,纯煤真密度高达 1.35～1.90 g/cm^3,无黏结性,燃点高,一般达 360～420 ℃,燃烧时不冒烟。这类煤又分为 01 号(年老)、02 号(典型)和 03 号(年轻)三个小类。其中北京、晋城和阳泉三矿区的无烟煤分别为 01 号、02 号和 03 号无烟煤的代表。

无烟煤主要作民用燃料和合成氨造气原料;低灰、低硫且质软易磨的无烟煤不仅是理想的高炉喷吹和烧结铁矿石用的还原剂与燃料,而且还可作为制造各种碳素材料(如碳电极、炭块、阳极糊和活性炭、滤料等)的原料;某些无烟煤制成的航空用型煤还可作飞机发动机和车辆马达的保温用。

(二) 贫煤(PM)

贫煤是烟煤中变质程度最高的一小类煤,呈不黏结或微弱黏结,在层状炼焦炉中不结焦。发热量比无烟煤高，燃烧时火焰短，耐烧，但燃点也较高，仅次于无烟煤，一般为 350～360 ℃。主要作为电厂燃料，尤其与高挥发分煤配合燃烧更能充分发挥其热值高而又耐烧的优点。

（三）贫瘦煤（PS）

贫瘦煤是炼焦煤中变质程度最高的一种，其特点是挥发分较低，黏结性仅次于典型瘦煤。单独炼焦时，生成的粉焦多；在配煤炼焦时配入较少的比例就能起到瘦煤的瘦化作用，以提高焦炭的块度。这类煤也是发电、机车、民用及其他工业炉窑的燃料。

（四）瘦煤（SM）

瘦煤是具有中等黏结性的低挥发分炼焦煤。炼焦过程中能产生相当数量的胶质体，Y 值一般为 6～10 mm。单独炼焦时能得到块度大、裂纹小、抗碎强度较好的焦炭，但其耐磨强度较差，主要用作炼焦配料。高硫、高灰的瘦煤一般只作为电厂及锅炉的燃料。

（五）焦煤（JM）

焦煤是一种结焦性较好的炼焦煤，挥发分（V_{daf}）一般在 16%～28%。加热时能产生热稳定性很高的胶质体。单独炼焦时能得到块度大、裂纹少、抗碎强度和耐磨强度都很高的焦炭。但单独炼焦时膨胀压力大，有时易产生推焦困难。一般以作为配煤炼焦使用较好。

（六）肥煤（FM）

肥煤是中等挥发分及中高挥发分的强黏结性炼焦煤，其挥发分多为 25%～35%。加热时能产生大量的胶质体。单独炼焦时能生成熔融性好、强度高的焦炭，耐磨强度比相同挥发分的焦煤炼出的焦炭还好。但单独炼焦时焦炭有较多的横裂纹，焦根部分常有蜂焦。它是配煤炼焦中的基础煤。

（七）1/3 焦煤（1/3JM）

1/3 焦煤是中等偏高挥发分的较强黏结性炼焦煤，相当于原煤炭分类中的 2 号肥气煤及部分 2 号肥焦煤，也有少量黏结性较好的 1 号肥气煤和 1 号肥焦煤。它是一种介于焦煤、肥煤和气煤之间的过渡煤。单独炼焦时能生成熔融性良好、强度较高的焦炭，焦炭的抗碎强度接近肥煤，耐磨强度则又明显地高于气肥煤和气煤。因此它既能单煤炼焦供中型高炉使用，也是良好的配煤炼焦的基础煤。且其配入量可在较宽范围内波动而能获得高强度的焦炭。我国淮南产 1/3 焦煤。

（八）气肥煤（QF）

气肥煤是一种挥发分和胶质体厚度都很高的强黏结性炼焦煤（也称液肥煤）。其结焦性优于气煤而低于肥煤，胶质体虽多但较稀（即胶质体的黏稠度小）。单独炼焦时能产生大量的煤气和液体化学产品。它最适合于高温干馏制造城市煤气，也可用于配煤炼焦以增加化学产品的产率。这类煤的成因特殊，煤岩成分中以树皮质等壳质组分较多，且多形成于晚二叠世乐平统。江西乐平和浙江长广煤田是我国产典型气肥煤的矿区。

（九）气煤（QM）

气煤是一种变质程度较低、挥发分较高的炼焦煤。气煤结焦性较弱，加热时能产生较高的煤气和较多的焦油；胶质体的热稳定性较差，能单独结焦，但焦炭的抗碎强度和耐磨强度低于其他炼焦用煤牌号；焦炭多呈细长条而易碎，并有较多的纵裂纹。配煤炼焦时多配入气煤可增加煤气和化学产品的产率。有的气煤也可单独高温干馏来制造城市煤气。

（十）1/2 中黏煤(1/2ZN)

1/2 中黏煤相当于原分类中一部分 1 号肥焦煤和 1 号肥气煤以及黏结性较好的一些弱黏煤，因而它也是一种过渡煤。但这类煤的储量和产量都不多。它是一种挥发分变化范围较宽、中等结焦性的炼焦煤。其中有一部分煤在单独炼焦时能结成一定强度的焦炭，可作为配煤炼焦的原料。单独炼焦时的焦炭强度差，粉焦率高，主要作为气化或动力用煤。我国目前尚未发现单独生产 1/2 中黏煤的矿井。

（十一）弱黏煤(RN)

弱黏煤是一种黏结性较弱的从低变质到中等变质程度的非炼焦用烟煤。隔绝空气加热时产生的胶质体少，炼焦时有的能结成强度差的小块焦，有的只有少部分能凝结成碎屑焦，粉焦率很高。这种煤的成因也较特殊，在煤岩组分中有较高的惰质组及半惰质组成分，且多形成于中生代的早-中侏罗世时期。一般适用于气化及动力燃料。我国山西大同矿区是典型的弱黏煤产地。

（十二）不黏煤(BN)

不黏煤是一种在成煤初期就已经受到相当程度氧化作用的低变质到中等变质程度的非炼焦用烟煤。焦化时不产生胶质体。煤的水分大，纯煤发热量仅高于一般褐煤而低于所有烟煤，有的还含有一定数量的再生腐殖酸。煤中含氧量大多在 10%～15%。主要可作为发电和气化用煤，也可作为动力及民用燃料，但由于这类煤的灰熔点较低，最好与其他煤类配合燃烧，可充分利用其低灰、低硫、收到基低位发热量较高的优点。我国西北地区许多矿区(如靖远、神府、哈密等矿区)都是典型的不黏煤产地。

（十三）长焰煤(CY)

长焰煤是变质程度最低的高挥发分非炼焦烟煤，其煤化程度稍高于褐煤而低于其他各类烟煤。煤的燃点低，纯煤热值也不高。从无黏结性到弱黏结性的均有，有的还含有一定数量的腐殖酸。贮存时易风化碎裂。有的长焰煤加热时能产生一定数量的胶质体，也能结成细小的长条形焦炭，但焦炭强度差，粉焦率高。所以长焰煤一般不用于炼焦，多作为电厂、机车燃料以及工业炉窑燃料，也可作气化用煤。辽宁阜新矿区是我国最大的长焰煤矿区。

（十四）褐煤(HM)

褐煤是煤化程度最低的矿产煤，其特点是水分大，孔隙率大，挥发分高，不黏结，热值低，含有不同数量的腐殖酸。氧含量高达 15%～30%，化学反应性强，热稳定性差。块煤加热时破碎严重，存放在空气中很易风化变质，碎裂成小块甚至粉末状，使热值更加降低，灰熔点也普遍较低，煤灰中常含有较多的钙盐，其中有的来自腐殖酸钙(金属有机化合物)，有的来自碳酸钙和硅酸钙。目前分为目视比色透光率 P_M 大于 30%～50% 的 2 号年老褐煤和 P_M 小于或等于 30% 的 1 号年轻褐煤。我国霍林河和小龙潭等都是有名的褐煤矿区。

褐煤主要用作发电燃料，粒度 6～50 mm 的混块煤可用于加压气化生产燃料气和合成气。新近纪褐煤中有不少可作为提取褐煤蜡的原料，但侏罗纪褐煤蜡低而只可作为燃料或加氢液化原料。年轻褐煤也适于做腐殖酸铵等有机肥料，用于农田和果园，能起增产作用。

第二章　煤的筛分和破碎

第一节　筛　　分

一、概述

在带孔的筛面上使物料按粒度大小进行分级的过程称为筛分。筛分作业通常分为两个阶段：① 小于筛孔尺寸的细颗粒通过粗颗粒所组成的物料层到达筛面，简称分层；② 细颗粒透过筛孔成为筛下物，简称透筛。粗颗粒留在筛面上成为筛上物。筛分所得产物称为粒级，每一种粒级均以该产物的最大粒度和最小粒度来表示，如 50～25 mm、25～13 mm 等。在筛分机入料中所含粒度大于筛孔的称为筛上粒级，小于筛孔的称为筛下粒级。筛分过程如图 2-1 所示。

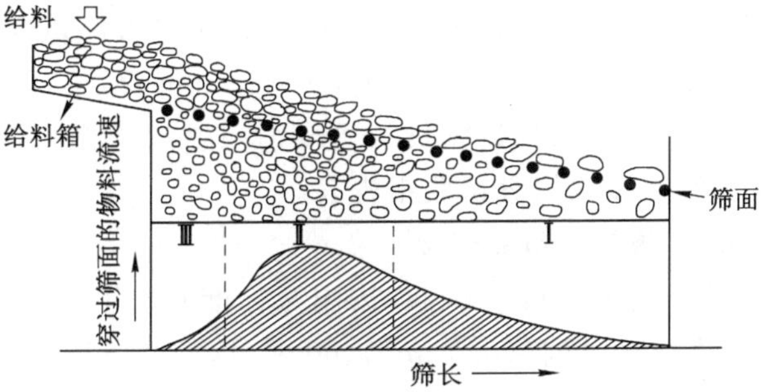

图 2-1　筛分过程

筛分所用的机械称为筛分机械（或称筛子），其工作部件称为筛面。筛面可采用倾斜放置的固定隔条，也可以是冲孔的筛板和编制的金属筛网，或由几个倾斜安装的轮轴构成。在筛分机上，可铺设一层筛面，也可以铺设二层或三层筛面。一层筛面可得到筛上和筛下二级产物，二层筛面可得到三级产物。

筛分机的应用范围非常广泛，凡是按粒度进行分级的物料，如矿石、焦炭、粮食等一般均须采用筛分机。煤炭筛分主要用于以下几个方面：

（1）筛出大矸石。有时采用选择性破碎机，也可与手选配合，以降低原煤灰分，减少运输量。

（2）在选煤厂配合煤的精选进行筛分，称为选前筛分；精选后产品按粒度分级进行筛分，称为选后筛分。此外，还有辅助筛分以及产品进行脱水、脱泥、脱介。

（3）对原煤进行筛分。煤炭性脆易裂，矸石则不易破碎，因而原煤中往往是细粒级灰分低质量较好，粗粒级则灰分高质量较差。故筛分后粒级的质量有所改变，更重要的是将原煤筛分成不同粒级的品种进行销售，既增加了煤炭企业的收益，也改善了用户的技术经济效益，并能大量节能，减少污染，减少运输量。专门对煤炭进行筛分加工的工厂，称为筛选厂。一般筛选厂产品的粒级要按国家标准确定，如表 2-1 所示。

表 2-1　煤炭粒度分级

粒度名称	粒度符号	粒度尺寸/mm
特大块	T	>100
大　块	D	50～100
中　块	Z	25～50
小　块	X	13～25
粒　煤	L	6～13
粉　煤	F	<6

二、筛分试验

筛分试验就是用不同孔径的筛子将煤炭分成不同的粒度级别，并分别测定各粒级的数量和质量，具体化验项目根据试验目的确定。

（一）粗粒(+0.5 mm)物料的筛分试验

根据国家标准 GB/T 477—2008 规定的方法，将煤样由大到小分别通过下列筛孔的筛面：150 mm、100 mm、50 mm、25 mm、13 mm、6 mm、3 mm 和 0.5 mm，筛分后得到以下粒级产物：+150 mm、150～100 mm、100～50 mm、50～25 mm、25～13 mm、13～6 mm、6～3 mm、3～0.5 mm 和−0.5 mm(根据试验目的可取消或增加某些级别)。然后分别测定各粒级的数量和质量，并将结果填入筛分试验报告表。

（二）细粒(−0.5 mm)物料的筛分试验

粒度小于 0.5 mm 级细煤粉的筛分试验，按国家标准 GB/T 477—2008，采用标准筛进行。通常试验选用的筛号为：32 网目(0.5 mm)、60 网目(0.25 mm)、115 网目(0.125 mm)、200 网目(0.075 mm)和 325 网目(0.045 mm)等。

（三）粒度特性曲线

粒度特性曲线是煤炭粒度特性的一种图示方法。横坐标表示物料的粒度，纵坐标表示筛上物的累计出量。

粒度特性曲线能醒目地表示出物料中各种粒度级别的含量。凹形曲线表示物料中细粒级含量较多；凸形曲线则表示粗粒级居多；如果接近直线，则表示粗细粒度分布比较均匀。利用粒度特性曲线，还可以方便地找出筛分试验结果表中没有表示出的任何一个中间粒度级别的出量。

三、筛分效率

在筛分过程中，人们总是希望物料粒度能够严格按照筛孔尺寸进行分级，所有小于筛孔尺寸的颗粒都能全部透筛。但实际上这是不可能的，由于各种因素的影响，总有一小部分小于筛孔的物料混到筛上产物中。筛上产物中所含的细粒级量越多，说明筛分的效果越差。为从数量上评定筛分效果的优劣，引入“筛分效率”的概念。

（一）筛分效率定义

筛分效率是指实际筛出的筛下物数量与入料中所含筛下粒级数量之比值。即

$$\eta=\frac{C}{Q\cdot\frac{\alpha}{100}}\times100\%=\frac{C}{Q\alpha}\times10^4\%$$

式中　η——筛分效率，100%；

C——实际筛出筛下物的质量，kg；

Q——入料量，kg；

α——入料中小于筛孔尺寸粒级的含量，100%。

根据国家标准《煤用筛分设备工艺性能评定方法》(GB/T 15716—2005)规定，筛分效率应按下式计算

$$\eta=\frac{100(\alpha-\theta)(\beta-\alpha)}{\alpha(\beta-\theta)(100-\alpha)}\times 100\%$$

式中　α,β,θ——分别为入料、筛下物及筛上物中小于筛孔尺寸物料的百分含量，%。

（二）筛分效率的影响因素

在筛子结构参数和工艺参数一定的条件下，筛分效率的高低与入料的粒度组成、颗粒的形状和入料的湿度有关。

1. 入料粒度组成

筛分实践表明，粒度直径小于筛孔 3/4 的颗粒很容易透过筛孔成为筛下物。该颗粒称为“易筛粒”；而粒度大于筛孔 3/4 的颗粒难以透过筛孔，称为“难筛粒”。粒度为筛孔尺寸 1～1.5 倍的颗粒形成的料层不易让“难筛粒”透过，这种粒级称为“阻碍粒”。显然，入料中含“易筛粒”越多，而含“难筛粒”和“阻碍粒”越少，筛分越容易，筛分效率和筛子的生产率也就越高。

2. 物料的形状

采用方孔筛和圆孔筛时，呈球体、立方体和多面体的物料就比呈条状、扁平状和板状的物料容易透筛。因此，物料的形状也影响筛分效率和生产率。

3. 入料的湿度

物料中表面水分含量增加时，筛分效率和生产率都会降低。然而，当水分降到一定程度后，如果表面水分继续增加，筛子的筛分效率和生产率将会恢复上升(图 2-2)。这种影响对细粒物料的筛分尤为显著。当物料的表面水分在一定范围内增加时，物料打团，特别是细粒物料和含有泥质物料时，筛面上物料黏结成团，使析离(物料分层)作用不能正常进行，同时部分细颗粒粘在筛丝上，堵塞筛孔，使筛下粒难以透过。但当表面水分超过一定限度再继续增加时，物料之间的黏结力降低，使物料逐渐具有游动性，有利于细粒物料透筛，此时筛分效率回升。

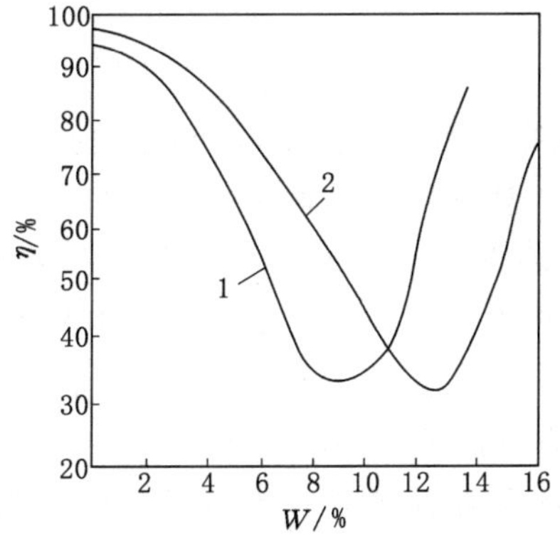

1—吸湿性弱的物料；2—吸湿性强的物料。

图 2-2　筛分效率 η 和物料湿度 W 的关系

四、筛分机械

（一）筛分机械的类型

筛分机械的种类繁多，一般按筛面的结构形式和运动形式将其分为固定筛、滚筒筛和振动筛。此处只重点介绍振动筛。

振动筛是一种应用非常广泛的筛分设备，属于通用机械，在煤炭、冶金、化工建材等行业都有应用。在选煤厂的筛分、脱水、脱泥、脱介等生产环节，基本上都是振动筛在工作。振动筛利用机械或电磁的方法使筛箱振动，依振动原理进行工作。按振动类型，振动筛可分为强迫振动筛（通称振动筛）和共振振动筛（通称共振筛）两大类。强迫振动筛是在超共振点工作，共振筛是在近共振点工作。

振动筛由筛箱、激振装置、传动装置、支承或吊挂装置组成。筛箱通过弹簧支承或吊挂在机架上，其振动由激振器产生。物料在筛面上做跳跃运动，并透过筛孔。振动筛是一个弹性振动系统，其振幅会受到给料量和其他动力学因素的影响而变化。在共振筛上，弹性体包括主振弹性体和筛子与建筑物之间的隔振弹性体。

常见的振动筛分类详见图 2-3。

- 振动筛
  - 共振筛
  - 惯性振动筛
    - 圆振动筛
      - 限定中心式圆振动筛
      - 不定中心式圆振动筛
      - 自定中心式圆振动筛
        - 轴承偏心式自定中心圆振动筛
        - 偏心轴式自定中心圆振动筛
        - 胶带轮偏心式自定中心圆振动筛
    - 直线振动筛
      - 单电机驱动直线振动筛
        - 筒式激振器直线振动筛
        - 箱式激振器直线振动筛
      - 双电机驱动直线振动筛
        - 普通电机驱动式直线振动筛
        - 振动电机驱动式直线振动筛
      - 电磁激振直线振动筛
    - 锥圆振动筛

图 2-3　振动筛的分类

（二）常见振动筛类型

1. 圆振动筛

圆振动筛仅靠一根回转轴的转动产生振动，使筛分机接近于圆形运动。该振动筛具有单层或双层倾斜筛面，通常由单偏心激振器激振，振动频率 20 Hz 左右，振幅 2～5 mm，筛面倾角 15°～30°。圆振动筛安装方式分为吊式（D）或座式（Z）两种，以座式为主，工作面积 2～20 m^2。其构造如图 2-4 和图 2-5 所示。圆振动筛结构简单，维修量小，广泛用于煤炭行业 25 mm 大块煤及以上粒度的干式分级，包括原煤的准备筛分以及筛选厂、选矿厂的最终筛分。圆振动筛可单机工作，亦可按筛序串联组生产多级产品。

圆振动筛包括筛箱、激振器及弹性体等主要部件。筛箱由筛框、筛面及其紧固装置组成，筛框是由侧壁及横梁构成的框架型金属结构，筛面按不同用途具有多种形式，包括箅条、冲孔、金属编织的筛面以及橡胶、聚氨酯等材料制成的非金属筛面。激振器为单偏心式，某些特大型产品受轴承负荷限制，采用并联两组单偏心振动器激振。常用单偏心类型有轴、块

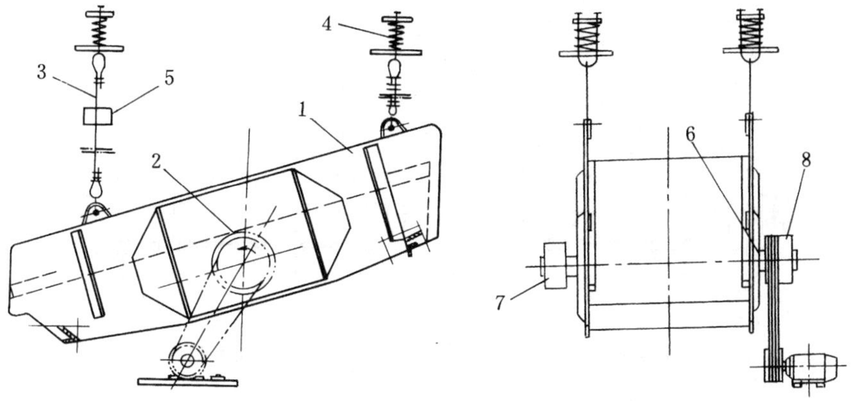

1—筛箱；2—激振器；3—钢丝绳；4—螺旋弹簧；
5—防摆配重；6—偏心轴；7—偏心配重轮；8—偏心胶带轮。

图 2-4 DD-1740 圆振动筛

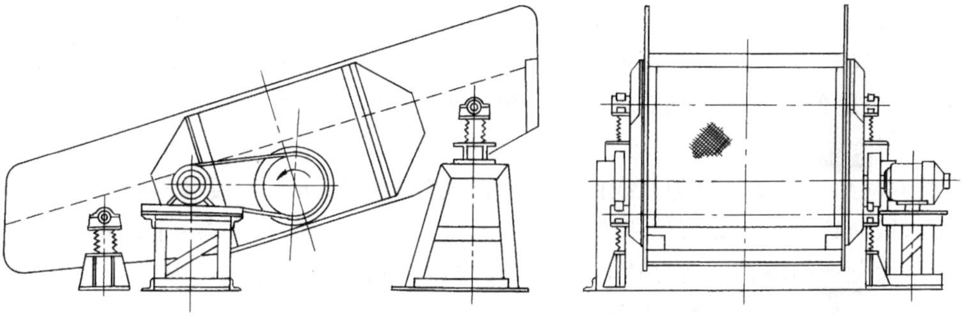

图 2-5 ZD-1740 圆振动筛

两种。弹性体有金属螺旋弹簧、橡胶弹簧、复合弹簧以及空气弹簧等多种，其中前两种应用最为广泛。

吊式圆振动筛由筛箱、激振器和弹簧吊挂装置等组成。筛箱用弹簧吊挂装置悬吊在筛架上，弹簧吊挂装置由钢丝绳、隔振螺旋弹簧和防摆配重组成。钢丝绳的长度可以根据情况适当调节，并通过它来调节筛箱的倾角。激振器装设在筛箱的中部，它包括偏心轴、偏心配重轮和偏心胶带轮，利用滚动轴承将偏心轴装设在筛箱上，偏心胶带轮由电动机通过三角胶带带动。当筛分机工作时，激振器使筛箱做接近圆形的逆时针振动。

自定中心式圆振动筛的工作原理如图 2-6 所示，根据激振器结构的不同，圆振动筛可分为轴承偏心式和胶带轮偏心式两种。

从图 2-6(a)可以看出，轴承偏心式圆振动筛的主轴是一根偏心轴，其偏心部分通过轴承与筛箱连接。轴上装有一对不平衡轮。当筛分机工作时，主轴绕轴线 $O—O$ 转动，筛箱和不平衡轮各自产生离心力，这两个离心力的方向相反。如果根据筛箱的重量适当地确定激振器的不平衡重量，使两个离心力得到平衡，筛子工作时激振器的回转轴线固定不动，筛箱在垂直平面上做圆形运动。

胶带轮偏心式圆振动筛见图 2-6(b)，在主轴上没有偏心轮，只是不平衡轮(胶带轮)的

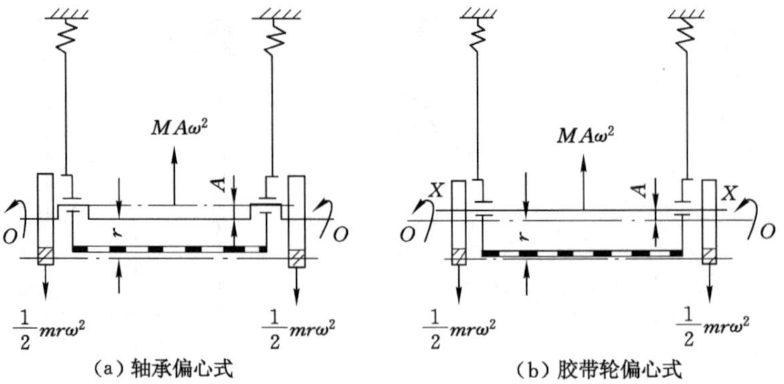

图 2-6 自定中心式圆振动筛工作原理

轴孔与它的轮缘不同心，具有一定的偏心距，主轴的中心线与不平衡轮的中心线不在同一根轴线上，从图中可见 $O—O$ 为不平衡轮的中心线，$X—X$ 为主轴的中心线。由于不平衡轮同时又是胶带轮，转动时要绕本身的中心线 $O—O$ 回转，所以筛箱的重心也必然要绕这根中心线回转，这与轴承偏心式的原理一样。当筛分机工作时，筛箱和不平衡轮所产生的离心力方向相反，适当确定两者的重量，也能达到激振器回转轴线固定不动的目的。

由于胶带轮偏心式的主轴简单，所以，我国圆振动筛采用的是胶带轮偏心式激振装置。

2. 直线振动筛

直线振动筛是振动轨迹为直线的振动筛，具有单、双层水平或缓倾斜筛面，由双偏心激振器激振，振动频率 16～20 Hz，振幅 4～6 mm。直线振动筛可吊式或座式安装，工作面积 2～30 m^2，大型产品筛箱宽度已达 5.5 m。直线振动筛是我国选煤厂中目前采用最多的一种振动筛，构造如图 2-7 和图 2-8 所示。

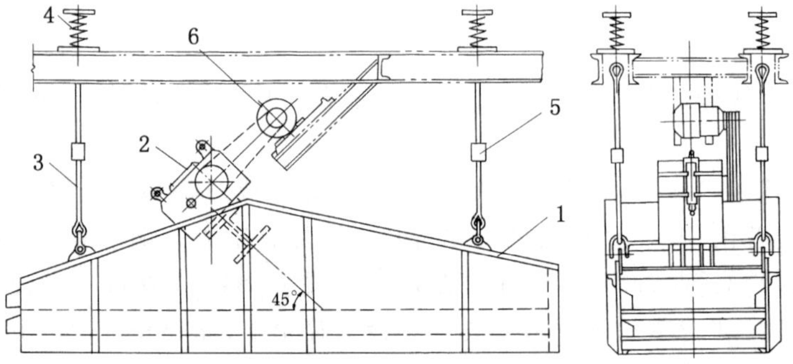

1—筛箱；2—激振器；3—钢丝绳；4—隔振螺旋弹簧；5—防摆配重；6—电动机。

图 2-7 2DS-1256 直线振动筛

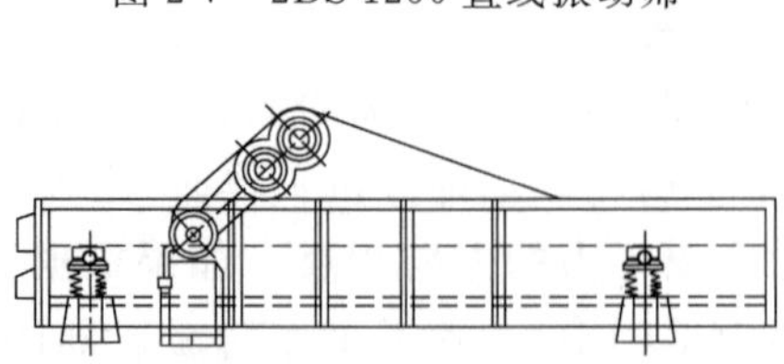

图 2-8 2ZS-1756 直线振动筛

振动筛的激振器由两根带有偏心重块的轴组成，两根轴做反向同步运转，所产生的离心力使筛箱产生振动。根据偏心重块在轴上的相对位置不同，筛箱振动的轨迹可以是直线，也可以是椭圆形。

直线振动筛的工作原理如图 2-9 所示。筛箱吊挂在弹簧上，利用激振器产生的定向激振力使筛箱做倾斜往复运动，筛上的物料就可以不断地向前运动。

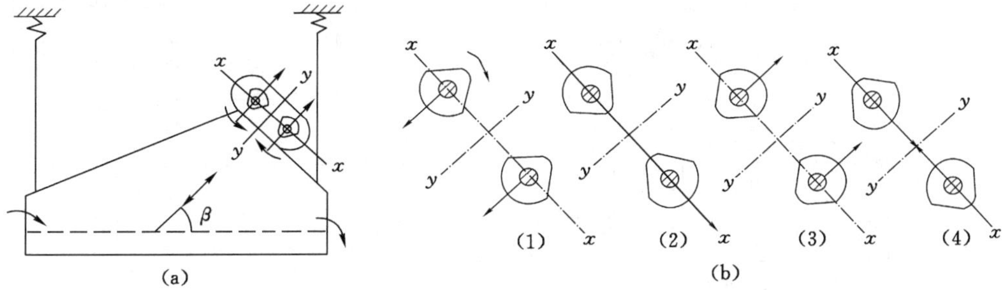

图 2-9　双轴振动筛原理

筛箱进行定向倾斜往复运动的原因是激振器产生的定向激振力。由图 2-9(a)分析得知，当主动轴和从动轴的偏心重块做相对同步回转时，在各瞬时位置中，离心力沿 $x—x$ 方向的分力总是相互抵消，而沿 $y—y$ 方向的分力总是互相叠加而加强，因此形成了单一的沿 $y—y$ 方向的激振力，使得筛子做直线运动。在图 2-9(b)中(1)和(3)位置，离心力得到叠加，而在(2)和(4)位置上，离心力则相互抵消，激振力为零。这样，由于激振力定向，故筛箱就做定向的倾斜往复运动。

3. ZD 系列直线等厚筛

等厚筛是利用等厚筛分原理工作的筛分设备。筛面为变角度的折线形倾斜面，通常由双偏心激振器激振。工作频率 16.6～9.5 Hz，振幅 4～5.5 mm。折线形筛面可由两段或三段组成，倾角分别为 30°/15°或 30°/20°/10°，总长度 5～10 m。等厚筛可有单层或双层筛面，均为座式安装。大型产品筛箱宽度已达 4.0 m。

4. 概率筛

20 世纪 50 年代初，瑞典的莫根森利用统计学方法，深入研究了物料在振动筛面上的透筛概率，建立了包括物料粒度、筛孔与筛丝尺寸、筛面倾角、物料入筛角、透筛概率等参量的关联式以及包括筛面层数、筛面长度、分配量等参量的分配方程，提出了概率筛分法。以概率筛分法为基础设计的振动筛称为概率筛或莫根森筛。与其他振动筛比较，概率筛的特点为：① 在结构方面，筛面长度短，倾角大，层数多，筛孔尺寸与筛分粒度的比值大；② 在运动参数方面，筛箱的振幅小，振频高，振动方向角大；③ 在筛分性能方面，单位筛面面积的处理能力大，抗堵孔能力强，属于近似筛分。

概率筛是按不同粒度物料透过筛孔概率的不同来实现物料分级的。

5. 高频振动筛

高频振动筛是一种以高频率、高振动强度为特征的振动筛，适用于 0.5 mm 以下细粒物料的湿式分级与固液分离，产品有圆振动型与直线振动型两种。高频圆振动筛在 50～60 Hz 频率下工作，使用高开孔率的“三明治”筛网，可在 0.2 mm 的粒级对细粒矿物进行精确筛分。高频振动筛的振幅小，一般为 0.5～2 mm，振动强度大，可达 5～10g，工作面积多在 6 m^2 以下。GPS 型高频振动筛主要由筛箱、振动器、支撑装置和倾角调整装置等构成，其结构如图 2-10 所示。

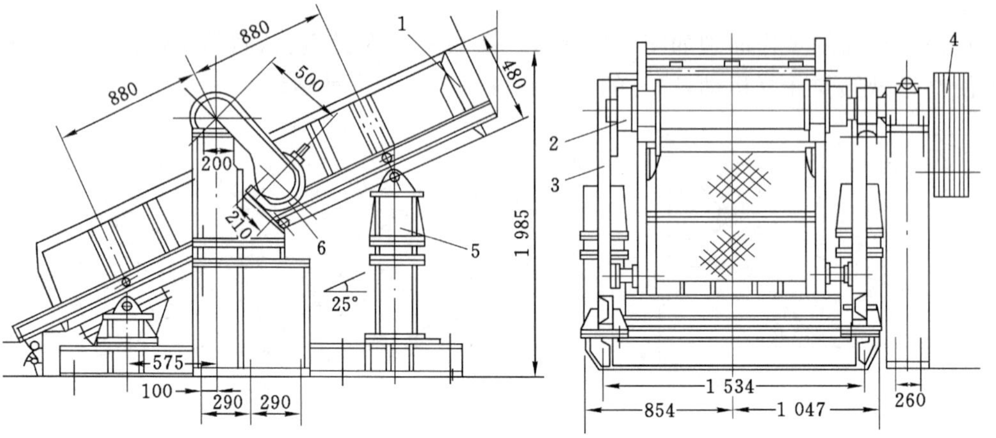

1—筛箱；2—振动器；3—支撑装置；4—传动装置；5—倾角调整装置；6—电动机和机架。

图 2-10　GPS1025 高频圆振动筛

MVS 系列电磁高频振网筛(简称高频振网筛)用全新原理设计，结构新颖，适用于各种物料的干法与湿法筛分。其结构特点和工作原理为：由布置于筛箱外侧的以电磁激振器为主的振动系统驱动布置在筛网下面的振动臂，振动臂上装有沿筛面全宽的橡胶帽，橡胶帽托住筛网并激振筛网。每台筛机沿纵向布置有若干组振动系统，由电控箱集中控制，每组振动系统分别独立驱动振动臂以振动筛网，振幅可随时分段调节。筛网采用两端折钩和纵向张紧的安装方式，筛面具有一定倾角，并且可调。物料在自重和筛面高频振动作用下沿筛面流动、分层、透筛。

MVS 系列电磁高频振网筛如图 2-11 所示。

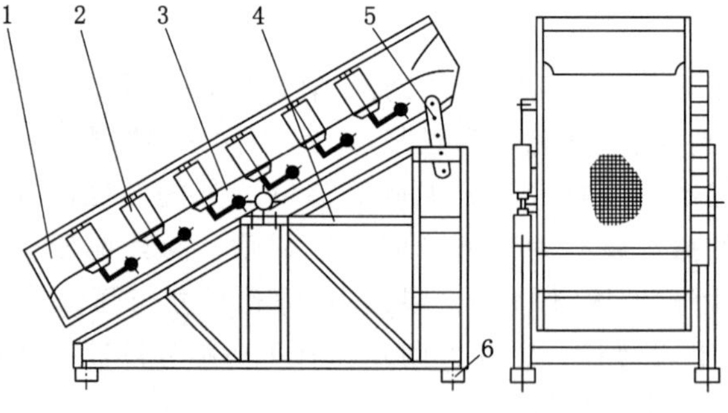

1—筛箱；2—激振器及激振系统；3—筛网；4—机架；5—角度调节杆；6—橡胶弹簧。

图 2-11　MVS 系列电磁高频振网筛

6. 德瑞克重叠式高频细筛

德瑞克重叠式高频细筛是由美国德瑞克公司研制生产的聚氨酯筛网高频振动细筛，其示意结构及工作原理见图 2-12。物料经 5 路矿浆分配器均匀给入 5 路重叠并联的筛分单元，物料在 7.5g 重力加速度的直线式强力振动和高开孔率的耐磨防堵筛网条件下，实现高效筛分；筛上物、筛下物经各自收集料斗进入下道工序。

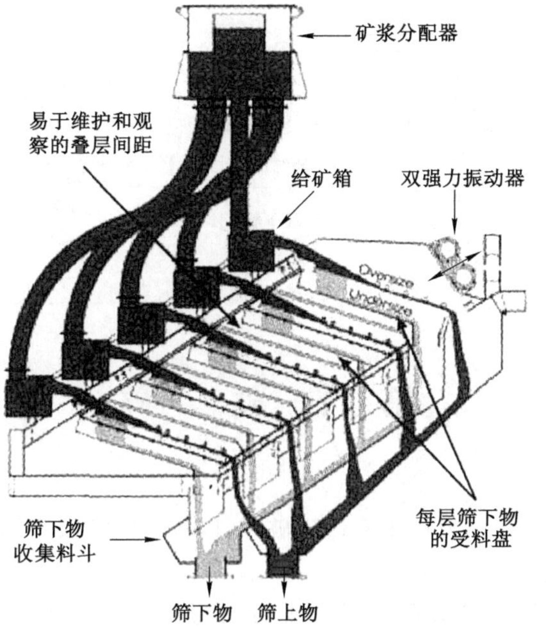

图 2-12　德瑞克重叠式高频细筛结构及工作原理

德瑞克重叠式高频细筛主要优点如下：

(1) 整机技术先进，设计独特，采用特有的 5 路重叠布置方式，占地面积小，装机功率低，筛分效率高，单机处理能力大；

(2) 夹层防堵筛网，开孔率高达 35%以上；强振动力，高达 7.5g(一般振动筛只有 4g～5g)；

(3) 采用双振动器同时工作形成直线运动，有利于细粒物料透筛和增加筛网单位面积的筛分能力。

应用德瑞克重叠式高频细筛后，细筛的筛分效率均达到 70%以上，筛分效率提高了 30%～40%，筛分效率的提高大大减少了由于筛分效率低造成有用矿物过磨的问题。由于筛分效率的提高，回收率得到提高，同时二段磨机的通过能力大大改善，其循环负荷有所降低，从而有利于原矿处理量的提高。耐磨聚氨酯筛网不堵塞，不结垢，使用寿命长，操作管理上克服了圆筒筛筛网磨损快、更换频繁、操作管理不便等问题。

7. Pansep 筛分机

国外还有一种有效的细粒煤分级设备——Pansep 筛分机(图 2-13)。它是一种设计独特的筛分设备，其筛面呈直线轨迹运动。Pansep 筛分机由链和链轮装配而成，单个的拉紧筛面相互铰合在一起形成一个链状的筛面，在煤浆筛分时，筛面呈直线轨迹运动，并在安装于筛面顶部和底部的喷水系统作用下筛出细粒。这种喷水装置提供了必要的流态化作用，并且使给料在筛面上实现松散分层，以利于细粒物料容易通过物料层和筛孔。该筛分机采用了矩形筛孔，可避免在筛分细粒物料时发生堵塞现象。由于没有振动作用，所以筛网材料可以任意选择而不必考虑其坚韧性，这样就便于选择能提供最大筛孔面积从而获得最大筛分速度的筛网材料。通过筛面上下、来回运动，Pansep 筛分机的处理量可以达到相同占地面积的筛分机的两倍。

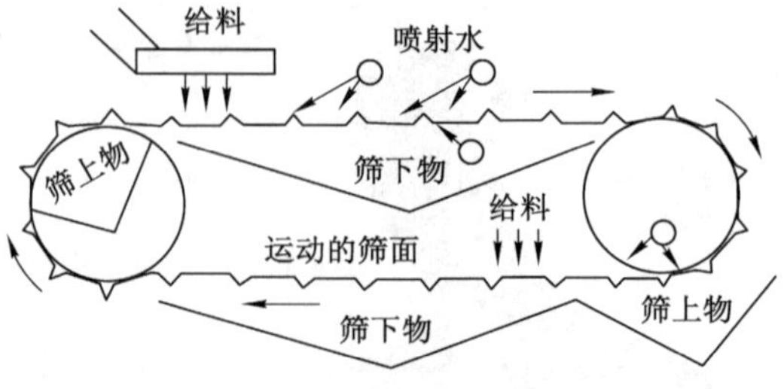

图 2-13 Pansep 筛分机示意图

第二节 破 碎

一、概述

所谓破碎，就是煤块在外力作用下遭到破坏，以获得所需粒度的过程。用于破碎的机械称为破碎机。

根据破碎产物的粒度，可以把破碎作业分为粗碎、中碎、细碎和粉碎。一般将破碎至 50 mm 以上的作业称为粗碎；破碎到 25～6 mm 的作业称为中碎；破碎到 6～1 mm 的作业称为细碎；破碎到 1 mm 以下的作业称为粉碎(也称磨碎)。粗碎常用单齿辊、双齿辊和颚式破碎机，中碎和细碎多用锤式破碎机、反击式破碎机和笼型破碎机，粉碎采用球磨机等。

各种形式的破碎机是依靠下列五种作用将煤块破碎的：压碎、劈碎、折断、磨细、冲击，如图 2-14 所示。实际上，无论哪种破碎机都兼具上述几种方法的联合作用，只不过有主次之分。例如，齿辊破碎机以劈裂为主，锤式和反击式破碎机以冲击为主，颚式破碎机以压碎为主，等等。很多情况下为避免煤炭过粉碎的产生，煤用破碎机主要以劈碎和冲击作用为宜，压碎作用用于破碎硬煤和矸石。

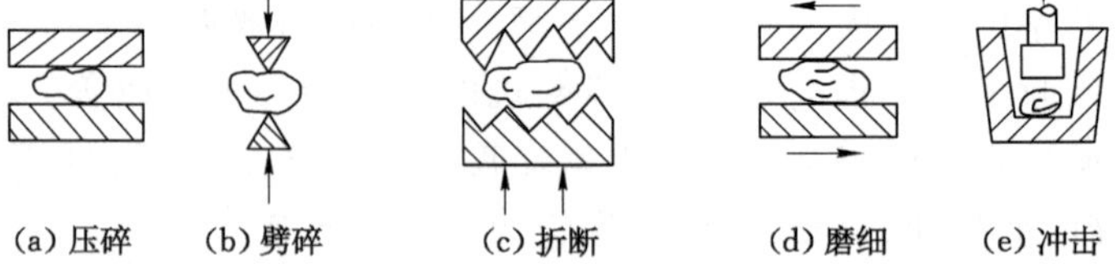

图 2-14 基本的破碎方法

破碎比是指破碎或磨矿设备的给矿最大矿块尺寸 D 和该段破碎机的产品中最大矿块尺寸 d 之比，用 i 表示，即

$$i = \frac{D}{d}$$

作业的总破碎比等于各段破碎比的乘积。

二、破碎机械

破碎机械按工作原理和结构特征划分为：颚式破碎机、圆锥破碎机、旋回破碎机、辊式破碎机和冲击式破碎机等。破碎和磨碎设备示意图如图 2-15 所示。

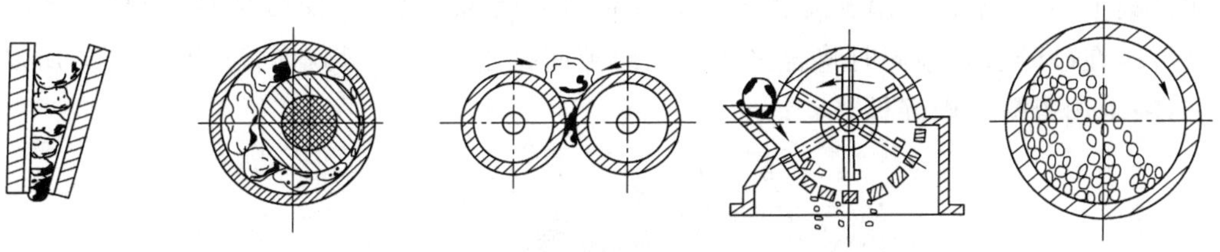

(a) 颚式破碎机　(b) 圆锥破碎机和旋回破碎机　(c) 辊式破碎机　(d) 冲击式破碎机　(e) 磨矿机

图 2-15　破碎和磨碎设备示意图

金属矿选矿厂，主要采用颚式破碎机、旋回破碎机和圆锥破碎机等常规破碎设备。在选煤厂除圆锥破碎机外，其余几种都有应用。

（一）颚式破碎机

颚式破碎机俗称“老虎口”，是破碎硬物料最有效的设备，其工作原理如图 2-16 所示。可动颚板绕悬挂轴或可动轴对固定颚板做周期性靠近和离开运动。当动颚板靠近定颚板时，位于两颚板间的物料受以挤压为主的作用力而破碎；当动颚板离开定颚板时，已破碎的物料在重力作用下由破碎机排料口排出。

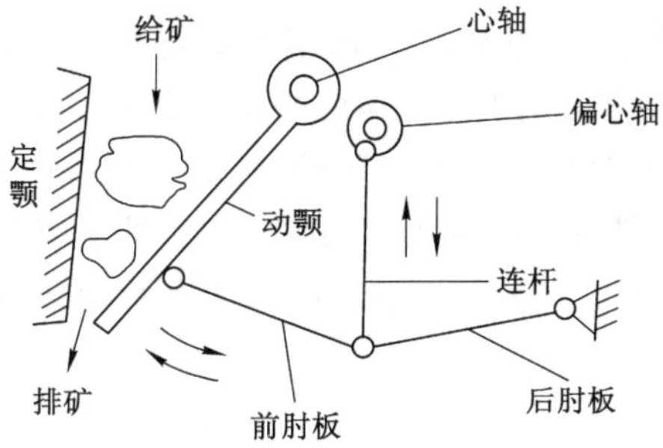

图 2-16　颚式破碎机工作原理

（二）辊式破碎机

辊式破碎机有单齿辊破碎机和双齿辊破碎机两种。前者辊齿较长，主要用于粗碎；后者齿辊较短，适用于中碎。辊式破碎机的主要破碎作用是劈碎，其工作原理如图 2-17 所示。单齿辊破碎机由一个旋转的齿辊和一段弧形破碎板组成；双齿辊破碎机由两个旋转方向相反的辊子组成；辊面上的牙齿可将煤抓住并加以劈碎。

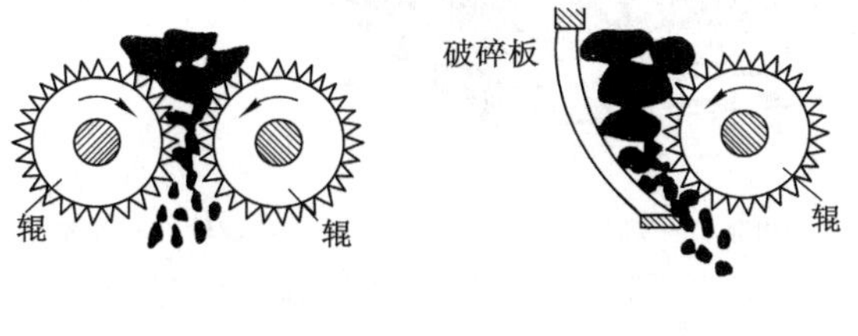

图 2-17　辊式破碎机的工作原理

该破碎机具有动力消耗低、产物过粉碎程度小、结构简单和工作可靠等特点。

1. 单齿辊破碎机

单齿辊破碎机的构造如图 2-18 所示。它由一个齿辊和破碎齿板构成。破碎板倾斜悬挂在机架上，其下端由保险弹簧拉紧。破碎板有整块和条缝状（即棒条筛）两种。条缝状破碎板可以在破碎过程中同时将合格产物从缝隙间排出，可减少物料的过粉碎现象，所以在实践中，多采用条缝状破碎板。

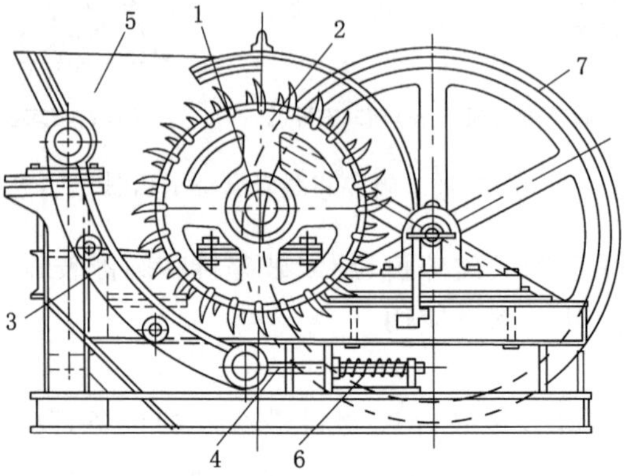

1—轴；2—带齿牙的辊子；3—弧形破碎板；4—拉杆；5—漏斗；6—弹簧；7—胶带轮。

图 2-18 单齿辊破碎机构造

单齿辊破碎机的破碎过程：当煤料给入齿辊和破碎板之间的破碎区间时，由于齿辊旋转，大块煤在破碎区间上部被长齿轧碎，破碎后的煤块落在破碎区下部，粒度小于排料口的煤通过排料口排出，未破碎的大块反复受挤压劈裂作用，最后也由排料口排出。破碎机下端用弹簧 6 和拉杆 4 拉紧。如偶然有硬块落入机中时（金属物或大块黄铁矿等），破碎板可向外移动一定距离，这时，破碎空间的排料空隙加大，放出不能破碎的硬块，待硬块排出后，弹簧迫使破碎板复位。

2. 双齿辊破碎机

双齿辊破碎机构造如图 2-19 所示。

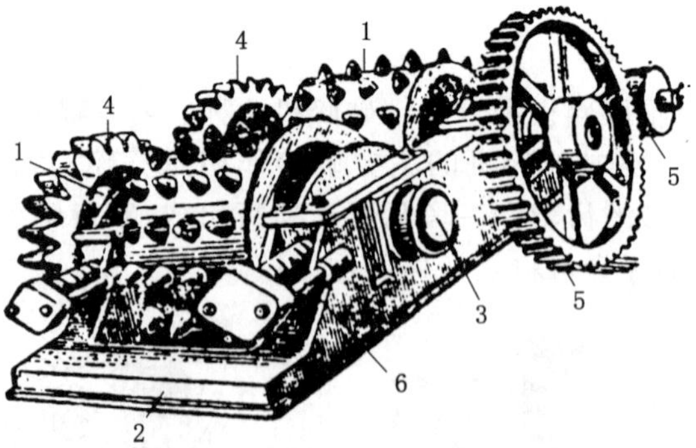

1—齿辊；2—机架；3—齿辊轴；4，5—传动齿轮；6—弹簧。

图 2-19 双齿辊破碎机构造

双齿辊破碎机由两个齿辊构成。两齿辊做同步反方向转动，破碎物料从上面给入两齿辊之间，经齿辊破碎、轧碎后从下部排出。两个齿辊均用轴承安装在机架上，主动齿辊由电动机经三角胶带带动，并由一对长齿齿轮带动被动齿辊转动。被动齿辊安装在可沿深槽滑动的两个轴承上，在正常生产时，被两个强力弹簧顶紧，其压力大小可以用螺栓调整。

当遇到不能破碎的硬块落入齿辊之间时，被动齿辊被推开，使弹簧压缩，待硬块排出后，弹簧的压力又将被动齿辊推回原位。

由于齿辊之间是用长齿齿轮传动的，因此，当被动齿轮移位时，仍然保持齿辊啮合传动。要求压紧弹簧应有足够的刚度，确保破碎机有足够大的破碎能力。

四齿辊破碎机是我国在消化国外同类设备先进技术基础上、研制开发的一种新机型。与双齿辊破碎机相比，具有体积小、质量轻、工作可靠、噪声低、生产能力大、破碎比大、粒度均匀、破碎齿辊寿命长等优点，主要用于选煤、选矿、发电厂以及化工等工业部门破碎煤炭(破碎原煤时，允许含 30%的矸石)，也可破碎类似硬度的其他脆性物料。

4PGC 系列四齿辊破碎机结构如图 2-20 所示。两对齿辊分上、下两层布置，构成两段破碎。第一段破碎比为 2.5，第二段破碎比为 2.4。上辊齿形按照易于擒获大块物料进行初碎而设计，下辊齿形按物料破碎至规定均匀粒度而设计，可减少超粒及过粉碎。齿辊间的最小距离为 340 mm，最大距离为 480 mm，能在 140 mm 间调节，可破碎出不同粒级的物料。

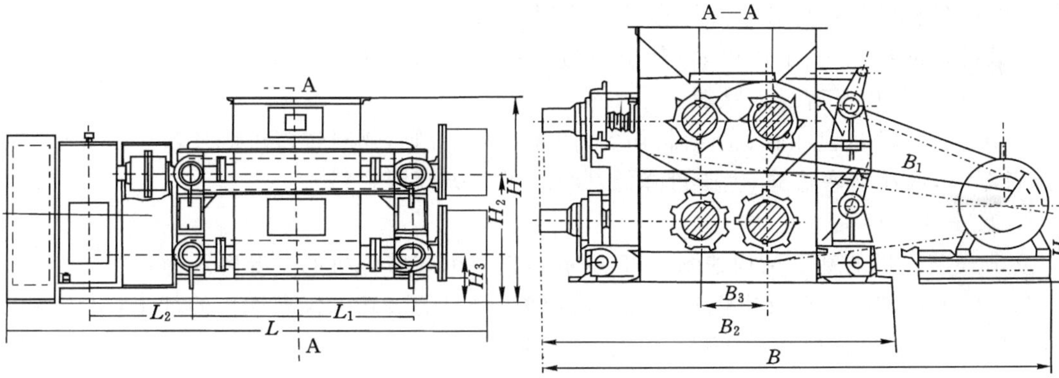

图 2-20　4PGC 系列四齿辊破碎机结构

(三) 冲击式破碎机

1. 锤式破碎机

锤式破碎机能够把煤破碎得很细(13～3 mm 以下)，而且可以保证产物中不带过大粒度的颗粒，所以这种破碎机广泛用于中碎和细碎作业。

锤式破碎机是利用高速回转的锤子的打击力量进行破碎的，其结构如图 2-21 所示。它由破碎室(包括破碎板和筛板)、高速回转的转子和铰接在转子上的数个锤头组成。工作时，转子旋转，由于离心力的作用，锤子呈放射状。煤块给入破碎机后，立即被高速旋转的锤子打击而破碎。破碎后的煤块被高速旋转的锤子抛到破碎板和筛板上，遭受冲击再次破碎。此后，小于筛缝的煤粒便透筛排出，而块度较大的煤粒继续不断地受高速旋转的锤子、破碎板和筛板的冲击，另外还受锤子和筛板间的挤压、研磨以及煤粒之间的冲击等作用而破碎，直至全部破碎透筛排出。

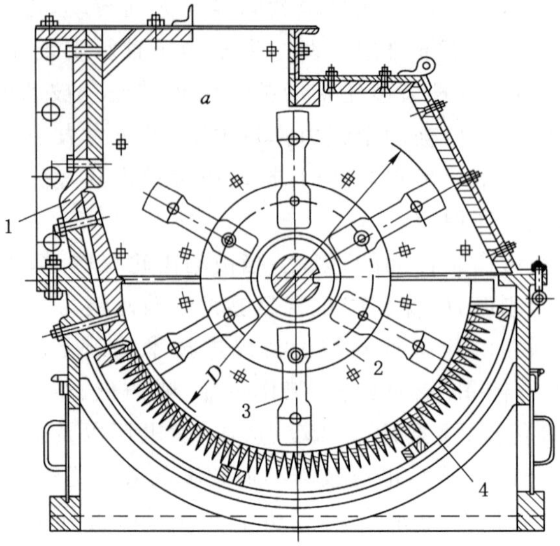

1—机架；2—转子；3—锤子；4—筛条。

图 2-21　ϕ800×600 锤式破碎机结构

锤式破碎机的规格用转子工作直径 D 和转子长度 L 表示。

该破碎机的特点是：工作可靠，甚至有过硬的物料落入也不致损坏机械；破碎比大，达 15～36；在破碎物中没有过大颗粒。

采用这种破碎机应注意：① 给料均匀，防止过载，否则，物料过多可能使转子停止转动。② 给料湿时，容易堵塞筛缝，生产量降低，因此，不宜破碎湿物料。

2. 反击式破碎机

反击式破碎机的基本结构如图 2-22 所示。它与锤式破碎机的主要区别为：

(1) 反击式破碎机有反击板和较大的破碎腔，物料的破碎不仅靠锤头的冲击，更主要的是利用物料与反击板或物料与物料之间的反复冲击；

(2) 反击式破碎机的锤头固定地安装在转子上，破碎时能充分利用整个转子的能量，有利于破碎大块物料；

(3) 反击式破碎机底部没有箅条，产物粒度由反击板与锤头间的间隙决定，所以能够避免破碎湿物料时堵塞箅条的现象。

反击式破碎机也是利用冲击作用进行破碎的。工作时，转子高速旋转，物料由给料口经过筛板与细粒分离后，大块通过链幕后进入破碎腔，受到锤头的冲击，遭到第一次破碎，并以很大的速度抛向反击板再次破碎，然后又从反击板弹回到锤头打击区，继续重复上述过程。物料在锤头和反击板间的往返途中也相互碰撞。物料经多次冲击，就会沿节理面破碎成小块。当物料粒度小于锤头与反击板间的间隙时，则可进入下一个破碎腔，再经过反复破碎，直至达到合格粒度时，便从机内下部排出。

反击式破碎机具有以下优点：

(1) 利用冲击进行破碎，使物料沿脆弱面破碎，破碎效率高，能耗小，处理能力大，产品粒度均匀。

(2) 破碎比大。锤式破碎机的破碎比一般为 10～15，最高可达 40 左右，而反击式破碎

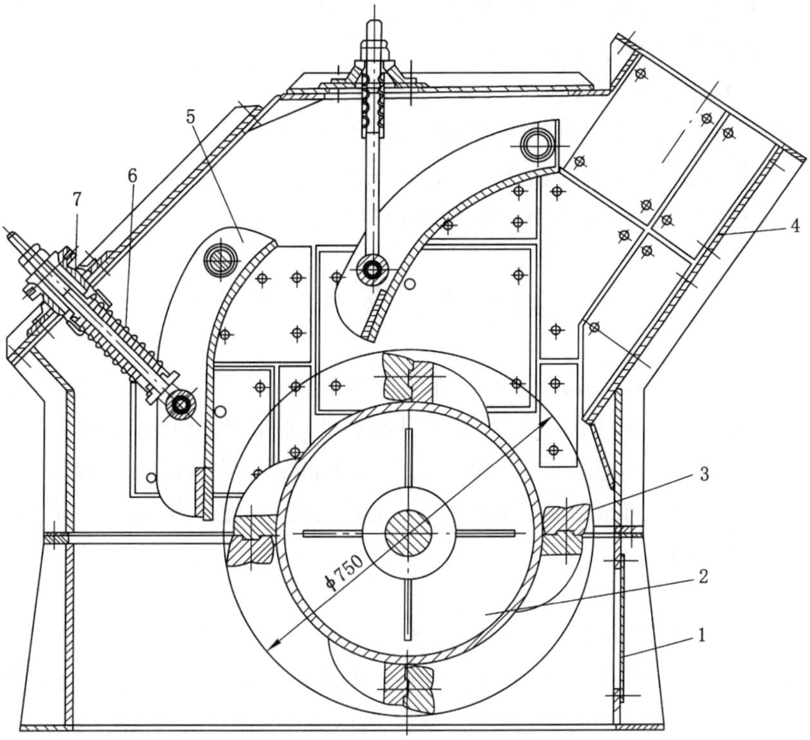

1—机体；2—转子；3—板锤；4—给料斗；5—反击板；6—弹簧；7—栓杆。

图 2-22　反击式破碎机

机的破碎比则高达 150 以上。

(3) 具有选择性破碎的特点。密度大的物料，破碎后粒度小；密度小的物料，破碎后粒度大。

(4) 结构简单，制造方便。

三、破碎设备工艺效果评定

破碎设备工艺效果的评定可依据《选煤厂破碎设备工艺效果评定方法》(MT/T 2—2005)进行。该方法除滚筒碎选机外，可适用于各类型破碎设备。

其主要评定指标为：

(一) 破碎效率

$$\eta_p = \frac{\beta_{-d} - \alpha_{-d}}{\alpha_{+d}} \times 100\% \tag{2-1}$$

式中　η_p——破碎效率(小数点后一位有效数字)，%；

α_{+d}——入料中大于要求破碎粒度 d 的含量，%；

α_{-d}——入料中小于要求破碎粒度 d 的含量，%；

β_{-d}——排料中小于要求破碎粒度 d 的含量，%。

(二) 细粒增量

细粒增量可按下式计算

$$\Delta = \beta_{-d} - \alpha_{-d} \tag{2-2}$$

式中 Δ——细粒增量(有效数字取小数点后一位),%;

β_{-d}——排料中的细粒含量,%;

α_{-d}——入料中的细粒含量,%。

细粒的粒度下限规定为0,细粒的粒度上限 d 规定如下:

(1) 对排料粒度≥50 mm的粗碎,采用13 mm;

(2) 对排料粒度<50 mm的中碎和细碎,采用0.5 mm。

第三节 磨　　碎

将物料磨制成细粉(<1 mm)的过程称为磨碎。磨碎所利用的机械称为磨碎机。

磨碎作业在煤炭加工利用中,主要用于煤粉燃烧、制备水煤浆和油煤浆以及利用煤矸石生产建材等。此外,磨碎在选矿工业、化学工业和建材工业等领域也占有极其重要的地位。

磨碎机的种类很多,如球磨机、棒磨机、平盘式磨机、风扇式磨机等。下面简单介绍煤炭加工利用中常用的几种。

一、球磨机

球磨机是一个直径 D 为2~4 m、长 L 为3~10 m或更长些的圆柱形筒。筒体的长度取决于磨矿细度,即磨矿细度越细,则筒体的长度越长。筒内装有许多直径为30~60 mm的钢球,其装载量为筒体体积的20%~45%。钢球按不同球径配合使用。当电动机带动圆筒旋转时,球被提升到一定高度后落下,筒中的物料一方面受球的撞击,另一方面也受球移动时的研磨作用而磨碎。筒内壁上装有护板,护板表面呈波浪形或其他形状,使球在筒内不易沿壁滑下,而能被举到适当高度后再落下。物料达到磨碎要求后,便从筒体内排出。在湿磨时,物料顺水流出;干磨时,物料靠抽风或自然排料方式排出。

图2-23为筒式钢球磨煤机,用于磨各种硬度不同的煤炭(给料粒度小于15 mm),供热电厂所需。球磨机工作时,圆筒按一定转速旋转,热空气与煤由筒的一端给入,煤受球的撞击和研磨作用而被磨碎。部分已磨细的煤粉随空气流从另一端排出。热空气流的作用是干燥和运输煤粉。热空气的流速决定了被带出煤粉的粗细。过粗的煤粉被粗粉分离器分离出来,经过粉管再送回筒内磨碎。

球磨机的转速对其工作情况有很大的影响。图2-24表明了三种情况:转速太低时,球上升高度不大就往下滑落,这时煤磨得不好,同时磨制的煤粉也不易从钢球层中吹出来;当转速合适时,球上升较高后,再抛落下来,这时煤受球的冲击和研磨作用而被磨得很细;当转速过高时,由于离心力的作用,球贴在壁上随着筒体旋转,这时就起不到磨碎作用或磨碎作用很差。开始出现球贴在壁上随筒体旋转的转速为临界转速。经力的分析,临界转速(n_{cr})与球磨机圆筒的直径(D)有如下关系:

$$n_{cr}=\frac{42.3}{\sqrt{D}}\ (\mathrm{r/min})$$

显然,球磨机的最佳工作转速 n_2 必须小于临界转速 n_{cr}。根据实践经验,n_2 为(0.75~0.78)n_{cr}。通常球磨机的工作转速为16~25 r/min。

球磨机的最大优点是通用性广,可以磨各种物料,工作可靠。其缺点是设备笨重庞大,占地面积大,耗电量大,运行噪声也大。

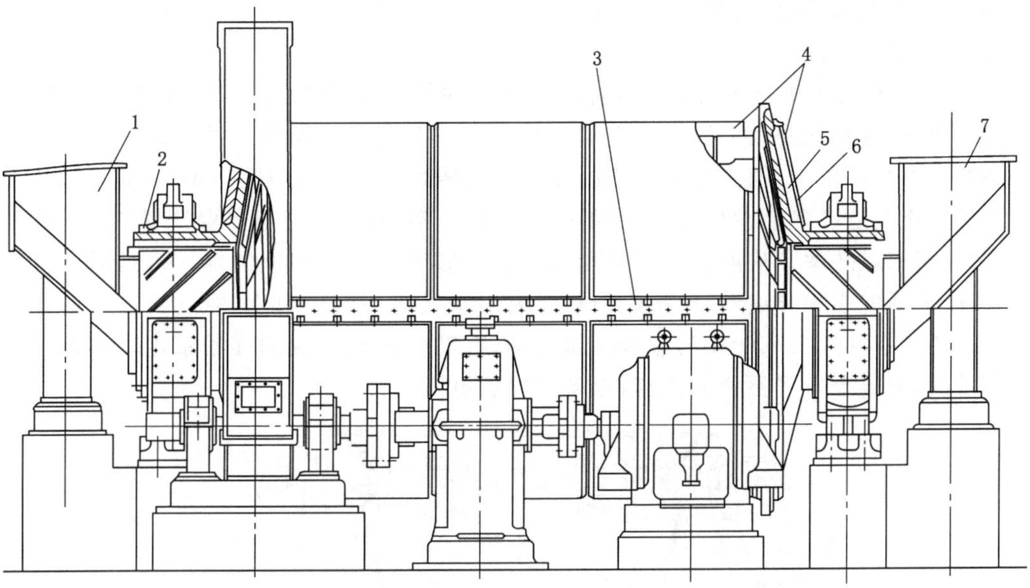

1—进料斗；2—毛毡密封；3—筒体；4—石棉垫；5—毛毡；6—端盖；7—出料斗。

图 2-23　筒式钢球磨煤机

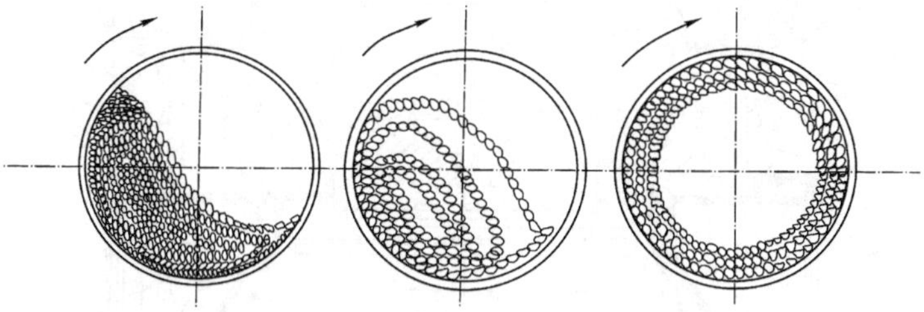

(a) 滑落状态　(b) 抛落状态　(c) 离心状态

图 2-24　球磨机的工作状态

二、棒磨机

棒磨机和溢流型球磨机基本相似。棒磨机采用圆棒作为研磨介质，而不像球磨机采用钢球作为研磨介质。棒的直径通常为 40～100 mm，棒的长度一般比筒体长度短 25～50 mm。为了防止筒体旋转时钢棒歪斜而产生乱棒现象，棒磨机的锥形端盖敷上衬板后的内表面是平的。

棒磨机主要是利用棒滚动时产生磨碎和压碎的作用将矿石破碎的。当棒磨机转动时，棒只是在筒体内互相转移位置。棒磨机不只是用棒的某一点来打碎矿石，而是以棒的全长来压碎矿石。因此，在较大块矿石没有被破碎前，细粒矿石很少受到棒的冲击，矿石过粉碎的可能性小，可以得到粒度比较均匀的磨碎产品。

棒磨机的转速为临界转速的 60%～70%；充填率一般为 35%～40%；给矿粒度不宜大于 25 mm，否则会使棒歪斜，工作时导致棒的弯曲和折断，从而使磨矿效果恶化。棒磨机一般在第一段开路磨矿中用于矿石的细碎和粗磨。在钨、锡或其他稀有金属的重选厂或磁选厂，为了防止矿石过粉碎，常采用棒磨机。

三、中速磨煤机

图 2-25 为平盘式中速磨煤机，其主要工作部件是磨盘和磨辊。磨盘由电动机带动旋转，磨辊则绕固定轴在磨盘上滚动。煤加在磨盘上被磨辊研成煤粉。磨辊研压煤的压力一部分是磨辊本身的重力，但主要靠弹簧的压力。空转时磨盘和磨辊间有不大的空隙，以免磨损。为了防止煤从磨盘上滑出，在磨盘的外缘装有一圈挡环，使磨盘上保持煤层有一定的厚度，从而提高末煤效率。热空气通过磨盘四周进入磨盘上空。磨成的煤粉被这股上升气流卷吸，带往上面的粗粉分离器，过粗煤粉被分离出来又落回到磨盘上，重新再磨。磨盘周围还装有一环形带叶片的风叶轮与磨盘一起转动，有助于把磨制成的煤粉带走。磨盘上有可更换的衬板，磨辊上有可更换的滚套，以备磨损后更换。

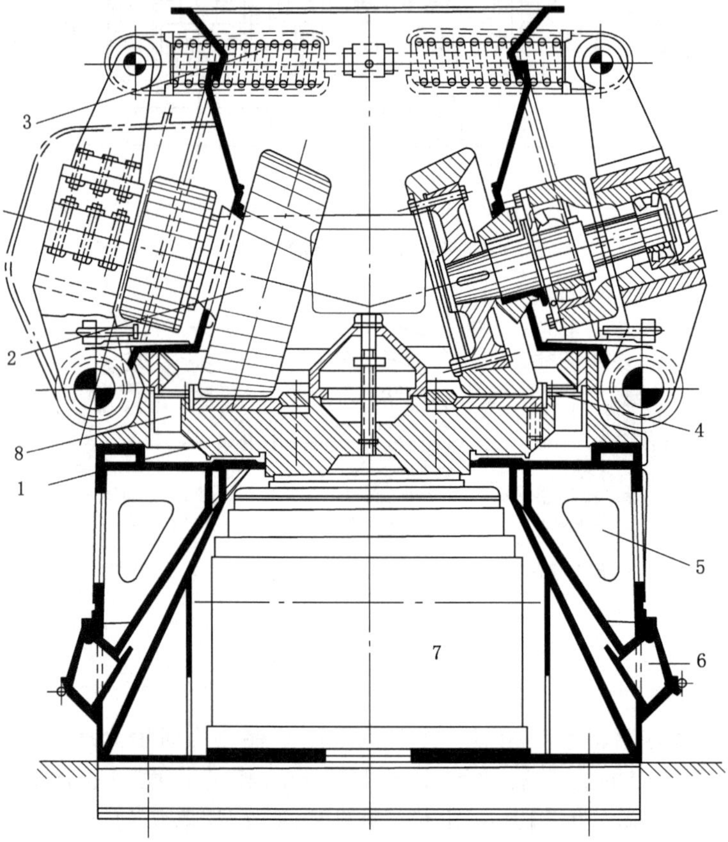

1—磨盘；2—磨辊；3—弹簧；4—挡环；5—热风室；6—矸石箱；7—减速箱；8—风叶箱。

图 2-25　平盘式中速磨煤机

由于中速磨煤机主要利用研压的方式磨煤，而且煤在磨煤机中扰动不大，故干燥过程并不强烈，当煤的水分过大时，就可能被压成煤饼而不能迅速地磨碎。因此，水分大于 12% 的煤不适用；另外，煤太硬（可磨系数大于 1.2）或灰分过高（$A>30\%$）都会导致磨煤机磨损太快。它的优点是：省钢材，耗电少，占地面积小，噪声小等。

四、高速磨煤机

图 2-26 为风扇式磨煤机，由叶轮、机壳、轴等组成。叶轮如同风扇的转子，组装有 8～12 块锰钢叶片，称为冲击板。机壳上装有可拆换的耐磨护板。这种磨煤机的转速高达 500～3 000 r/min。原煤随干燥剂（热气流）进入磨煤机后被冲击板击碎，煤粒被抛到机壳护板上时也起着破碎作用。合格的煤粉经粗碎分离器由干燥剂带出，过粗的煤粒回落到磨煤机进一步磨碎。

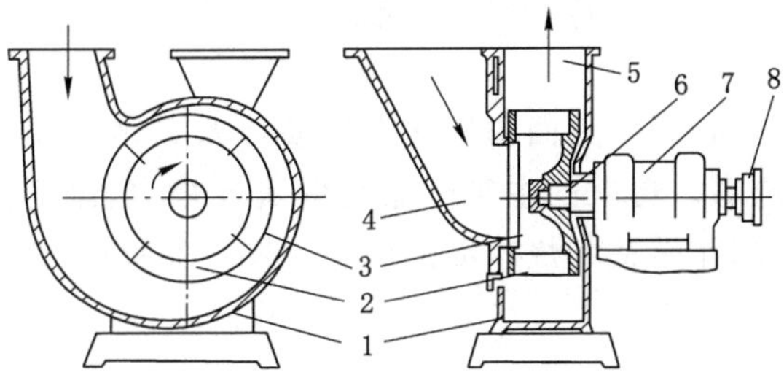

1—机壳；2—叶片；3—叶轮；4—燃料进口；5—出口；6—轴；7—轴承箱；8—联轴节。

图 2-26　风扇式磨煤机

风扇式磨煤机的主要优点：① 它既能磨煤又能鼓风，产生约 2 000 Pa 的压头，可省去排煤机，使制粉系统简化；② 煤在磨煤机中大多处于悬浮状态，通风和干燥能力强，适用于多水分的褐煤以及可磨系数大于 1.5 的烟煤；③ 结构简单紧凑，制造方便，占地面积小，金属耗量小，投资低。其主要缺点是磨损比较严重，检修周期短。叶轮圆周速度越大磨损越严重，所以一般将叶轮圆周速度控制在 85 m/s 以下。

第三章　煤炭分选

第一节　概　　述

根据原煤中各种组分的密度、表面物理化学性质以及其他性质的差异而分选成不同质量产品的加工过程称为选煤。选煤的主要产品是低灰分精煤，副产品有中煤、洗混煤、煤泥等，选后的矸石和尾煤可制作砖瓦和烧水泥的原料。图 3-1 所示为跳汰-重介-浮选工艺设备流程。

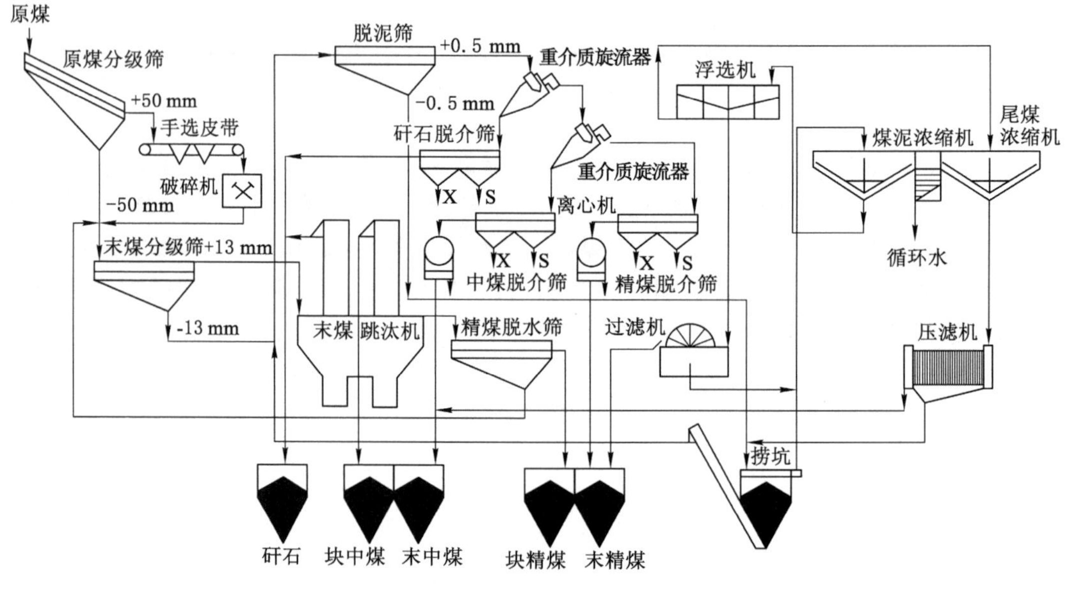

S—浓介质；X—稀介质。

图 3-1　跳汰-重介-浮选工艺设备流程

一、选煤的主要任务

(1) 清除原煤中的无机矿物质，降低煤的灰分和硫分，提高煤炭质量，减少燃烧对大气的污染，保护环境。

(2) 把煤炭分成不同质量、规格的产品，满足用户需求，以便有效合理地利用煤炭，使产品各尽其用，提高煤炭的使用价值。

(3) 煤炭经分选清除矸石后，可减少无效运输，节省运力。同时为综合利用煤矸石创造条件。

二、用户对煤炭质量的要求

(一) 冶金焦炭用煤

为提高炉冶炼效率和生铁质量，要求用于冶金焦炭的精煤灰分不得超过 12.5%，硫分不得超过 1.5%。有关资料表明，精煤灰分每降低 1%，焦炭灰分可降低 1.33%，而焦炭灰分降低 1%，炼铁焦比可降低 2%，高炉利用系数可提高 3%，同时可以降低石灰石的耗量，提高生铁的质量，硫分对炼铁的影响比灰分的影响大 10 倍。因此，冶金企业要求精煤灰分和硫分尽量降低。

（二）化肥造气用煤

化肥造气用煤对煤的品种、块度、灰熔融性、热稳定性、化学活性、黏结性、灰分、水分、硫分、挥发分、机械强度等均有特殊要求。大、中型煤气发生炉的化肥厂，要求提供粒度 25 mm 以上的无烟块煤或无烟块精煤，灰分一般在 15%以下，硫分小于 1%；小化肥厂可用 13～25 mm 无烟块煤、无烟洗小块或无烟型煤。

（三）高炉喷吹用煤

高炉喷吹用煤一般用粒度小于 13(6) mm 的末煤或粉煤，灰分小于 12.5%，水分尽量低，固定碳含量要高，硬度相对要小。

（四）电厂用煤

不同设备的火力发电厂所燃用的煤种和质量规格是不同的。新的发电厂均采用喷吹粉煤，应供应粒度小于 13 mm 的末煤。电厂燃用低灰的精煤，可以提高锅炉热效率，减少设备磨损，节约电耗，增加设备利用率，减少燃煤对大气的污染。

三、选煤方法分类

选煤方法种类很多，可概括分为两大类：干法选煤和湿法选煤。选煤过程在空气中或在干燥的条件下进行的，叫作干法选煤；选煤过程在水、重液或悬浮液中进行的，叫作湿法选煤。

选煤方法还可分为重力选煤、浮游选煤和特殊选煤等。

重力选煤方法主要是依据煤和矸石的密度差异而实现分选的。煤的密度一般在 1.2～1.8 g/cm^3，而矸石的密度在 1.8 g/cm^3 以上。根据分选设备不同，重力选煤又可分为跳汰选、重介质选、溜槽选、斜槽选和摇床选等。

浮游选煤主要是依据煤和矸石表面物理化学性质的差异对小于 0.5 mm 细粒煤进行分选的选煤方法。

特殊选煤方法主要指静电选、磁选、摩擦选、放射性同位素选和 X 射线选等，这些方法的分选依据主要是煤与矸石在导电率、磁导率、摩擦因数、射线穿透力等方面性质上的差异。

四、选煤厂类型

按精煤使用的目的不同，选煤厂可分为炼焦煤选煤厂和动力煤选煤厂。炼焦煤选煤厂的工艺过程比较复杂，生产的精煤质量要求较高；动力煤选煤厂的工艺过程相对简单些，产品主要作为动力燃料。而且大部分动力煤选煤厂只选块煤，末煤和粉煤不入选。

按选煤厂的位置及其与煤矿的关系，选煤厂可分为五种类型：

(1) 矿井选煤厂——厂址位于煤矿工业场地内，只分选该矿生产的原煤。

(2) 群矿选煤厂——厂址位于某一煤矿的工业场地内，可同时选该矿及附近煤矿生产的原煤。

(3) 矿区选煤厂——厂址设在矿区内单独的工业场地内，可同时入选周围煤矿的原煤。

(4) 中心选煤厂——厂址设在矿区范围外独立的工业场地上，入选外来原煤。

(5) 用户选煤厂——厂址设在用户(如焦化厂等)工业场地上，只入选进入本企业的原煤，产品(精煤)供企业使用。

第二节　原煤的可选性

选煤需要了解原煤的可选性，进而采取合适的技术措施，以获得良好的技术经济效果。

重力选煤法是根据煤的密度和粒度上的差异，在重力选矿设备中具有不同的运动状况而进行分选的方法。因此，在重力选煤过程中，影响煤可选性难易程度的主要是密度组成和粒度组成。

一、煤的密度和密度组成

（一）煤的密度

煤的密度是指煤和其所包含矿物质在内的密度。它不是固定值，其大小取决于煤中有机质的成分和变质程度，但主要取决于煤中所含矿物的密度和含量（表 3-1）。

表 3-1　几种矿物的密度　　单位：g/cm^3

石英	长石	高岭土	碳酸盐	黄铁矿	磁铁矿	磷灰石
2.6	2.6	2.6～2.68	2.7～2.9	5	4.9～5.2	3.2

（二）密度组成的测定方法——浮沉试验

煤的密度组成是评定煤的可选性的主要依据。现简单介绍密度组成的测定方法，即浮沉试验。浮沉试验在一般情况下采用筛选试验所得的窄级别煤样。为保证试样的代表性，试样不能小于一定数量。国家标准规定的浮沉试验样品的最少质量如表 3-2 所示。

表 3-2　浮沉试验样品的最少质量

煤样中最大粒度/mm	100～50	50～25	25～13	13～6	6～3	3～1	1～0.5
煤样的最少质量/kg	100	30	15	7.5	4	2	1

浮沉试验是把煤放在不同密度溶液中顺序地进行浮沉，经过 n 个密度液浮沉分离，就可以得出 $n+1$ 个密度级物料。对每个密度级物料进行化验，就可以得出不同密度级数量和质量的关系。

浮沉试验按常规在氯化锌溶液中进行，但由于氯化锌和水配制的密度液黏度大，洗涤困难，所以对＜1 mm 或＜0.5 mm 煤泥采用有机溶液，如四氯化碳和苯或三溴甲烷和四氯化碳等配制密度液。一般浮沉试验所用密度液的密度为 1.3 g/cm^3、1.4 g/cm^3、1.5 g/cm^3、1.6 g/cm^3 和 1.8 g/cm^3 五种，必要时可增加或减少密度级的数目。

浮沉试验方法按国家标准（GB/T 478—2008）规定的方法进行。试验前，须把煤样中小于 0.5 mm 的煤泥洗去。浮沉的顺序一般是从低密度逐级向高密度进行，见图 3-2，也就是把煤放入 1.3 g/cm^3 密度液中，小于 1.3 g/cm^3 密度的煤粒将浮在上面，大于 1.3 g/cm^3 密度的煤粒下沉，分别取出小于 1.3 g/cm^3 密度的上浮物和大于 1.3 g/cm^3 密度的下沉物。然后将大于 1.3 g/cm^3 密度的煤粒再放入 1.4 g/cm^3 密度液中，进行另一个密度的浮沉，此时上浮煤粒为 1.3～1.4 g/cm^3 密度级，如此重复，将下沉煤粒放入 1.5 g/cm^3、1.6 g/cm^3、1.8 g/cm^3 的各密度液中进行浮沉，故试验煤样就分成密度为－1.3 g/cm^3、1.3～1.4 g/cm^3、

1.4～1.5 g/cm^3、1.5～1.6 g/cm^3、1.6～1.8 g/cm^3 和+1.8 g/cm^3 六个密度级。然后将所得的六个密度物分别进行洗涤，把氯化锌密度液洗去，再烘干和称重，算出百分数并化验灰分，这样就可得出各密度级的数量和质量，50～0.5 m 原煤浮沉试验报告见表 3-3。

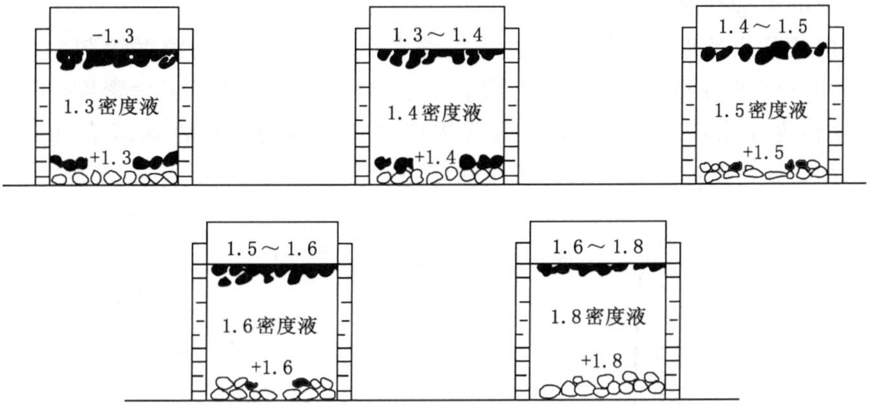

图 3-2 浮沉试验过程

表 3-3 50～0.5 mm 原煤浮沉试验报告

密度/(g/cm^3)	浮沉物		浮物累计		沉物累计	
	产率 γ/%	灰分 A/%	产率 $\sum\gamma$/%	灰分 A/%	产率 $\sum\gamma$/%	灰分 A/%
(1)	(2)	(3)	(4)	(5)	(6)	(7)
-1.3	22.5	5.5	22.5	5.5	100.0	32.9
1.3～1.4	30.6	11.3	53.1	8.8	77.5	41.1
1.4～1.5	8.6	20.8	61.7	10.5	46.9	60.6
1.5～1.6	3.7	29.7	65.4	11.6	38.3	69.5
1.6～1.8	4.4	40.3	69.8	13.4	34.6	73.8
+1.8	30.2	78.1	100.0	32.9	30.2	78.1
合　计	100.0	32.9				

表 3-3 中(2)、(3)栏的数据是实测的，第(4)栏为浮物累计产率，由第(2)栏的数字自上而下逐个相加而得，表示在某一密度(就是该密度液中浮起的)浮物的产率。第(6)栏为沉物累计产率，是第(2)栏的数字自下而上逐个相加而得的。表中第(5)、(7)栏分别为浮物、沉物的平均灰分，是浮物、沉物各密度灰分的加权平均值，按式(3-1)计算：

$$A=\frac{\sum A_i \cdot \gamma_i}{\sum \gamma_i}\times 100\% \tag{3-1}$$

式中 γ_i——各密度级占 50～0.5 mm 级产率，%；

A_i——某一密度级的灰分，%。

例如，小于 1.4 g/cm^3 密度级的浮物平均灰分：

$$A=\frac{22.5\times 5.5+30.6\times 11.3}{22.5+30.6}\times 100\%=8.8\%$$

二、可选性曲线

浮沉试验结果综合表能够系统地表示煤的密度组成和质量特征，但是还不能从表中直观地看出按灰分要求的精煤产率，进而评价煤的可选性难易程度。为此必须根据浮沉试验的数据绘制煤的可选性曲线。

可选性曲线是煤的性质的图示。它是根据表 3-3 浮沉试验的数据绘制的，通常绘制在 200 mm×200 mm 的方格纸上，如图 3-3 所示。在图中，上横坐标表示密度；下横坐标表示灰分；左纵坐标为浮物产率；右纵坐标为沉物产率。常用的可选性曲线有四条：浮物曲线(β)，沉物曲线(θ)，密度曲线(δ)，灰分特性曲线(λ)。

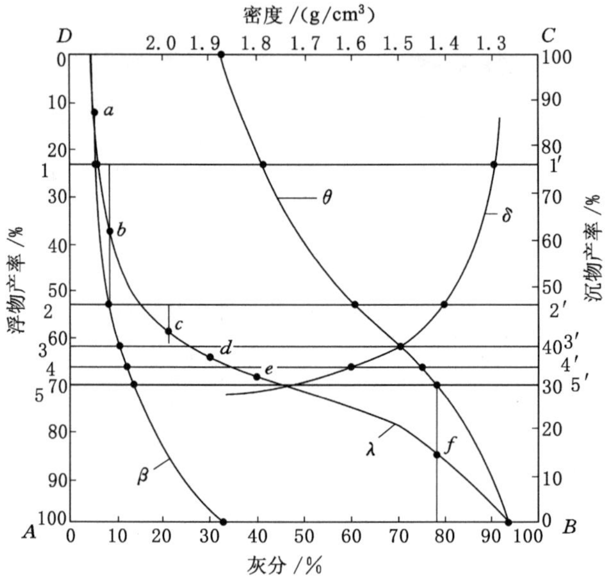

图 3-3 煤的可选性曲线

(一) 浮物曲线(β)

浮物曲线是由表 3-3 中(4)、(5)两栏的数据绘制的曲线。它表示浮煤的累计产率和累计灰分的关系。利用它可查出某一精煤(浮煤)灰分的精煤理论产率。

(二) 沉物曲线(θ)

沉物曲线是由表 3-3 中(6)、(7)两栏的数据绘制的曲线。它表示沉煤的累计产率和累计灰分的关系。

(三) 密度曲线(δ)

密度曲线是由表 3-3 中(1)、(4)两栏数据绘制的曲线，上横坐标表示分离密度为 1.3 g/cm³、1.4 g/cm³、1.5 g/cm³、1.6 g/cm³ 和 1.8 g/cm³ 各点向下引垂线，分别与第(4)栏的数据所划出五条横线相交，即各密度的浮物累计产率坐标点，各点连成平滑曲线，称为密度曲线。它表示分离密度与浮煤累计产率的关系。因此，利用它可查出任一分离密度下的精煤(浮煤)产率或某一精煤产率下的分离密度。

(四) 灰分特性曲线(λ)

灰分特性曲线由表 3-3 中(3)、(4)两栏数据绘制而成。先用(4)栏的数据在左纵坐标上定出相应点 1,2,3,4,5,那么,纵坐标上的 D-1,1-2,2-3,3-4,5-A 就分别表示 $-1.3\ g/cm^3$,$1.3\sim1.4\ g/cm^3$,$1.4\sim1.5\ g/cm^3$,$1.5\sim1.6\ g/cm^3$,$1.6\sim1.8\ g/cm^3$,$+1.8\ g/cm^3$ 各级密度物的产率。然后用(3)栏各密度物灰分数据,在下横坐标上定出相应点并向上做垂线,由于(3)栏灰分为各密度物的平均灰分,因此,把各密度物平均灰分标在相应的各密度物产率的中点上即 a、b、c、d、e、f,连接各点为一平滑曲线,此曲线为灰分特性曲线(即 λ 曲线)。λ 曲线的起点必须与 β 曲线的起点相重合,λ 曲线的终点必须与 θ 曲线的终点相重合。λ 曲线上任何一点都表示某一密度范围无限窄的密度物的灰分。

四条可选性曲线从不同的角度表示了原煤的质和量的关系。δ 曲线表示密度和产率的变化关系;λ、β 和 θ 三条曲线表示灰分与产率的变化关系。灰分特性曲线表示上浮产物增加的瞬间灰分,它反映了浮物产率与灰分的变化快慢,曲线下面包围的面积为原煤的灰分量;而 β 曲线和 θ 曲线分别表示浮煤和沉煤的平均灰分,这两条曲线下面所包围的面积是没有物理意义的。因此,在可选性曲线中,以 λ 线为最重要。

利用原煤的可选性曲线可以判断原煤的可选性难易程度。由灰分特性曲线的形状可以判断煤的可选性。如果 λ 曲线上部几乎垂直下降,下部趋向于水平,中部曲率很大,如图 3-4(a)所示,说明原煤由一部分低灰煤和一部分高灰的矸石组成,中间密度物很少,在一定的分选密度下,低灰煤和高灰的矸石易于分开,这种煤属易选煤。如果 λ 曲线呈倾斜状,如图 3-4(b)所示,产率与浮煤的灰分成比例地增加,说明原煤的可燃物与矸石紧密共生,低灰煤与高灰矸石不容易分开,该原煤属难选煤。

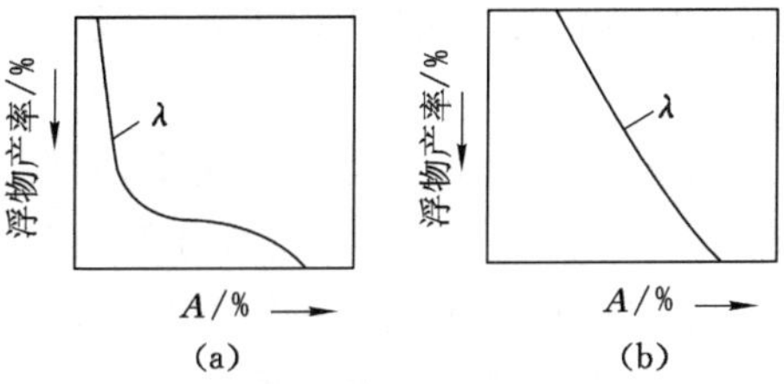

图 3-4　λ 曲线的形状

通过可选性曲线可以确定分选的理论指标。如上述原煤分选出三种产品:精煤、中煤和矸石。而要求精煤灰分为 9%,矸石灰分为 80%,求其他分选指标。在 β 曲线上查出精煤灰分 9%时的精煤产率为 54%,在 θ 曲线上查出矸石灰分 80%时的矸石产率为 28%。再根据精煤产率和矸石产率在 δ 曲线上查出中煤段的分选密度为 $1.4\ g/cm^3$,矸石段的分选密度为 $1.88\ g/cm^3$。

$$\begin{matrix}\text{中煤理}\\\text{论产率}\end{matrix}=100\%-\begin{matrix}\text{精煤理}\\\text{论产率}\end{matrix}-\begin{matrix}\text{矸石理}\\\text{论产率}\end{matrix}=100\%-54\%-28\%=18\%$$

$$\text{中煤灰分}=\frac{100\times\text{原煤灰分}-(\text{精煤产率}\times\text{精煤灰分}+\text{矸石产率}\times\text{矸石灰分})}{\text{中煤产率}}$$

$$=\frac{100\times32.9-(54\times9+28\times80)}{18}$$

$$=31.3\%$$

三、煤的可选性分类

可选性曲线的形状只能定性判断煤的可选性难易程度,而没有数量的概念,因此,不便于比较和分类。

目前我国评价可选性的标准是以分选密度 $\pm0.1\ g/cm^3$ 邻近密度物含量为指标进行分类的。煤炭可选性等级划分标准(GB/T 16417—2011)如表 3-4 所示。

表 3-4　煤炭可选性等级划分标准

δ±0.1 含量/%	≤10.0	10.1～20.0	20.1～30.0	30.1～40.0	>40.0
可选性等级	易选	中等可选	较难选	难选	极难选

第三节　跳汰选煤

跳汰选煤分为水力跳汰选煤(以水作为分选介质的跳汰过程)和风力跳汰选煤(以空气作为分选介质的跳汰过程)两种。水力跳汰选煤是指物料主要在垂直升降的变速水流中按密度分选的过程。实现跳汰选煤的设备叫作跳汰机。水力跳汰选煤是目前应用最广的一种分选方法。它具有设备简单、分选效率高、生产能力大等优点。

风力跳汰选煤的原理与水力跳汰选煤的原理大致相同,只是煤的分选是在脉动空气流中进行的。由于风力跳汰选煤效率低,只在极端缺乏水源的地区和对产品质量要求不高的条件下采用。

跳汰选煤已有一百多年的历史,对跳汰理论研究已有几十年,但是由于跳汰分选过程较复杂,影响因素很多,因此,迄今还没有建立一套完整而统一的理论(或假说)比较圆满地解释跳汰选煤过程。下面简述跳汰分选原理。

一、跳汰选煤的一般原理

图 3-5 为跳汰机的工作原理。跳汰机的机箱 1 被纵向隔板 2 分为相互连通的空气室和跳汰室两部分。在左侧跳汰室中铺有筛板 3,煤就在这筛板上进行分选。右侧是一个密闭的空气室。在它上部装有风阀 4,风阀由管子与供风系统相连,它能够交替地进入和排出压缩空气。当压缩空气进入空气室时,空气室内的水被压向跳汰室,因而跳汰室中产生上升水流;当压缩空气被排出时,水自然往回流动,此时跳汰室中形成下降水流。由于风阀连续不断交替地向空气室导入和排出压缩空气,因此在跳汰室中就产生透过筛板上下跳动的脉动水流。顶水从空气室下部的筛下水管进入,补充洗水并改变跳汰机水流特性,使物料在跳汰室中进行松散、分层。

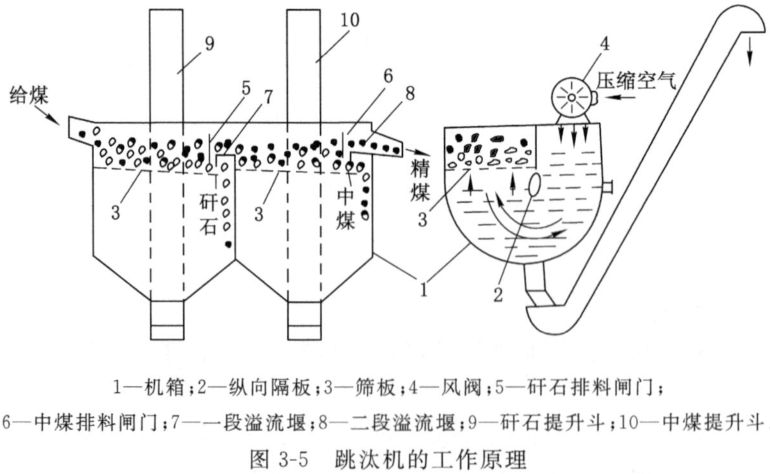

1—机箱;2—纵向隔板;3—筛板;4—风阀;5—矸石排料闸门;
6—中煤排料闸门;7—一段溢流堰;8—二段溢流堰;9—矸石提升斗;10—中煤提升斗。

图 3-5　跳汰机的工作原理

入选原煤和水(冲水)一起给入跳汰机,均匀地分布在跳汰室的筛板上,形成一定厚度的床层。当压缩空气进入空气室时,在跳汰室产生上升水流,在上升水流的作用下,筛板上的床层逐渐松散,并随之上升。这时床层中的煤和矸石按照本身的特性(密度和粒度)彼此做相对运动而进行分层,煤的密度小,上升得快,冲得较高;而矸石的密度大,上升得慢,冲得较低,使得一些原来压在矸石下面的煤块可能越过矸石而上升到上层。当压缩空气被排出时,即下降水流期间,产生向下吸的力量,各种颗粒亦随之下降,床层逐渐紧密,并继续进行分层。密度较大的矸石最先下沉,最早落到筛板上;煤的密度小,下降得慢,落在矸石层上面。下降水流结束后,分层即告终止,完成了第一个跳汰循环。在每一个跳汰循环中,煤和矸石混合物都受到一定的分选作用,经过多次反复后,分层逐渐完善。最后,低密度煤集中在最上层,高密度矸石集中在最下层,而具有中间密度的颗粒(中煤)则自然分布在煤和矸石层中间。在上升水流阶段,细粒矸石比大块煤上升得快,因而升得高;在下降水流阶段,大块煤却又比细粒矸石下降得快,因而沉得低。当全部煤和矸石都沉降到筛面以后,床层紧密,这时大部分煤和矸石混合物彼此间已丧失相对运动的可能性,分层作用几乎全部停止,只有那些极细粒矸石和细粒煤才能穿过床层的缝隙继续向下运动,并按密度分层。煤和矸石的粒度和形状也影响分选过程,故使跳汰分层变得复杂,但是,总的结果仍然是煤和矸石按密度分层。如果原煤中含有较大量的片状矸石,这些矸石容易混在精煤中,从而降低精煤的质量。

在筛板上已经按密度分层的煤和矸石,受到冲水的作用,逐渐移向跳汰机的排料端,到达矸石段的排料闸门 5,矸石就经闸门排入机箱内,由矸石提升斗 9 排到机外。上层的精煤和中煤则越过溢流堰 7,进入跳汰机的第二段(中煤段)。在中煤段,中煤和精煤在脉动水流作用下继续分层,并不断地向排料端移动,到达中煤的排料闸门 6,中煤又经闸门排入中煤段的机箱内,由中煤提升斗 10 排到机外,而精煤则越过中煤段的溢流堰 8 随水流排出跳汰机,经溜槽送脱水筛进一步脱水。

二、跳汰机

跳汰机的种类繁多,按产生脉动水流的动力源的不同,可分为活塞跳汰机、无活塞跳汰机和隔膜跳汰机。无活塞跳汰机中水流的脉动是利用压缩空气来推动的。在无活塞跳汰机中,按压缩空气进出的风阀型式分有立式风阀跳汰机和卧式风阀跳汰机;按风室的布置方式分有筛侧空气室跳汰机与筛下空气室跳汰机。

按入选粒度不同可分为块煤跳汰机(入选粒度大于 13 mm)、末煤跳汰机(入选粒度小于 13 mm)、混合跳汰机(入选粒度小于 50 mm 或 100 mm 的混煤)及煤泥跳汰机(入选粒度小于 0.5 mm 或 1 mm 的煤泥)等。

按跳汰机在流程中的位置不同,可分为主选机和再选机;按分选产品的数目又可分为一段跳汰机、两段跳汰机和三段跳汰机;按排矸方式不同,可分为顺排矸跳汰机和逆排矸跳汰机。

目前工业上用得最多的是筛侧空气室跳汰机和筛下空气室式跳汰机。下面简要介绍其结构。

(一)筛侧空气室跳汰机

筛侧空气室跳汰机的基本结构如图 3-6 所示,它主要由机体、筛板、风阀和排料装置四部分组成。

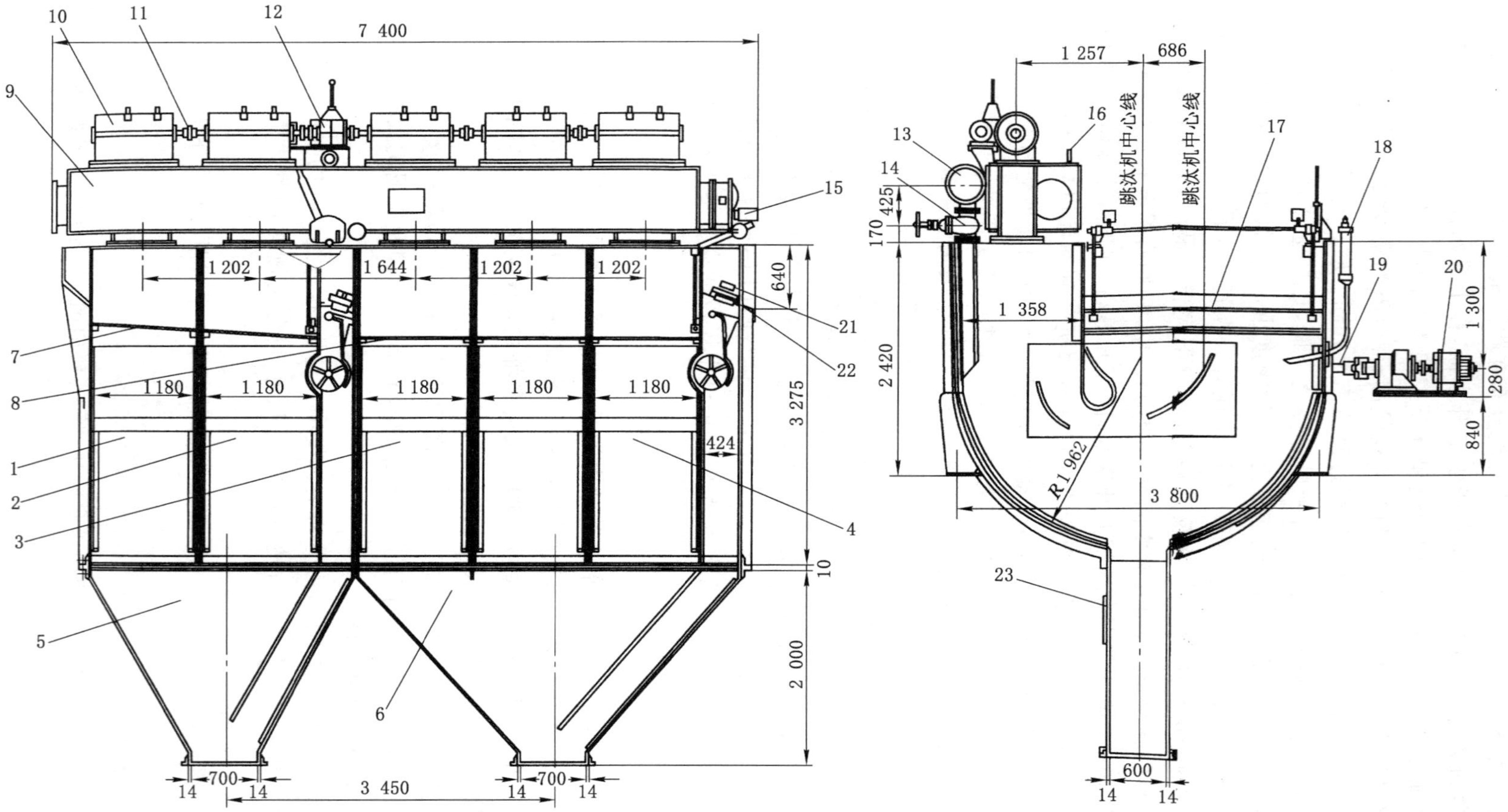

1—机体第一格；2—机体第二格；3—机体第三格；4—机体第五格；5—矸石段漏斗；6—中煤段漏斗；7—矸石段筛板；8—中煤段筛板；9—空气箱；10—风阀；11—链式联轴节；12—风阀传动装置；13—总水管；14—暗插楔式闸门；15—电动蝶阀；16—压力表；17—排料闸门；18—测压管；19—排料装置；20—排料轮传动装置；21—压铁；22—溢流堰；23—检查孔。

图 3-6　LGT-15 型筛侧空气室跳汰机

1. 机体

跳汰机机身的上段是长方形的箱子，下段是半圆形或角锥形。在横向上，机身被隔板分成互相连通的跳汰室和空气室两部分；在纵向上，机身分为矸石段和中煤段（也有分三段的），每段又隔成两个或三个隔室。在每个隔室的压气侧装有单独风阀和筛下补充水管，用以调节隔室上的床层松散状态。每段跳汰室的末端（对顺排矸式跳汰机）设有排矸道。机体采用 14～20 mm 厚的钢板焊接而成，机体内部为了耐磨采用耐磨内衬，机体四周还焊有加强筋条。

2. 筛板

筛板的作用是承托床层。筛板与机体构成床层分层的空间，并控制透筛排料和重产物层水平移动速度。

筛板的形式有方孔筛板、圆孔筛板、长方形孔筛板等，其中圆孔筛板使用最广，开孔率一般为 25%～35%。筛板的孔径，矸石段一般为 10～20 mm，中煤段为 10～15 mm。筛板的倾角，矸石段为 2°～5°，中煤段为 1°～2.5°。采用人工床层透筛排料时，筛面应安装成水平的。

3. 卧式风阀

风阀是跳汰机的关键装置，它控制跳汰机空气室周期性地与风包和大气相通，从而形成周期性的进气和排气，使水流产生合理的脉动，促进物料的松散分层。

卧式风阀结构如图 3-7 所示，它的主要部件是两端带有堵盖 6 与 7 的圆筒形外壳 1 以及

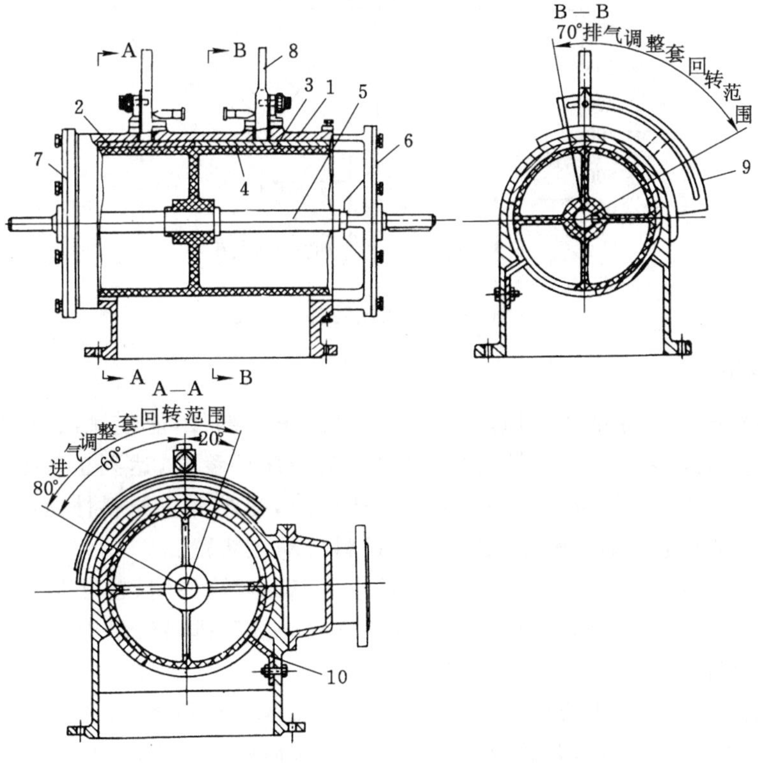

1—外壳；2—进气调整套筒；3—排气调整套筒；4—转子；
5—轴；6，7—堵盖；8—手柄；9—扇形齿板；10—挡板。

图 3-7　北票-1 型卧式风阀结构

装在机轴 5 上的转子 4。转子是一个空心圆筒，在中间被隔成进气与排气两部分，并且在相反的位置上分别开有矩形窗孔。在进气侧与排气侧各有一段带手柄的调整套筒 2 和 3，夹在转子和阀壳之间。扳动手柄，就能调节进气期和排气期。在进气侧的外壳上有与压缩空气管相接的进气管，将压缩空气引入转子左侧的空心圆筒中，转子上的进气窗孔与调节套筒上的窗孔重合时，进气通路打开而排气孔关闭，空气即可压入跳汰机。当转子排气孔与调整套筒 3 上的窗孔重合时，排气通路打开而进气孔关闭，压缩空气即从阀壳的排气端排出。随着转子的旋转，压缩空气就时而进入跳汰机的空气室，时而中断，时而排出，当进气时，将水压向跳汰室（相当于上冲水期），排气时，水又自然地返回空气室（相当于下降水期）。于是，在跳汰机室就产生透过筛板上下搏动的脉动水流。当进气孔已经关闭，而转子上的排气孔还未到达调整套筒 3 上的窗孔时，风阀是既不进气也不排气，此阶段为膨胀期，即上冲水期和下降水期之间的过渡阶段。扳动手柄，调整套筒 2 和 3 的位置，就能调整脉动水流的循环特性，以提高跳汰机的生产能力和分选效果。卧式风阀的特性曲线如图 3-8 所示。它的进气期最小为 80°，最大可调节到 160°；排气期最小为 110°，最大为 180°；膨胀期范围是 20°～170°。

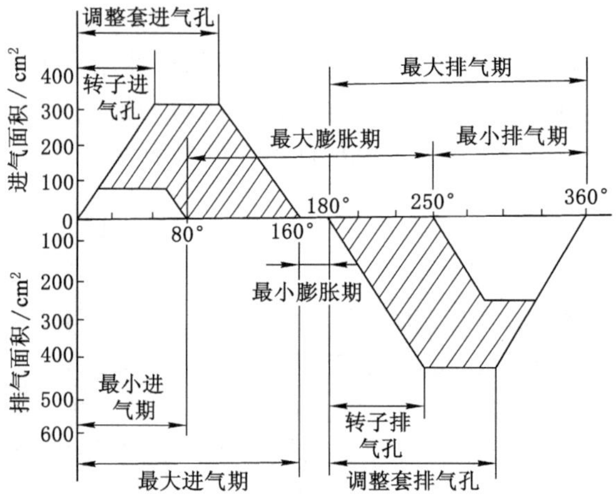

图 3-8 卧式风阀特性曲线

4. 排料装置

跳汰机排料装置是保证床层稳定和产品质量的重要部件，能使跳汰机得到较高的生产能力和较好的分选效果。在原料按密度分层后，为使床层稳定，达到正常分层条件，保证产品质量，必须随时调节排料量。依靠人力进行调节时，很难适应原料性质的变化，结果造成产品质量波动，损失量增加。因此，必须采取排料自动化装置。

选煤产品的排料方式各不相同，精煤通过水平流的运输作用，越过溢流堰，随水排出；重产物（矸石或中煤）由筛上排料和透筛排料连续排出。透筛排料仅限于细粒物料。

(1) 跳汰机溢流堰

跳汰机溢流堰可分为溢流堰、无溢流堰和半溢流堰三种形式，见图 3-9。旧式跳汰机多采用溢流堰形式[图 3-9(a)]，其缺点是水流经过溢流堰前发生激烈的扰动，使已分层好的床层重新混杂，降低分选效果。在新型跳汰机中多采用无溢流堰形式，如图 3-9(b)所示，为保持一定的矸石床层，使矸石不进入中煤段，将第二段筛板高出第一段筛板 150～200 mm，同时，在两段之间设有可调闸板，以调节矸石层的厚度。该结构对水流运动状态无影响，但有跑煤现象。目前应用较多的是半溢流堰结构,如图 3-9(c)所示,它仍保持溢流堰的形式,但将其高度降低,因此对水流影响不大,为保持矸石床层的厚度,在溢流堰前设有可调闸板。

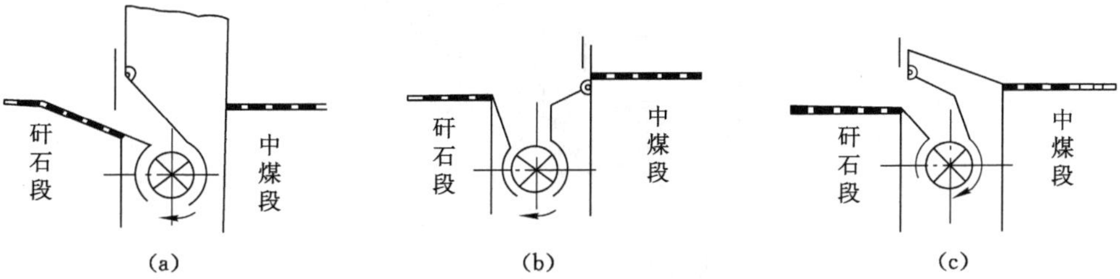

图 3-9 溢流口的结构

(2) 跳汰机的重产物排料装置

跳汰机的重产物排料装置最常用的是叶轮式排料闸门和扇形排料闸门,见图 3-10。

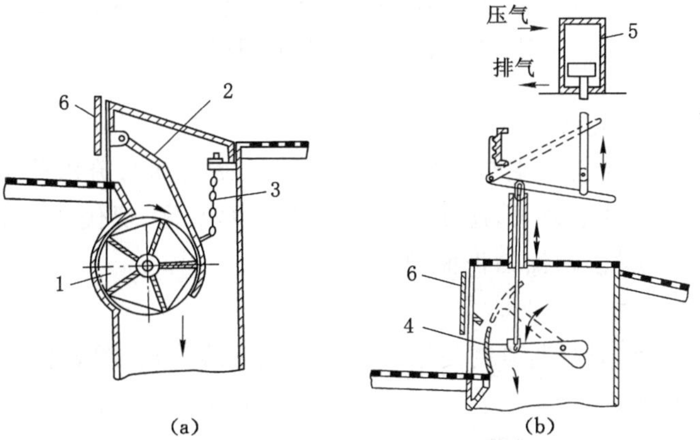

1—叶轮;2—挡板;3—链条;4—扇形闸门;5—带活塞的气缸;6—垂直闸门。

图 3-10 跳汰机的排料装置

图 3-10(a)是叶轮式的排料装置。它是一个连续自动排料装置,叶轮设在排料口的跳汰机筛板下面,叶轮前方有一块挡板,挡板的一端装在轴枢上,另一端用链条悬挂在一定的位置,并可做一定的摆动,以防止大块卡住叶轮。叶轮由电动机带动,其转速可根据矸石层的厚度,通过自动控制装置调节,从而达到自动排料的目的。

图 3-10(b)是扇形闸门的排料装置。它的排料是间歇式的。扇形闸门设在排料口跳汰机筛板上面,当气缸内的活塞和杠杆系统运动时,水平轴转动一定角度,将扇形闸门提起或落下。活塞的运动可以根据床层厚度用自动控制装置调节。

图 3-11 为浮标-气动式自动排料装置。其作用原理是:当矸石床层增厚时,浮标上升,通过连杆机构,使三通阀门转动,打开压缩空气和活塞间的通路,压缩空气进入活塞筒,推动活塞向下运动,进行排矸;当矸石排出后,矸石层变薄,浮标下降,使三通阀门回转,活塞筒与大气间的通路接通,其中的压缩空气向外排出,借平衡锤的重量,闸门恢复原状,停止排料。我国 WT 型跳汰机的自动排矸装置就采用这种原理。

筛侧空气室跳汰机的主要缺点是脉冲水流(或波高)沿跳汰室宽度的分布不均匀,造成跳汰机两侧分选效果不一样。

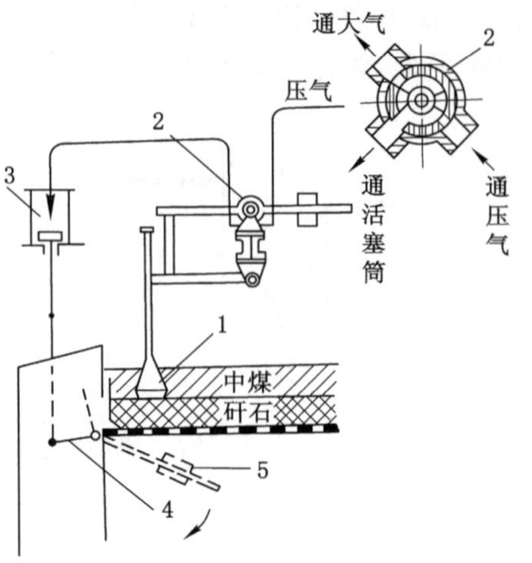

1—浮标；2—三通阀门；3—活塞筒；4—阀门；5—平衡锤。

图 3-11 浮标-气动式自动排料装置

（二）筛下空气室跳汰机

筛下空气室跳汰机的空气室装在跳汰筛板下面，使脉动水流沿跳汰室宽度均匀一致。这不仅改善了跳汰机的分层效果，还使跳汰机可以向大型化、现代化发展。目前，国内生产使用的筛下空气室跳汰机，跳汰筛板面积已达 43 m^2。

1. LTX 型筛下空气室跳汰机

LTX 型跳汰机是我国早期研制使用的筛下空气室跳汰机，图 3-12 为 LTX-14 型筛下空气室两段三产品跳汰机。

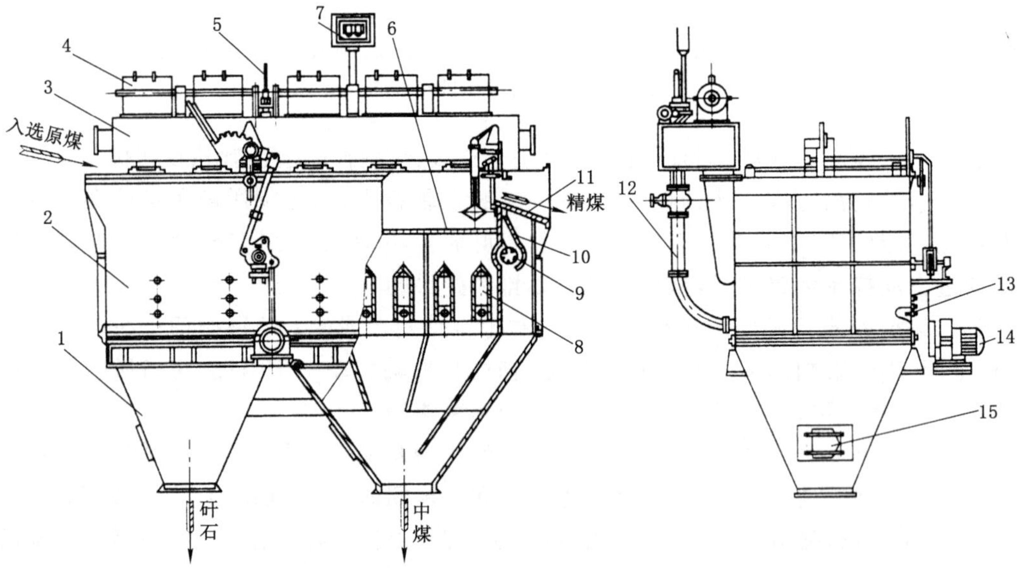

1—下机体；2—上机体；3—风水包；4—风阀；5—风阀传动装置；
6—筛板；7—水位灯光指示器；8—空气室；9—排料装置；10—中煤段护板；
11—溢流堰盖板；12—水管；13—水位接点；14—排料装置电动机；15—检查孔。

图 3-12 LTX-14 筛下空气室两段三产品跳汰机

该型跳汰机矸石段分两格，中煤段分三格，每格的筛板下安置 2 个空气室(图 3-12)。每个空气室端面上、下各有 1 孔，分别与风阀和顶水管相通(图 3-13)。

跳汰机设有灯光指示器。在每个格室的一个空气室装上、中、下 3 个水位接头，显示水位高低和跳汰机运转情况。

跳汰机矸石段溢流口采用半溢流堰排料，重产物均采用叶轮式连续自动排料。

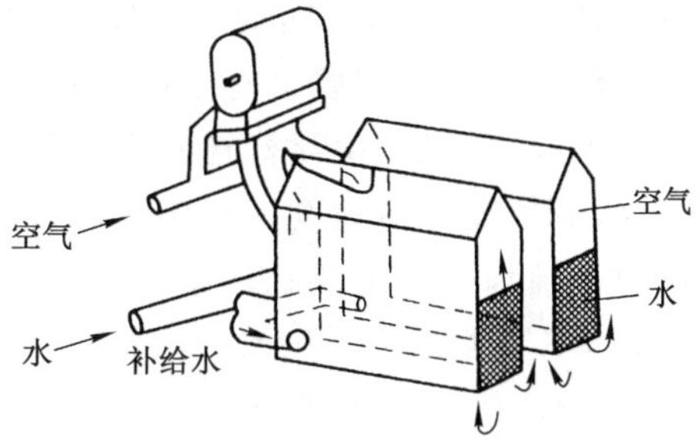

图 3-13　LTX 跳汰机空气室

2. X 型筛下空气室跳汰机

X 型筛下空气室跳汰机有单段、两段和三段三种机型，有 6～43 m^2 多种规格，可适应不同分选要求的需要。

图 3-14 为 X5032K 型筛下空气室跳汰机结构简图。X 型跳汰机的主要特点是筛下每格内居中安放一个空气室，配备一个风阀和一个顶水管；空气室形状为顶部是最佳扩散曲线，下部为流线型导流板，见图 3-15。此机型可使脉动水流迅速扩散，又可防止涡流产生。这种结构的优点是空气室内风量分布均匀，跳汰室内脉动水流波高一致，能耗少。它为设备大型化创造了条件。

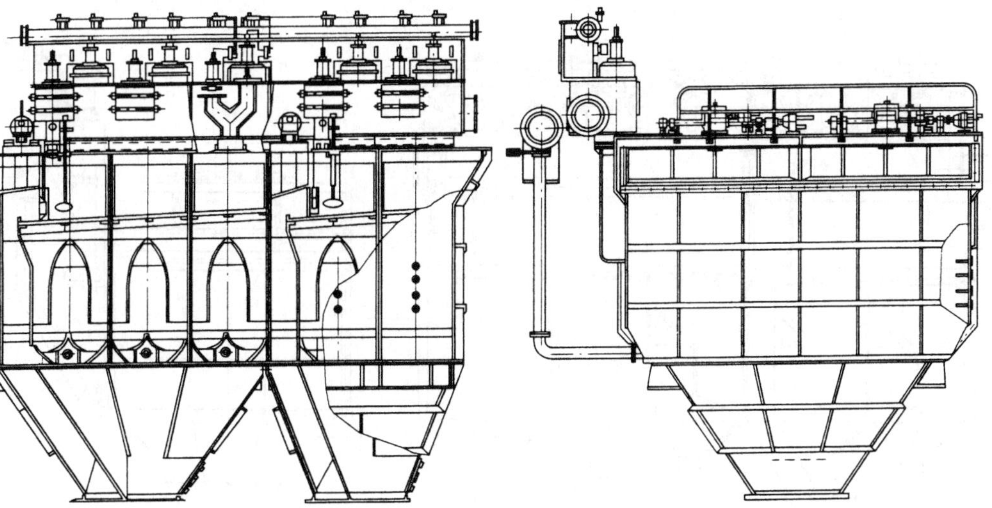

图 3-14　X5032K 型筛下空气室跳汰机

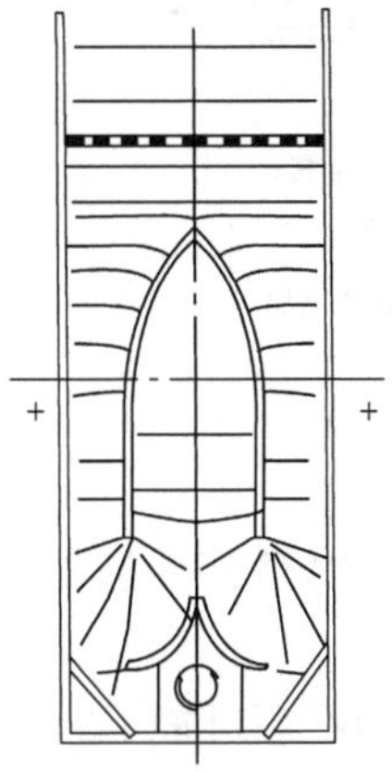

图 3-15　X 型跳汰机空气室简图

X 型跳汰机跳汰室宽度 2.5 m 以下采用旋转风阀，2.5 m 以上采用电控气动风阀。该机采用的电控气动风阀为电控气动单盖板阀，其特点是进气打开速度快、最大进气面积持续时间长。

跳汰筛板采用不锈钢焊接筛板，提高了筛面开孔率，开孔率可达 75%以上，从而减少了风、水用量，提高了处理能力和分选效果。

该型跳汰机按不同要求有不同形式的自动排料装置。对于块煤跳汰机，采用垂直闸门加排气阀的排料装置，由浮标检测重物料层厚度，溢流堰控制床层厚度，闸门高低控制排放厚度，排气阀控制排料速度。对于不分级煤和末煤跳汰机，采用液压水平排料机构，以避免物料越过溢流堰时产生混乱现象。

（三）SKT 型筛下空气室跳汰机

SKT 型跳汰机可用于分选块煤、末煤或不分级煤，SKT 型跳汰机设计成漏斗形单隔室组合结构，见图 3-16。每个隔室均自成一体，使脉动水流形成一个 U 形振荡体，防止水流撞击和减少能耗。

顶水沿机体全宽均匀给入，对床层作用力均匀，改善了分层过程和排料精度。图 3-17 为 SKT-14 筛下空气室跳汰机结构简图。

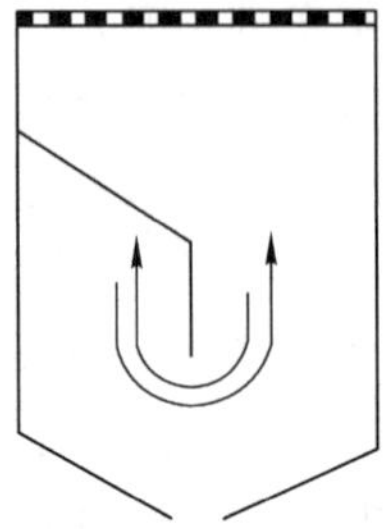

图 3-16　SKT 型跳汰机空气室简图

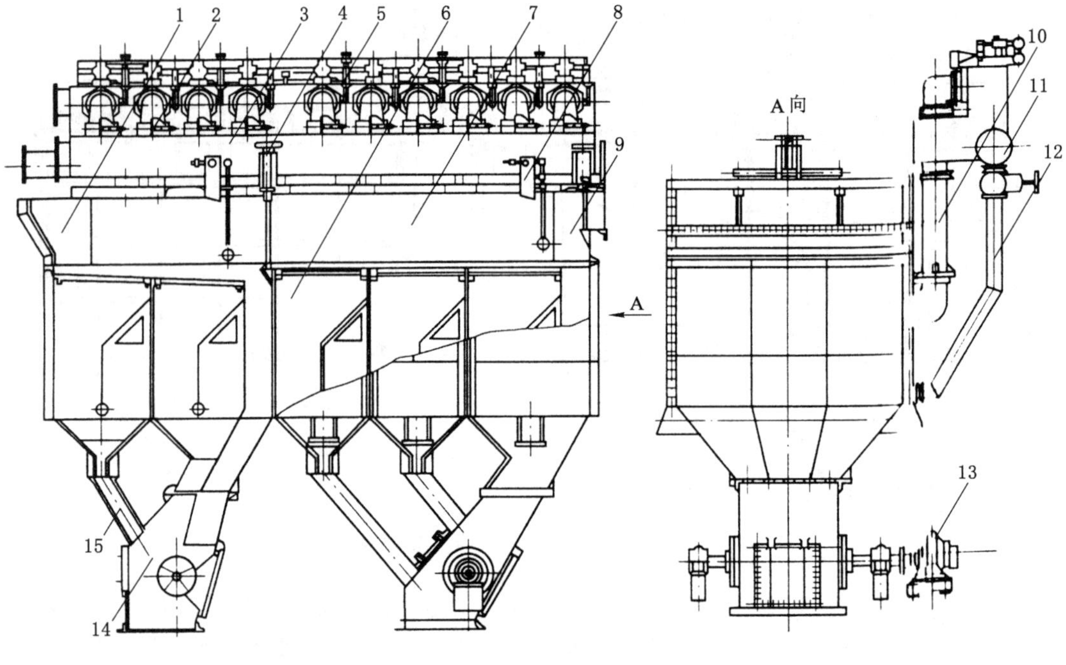

1—进料端；2—手动蝶阀；3—风箱；4—活动溢流堤；5—气动蝶阀；
6—上机体；7—侧壁；8—浮标装置；9—出料端；10—接管；
11—总水管；12—分水管；13—排料装置；14—排料端；15—连接钢管。

图 3-17　SKT-14 筛下空气室跳汰机

筛板有圆孔形和不锈钢条缝两种，可根据需要选择。

风阀采用电控气动立式滑阀。阀芯运动不受风压影响，也不和其他部件撞击，因此需要的动力少，工作可靠，噪声小。

排料系统由无溢流堰水平下料口、随动溢流堤、料仓、超安息角排料叶轮、直流电机驱动装置、床层厚度传感器和电控柜等组成。排料系统如图 3-18 所示。

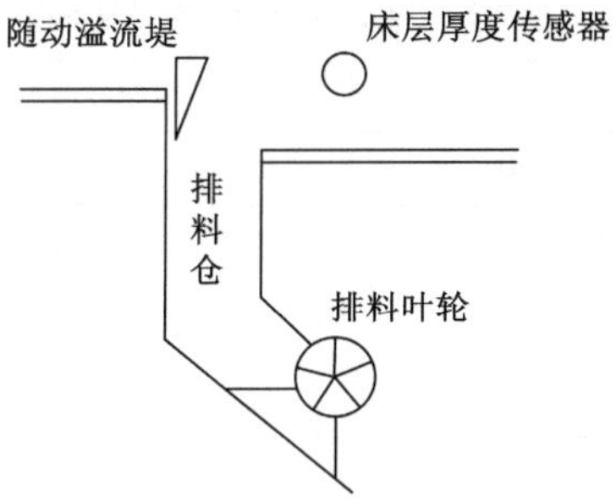

图 3-18　排料系统

活动溢流堤可随原煤性质变化，自动调节升降高度，随时对准床层的产品切割面，使物料在产品分离过程中能维持稳定的分选密度。

无溢流堰水平下降口可避免物料在分层后撞击溢流堰，造成二次混杂现象，并使需要排出的产品准确地进入料仓。采用漏斗型料仓可阻止水流上下窜动而扰乱细颗粒的排列秩序，实现稳定排料。排料轮设在料仓底口的物料下滑安息角之外，只有当其转动时才能排料，解决了卡轮、跳料等弊病。电控系统设有手动和自动两种功能，操作人员既可手调排料直流电机的转速，也可通过床层传感器检测床层厚度，自动调节排料量。

三、影响跳汰过程的主要因素

跳汰机生产能力的大小及分选效果的好坏受到许多因素的影响。其中一些是取决于跳汰机本身的结构特点，一般不调节。下面只简单介绍一些可调节的主要影响因素。

（一）跳汰循环

跳汰循环是指水在一次搏跳中运动速度的变化特性。它只取决于风阀（或活塞）的工作特性。活塞和立式风阀的工作周期几乎是固定的，不易调整。卧式风阀的周期有一定调节范围，可根据需要产生合理的跳汰循环，使每次搏跳中有利于按密度分层的阶段得到充分利用，从而提高跳汰机的生产能力和改善分选效果。

根据生产实践的经验，一般认为一次跳汰循环中各个阶段的分选作用是：在上冲水阶段，水流的主要作用是将床层托起、松散，使轻重颗粒按密度调换自己所处位置的必要空间，同时也起到一定分选作用。由于此时水和颗粒相对运动速度大，所以颗粒的粒度和形状对分层的影响较大。当水流由上冲逐渐转为下降阶段，床层已达到充分的松散，各种颗粒对水的相对运动速度小，因此，颗粒的粒度和形状对分层影响小，这时是颗粒按密度分层最有利的时期。在生产中应设法延长这一阶段的作用时间。在下降水阶段，颗粒继续分层，颗粒对水的相对运动速度逐渐增大，颗粒的粒度和形状对分层的影响也越来越大。当床层回到筛面恢复紧密状态时，分层基本停止，只有一些细小颗粒在下降水流的吸啜作用下，通过床层继续分层，这时期的吸啜作用对分选粒度范围宽的煤是有利的。由此得出，选择卧式风阀工作周期的原则是：保证分选床层上升末期维持充分松散的条件下，尽量缩短进气期，延长膨胀期，并有一个足够的排气期。但必须注意，进气期不能太短，否则床层还未被整体托起而又整体下降，得不到充分的松散，反而降低分选效果。如何选择合适跳汰循环，应通过各厂试验来确定。跳汰机常用风阀周期见表 3-5。

表 3-5　跳汰机常用风阀周期

周期/(°)	煤种		
	块　煤	末　煤	不分级煤
进　气	110～200	110～140	125～160
休　止	0～60	55～110	35～90
排　气	～160	140～165	145～165

（二）跳汰频率

跳汰频率又叫冲次，是指床层在 1 min 内的跳动次数，也就是风阀的转速。

频率的大小和煤的粒度有关。如入选原煤的粒度小，频率要高些；粒度大，频率应低些。如分选 50～0 mm 的不分级煤时，卧式风阀的转速以 30～40 r/min 为宜。

（三）风量和水量

跳汰机中风量和筛下水量的大小对床层的松散和分层均有很大影响。加大风量可增加床层的搏跳高度和吸啜力。加大顶水除对搏跳有利外，可加强床层的松散度，但减弱吸啜力量。水量大而风量小时，床层将过于松散，吸啜力很弱，使颗粒粒度的影响加大，特别不利于粉煤的分选。水量过小而风量过大时，可能使床层整个托起和下降，得不到松散，影响分选效果。适宜的风水制度，应使床层在上升初期是密集的，到上升末期和膨胀期完全松散，在下降时产生强的吸啜力。

（四）给煤量

在一定操作制度下，过大的负荷，将使产品质量下降；但给煤量过小，会降低设备生产能力，也可能使精煤损失增加。

一般来说，对易选煤，单位面积的生产能力可以大些；对难选煤，生产能力就要小些；原煤的粒度愈大，生产能力就愈大；筛下空气室跳汰机比筛侧空气室跳汰机的生产能力大。我国设计部门推荐的各种跳汰机的生产能力如表 3-6 所示。

表 3-6　各种跳汰机的生产能力　　单位：$t/(m^2 \cdot h)$

跳汰机种类		煤的可选性			
		易选煤	中等选	难　选	极难选
筛侧空气室跳汰机	不分级煤	11～14	9～11	8～10	7～9
	块　煤	12～16	10～12	9～11	8～9
	末　煤	10～12	8～9	7～8	6～7
筛下空气室跳汰机		14～16	12～14	10～12	8～20
再选机		5～6			

（五）重产物的排放

按密度分层的跳汰床层，应及时排放重产物，从而使分选过程连续进行。关键是使重产物的排放速度与床层的分层速度和重产物沿水平移动的速度相适应，否则将使精煤质量下降或者精煤损失加大。

四、跳汰选煤流程

跳汰选煤流程分为两类:分级入选流程和不分级入选流程。

分级跳汰入选范围是块煤 100(80)～13(10) mm、末煤 13(10)～0.5 mm。采用块煤和末煤跳汰机进行分选。

不分级跳汰入选粒度一般为 50～0 mm,也可将入选范围加宽,如 80～0 mm 或 150～0 mm 等,视具体情况而定。我国多数厂采用不分级入选流程。

图 3-19 为不分级跳汰流程。在我国多数选煤厂采用主、再选联合流程,中煤可以破碎后再选,但破碎中煤往往产生大量煤泥,灰分又较高。因此,中煤是否破碎再选要有试验依据,主要是依据夹矸煤含量及精煤解离量多少而定。当前多数选煤厂用中煤直接再选流程。

图 3-20 是分级跳汰流程。该流程选前准备作业比较复杂。不分级跳汰的效果并不比分级入选逊色,在分级入选的条件下,由于分级和除尘作业效率不高,所以不分级入选优点更为突出。但对于块煤与末煤可选性相差较大时,从获取最大精煤回收率的原则出发,可考虑分级入选。

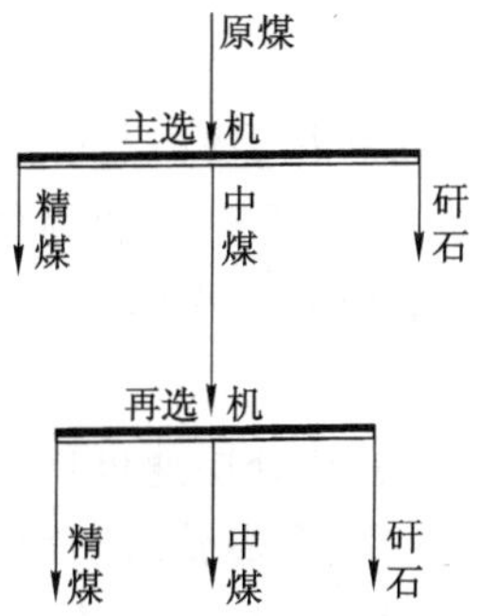

图 3-19 不分级跳汰流程

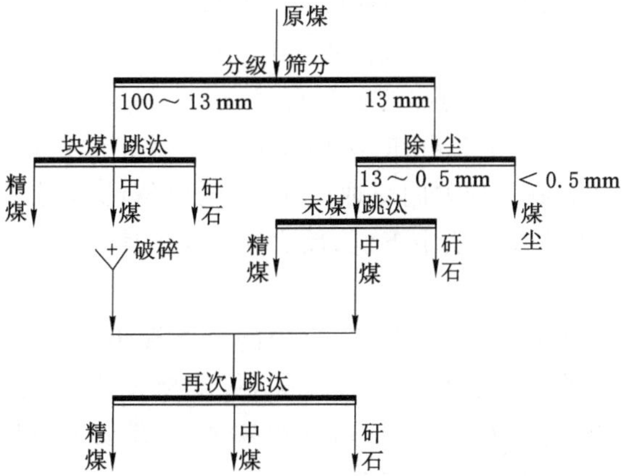

图 3-20 分级跳汰流程

第四节 重介质选煤

在密度大于 1 g/cm^3 的介质中,按颗粒密度的差异进行选煤,叫作重介质选煤。

重介质选煤所用的介质有两类:重液和重悬浮液。重液是各种可溶性的高密度盐类的水溶液(如氯化锌的水溶液等)或某些高密度的有机液体(如三溴甲烷、四氯化碳等)。重悬浮液是由高密度的矿物细粉(如磁铁矿、黄土等)在水中形成悬浮状态的混合液。重液的性质稳定,但价格高,不易回收,腐蚀性强,多数有毒,工业上很少采用。重悬浮液价格便宜,容易回收,无毒,无腐蚀性,配制的悬浮液密度范围宽,因此,工业上广泛采用重悬浮液。

重介质选煤是目前十分有效的选煤方法,其主要优点是:

(1) 可以严格地按密度分选,分选效率高;

(2) 能有效地分选难选煤和极难选煤;

(3) 对原煤的适应性强,生产中受给煤量和原煤质量波动的影响较小;

(4) 入选粒度范围宽，入料上限大，其上限可达 500～1 000 mm，因此，可代替人工手选，使选煤过程全部机械化；

(5) 重介质分选设备构造简单，生产操作和工作过程的调整比较方便等。

重介质选煤的缺点是生产工艺中增加了重介质的回收与再生系统，使工艺流程复杂，设备及管道磨损严重，维修工作量增大。

一、重介质选煤原理

重介质选煤是应用阿基米德原理，即“物体在介质中所受的浮力，等于该物体所排开同体积介质的重量”。因此，物体在介质中的重量 G_0 可以用式(3-2)计算：

$$G_0 = V(\delta-\Delta)g = \frac{\pi d^3}{6}(\delta-\Delta)g \tag{3-2}$$

式中 G_0——物体在介质中的重量，N；

V——物体的体积，m^3；

Δ——介质的密度，kg/m^3；

δ——物质的密度，kg/m^3；

g——重力加速度，m/s^2；

d——物体的当量直径，m。

由式(3-2)可知，物体在介质中所受重力 G_0 的大小与物体的体积、物体与介质间密度差成正比；G_0 的方向只取决于($\delta-\Delta$)值的符号。凡密度大于分选介质密度的物体，G_0 为正值，物体在介质中下沉；反之，G_0 为负值，物体上浮。原煤给入重介质分选机后，按分选密度分为两种产品。

煤粒在重介质分选机中的分层规律只取决于它的密度。但是其分层速度却与煤粒粒度以及煤粒与介质密度差有关，粒度越大，密度差越大，煤粒的分层速度越快，所需要的分层时间就越短；反之，分层速度就越慢，所需要的分层时间就越长。所以采用重介质选煤时，对块煤和末煤要分别处理。

另外，在分选过程中，煤粒的形状、相互间的碰撞、悬浮液的黏度、流动方向以及流动状态等对分选效果均有一定的影响，所以在生产中要尽量减少它们的影响。

二、重介质分选机

实现重介质选煤的设备叫作重介质分选机。重介质分选机的作用是把原料煤置于一定密度的悬浮液中，按密度将其分成两种或三种产品。

重介质分选机的种类很多。如块煤重介质分选机分为斜轮分选机、立轮分选机和筒型分选机等；末煤重介质分选机有重介质旋流器等。下面介绍常见的几种重介质分选机。

(一) 斜轮重介质分选机

斜轮重介质分选机是目前我国块煤分选应用最广的一种设备。其构造如图 3-21 所示。该分选机主要由矩形分选槽、斜提升轮和排煤轮等部件构成。斜轮的下部与分选槽底部相连，上部则高出分选槽内的悬浮液液面。斜轮的轴由电动机经蜗轮带动旋转。

原料煤从给料端给入。在给料端下部分选带的高度处引入水平介质流，在斜轮重介质分选机底部引入上升介质流。水平介质流不断给分选带补充合格悬浮液，防止分选带密度降低；上升介质流造成微弱上升水速，以稳定介质，防止物料在机体内堆积。水平和上升介质流使分选槽中悬浮液的密度保持稳定均匀。原料煤在分选槽内按密度分为浮物和沉物两

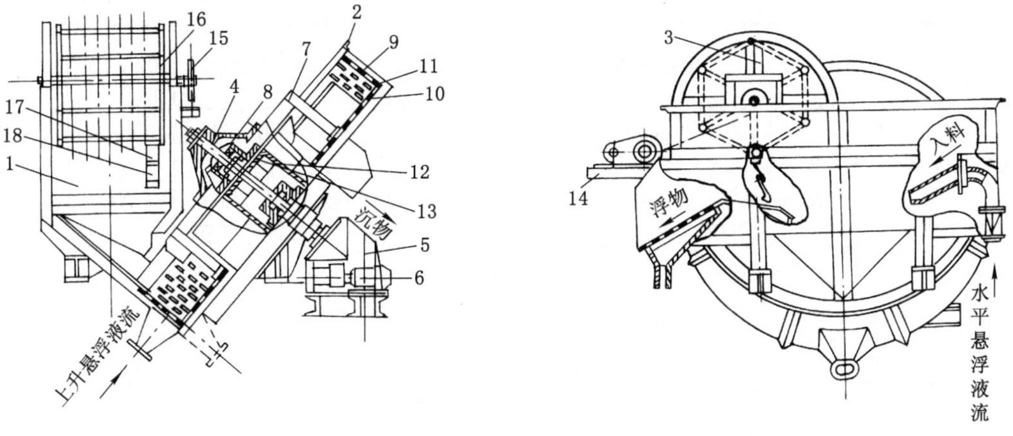

1—分选槽；2—斜提升轮；3—排煤轮；4—提升轮轴；5—减速装置；6、14—电动机；
7—提升轮骨架；8—齿轮盖；9—立筛板；10—筛底；11—叶板；12—支座；
13—轴承座；15—链轮；16—骨架；17—橡胶带；18—重锤。

图 3-21 斜轮重介质分选机

部分。浮物由水平介质流输送至溢流堰，被排煤轮排出，经排料口固定筛初步脱介，筛下介质返回合格介质桶，筛上物送到下一作业进一步脱介；沉物下沉至分选槽底部由斜轮提升，在提升过程中，介质通过轮盘圆周上的筛孔以及沿径向装的若干带孔叶板返回分选槽，沉物经过初步脱介，由沉物排料口排出机体。

斜轮重介质分选机的优点是：分选精确度高（可能偏差 $E=0.02\sim0.03$）；分选粒度范围宽，分选粒度上限为 200～300 mm，最大可达 1 000 mm，下限为 6～8 mm；处理量大，槽宽 1 m 的分选机，处理量为 50～80 t/ h；所需悬浮液循环量少，为 0.7～1.0 m^3/ t · h(入料)；分选槽内介质比较稳定，分选效果好。其缺点是外形尺寸大，占地面积大，只出两种产品。

斜轮重介质分选机技术规格见表 3-7。

表 3-7 斜轮重介质分选机技术规格

型号		LZX-1.6	LZX-1.6（双边入料）	LZX-2.0	LZX-2.6	LZX-3.2	LZX-4.0	LZX-5.0
槽宽/mm		1 600	1 600	2 000	2 600	3 200	4 000	5 000
入料粒度/mm		13～300	10～300	13～300	8～300	6～400	13～450	25～600
处理量/(t/h)		100～150	250～300	180～230	200～300	250～350	350～500	450～600
分选槽容积/m^3		5.5	17	8	13	20	30	64
排矸轮	直径/mm	4 000	5 350	4 500	4 500	5 350	6 550	7 800
	转速/(r/min)	2.3	1.14	2.3	1.18	2.5	1.6	1
	主轴倾角/(°)	40	40	40	40	40	40	40
排煤轮转速/(r/min)		7	8.8	7	6	5.8	5.3	5.3
排矸轮电动机	型号	$JO_2$61-8	$JO_2$42-4	$JO_2$62-8	$JO_2$62-8	$JO_2$62-8	$JO_2$62-4	
	功率/kW	7.5	5.5	7.5	10	10	10	
	转速/(r/min)	720	1 440	720	720	720	720	

表 3-7(续)

型　号		LZX-1.6	LZX-1.6（双边入料）	LZX-2.0	LZX-2.6	LZX-3.2	LZX-4.0	LZX-5.0
排煤轮电动机	型　号	$JO_2$32-6	$JO_2$31-4	$JO_2$32-6	$JO_2$31-4	$JO_2$31-8	$JO_2$51-8	
	功率/kW	2.8	2.2+2.2	2.8	2.2	4	4	
	转速/(r/min)	935	1 435	935	1 435	1 500	770	
外形尺寸	长/mm	5 127	5 200	5 768	5 574	6 718	6 986	
	宽/mm	4 358	6 400	4 987	5 590	6 453	7 730	
	高/mm	4 460	5 240	4 762	5 430	5 775	6 690	
总质量/kg		20 280	24 700	22 780	21 690	33 500	43 000	

（二）立轮重介质分选机

立轮重介质分选机也是目前应用较广泛的分选机。其工作原理和分选过程与斜轮重介质分选机基本相同，所不同的只是槽体结构和排矸轮的安放位置不同。JL-1.8 型立轮重介质分选机结构如图 3-22 所示，由垂直安装的提升轮、排矸轮和分选槽组成，排矸轮由托轮支撑，它由链轮传动。悬浮液从给料端下部给入，用以补给介质并造成水平流。原煤从给料端进入分选机，经分选后，浮煤由水平介质流运输，并借助排煤轮排出，沉煤由立轮提升而排出。

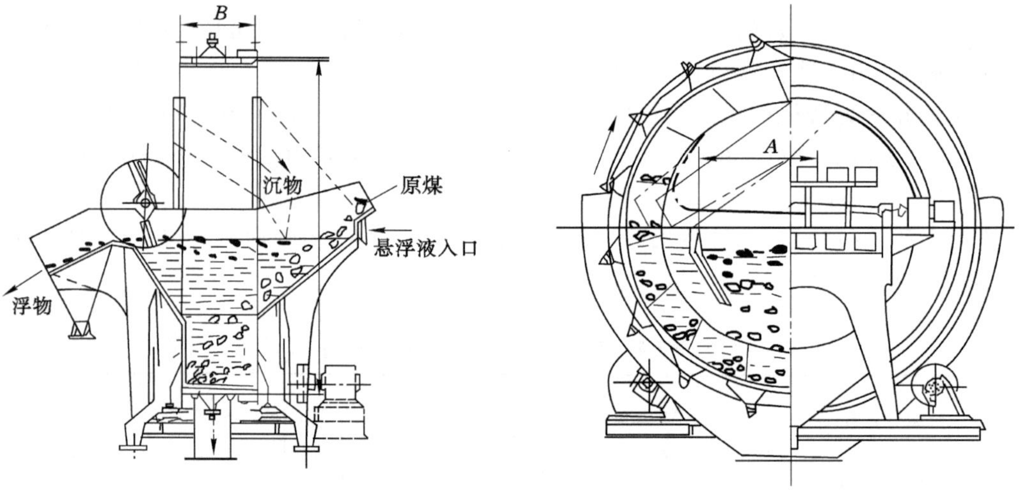

图 3-22　JL-1.8 型立轮重介质分选机结构

立轮重介质分选机的优点是入选上限大，分选效果好，设备结构简单，运转可靠。其缺点是立轮高度较大，当采用下降介质流和上升介质流时，悬浮液的循环量较大。

JLT 系列立轮重介质分选机主要技术特征见表 3-8。

表 3-8　JLT 系列立轮重介质分选机主要技术特征

立轮分选机型号	1630	1636	2040	2545	3253	3555	4060	4565
分选槽宽/mm	1 600	1 600	2 000	2 500	3 200	3 500	4 000	4 500
提升轮有效直径/mm	3 000	3 600	4 000	4 500	5 300	5 500	6 000	6 500

表 3-8(续)

立轮分选机型号	1630	1636	2040	2545	3253	3555	4060	4565
入料粒度范围/mm	13～150	13～300	13～300	13～300	13～150	13～300	13～300	13～300
处理能力/(t/h)	80～120	100～180	40～240	180～300	230～380	250～420	300～480	450～500
提升轮外径/mm	3 400	4 210	4 680	5 180	6 040	6 050	6 750	7 124
提升轮电机功率/kW	3.5	5.5	7.5	11	15	15	18.5	22
分选槽容积/m^3	4.22	6	9	12	16	19	23	30
机器质量/kg	17 060	22 000	29 000	32 000	47 000	50 000	56 000	78 000

(三) 重介质旋流器

重介质旋流器是目前末煤分选应用较广的一种分选设备。其结构简单,本身没有运动部件,如图 3-23 所示。其主体由圆筒部分和圆锥部分组成。上部是溢流收集室上盖 1,中间是个空心圆筒 2,下部是空心锥体 3,最下部是底流口 4。在圆筒 2 中间有溢流管 5,其侧壁开有入料口 6,在溢流收集室与分选室之间由隔板 7 分开。圆锥体的锥角为 15°～20°,重介质旋流器的安装角度一般为 10°。底流口、溢流管配有数个不同规格的口径,供不同处理量和可选性不同的煤来选择。

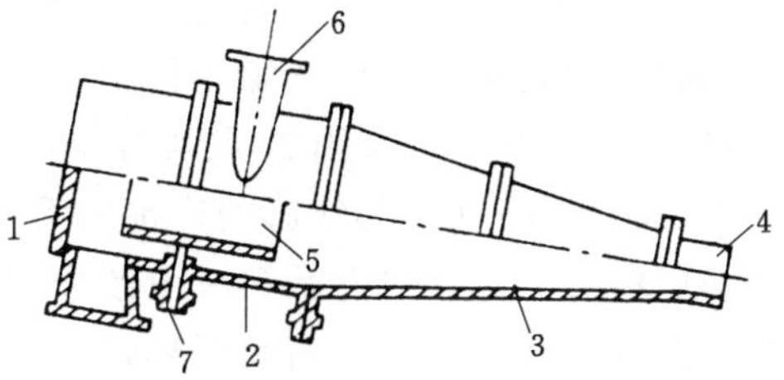

1—溢流收集室上盖;2—空心圆筒;
3—空心锥体;4—底流口;5—溢流管;
6—入料口;7—隔板。
图 3-23　重介质旋流器

重介质旋流器是利用离心力(比重力大几十倍至几百倍)的作用,加速细粒煤在重介质中的分选。物料在离心力场中的分选过程与重力场中相似,也遵循阿基米德原理。被选物料所受的离心力可按式(3-3)计算:

$$F=\frac{\pi d^3}{6}(\delta-\Delta_0)\frac{v_r^2}{r} \tag{3-3}$$

式中　F——物料所受的离心力,N;

v_r——物料和悬浮液在旋转半径 r 处的切向速度,m/s;

r——物料的旋转半径,m;

d——物料的当量直径,m;

Δ_0——悬浮液的密度,kg/ m^3;

δ——物料的密度,kg/ m^3。

由式(3-3)可知,当物料的密度大于悬浮液的密度时,F 为正值,物料在悬浮液中做离心运动甩向外层;反之,物料的密度低于悬浮液的密度,物料在悬浮液中做向心运动,向中心移动。所以,物料在离心力场中,仍按密度分层。

重介质旋流器分选过程如图 3-24 所示,原煤和悬浮液混合物以一定的压力沿切线方向给入旋流器,形成强大旋流。一般是沿着旋流器圆柱体和圆锥体内壁形成一个向下的外螺旋流(称为底流),同时围绕旋流器轴心形成一股向上的内螺旋流(称为溢流),并在轴心形成一个空气柱。精煤随悬浮液溢流集中在中心,沿空气柱螺旋上升,由溢流口排出;尾煤受离心力的作用,集中在旋流器的外沿,随悬浮液底流螺旋下降,由底流口排出,从而使精煤和尾煤分离。

重介质旋流器的优点是结构简单，处理量大，分选效率高，适合于处理难选煤，分选下限低，其有效分选下限可达 0.5～0.3 mm。其缺点是入料上限一般为 25～13 mm，粒度太大会造成堵卡现象，影响生产；同时悬浮液的循环量大，每吨煤需要 3～5 m^3 的悬浮液，因而动力消耗大。

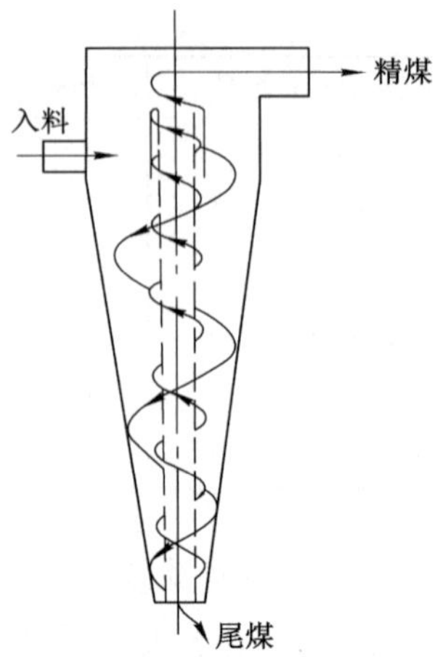

图 3-24　重介质旋流器分选过程

三、悬浮液的回收与净化

原料经重介质分选后，其产物混有大量介质，必须脱除，并且要经过再生处理后回收循环再用。为使回收悬浮液的性质符合要求，还需对它进行净化浓缩。所以，悬浮液的回收与净化是重介质选煤流程中一个重要组成部分。

对于磁性介质，常用的悬浮液的回收净化流程如图 3-25 所示。经重介质分选的产品和悬浮液混合物一般要经两段脱介。先在脱介筛第一段脱介，为了增加脱介能力，往往在第一段脱介筛前加固定筛或弧形筛，脱下的介质（占总循环量 90%以上）返回合格介质桶循环使用。经过第一段脱介后的产品，还黏附许多磁铁矿和煤泥，再进入第二段脱介筛，加喷水冲洗脱介。由第二段脱下的悬浮液不仅浓度和密度降低，而且其中还混有煤泥和细泥等杂质，不能直接循环用，必须经浓缩和净化，除掉杂质和提高密度，为了提高悬浮液浓度和密度，可采用浓缩机、磁力脱水槽等设备。澄清水可做脱介筛的喷水。浓缩后的底流进入两段磁选机回收磁性介质，两段磁选的回收率可达 99.8%以上，磁选精矿的磁性物含量可达 90%，密度为 2.0 g/cm^3 左右。磁选精矿返回合格介质桶，并与脱介筛第一段脱下介质一起组成合格介质，供分选机循环使用。

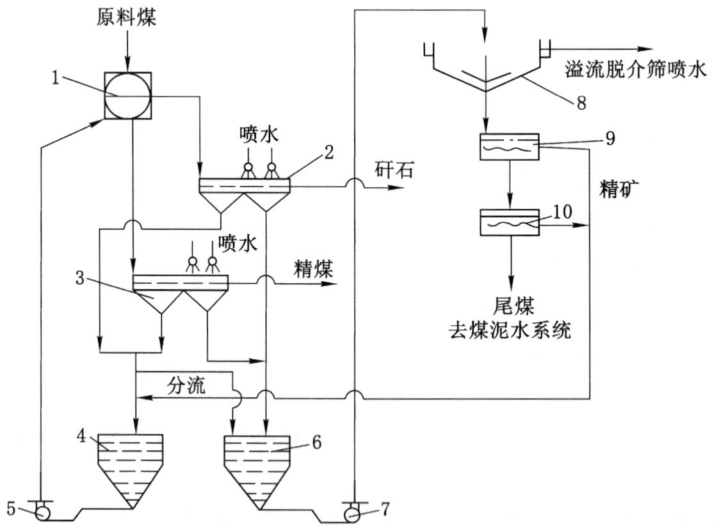

1—重介质分选机（末煤用重介质旋流器）；2，3—矸石、精煤脱介筛；4—合格悬浮液桶；5—介质泵；6—稀悬浮液桶；7—稀悬浮液泵；8—ϕ6 m 耙式浓缩机；9，10——一段、二段磁选机。

图 3-25　悬浮液回收净化流程

四、重介质选煤工艺流程

重介质选煤工艺流程可分为三类。第一类是块煤、末煤全部重介选，块煤（＞13 mm）用斜轮（或立轮）分选机分选，末煤（13～0.5 mm）用重介质旋流器分选，煤泥（＜0.5 mm）用浮选精选，如图 3-26(a)所示。该流程分选效率高，适于分选难选和极难选煤，缺点是工艺流程比较复杂。

第二类是块煤重介、末煤跳汰联合流程，如图 3-26(b)所示。该流程可以充分发挥重介选的优点，避免用它处理末煤时碰到的一系列困难，如分选效率不如块煤高，介质回收与再生系统复杂等。该流程适合于处理中等可选和难选煤。

第三类是中煤重介选流程，是将重介选作为辅助性的再选作业，选跳汰中煤，如图 3-26(c)所示，适于处理难选或极难选煤。

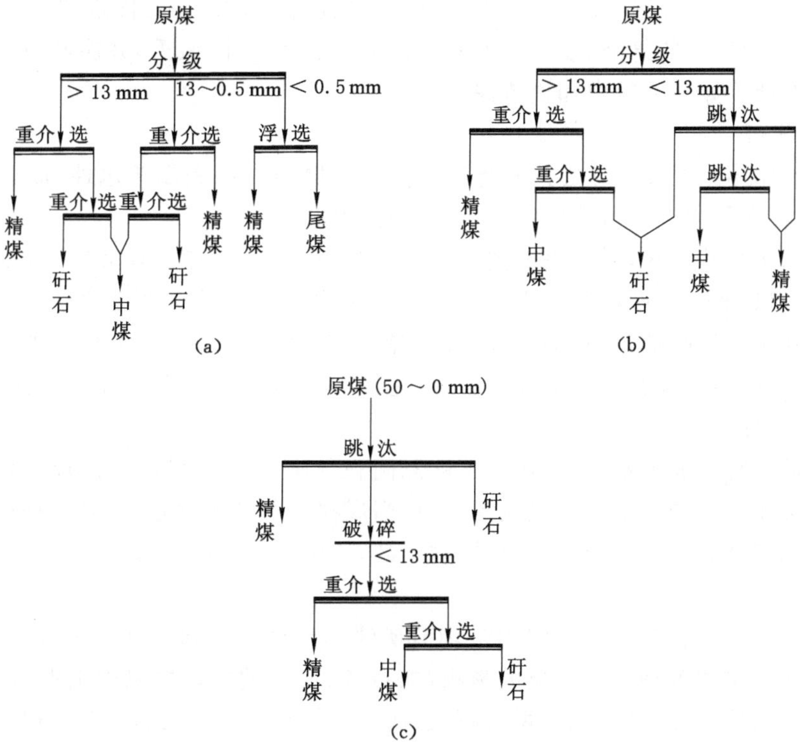

图 3-26　重介选煤流程

第五节　浮　　选

浮选是根据物料表面物理化学性质的差异，使煤和矸石分离的一种方法。它广泛地用于精选煤泥和各种有用矿物。

煤泥浮选是将煤泥（＜0.5 mm）中的细粒精煤分选出来，以充分利用煤炭资源；同时也是净化洗水，保证选煤厂洗水闭路循环的重要环节。

一、浮选的基本原理

浮选过程是将一定浓度的煤浆与定量的浮选药剂在搅拌桶中进行充分搅拌，然后给入浮选机中，由于浮选机搅拌、充气，在煤浆中形成大量气泡，疏水的煤粒与气泡碰撞并黏附在气泡上，上浮至矿浆液面，形成矿化泡沫层，由刮泡器刮出为精煤；不能黏附到气泡上的矸石则留在水中，作为尾煤排出机体，从而达到分选的目的。

煤泥浮选是在固、液、气三相界面上互相作用下进行的，并发生在固液、固气、液气两相界面与三相界面处。因此，浮选过程是一个非常复杂的物理化学和流体力学的过程。在这个过程中起主导作用的仍是煤和矸石表面润湿性的差异。

二、浮选药剂

根据浮选药剂在浮选过程中的用途或所起的作用不同，可将浮选药剂分为四类：起泡剂、捕收剂、抑制剂和调整剂。

（一）起泡剂

起泡剂的主要作用发生在气液相界面上。在煤泥浮选中，凡能促进空气在矿浆中有效地分散，获得一定尺寸的气泡，在气泡上升过程中防止其合并、破灭，并能增强气泡稳定性的药剂称为起泡剂。如各种醇类和松节油等。

（二）捕收剂

捕收剂的作用主要发生在固液相界面上。凡能增强煤粒表面疏水性，促进煤粒向气泡黏附，提高煤粒在气泡上固着强度的药剂，称为捕收剂。

由煤的结构特性可知，煤粒表面主要部分是非极性的，并有少数极性区，极性区的多少与煤化程度、煤岩成分和矿物质浸染有关。为改善浮选效果，常采用疏水性很高的非极性油类作为煤泥浮选的捕收剂，如石油和炼焦油产品的煤油、轻柴油等。非极性油类捕收剂吸附在煤粒表面上，能增强煤粒表面的疏水性，强化气泡选择性矿化过程，加快浮选速度。

（三）抑制剂

凡能降低矿物表面疏水性，使矿物不能黏附在气泡上的药剂，称为抑制剂。如水玻璃、碱类等。在金属矿浮选中常用。煤泥浮选时，当煤泥中黄铁矿含量较多时，往往加一定量的石灰或碳酸钠等抑制剂，以抑制黄铁矿颗粒上浮，使精煤的含硫量降低。

（四）调整剂

调整剂，又称分散剂，其主要作用是调节矿浆的酸碱度（pH 值），以提高各类浮选药剂的效能或削弱矿浆中各种有害杂质的影响，如石灰、苛性钠等。煤浆中细泥含量较高时，会影响煤粒表面的硫水性，可添加适量的石灰、盐、水玻璃、醇类等，其作用是分散细泥，消除有害影响。

由于煤的可浮性较好，为了降低浮选成本，除对精煤有特殊要求外，在煤泥浮选时不使用抑制剂和调整剂，只采用捕收剂和起泡剂，即能得到较好的浮选指标。

三、浮选机

煤泥浮选是在浮选机中实现的。浮选机的主要作用是使混有药剂的矿浆充气和搅拌，煤粒黏附在气泡上，形成矿化泡沫层，然后刮出泡沫得精煤产品。

根据煤泥浮选的特点，对煤用浮选机结构的要求是充气量大，气泡细碎，分布均匀；搅拌作用充分、均匀而不翻花；能够生成足够多的均匀、细碎的气泡群，在与煤粒碰撞后，很快形成稳定的矿化泡沫层，泡沫产品能够迅速排走；生产量大，电耗小，结构简单等。

浮选机的类型很多，按其充气方式不同可分为机械搅拌式浮选机和无机械搅拌式浮选机两大类。前者又分叶轮吸气式、压气搅拌式和混合式三种，后者又分空气吹入式（如气升式浮选机、浮选柱等)和气体析出式(如旋流浮选机、喷射浮选机等)两种。

(一) XJM-4 型机械搅拌式浮选机

生产上广泛使用的是机械搅拌式浮选机。下面简要介绍我国自行研制的 XJM-4 型浮选机的结构特点,如图 3-27 所示。

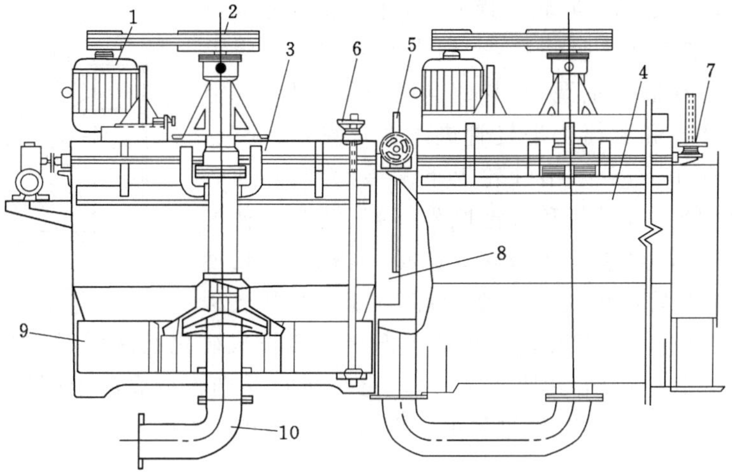

1—电动机;2—搅拌机构;3—刮泡机构;4—槽箱;5—液面调整机构;
6—放矿机构;7—尾矿箱;8—中矿箱;9—稳流板;10—吸浆管。

图 3-27　XJM-4 型浮选机

该浮选机由 6 个箱体、5 个中矿箱和 1 个尾矿箱组成。每个箱体中有 1 个搅拌机构和 1 个放矿机构,两边各有 1 个刮板机构。中矿箱和尾矿箱中装有矿浆液位调整机构。

充气搅拌机构是浮选机的核心部分,其作用是充气、吸浆、搅拌混合和促进气泡矿化等。它由转动和固定两部分组成,见图 3-28。其转动部分由电动机、胶带轮、空心轴和叶轮等组成。空心轴侧管有调节盖控制进气量。叶轮的结构分为三层,第一层上部有 6 块斜直叶片,与伞形定子配合吸入空气和循环煤浆。下部有 6 块弯曲叶片,用作吸入矿浆。第二层是分隔板与第一层构成吸气室。第三层是吸浆口与隔板构成吸浆室。第一层和第三层之间是混合室无隔板间。其固定部分主要由伞形定子、套筒、进气管和轴承等组成。套筒上装有进气管,进气管上端安有调节盖,调节进气量。定子的圆柱和圆锥面上设有煤浆循环孔,以增加煤浆与气泡的接触机会和提高充气能力。定子周围设有 16 块导向叶片,作用是导流和强化叶轮吸气,同时使气泡在叶轮和导向叶片间受到剪切,容易形成细小气泡。

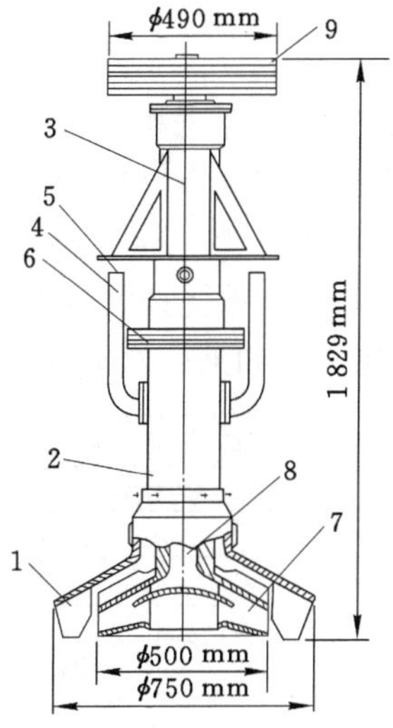

1—定子;2—套筒;3—轴承座;
4—进气管;5—调节盖;
6—调节片;7—伞形叶轮;
8—空心轴;9—V 形皮带轮。

图 3-28　搅拌机构

浮选机槽体见图 3-29，下部为方形槽，上部向两侧扩展，构成扩散区。槽体被隔板分成泡沫区和静止区。底部设有吸浆口和弯曲导向板，与定子周边导向叶片相对应。

XJM-4 型浮选机的工作原理是：当浮选机运转时，电动机经三角胶带带动空心轴和叶轮高速旋转，在叶轮区造成负压，煤浆由吸浆管进入叶轮吸浆室，空气由空心轴进入吸入室，并使煤浆、空气在混合室混合；与此同时，循环煤浆和空气分别经大小循环孔和套筒上进气管进入循环室，两股气、液煤浆在离心力作用下，分别沿叶轮上下两层的锥面，通过定子导向叶片抛射出去，煤浆和气泡剧烈搅拌、混合并使气泡粉碎，混合后的气液煤浆再经槽底导向板与槽底碰撞，使气泡进一步粉碎，然后逐渐上升。在搅拌、抛射、上升过程中，完成气泡的矿化作用。矿化泡沫徐徐上升至液面形成矿化泡沫层，经刮板刮出，成为浮选精煤。槽内煤浆经中矿槽，被吸入下一室，继续进行浮选。最后浮选尾矿由尾矿箱排出，完成全部浮选过程。XJM-4 型浮选机的主要技术特征见表 3-9。

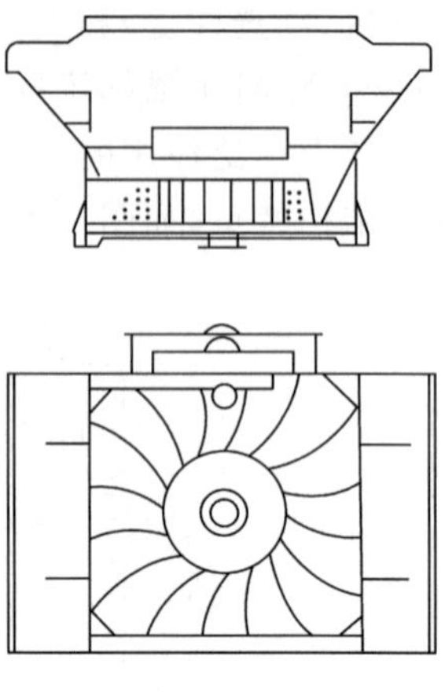

图 3-29　浮选机槽体

表 3-9　XJM-4 型浮选机的主要技术特征

型号	单槽容积/m^2	槽体数量/个	槽底部截面/mm×mm	槽深/m	生产能力/(t/h)	叶轮直径/mm	叶轮转速/(r/min)	叶轮电机功率/kW	刮板电机功率/kW	机器总重/kg	外形尺寸 长/mm	外形尺寸 宽/mm	外形尺寸 高/mm
XJM-4	4	6	1 800×1 800	1 100	24	500	390	11	1.1	15 700	12 700	3 000	2 144

XJM-4 型浮选机具有充气性能好，处理量大，电耗和药耗量均低等优点，其缺点是对难选煤选择性较差，对粗粒煤泥回收不够好。

（二）XJZ 型机械搅拌式浮选机

XJZ 型机械搅拌式浮选机由槽体、搅拌机构、刮泡机构、定子加药漏斗、中空轴加药斗、假底、稳流板和液位自动控制等部分组成。XJZ-8 型浮选机叶轮结构和机体结构如图 3-30 和图 3-31 所示。煤浆经入料管给到叶轮上部，叶轮上部叶片除吸入从入料管来的新鲜矿浆外，还从锥形筒吸入槽内的循环矿浆；叶轮下部叶片吸入经假底进入的循环矿浆。空气经套筒及中空轴的吸气孔分别被吸入到叶轮上、下叶片中。浮选药剂从定子和中空轴的加药斗给入，并呈气溶胶弥散于矿浆中。矿浆、空气、药剂从叶轮甩出后，经定子导向叶片和稳流板进行分散导流。矿化泡沫上浮，由刮泡器刮出，未矿化的物料循环再选，或经过闸板流至下一槽进行浮选。

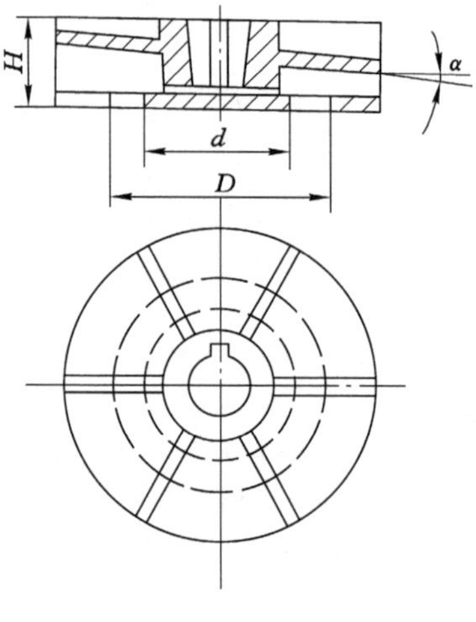

图 3-30　XJZ-8 型浮选机叶轮结构

XJZ 型浮选机的主要特点如下。

（1）采用双偏摆倾斜叶轮。浮选叶轮中间由一个与水平呈 7°夹角的斜圆盘隔开，分为上下两

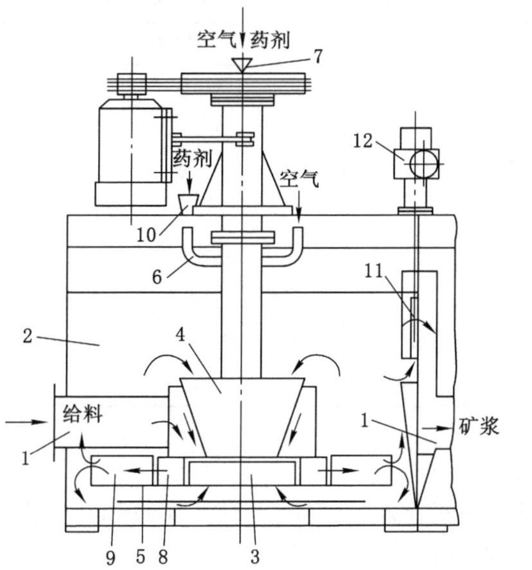

1—入料管；2—浮选槽；3—叶轮；4—锥形筒；5—假底；6—进气孔；
7—中空轴加药漏斗；8—定子；9—稳流板；10—定子加药漏斗；11—闸板；12—电动执行机构。

图 3-31　XJZ-8 型浮选机示意图

层(图 3-30)。叶轮上下两层有 6 个高度不同、呈辐射状对称排列的直叶片，在下叶片的下部有一个封闭盖板，板上有循环孔。双偏摆倾斜叶轮旋转时，叶轮圆盘与上下盖板和叶片所形成的空间随时在变化，使得矿浆从叶轮内径流向外径时，矿浆与空气的混合物或是受碾压作用，或是受扩展作用。这两种作用都有利于强化煤粒与气泡的黏附。当矿浆与空气的混合物通过由小变大的叶片空间时，体积在扩展，在这一过程中部分溶解于矿浆中的气体呈微泡析出，增强了煤粒的矿化作用。

(2) 矿浆立体循环。在定子的上方加一倒锥循环筒(图 3-31)，定子由圆盖板和与径向成 45°的 24 块导向板组成。在圆盖板上开有内外两圈循环孔，这样不但下部矿浆得以循环，中部和上部未经矿化的矿浆通过倒锥循环筒和内圈循环孔亦可循环，从而实现了矿浆立体循环。采用倒锥循环筒，兼有定子循环孔和套筒循环孔的优点，从而避免了因开设套筒循环孔而使浮选机充气下降和功率消耗增加的问题。

(3) 气溶胶加药方式。各室均有一个加药漏斗，药剂通过漏斗和位于定子循环孔的喷嘴(直径 4 mm)以气溶胶形式被吸入叶轮内。由于增加了药滴的分散度，既增加了与煤粒的吸附能力，也提高了矿化作用的选择性和浮选速度，还可降低药剂消耗量。

(4) XJZ 型浮选机采用中心吸料方式，全部煤浆经叶轮吸入浮选槽，有利于气泡的矿化和提高浮选速度，避免了直流给料方式出现的部分煤浆不经过叶轮搅拌而直接流入下一槽的现象。还可对每个浮选槽单独调整液面，操作方便，分选指标好。

(5) 增设了假底以增大浮选槽底部煤浆循环量，可防止底部煤浆沉积，有利于粗粒煤泥的浮选，能提高尾煤灰分和精煤产率，还减少了功率消耗，提高了充气量和充气均匀系数。XJZ 型浮选机的技术特征见表 3-10。

表 3-10　XJZ 型浮选机技术特征

型　　号	XJZ-8	XJZ-14
矿浆吸入量/(m^3/h)	300～400	400～500
单位处理能力/[t/(m^3/h)]	0.8～1.2	0.8～1.2
单槽有效容积/m^3	8	14
槽数/个	5	5
搅拌电动机功率/kW	30	30
刮泡电动机功率/kW	1.5	1.1
外形尺寸(长×宽×高)/mm×mm×mm	2 044×3 500×3 163	
设备质量/kg	21 797	32 560

（三）喷射吸气式浮选机

喷射吸气式浮选机的煤浆导入、空气吸入以及煤浆和空气搅拌所需的动力均由泵来提供，因此属非机械搅拌式浮选机。

喷射吸气式浮选机一般由 6 个槽组成，每个槽内都装有喷射装置、刮泡机构和放矿机构，如图 3-32 所示。刮泡机构和放矿机构同机械搅拌式浮选机。

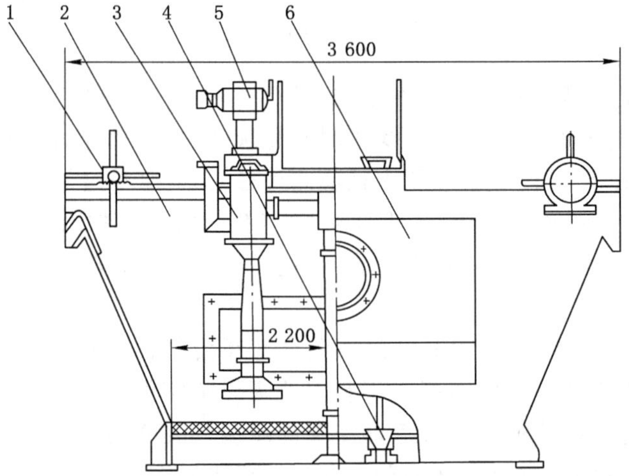

1—刮泡器；2—浮选槽；3—充气搅拌装置；4—放矿机构；5—液面自动控制机构；6—入料箱。

图 3-32　XPM-8 型喷射吸气式浮选机结构示意图

XPM-8 型浮选机的喷射吸气装置(图 3-33)由喷嘴、混合室、吸气管、喉管和伞形分散器组成。喷射装置垂直放置，混合室和其内的喷嘴高出液面。混合室通过喉管和扩散管与伞形分散器连接，伞形分散器位于槽箱底部。煤浆在循环砂浆中加压到 0.2～0.3 MPa 后，经喷嘴以 15～20 m/s 的速度喷出，形成高速射流，在混合室中产生负压。空气经进气管进入混合室，完成浮选机的充气过程。高速射流将空气切割、粉碎成细小的气泡，并相互混合，沿切线方向进入旋流器。在旋流器中，煤浆与空气的混合物高速旋转，呈伞状甩向浮选槽。加压过程中溶解在煤浆中的空气在混合室的负压区从矿浆中析出，形成微泡，选择性地附着在煤粒表面上，大大增加煤粒向气泡附着的速度和附着力，强化了气泡的矿化过程。

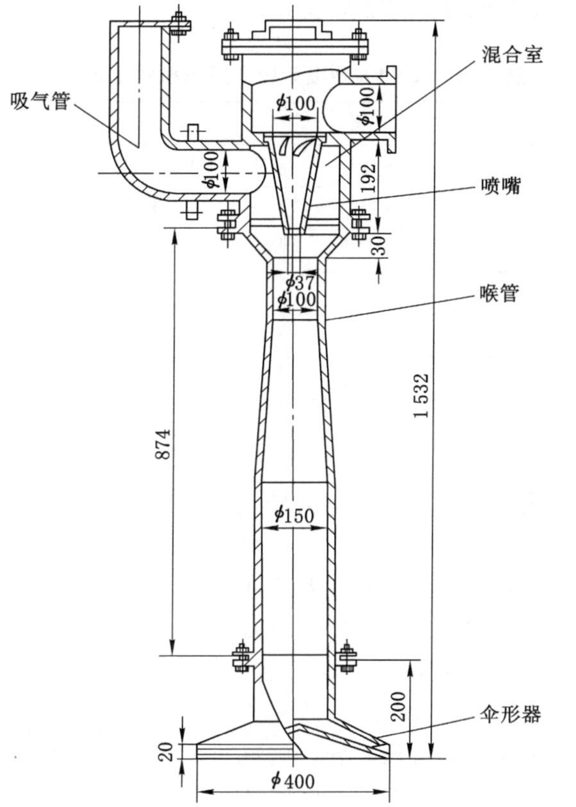

图 3-33 XPM-8 型浮选机喷射吸气装置

完成矿化过程的煤粒上升成为泡沫产品。未矿化的矸石和煤粒随液流直接进入下一浮选槽，或随另一部分液流进入循环泵，经充气搅拌装置再行矿化。疏水性差的高灰分颗粒则从浮选机末端的尾煤箱排出。

XPM 型浮选机的每个槽内有四个呈辐射状布置的喷射装置。每两个槽组成一段，每段配一台循环泵。循环煤浆从各段相邻槽间的循环孔引出，经泵加压后，送至相应的喷射装置。XPM 型浮选机循环泵的关系如图 3-34 所示。

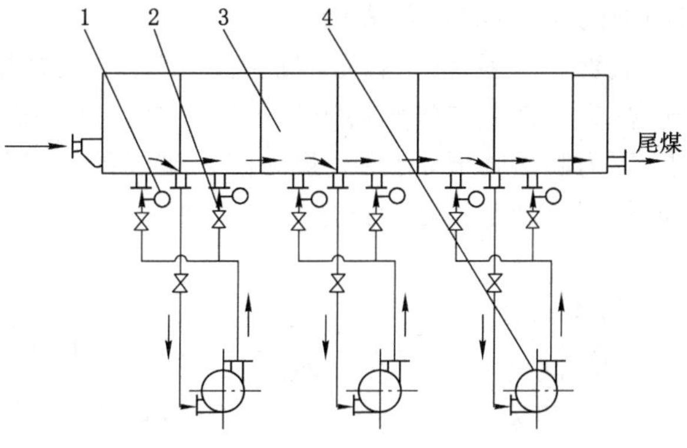

1—压力表；2—阀门；3—浮选槽；4—循环泵。

图 3-34 XPM 型浮选机循环泵关系图

XPM-8 型喷射吸气浮选机技术特征见表 3-11。

表 3-11　XPM-8 型喷射吸气浮选机技术特征

项　　目	数　　据	项　　目		数　　据
单位处理能力/[t/(m³/h)]	0.8～1.5	功率/kW		70
矿浆通过量/(m³/h)]	350～550	外形尺寸	长/mm	14 750
单槽容积/m³	8		宽/mm	3 600
槽数/个	6		高/mm	2 748
刮板电机功率/kW	1.94	设备总质量(带泵)/kg		20 740
配套泵型号	150BZ-650B			

（四）浮选柱

浮选柱机体为柱形，内无搅拌机构。空气经气泡发生器进入机体底部，与煤浆混合进行浮选。

浮选柱的型式较多。图 3-35 为 FCMC 型浮选柱的结构示意图，它包括浮选段、旋流段和气泡发生器三部分。浮选段又分为捕集区（或称矿化区）和泡沫区（或称精煤区）。浮选段顶部设有冲水装置和泡沫收集槽，距顶约 1/3 处装有给矿管。旋流段的底部有尾矿排出口。气泡发生器位于柱体外侧，沿切线方向与旋流段相衔接。气泡发生器上装有空气吸入管和起泡剂添加管。柱内浮选段和旋流段的交界处设稳流板，消除旋流段的上升流和浮选段的下降流在此处相撞，使捕集区内液流严重混杂，并干扰旋流段旋流力场的分选作用。

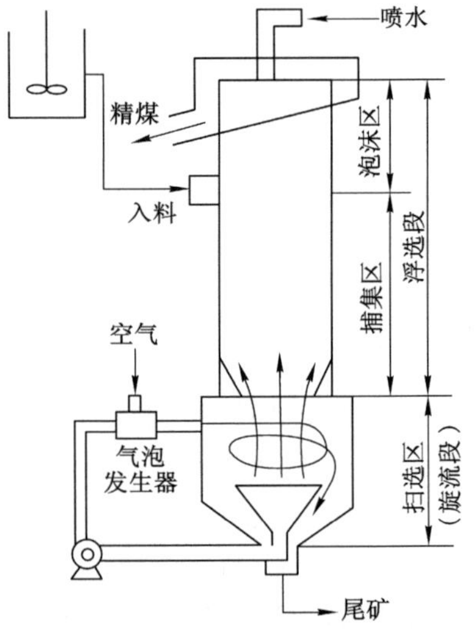

图 3-35　FCMC 型浮选柱结构示意图

气泡发生器是浮选柱的关键部件，它包括喷嘴、吸气室、喉管和扩散管四部分（图 3-36）。由泵送来的矿浆从喷嘴高速喷出时，使吸气室产生负压，吸入空气和起泡剂。喷嘴喷出的矿浆和吸入的空气、起泡剂一起进入喉管，气、固、液三相强烈混合。部分空气被搅拌粉碎成气泡，在与颗粒碰撞中生成矿化气泡，另一部分空气则溶于高速液流中。当液流从喉管进入扩散管时，混合液流速度突然减小，压力陡然降低，使在喉管内溶入矿浆的空气重新析出，形成大量具有活性的微泡，这种微泡特别有利于煤粒的浮选。

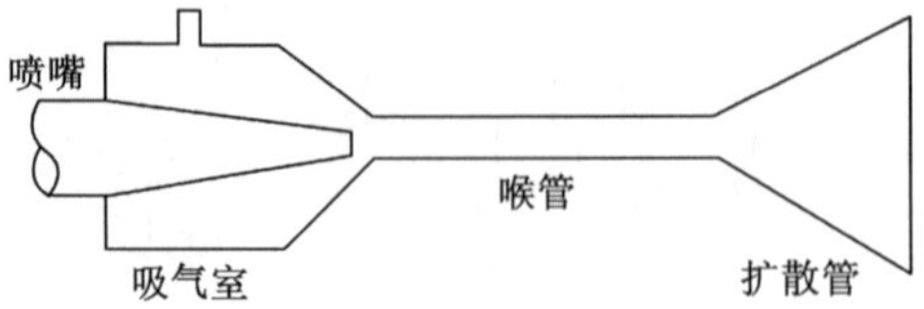

图 3-36　气泡发生器示意图

旋流段的下部为中矿出口，中矿浆由此处被泵吸出。加压后经过气泡发生器，从旋流段的上部切向给入，在离心力作用下做旋流运动。气泡和已矿化的气固絮团向旋流中心运动，并迅速进入浮选段。气泡与从上部给入的矿浆反向运动、碰撞，进行矿化，矿化气泡在柱内上升到柱体上部较厚的泡沫层中。由于冲洗水的喷淋作用，清除进入泡沫层中的高灰矸石使精煤的灰分进一步降低。旋流段的作用是对在浮选段未分选的煤粒进行扫选，以提高精煤产率。

表 3-12 为 FCMC 型浮选柱技术特征。

表 3-12　FCMC 型浮选柱技术特征

型　　号	FCMC-1000	FCMC-1500
筒体直径/mm	1 000	1 500
柱高/mm	5 300	6 000
入料浓度/(g/L)	＜150	＜150
入料粒度/mm	＜0.5	＜0.5
处理矿浆能力/(m^3/h)	30～60	60～100
气泡发生器/个	8	12
气泡发生器工作压力/MPa	0.13～0.20	0.15～0.20
浮选段容积/m^3	3.5	7.0
配套泵功率/kW	13	30
配套泵型号	75/50AH	150/100AH

四、影响浮选效果的因素

影响煤泥浮选效果的因素很多，如浮选原料煤的性质、煤浆特性、药剂制度、浮选机的结构特征、浮选流程的合理性等，而其中最重要的是浮选原料煤性质的差异。它不仅是煤泥进行浮选的理论依据，而且也是确定生产指标、工艺流程和药剂制度等的依据，而其他因素也是影响浮选效果不可忽视的条件。

（一）浮选原料煤

煤泥浮选原料由粒度粗细不等、密度大小不同的煤和矸石以及其连生体组成。其可浮性与煤化程度、煤岩成分、氧化程度以及矿物质的浸染等有关。实践证明，在相同的工艺条件下，中等煤化程度的煤（焦煤、肥煤、瘦煤）的可浮性最好，而年轻和年老的煤浮选效果较差。同一种煤，由于煤岩成分的不同，其可浮性是不相同的。一般镜煤的可浮性最好，丝炭最差，亮煤和暗煤居中。

煤和矸石的可浮性差别明显，但是，矸石的不同成分、矸石在煤中的嵌布特性以及是否单体解离等均对浮选效果有影响。煤中的硫是有害的物质，它可分为有机硫和无机硫两种。有机硫是煤的结构成分，用浮选方法尚不能分离。无机硫如果呈细粒嵌布或细分散浸染在细粒煤泥中，一般是不易分选的；如果呈粗粒嵌布，用浮选法能将无机硫与煤分开。

另外，煤中的黏土矿物对浮选的危害性最大。它在水中很容易浸软，泥化成极细的亲水微粒，吸附在煤粒表面上，大大地降低煤粒的疏水性，使精煤损失在尾煤中，尾煤灰分降低；同时，细泥也易夹杂在气泡中，污染精煤，使精煤灰分升高。因此，对含泥质物多的浮选原料，必须采取各种措施，如降低煤浆浓度、用清水喷洗泡沫和用选择性好的药剂等，以改善它的分选效果。

(二) 煤浆特征

煤浆特征是指煤浆中固体的粒度组成和固体的含量(即煤浆浓度)。

实践表明:不同粒度的煤泥其可浮性是不一样的。煤泥浮选粒度要求为 0.5 mm 以下。浮选粒度过粗(>0.5 mm),超过气泡的运载能力,难以浮起而常损失在尾煤中,使精煤回收率和尾煤灰分降低,同时,这些粗粒煤已在重力选矿中得到分选成为合格产品,不需要再进入浮选分选,应在浮选前回收。所以生产中要严格防止大于 0.5 mm 的粗煤泥进入浮选。粒度太细(<0.1 mm),选择性变差,浮选效果变坏,药剂用量增加,产品过滤困难。中等粒度(0.4～0.1 mm)的可浮性和选择性均较好,是煤泥浮选的最佳粒度。

煤浆浓度是一项重要的调节因素。稀浓度有利于提高精煤质量,而不利于提高精煤回收率;但浓度过稀,浮选机的生产能力降低,药耗量增加。高浓度有利于提高精煤的回收率和浮选机的生产能力,也有利于降低水耗、电耗和药耗,但不利于保证精煤质量。所以生产中在保证精煤质量的前提下,应采用较高的煤浆浓度,而适宜的浓度应根据煤泥性质和产品质量确定。一般对难选煤或含细泥多的煤可采用固液比 1∶8 的稀浓度煤浆;而对易选煤可采用较高的浓度,即固液比为 1∶4 左右。

(三) 药剂制度

药剂制度主要指药剂的种类和用量、加药方式和加药点以及药剂的乳化等。

为了保证浮选获得好的技术经济指标,首先要选高效、低廉、来源丰富的浮选药。常用非极性药剂和杂极性药剂。

药剂用量要适中。过量的药剂不仅造成浪费,而且使精煤质量降低;如果药量不足,会使浮选速度和精煤回收率降低。适宜的用药量要根据浮选原料性质、药剂性质和加药方式等通过试验来确定。用煤油作捕收剂时,一般用量是 500～2 000 g/t;用松节油作起泡剂时,一般用量为 40～60 g/t。

加药方式有一次添加和分次添加两种。一次添加是将药剂添入搅拌桶中,这样可以提高浮选速度,操作方便,但选择性较差。一般是药剂性质不活泼、不易失效和不易分散以及煤浆中含细泥较少时,可采用一次加药。分次加药可使浮选机各槽中煤浆的药剂浓度比较均匀,有利于提高选择性和降低用药量。但分次加药量和加药点也应通过试验确定。

(四) 浮选流程

原料煤的性质和对产品的质量要求是制定浮选流程的依据。合理的浮选工艺流程是保证获得理想的技术经济指标的首要条件。常见的浮选工艺流程有下列四种。

1. 一次浮选流程

图 3-37 所示为一次浮选流程,是煤泥经浮选分成精煤(泡沫)和尾煤两种产品最简单的流程。该流程的优点是结构简单,生产操作方便,处理量大。适合于低灰易选煤泥或对精煤质量要求不太高的较难选煤。

2. 中煤再选流程

图 3-38 所示为中煤再选流程,该流程前四室的产品作为最终精煤(即浮选机 1～4 室刮出泡沫为精煤),后两室的泡沫产品即为中煤(即 5、6 室刮出的中煤泡沫),返回到第二室再选,末一室排出的为最终尾煤。该流程的特点是结构较简单,由于中煤再选,精煤、尾煤质量指标容易保证,适用于细粒含量多、较难选煤,但只有当中煤基本上不以连生体形式存在时,再选才有效。

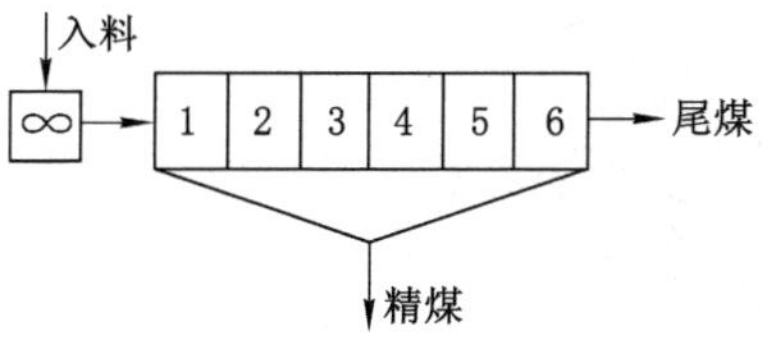

图 3-37　一次浮选流程

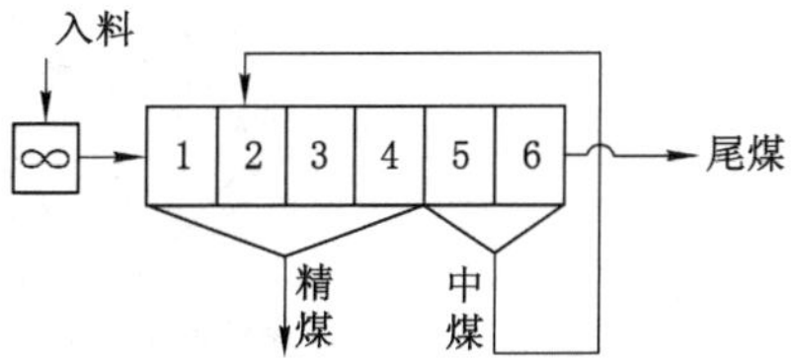

图 3-38　中煤再选流程

3. 精煤再选流程

精煤再选流程可以全部精煤再选(图 3-39)或部分精煤再选(图 3-40)。该流程的特点是流程复杂,适用于难选煤和对精煤质量要求比较高的浮选。

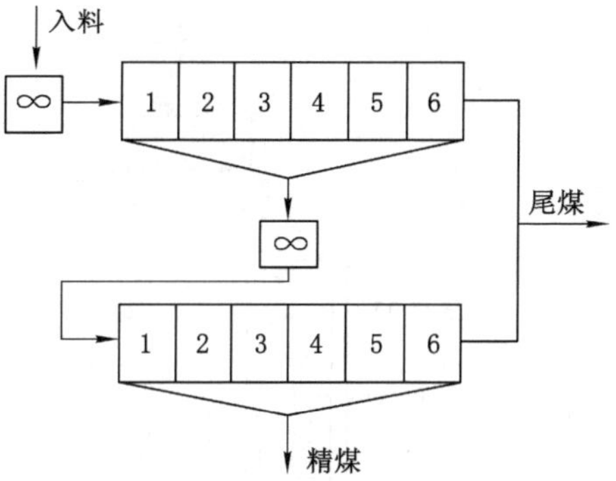

图 3-39　全部精煤再选流程

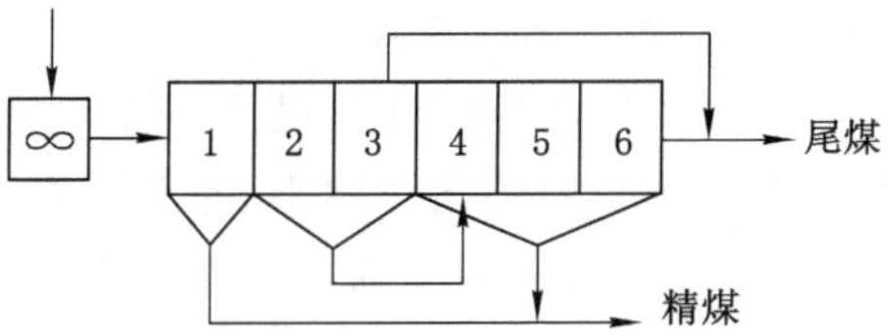

图 3-40　部分精煤再选流程

4. 三产品浮选流程

上述几种浮选流程都是选出两种最终产品,这对要求出低灰精煤、高灰尾煤,往往不容易保证,而三产品浮选流程就可以实现,如图 3-41 所示。因此,它适用于含连生体多而精煤灰分又要求比较低的难选煤。该流程的缺点是要多设中煤过滤系统。

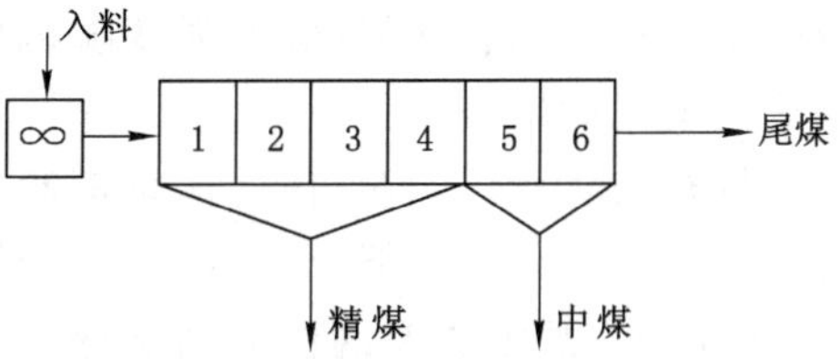

图 3-41　三产品浮选流程

第六节　其他选煤方法

一、摩擦电选

如图 3-42 所示,充分解离后的微粉煤颗粒给入管路中由高速气流携带进入摩擦器,在摩擦器中颗粒与摩擦器表面、煤与矿物质之间高速碰撞、摩擦,煤与黄铁矿等矿物质由于表面电性质不同,而分别带上极性相反的电荷,当带有相反电荷的颗粒群给入强静电场作用区之后,净煤与黄铁矿等矿物质在电场力作用下向相反方向运动,从而达到煤与黄铁矿等矿物质分离的目的。由于摩擦电选应用高速气流携带物料,能有效地克服物料间因分子力作用引起的团聚,因此,能有效分选微细粒级的煤。

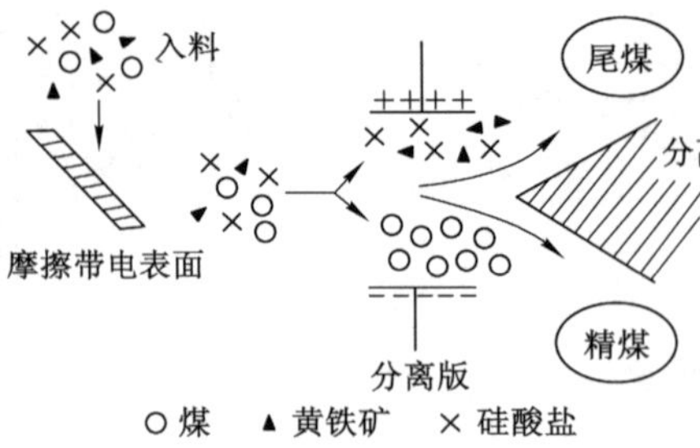

图 3-42 摩擦电选原理图

摩擦电选装置主要由摩擦器、静电分离室、产品收集系统(除尘器)组成,如图 3-43 所示。

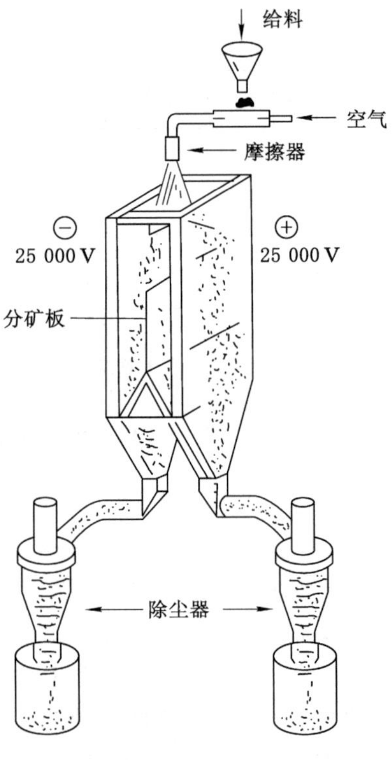

图 3-43 摩擦电选装置示意图

二、干法重选

(一)干法重选的原理

干法重选是指粒度和密度不同的物料在空气流、机械振动或摇动的共同作用下,按颗粒的干扰沉降规律进行分层,从而达到分选目的的一种选煤方法。粒度相同的颗粒中密度较大的集中在床面底层,密度较小的集中在床面上层。其分选原理可从以下三个方面分析。

1. 离析作用和风力作用

床面上物料的松散和分层是由机械振动和上升气流的悬浮作用来实现的,松散强度随机械振动强度和风速的提高而增强。

根据热力学第二定律,任何体系都倾向于自由能降低。按照迈耶尔的位能分层观点,将床层视为一个整体,分层前床层所具有的位能高于分层后床层所具有的位能。因此,只要给床层创造一个适当的松散条件,重物料将自发地进入床层的下层。所以说分层是通过性质不同的矿粒在床层中重新分布而达到床层内部位能降低的过程。

在无风的情况下,不同密度矿粒依靠位能降低的原理分层,就不可避免地使矿粒形成一种类似筛孔可变的筛子,造成离析分层。即密度大的颗粒向下运动,密度小而粒度大的颗粒被挤到上层,但密度小粒度也小的颗粒则透过颗粒间的缝隙漏到下层。在有风作用的情况下,一方面可以加强粒群的松散,另一方面可以将密度小粒度也小的颗粒吹到床层上面,强化分层。在离析作用和风力作用的共同作用下,使物料按密度进行分层。

2. 自生介质的分选作用

在干选机中,细颗粒物料和风组成具有一定密度的气-固悬浮体,称之为自生介质。按照阿基米德原理,小于悬浮体密度的煤上浮,而大于悬浮体密度的矸石、黄铁矿则下沉。随着分选过程的进行，细粒粉煤不断随大粒度精煤排出。剩余粒度较粗、密度较高的中等颗粒物料，又与空气组成新的密度更高的气-固悬浮体，有利于中煤和矸石的分选。

3. 颗粒相互作用的浮力效应

在干选机的分选过程中，作为自生介质的细颗粒物料逐渐随大颗粒精煤排出，其余物料进入后继分选过程。此时，起主要分选作用的不再是自生介质分选，而是颗粒相互作用的浮力效应。即物料沿床面横断面自上而下相对密度逐渐升高，低密度物料向下运动时，由于无法克服下层物料形成的强大浮力而转到煤层上面，高密度物料则能克服这种阻力，逐渐移动到煤层底部，从而完成按密度分层。

综上所述，干选机的分选原理就是利用振动力和风力的综合作用造成床层松散和矿粒按密度分层。在不同的区段既有自生介质（粉煤）与空气形成的混合介质分选（精煤段），又有颗粒相互作用的浮力效应（中煤段），形成一种不同于其他选煤设备的综合分选机理。

（二）空气重介质流化床干法选煤

空气重介质流化床干法选煤技术是选煤领域里的一种新型的高效干法分选技术。不同于传统的风力选煤，它的特点是以气-固两相流作为分选介质。它可以准确地将物料按密度分离，其分选效果与湿法重介选相当。这是一种很有前途的分选方法。就是运用气-固流化床的似流体性质，在流化床中形成一种具有一定密度的均匀稳定的气-固悬浮体，其床层平均密度为 ρ，根据阿基米德定理，轻重产物在悬浮体中按密度分层，即小于床层密度 ρ 的轻产物上浮，大于床层密度 ρ 的重产物下沉。经分离和脱介获得两种合格的产品。

我国研制的空气重介质流化床干法分选机是物料完成干法分选、分离的主要设备。其结构示意图如图 3-44 所示。该机由空气室、气体分布器、分选室和产品运输刮板装置等部分组成。

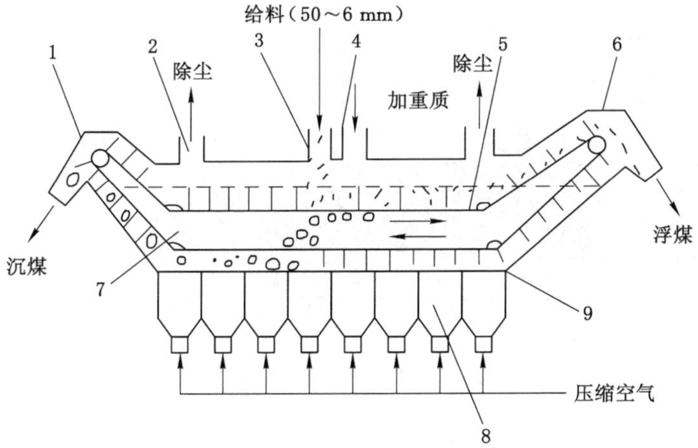

1—排矸端；2—集尘口；3—原料入料口；4—介质入料口；
5—刮板机；6—排煤端；7—流化床；8—空气室；9—压链板。

图 3-44 空气重介质流化床干法分选机示意图

物料在分选机中的分选过程是：经筛分后的 50～6 mm 块状物料与加重质分别进入分

选机中，来自风包的具有一定速度的有压气体经底部空气室通过气体分布器后均匀作用于加重质而发生流化作用，在一定的工艺条件下形成具有一定密度的均匀稳定的气-固两相流化床。物料在流化床中按密度分层，小于床层密度的物料上浮，成为浮物，大于床层密度的物料下沉，成为沉物。分层后的物料分别由低速运行的无极链刮板输送装置逆向输送，浮物如精煤从右端排料口排出，沉物如矸石或尾煤从左端排料口排出；分选机下部各风室与供风系统连接，设有风压与各室风量调节及指示装置。分选机上部与引风除尘系统相连，设计引风量大于供风量，以造成分选机内部呈负压状态，可有效地防止粉尘外逸。

空气重介质流化床分选机，可有效地分选外在水分小于5%的50(80)～6 mm粒级煤。分选精度高，可能偏差在0.05～0.07范围内。

（三）复合式干法选煤

复合式干法选煤技术是我国独创的、适合我国国情的新型选煤方法。这种选煤方法既能全面符合保护水资源、节能、环境保护、资源综合利用及发展洁净煤技术等各项国家经济技术政策，又具有不用水、工艺简单、投资少、生产成本低、工效高等一系列优点，近年来得到了煤炭企业的普遍欢迎。

复合式干法分选机采用自生介质（入选原煤中所含细粒煤）与空气组成气-固两相混合介质分选；借助机械振动使分选物料做螺旋翻转运动，形成多次分选；充分利用逐渐提高的床层密度所产生的颗粒相互作用的浮力效应而进行分选。按照这个总体思路，对床面形状、振动形式、物料运动轨迹、床层厚度控制、风力分布、风量控制、床面角度调节以及供风除尘配套等作出了相应的结构设计，创造出一种全新的复合式干法分选机，其结构如图3-45所示。

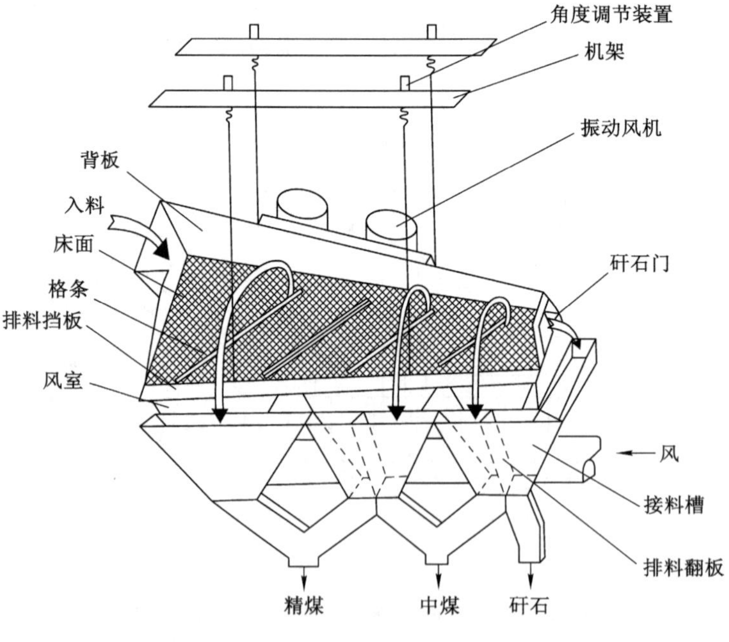

图3-45　复合式干法分选机结构示意图

第七节　选后产品的脱水

在选煤过程中，原煤经过分选加工，选后产品都带有大量的水，难以满足用户需要，因此，产品的脱水是湿法选煤厂不可缺少的生产环节。脱水设备工作效果的好坏，不仅决定着选后产品的水分，而且也影响到选煤厂的洗水闭路循环和生产管理。

在选煤厂，各种精煤的综合水分一般要求达到 10%～12%，高寒地区要求达到 8%以下。要满足这个要求，各种精煤必须在不同的脱水设备中进行处理。常用的脱水设备有脱水斗子提升机、脱水筛、离心脱水机、真空过滤机、压滤机、脱水仓及火力干燥机等。

在选煤生产中，主要是根据产物的粒度和所要求的水分，选用相应的脱水设备。

块精煤的脱水，一般采用振动筛脱水，水分指标为 6%～8%。

末精煤的脱水，一般采用筛分机和离心脱水机进行两次脱水，水分指标为 8%～9%。

浮选精煤的脱水，由于其粒度很细，一般采用不同形式的过滤机脱水，水分指标为18%～28%。

浮选尾煤和煤泥的脱水，往往采用过滤机、压滤机、沉降式离心脱水机等，也有采用厂外沉淀池进行沉淀。

当对产品水分有特殊要求，用上述机械方法难以达到水分指标时，对末精煤和浮选精煤可采用火力干燥方法再次脱水，一般可使脱水指标降至 6%～8%以下。

对中煤和矸石产品的脱水一般要求不高，往往采用简单的方式脱水。如跳汰中煤和矸石，只需要经脱水斗子进行一次脱水即可，水分指标 20%左右。如用户对中煤水分有特殊要求时，也可进行二次脱水，常用脱水筛、离心机、脱水仓等，其水分指标可达 10%～16%。

总之，为了达到产品贮运和用户对产品水分的要求，希望产品的水分越低越好。目前的趋向是研制高效、先进、大型化的脱水设备和脱水方法，进一步降低出厂产品的综合水分。

一、脱水斗子提升机

图 3-46 所示为脱水斗子提升机，在选煤厂应用较为普遍，可作为精煤斗子捞坑，用于末精煤的预先脱水；也可作为跳汰机或洗煤槽的组成部分，用于中煤和矸石脱水，其脱水效果与脱水时间和速度有关。斗子运动速度为：提运块煤时，取 0.25～0.27 m/s，搬运末煤时，取0.15～0.17 m/s；提运块煤脱水时间需 20～25 s，末煤为 40～50 s，也就是离开水面后提斗的移动长度要有一定的脱水高度，一般其垂直高度不低于 6～7 m。

二、脱水筛

脱水筛是选煤厂中使用最广泛的脱水设备。脱水筛的类型较多，一般分级用的筛分机均可用来脱水、脱介和脱泥。

筛子脱水方法，主要是利用水本身的重力自然排泄，同时物料在筛面上铺成薄层，在沿筛面运动中，不断受到筛子的强烈振动，从而强化了脱水过程。为了提高脱水效果，往往在物料进入脱水筛前，采用固定筛预先泄水。

筛子脱水时，视具体要求加喷水，以冲洗黏附在煤粒表面上的高灰细泥，降低精煤灰分和水分。

一般采用清水或澄清水作为喷水，其压力保持为 0.15～0.2 MPa。喷水量大致是：块精

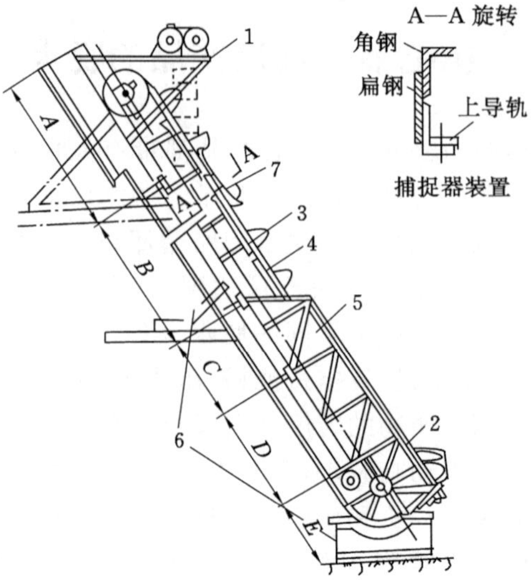

1—机头；2—机尾；3—斗链；4—导轨；5—机壳；6—机架；7—捕捉器。

图 3-46　脱水斗子提升机

煤为 0.25 m^3/t(一般情况块精煤不加喷水)；末精煤为 0.3 m^3/t；粗煤泥为 1 m^3/t；块煤脱介为 1 m^3/t。

三、离心脱水机

离心脱水机是借助旋转运动所产生的离心力来加速物料脱水的有效设备。在离心机中所产生的离心力很大，比重力大几百倍，甚至上千倍。因此，其脱水效果较好，常用于末煤脱水。

离心脱水机按其脱水过程可分为两类：过滤型和沉淀型。

过滤型离心脱水机用于粗粒物料的脱水。其主要工作部件是一个锥形筛篮，传动轴由电机驱动旋转，含水较高的物料给入筛篮中心，在离心力的作用下，物料被甩到筛篮上，筛篮上煤层中所含的水分透过煤层和筛孔被甩出。

沉淀型离心脱水机用于细粒物料的脱水。其转子是无孔的，在离心力作用下，使颗粒沉淀并压紧在转子的壁上，澄清出来的滤液则由煤层上溢流排出，煤泥由排料装置刮出。

常用的过滤型离心脱水机有惯性卸料离心脱水机、螺旋卸料离心脱水机和振动离心脱水机。沉淀型有卧式沉降离心脱水机等。

(一) 螺旋卸料离心脱水机

图 3-47 为 LL-9 型螺旋卸料离心脱水机。其主要部件是带刮刀的转子 8、筛篮 3 和给料分配盘 4。转子和筛篮由电动机带动传动轴做同向旋转，转子转速比筛篮转速略慢。分配盘将脱水原料煤甩到筛篮和转子的间隙中，煤在离心力场中受到离心力的作用，互相挤压，在筛网内壁形成具有大量孔隙的物料层。此时，煤粒空隙间的水及附着在煤粒表面的水，透过物料层和筛网的筛缝，集中到机体下部的两个半圆形溜槽中，然后排于机外，这就是离心液。脱除水分的煤(即筛网内壁的物料层)被转子上的刮刀刮到漏斗中，然后排出机外。

螺旋卸料离心脱水机与惯性卸料离心脱水机相比，具有体积小、处理量大、工作可靠、脱水效果好、耗电少等优点。

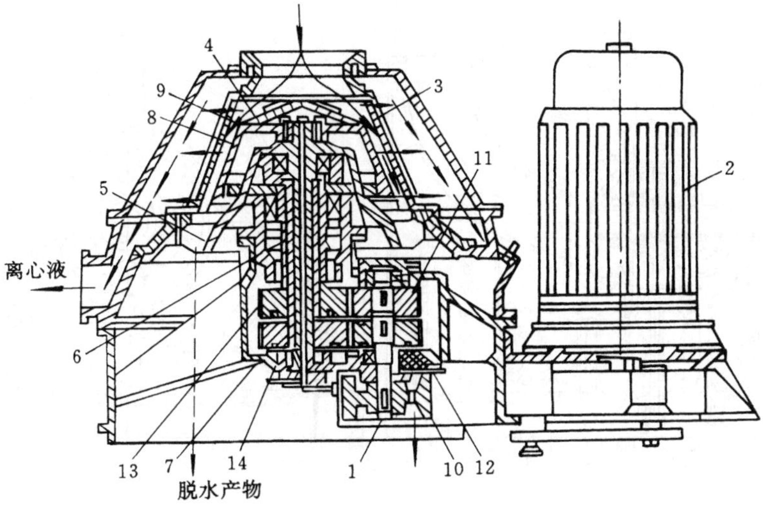

1—中间轴；2—电动机；3—筛篮；4—给料分配盘；5—钟形罩；6—空心套轴；
7—垂直心轴；8—转子；9—筛网；10—胶带轮；11，12，13，14—斜齿轮。

图 3-47 LL-9 型螺旋卸料离心脱水机

（二）振动离心脱水机

振动离心脱水机是利用振动来强化物料离心脱水的一种新型高效离心脱水机。它的工作原理如图 3-48 所示。

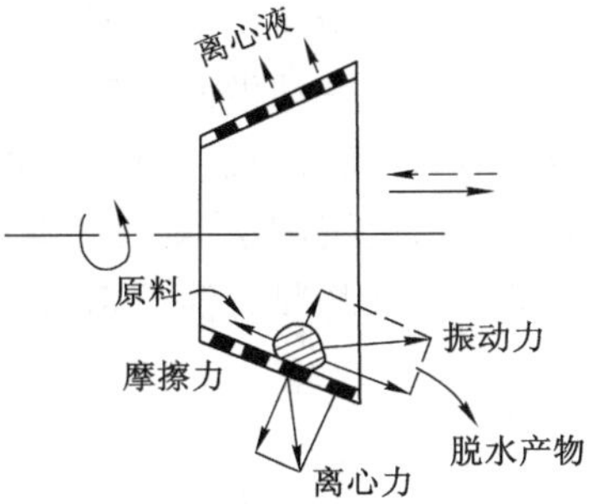

图 3-48 振动离心脱水工作原理

振动离心脱水机的传动机械使筛篮绕轴做旋转运动的同时，还做轴向振动。煤粒在离心脱水过程中受到两种力的作用，即径向旋转的离心力和轴向振动的惯性力。这样，筛网上的物料层既可均匀地向前移动，又可促进其松散，有利于水分脱出。同时，物料层的抖动有助于清理过滤表面，防止筛面被颗粒堵塞，减少物料对筛面的磨损。因此振动离心脱水机的脱水效果好，生产能力高。

图 3-49 为 WZL-1000 型卧式振动离心脱水机结构图。筛篮 1 由主电动机 8 通过胶带轮 17、9 带动回转。激振用的电动机 16 经胶带传动，并通过一对齿轮使装在机壳 5 上的四个偏心轮（不平衡重）10 做相对同步回转，从而使机壳产生轴向振动（原理同直线振动筛）。机壳的振动通过冲击板 12、缓冲橡胶弹簧 11、短板弹簧 13、传动主轴套 3 和轴承座，并通过轴承 14 传给主轴 15 和筛篮 1，使筛篮产生轴向振动。物料由给料管 2 给入筛篮，并在离心力和轴向振动力的综合作用下均匀地向前移动。脱水后的物料从筛篮前面落入卸料室，并由此进入机器底部的排料槽中，离心液由机壳收集，经排出室排出。

（三）卧式沉降离心脱水机

卧式沉降离心脱水机是利用离心力使煤水中的固体沉降和浓缩，并用螺旋刮刀卸料的一种脱水机，主要用于细粒煤的脱水、煤泥水的澄清和煤泥的回收。

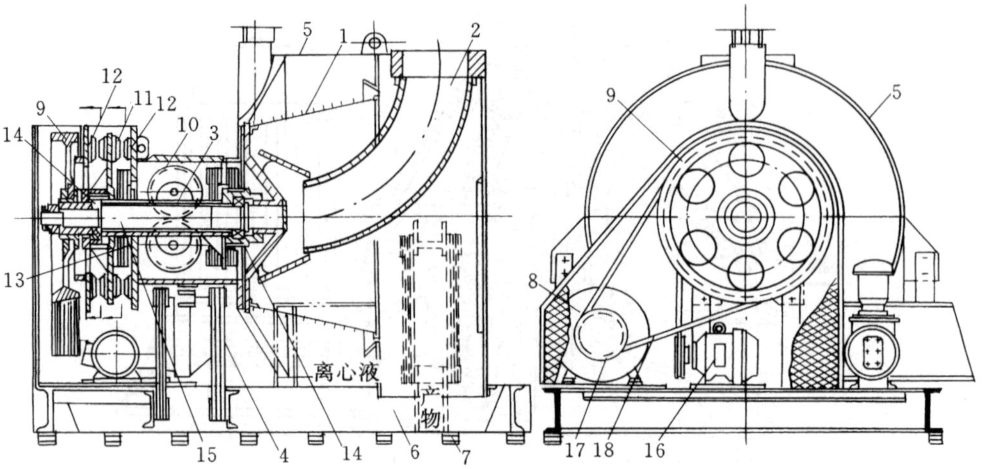

1—筛篮；2—给料管；3—主轴套；4—长板弹簧；5—机壳；6—机架；
7—橡胶弹簧；8—主电动机；9，17—胶带轮；10—偏心轮；11—缓冲橡胶弹簧；
12—冲击板；13—短板弹簧；14—轴承；15—主轴；16—激振用电动机；18—三角胶带。

图 3-49　WZL-1000 型卧式振动离心脱水机结构图

WX-1 型沉降离心脱水机基本结构如图 3-50 所示。其主要部件是由锥形转筒 2 和螺旋转子 3 组成的。转筒用电机通过三角胶带轮 1 带动做高速旋转（900～1 500 r/min）。转子通过差动减速器带动做同向转动，其转数差为 1%～3%。煤水由给料管 8 给入，经喷料口 9 进入转筒内，在离心力的作用下，煤水形成环状的沉降区，密度较大的固体颗粒即附在转筒内壁上逐渐形成沉淀层，随即由螺旋转子把它从沉降区运至脱水区进一步挤压脱水，最后由排料口排出。在物料沉淀层形成过程中，煤泥水中的液体也被澄清，澄清的液体从溢流口 7 排出。

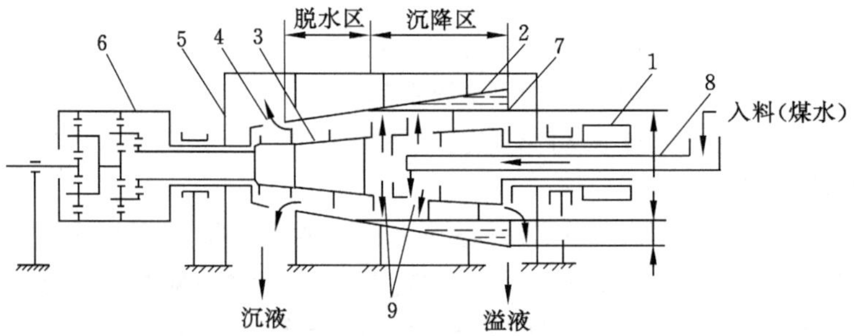

1—三角胶带轮；2—锥形转筒；3—螺旋转子；4—排料口；5—外壳；
6—行星齿轮减速器；7—溢流口；8—给料管；9—喷料口。

图 3-50　WX-1 型沉降离心脱水机基本结构

生产证明，用该离心机处理末煤可以得到水分为 10%～13%的沉淀物和固体含量为 25～30 g/L 的滤液；用于浮选精煤脱水时，得到水分为 26%～29%的沉淀物；用于浮选尾煤脱水时，在入料浓度极低（50～70 g/L）的条件下，能得到水分为 24%～25%的沉淀物，滤液含固体 20～30 g/L。

该离心机的结构复杂，质量大，高速运转，故要求材质、加工和安装等方面条件高，动力消耗大，维修工作量大，所以对其制造和使用还需进一步研究改进。

四、加压过滤

加压过滤是近年来国际上出现的细粒浆体物料脱水的高新技术。我国研制的 60 m^2 圆盘加压过滤机已于 1994 年 10 月通过鉴定，浮选精煤滤饼水分在 20%左右。

（一）工作原理

圆盘加压过滤机实质上是将一台圆盘式真空过滤机置于密封圆筒中，将过滤动力由真空改为压缩空气进行过滤的一种固液分离设备。煤浆液面给以 0.3～0.5 MPa 的压缩空气，滤扇腔连通大气。煤浆受压缩空气挤压在滤扇外表形成滤饼，滤扇转至脱水区脱水后，在卸料区用刮刀卸下。脱落的滤饼由刮板输送机集中到排料仓，用密封排料装置间歇排出。滤液经滤液罐排走。整个过程自动进行。

（二）加压过滤机结构

加压过滤机的结构如图 3-51 所示。它由圆盘式过滤机、加压仓、密封排料装置、刮板输送机和自动控制装置五部分组成。

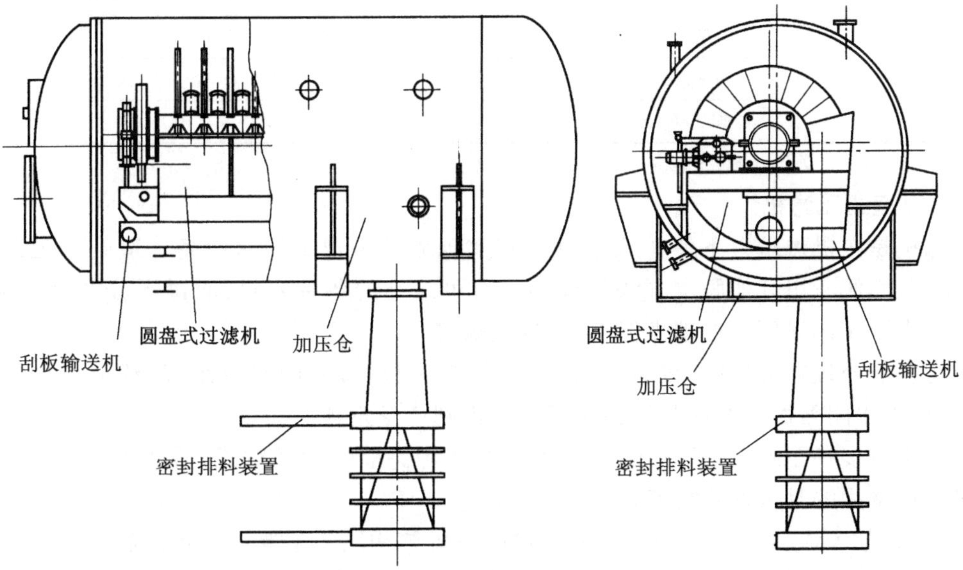

图 3-51　加压过滤机

（1）圆盘式过滤机。加压过滤用的圆盘式过滤机每盘有滤扇 20 个，滤盘浸入煤浆深度达 50%。刮刀装有导向装置，使其与滤盘保持 2～4 mm 间隙。

（2）加压仓。加压仓是一个一类压力容器。一端有个大法兰盘，安装过滤机用。另有两个人孔，供检修人员和零部件进出。

（3）密封排料装置。排料仓有上、下两个，用上、下两块闸板间歇排料。这样既可排放滤饼，又可防止压缩空气逸出。排料闸板采用液压驱动。

（4）自动控制装置。自动控制装置具有程序控制、参数监测调整、操作提示和故障报警等多种功能，以保证加压过滤机在安全、高效状态下工作。

中煤科工集团唐山研究院研制的加压过滤机技术特征见表 3-13。

表 3-13　加压过滤机技术特征

<table>
<tr><th colspan="2">名　　称</th><th>滤盘直径 3 m</th><th>滤盘直径 2 m</th></tr>
<tr><td colspan="2">1. 过滤物料
2. 处理能力/[t/(m²·h)]
3. 工作压力/MPa
4. 滤饼水分/%</td><td colspan="2">浮选精煤
0.3～0.8
0.3～0.5
<20</td></tr>
<tr><td colspan="2">5. 滤盘直径/m</td><td>3</td><td>2</td></tr>
<tr><td colspan="2">6. 过滤面积/m²</td><td>48～120</td><td>10～50</td></tr>
<tr><td colspan="2">7. 每台滤盘数/个</td><td>4～10</td><td>2～10</td></tr>
<tr><td colspan="2">8. 滤扇个数/片</td><td colspan="2">20</td></tr>
<tr><td colspan="2">9. 滤液浓度/(g/L)</td><td colspan="2"><20,加絮凝剂时<5</td></tr>
<tr><td colspan="2">10. 滤盘转速/(r/min)</td><td colspan="2">0～1.54</td></tr>
<tr><td rowspan="3">11. 主传动电机</td><td>型号</td><td>Y160M-6</td><td>Y132M2-6</td></tr>
<tr><td>功率/kW</td><td>7.5</td><td>5.5</td></tr>
<tr><td>转速/(r/min)</td><td>970</td><td>970</td></tr>
<tr><td rowspan="3">12. 搅拌电机</td><td>型号</td><td colspan="2">XLD1.5-3-1/17</td></tr>
<tr><td>功率/kW</td><td colspan="2">1.5</td></tr>
<tr><td>转速/(r/min)</td><td colspan="2">1 480</td></tr>
</table>

五、板框式压滤机

压滤机是在机械压力下使矿浆通过滤布实现固液分离的脱水设备。适合于处理黏度大、粒度细、不便于用其他脱水方法处理的具有可缩性的各种物料,滤饼水分 22%左右,滤液近乎清水。在选煤厂可处理煤泥水、浮选尾煤等。

压滤机的处理能力较小,设备费用较高,但其工作可靠,脱水效果好,滤液中固体含量低,作为煤泥水闭路循环的回收设备在国内外得到广泛重视。

压滤机有多种型式,有板框式、叶式和圆筒式等。前者为间歇式,后两种为连续式。目前在选煤厂常用的是板框式压滤机。

图 3-52 为 XMY340/1500-61 型板框式压滤机结构图。主要由固定尾板、滤板、活动头板、液压系统和滤板移动装置等部分组成。尾板和液压缸体固定在平行的两根主梁两端,头板和液压缸体中的活塞杆连在一起,并可在主轴上滑动。许多块滤板平行放置在活动头板和固定尾板之间,并靠主梁支托。滤板移动装置在滤板的两侧。

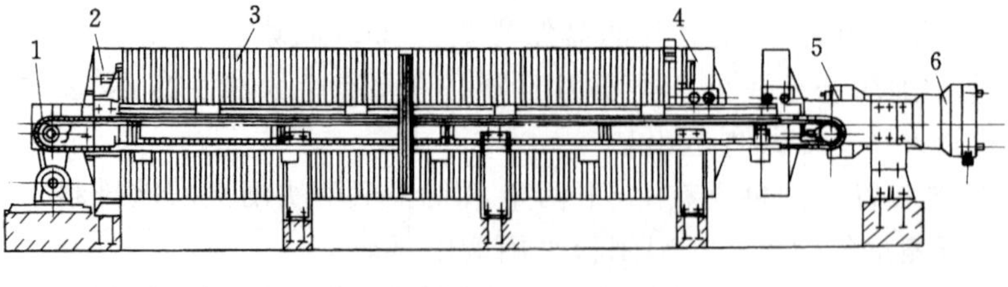

1—滤板移动装置;2—固定尾板;3—滤板;4—活动头板;5—主梁;6—液压系统。

图 3-52　XMY340/1500-61 型板框式压滤机结构图

压滤机的工作过程是：操纵液压系统使压力油推动活塞及头板向前移动，将全部滤液板压紧在固定尾板和活动头板之间，使相邻滤板构成许多密封的中空滤室。然后用泵将煤浆从尾板给料孔输送到滤室里。由于煤浆的压力(0.1～0.5 MPa)，水通过滤布、网板、滤板泄沟排出，煤泥则留在滤室内。当煤泥充满滤室后即停止给料，并拉开活动头板、滤板，滤饼靠自重卸到输送机上。图 3-53 为压滤机工作原理图。

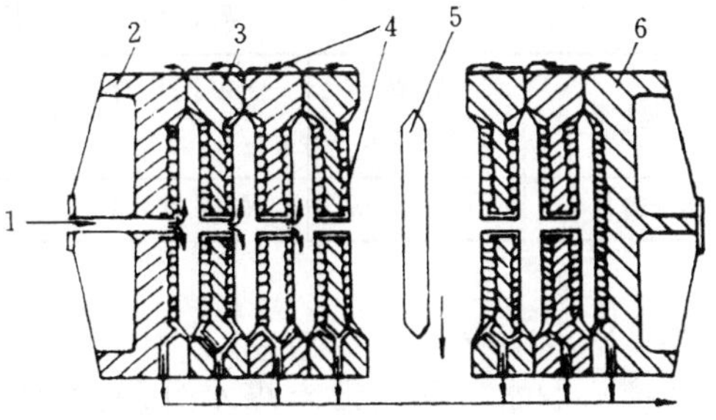

1—矿浆入口；2—固定尾板；3—滤板；
4—滤布；5—滤饼；6—活动头板。

图 3-53　压滤机工作原理图

六、隔膜式压滤机

该压滤机是针对浮选精煤脱水困难而开发的一种新型压滤机，其结构与板框式压滤机相似，所不同的是对压滤板进行了改进，在普通压滤板的两侧增加了双面橡胶隔膜，同时改变压滤工艺，增加压榨风进风双通道。隔膜压滤脱水工作过程原理如图 3-54 所示。

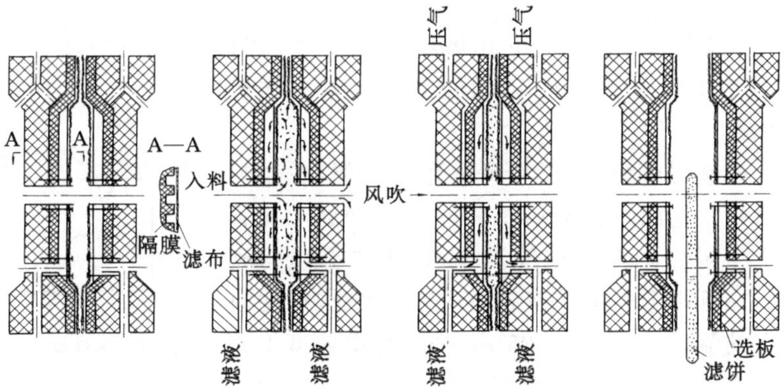

图 3-54　快速压滤脱水工作过程原理图

隔膜压滤机的脱水过程分为三个步骤。

(1) 采用高压强的流体静压力过滤脱水。由给料泵将矿浆给入主管路后分流各滤室，当压力升到 0.5～0.6 MPa 后，即完成流体静压力过滤脱水过程。此时主要是脱除颗粒间的游离水和部分空隙水，降低颗粒间的孔隙率和饱和度。

(2) 采用二维变向剪切压力过滤脱水。向橡胶隔膜内充气(0.6～0.7 MPa)使隔膜膨胀而弧面变形，产生二维变向剪切压力挤压滤饼，使物料颗粒间的几何结构发生改变，脱出颗粒间空隙水。

(3) 采用强气压穿流压力脱水。采用强气压(压力高、气量大)的压缩空气穿流滤饼颗粒间隙，快速脱除颗粒间的润湿水和剩余空隙水。当压力达到 0.7～1.0 MPa 时，保持 30～45 s，即完成脱水过程。

生产实践表明，隔膜压滤机与普通真空过滤机相比，对于浮选精煤的脱水效果，水分可降低 6%～10%，滤饼脱落率提高 30%～40%，滤液出清水，可直接做循环水，减少了细泥在系统中循环，有利于改善浮选和过滤效果，见表 3-14。

表 3-14 快速精煤压滤机脱水效果

物料性质	入料浓度/(g/L)	−200 网目含量/%	滤饼水分/%	处理能力/(t/h)	滤液浓度/(g/L)	吨煤电耗/(度/t)
浮选精煤	160～250	51～87.18	22.2～24.5	8～10	<0.3	6.0

七、火力干燥

用离心脱水机只能把末煤水分降到 8%～9%，真空过滤机脱水后的煤泥水分在 20%以上。但在北方的冬季，要把煤的外在水分降到 5%才不致冻结。使用火力干燥的方法能够满足这个要求。

火力干燥是使加热后的空气（烟道气）与湿煤接触，将煤中的水分蒸发掉。选煤厂使用的干燥设备有多种类型，如管式、滚筒式、井筒式、筛式及带式等。其中以管式和滚筒式应用较为广泛。

（一）管式干燥装置

管式干燥装置如图 3-55 所示，它由原料漏斗 1、给料机 2、干燥管 3、旋风集尘器 4、抽风机 5、燃烧室 6、干煤输送机 7 等主要部件组成。

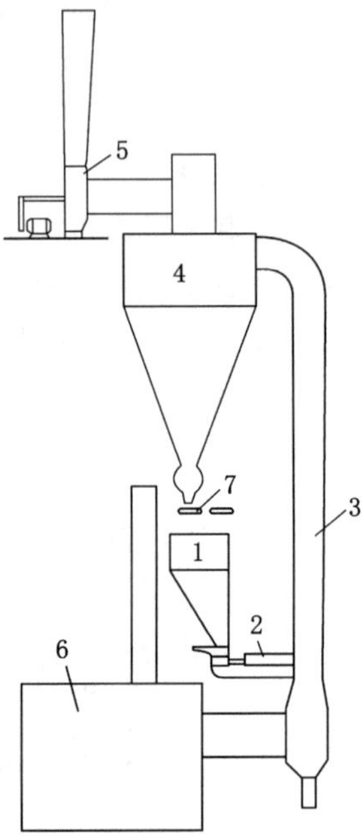

1—原料漏斗；2—给料机；
3—干燥管；4—旋风集尘器；
5—抽风机；6—燃烧室；
7—干煤输送机。

图 3-55 管式干燥装置

湿煤由原料漏斗经给料机送入干燥管的下部，在燃烧室中燃烧的燃料将空气加热。抽风机将热空气抽到干燥管中。热空气在水平导管中与冷空气混合，使干燥介质得到所需要的初温。在管中上升的热气流，不仅使煤受热，同时由于它具有一定的流动速度（20～35 m/s）而将煤粒携上带走。少量未被带走的煤粒可由干燥管的下部阀门用输送机排出。悬浮状态的煤粒随着气流进入旋风集尘器，在这里借离心力的作用使煤粒沉落下来，由集尘器底口排到输送机上运走。未沉降下来的细粒煤尘，用湿式集尘器或多管式旋风集尘组再次捕集。

干燥管的高度为 16～20 m，管径为 700～1 000 mm，相应的生产能力为 20～55 t/h。配用的抽风机能力为 45～80 m^3/h，进入干燥管的热空气初温是 600～750 ℃，由抽风机排出时降到 80～120 ℃。煤在干燥管中加热到 100 ℃左右。

水分为 14%～17%的湿煤，经管式干燥机烘干后，水分可降到 4%～5.5%。

（二）滚筒式干燥装置

图 3-56 为滚筒式干燥装置，由下列几种设备组成：燃烧室 1、给料漏斗 2、干燥滚筒 3、抽风机 4、旋风分离器 5、卸料室 6、集尘装置 7。

干燥滚筒是一个倾斜安装的长圆筒，筒上箍着两个轮圈。滚筒由两对辊子支撑并可在辊子上滚动。滚筒由电动机带动旋转。在圆筒内设有松散和搅拌物料的金属抄板。

由给料漏斗经给料机给入干燥滚筒的湿煤，随滚筒旋转，被抄板松散并向卸料端移动，此时，由燃烧室送入筒中的热空气把物料烘干。由干燥筒排出的气体带有一些细小的煤粒，

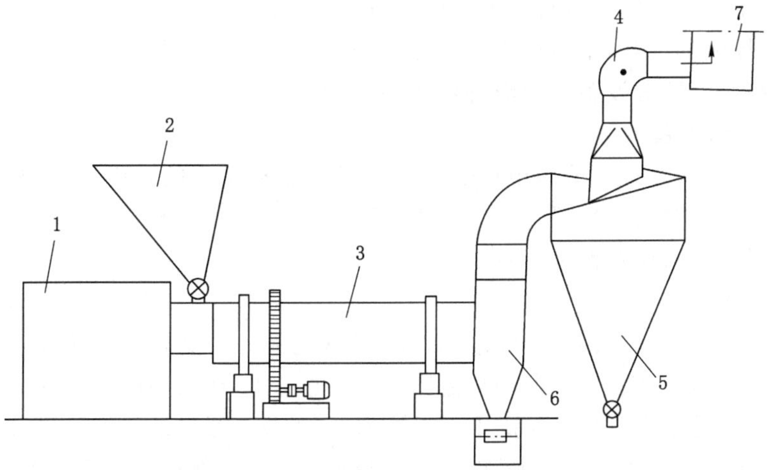

1—燃烧室；2—给料漏斗；3—干燥滚筒；4—抽风机；
5—旋风分离器；6—卸料室；7—集尘装置。
图 3-56　滚筒式干燥装置

需用集尘装置收集下来。

使用该干燥机烘干水分为 13%～15%的湿煤时，可以得到水分 5%～6%的产品。烘干煤泥时，可使煤泥水分由 25%～27%降至 7%～10%。

第八节　煤泥水处理

湿法选煤用水量很大，如跳汰机每分选 1 t 原煤，要使用 3～5 m^3 的洗水。所以，在选煤厂，每小时使用的洗水量少则几百立方米，多则几千立方米。由于入选原煤中含有大量煤粉，而且在加工过程中又产生一些煤尘和煤泥(占入选原煤的 3%～6%)，因而在使用过的洗水中，难免带有许多的煤泥。而这些含有大量煤泥的洗水，既难于直接重复利用又不可直接排放出厂。因为选煤设备使用的洗水要求固体含量在 80～100 g/L 以下，否则将影响分选效果和产品质量。如果把用过的洗水不经过处理排出厂外，这不仅要损失大量煤泥，造成污染和淤塞河流，而且也将使选煤厂洗水补充受到影响。

因此，煤泥水的澄清、浓缩、煤泥回收和洗水循环再用是关系着选煤厂生产指标优劣的重要环节。理想的煤泥水系统应是闭路的，即煤泥不出厂，全部在厂内回收；澄清水浓度低并全部循环使用。实现选煤厂洗水闭路循环是选煤厂的重要任务之一。

我国《选煤厂洗水闭路循环》(MT/T 810—1999)规定了选煤厂洗水闭路循环的三级标准。

一级：洗水不向厂区外排放，煤泥全部被室内机械回收。

二级：洗水不向厂区外排放，煤泥全部被厂区机械回收。

三级：外排水符合环保要求，煤泥全部在厂区回收。

常见的浓缩和澄清设备可分为两类：一类是借助于重力作用，使煤泥水中的固体颗粒沉降的设备和设施，如浓缩漏斗、沉淀塔、角锥沉淀池、斗子捞坑、耙式浓缩机和厂外沉淀池等；

另一类是借助于离心力作用进行浓缩的设备，如水力旋流器、沉降式离心脱水机等。

为了加速煤泥的沉降，常需要添加高分子凝聚剂，使煤炭颗粒迅速聚集成絮团，加速其沉降过程，提高浓缩澄清设备的固液分离效率。

一、重力浓缩设备

选煤厂的煤泥水处理可分为粗粒煤泥的分级作业和洗水的浓缩、澄清作业两类。粗煤泥的分级设备有角锥沉淀池、斗子捞坑、倾斜板沉淀池等。洗水的浓缩和澄清设备有浓缩机、沉淀塔、浓缩漏斗、深锥浓缩机等。

（一）耙式浓缩机

耙式浓缩机由一个直径很大（可达 100 m）的浅池和一个运输耙子组成，如图 3-57 所示。池底的倾角为 6°～9°。煤泥水不断地从池体上方中心给入，在向周边缓慢流动中，固体颗粒向下沉淀，澄清水从周边溢出作循环水用。沉淀到池底的煤泥被转动的耙子刮到池中央，最后由泵抽出。耙子转速很慢，如浓缩细煤泥时，耙子最外围刮板的线速度不超过 3～4 m/min。

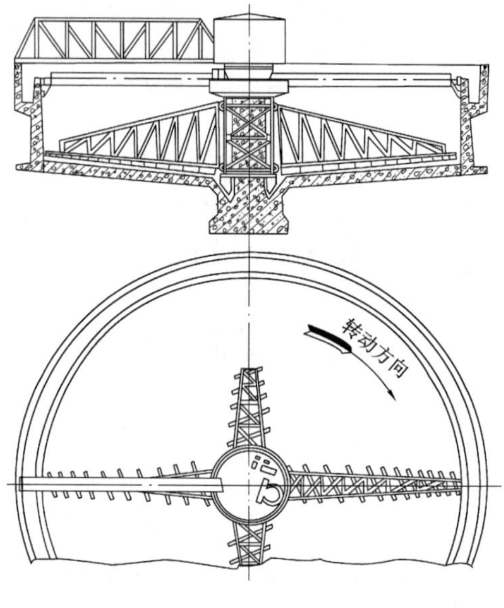

图 3-57　中心传动耙式浓缩机

耙式浓缩机分中心传动和周边传动两种型式。当浓缩机直径大于 25 m 时，一般采用周边传动。除小型浓缩机采用钢板焊制外，其他都用钢筋混凝土建造。

该设备的特点是沉淀面积可以制造得很大，而高度较小，底流沉淀物能集中一点排出，控制管理方便。

（二）煤泥沉淀池

目前，许多选煤厂还不能将全部煤泥都在厂内回收，总有部分煤泥水要排到厂外煤泥沉淀池。厂外煤泥沉淀池是面积较大的矩形长池，长宽根据需要确定。池子用块石砌成或用砖和水泥建造，用人工或机械挖取煤泥，机械挖取方法有龙门吊车抓斗、桥式吊车抓斗和电耙等。一般设三到四个煤泥池循环使用。

煤泥水从池的一端给入，另一端溢流。各池子可串联或并联使用。沉淀池用于煤泥水的澄清，其溢流水可重复使用。煤泥沉淀池的特点是简单、缓冲能力大，但管理工作多，往往因管理不善，造成煤泥水流失，污染环境，应特别加强管理。

二、离心沉淀设备

依靠重力作用浓缩煤泥水时，往往由于细小的煤泥颗粒沉降速度极慢，必须占用很大的沉淀面积。煤泥在离心力作用下，其沉降速度可大大加快，沉降面积可大为缩小，设备体积减小，单位面积生产能力比重力沉淀设备提高数百倍。目前用于煤泥水离心沉淀的设备有卧式离心脱水机、水力旋流器等。

水力旋流器可作为煤泥水的分级、脱泥和浓缩设备。其结构、工作原理与重介质旋流器相似。它的工作效果与下列因素有关。

（一）入料压力

入料压力越大，煤泥水进入旋流器的速度和产生的离心力就越大，使旋流器的处理量增加，分级粒度变细。但是，入料压力增加会使动力消耗和设备磨损增加。生产中旋流器的入料压力通常取 50～300 kPa，用于浓缩作业时，以 100～200 kPa 为宜。

（二）入料浓度与煤泥粒度

入料中固体含量高，细粒煤泥多，尤其是含泥量大，均会增加煤泥水的密度和黏度，因而分级粒度变粗，浓缩效果变差。

（三）旋流器的结构参数

旋流器的结构参数主要是指给料口、底流口、溢流管尺寸和圆筒体直径以及锥体的角度等。

旋流器圆筒体直径 D 加大，处理量增加；但圆筒直径加大，产生离心力变小，因而分级粒度变粗。为保证分级粒度较细，旋流器的尺寸不宜过大，在浓缩作业中，常采用直径为 200～500 mm 的旋流器。为弥补小直径旋流器的处理量小的缺点，生产中可将几个小旋流器并联使用，如图 3-58 所示。

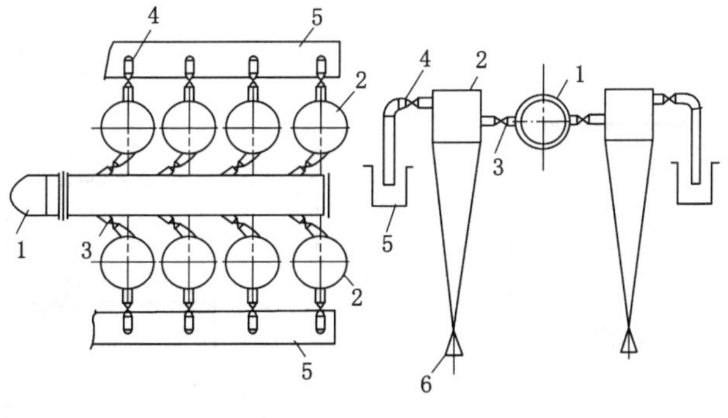

1—总入料管路；2—旋流器；3—闸门；4—溢流控制器（闸门）；5—溢流总管；6—底流控制器。

图 3-58　水力旋流器的布置方法

旋流器圆筒体高度 H 增加，使煤泥水在旋流器中受离心力作用的时间增长，分级粒度变细，处理量下降，一般 $H=(0.6\sim1)D$。

旋流器给料口和溢流口的直径加大，处理量增大，但分级粒度变粗。通常给料口的直径为$(0.08\sim0.25)D$，溢流口直径为$(0.1\sim0.3)D$，溢流口插入深度为$(0.6\sim0.8)H$。

旋流器锥体角度加大，处理量减少，而分级粒度变粗，因此，锥体角度不宜太大，一般取 10°～20°。

旋流器底流口变大，底流排放量增加，浓度变稀，溢流量减少，因而分级粒度有所降低，但不很显著。生产操作中常将底流口大小做成可调节的(其他结构参数固定不变)，用以控制底流产品的浓度。底流口的正常调节范围是溢流管直径的 1/2～4/5。正常操作应使底流排放物呈空心旋流状(伞状)排出，如果底流很浓而呈条状排出，分级效率下降，溢流粒度变粗。

生产结果表明，水力旋流器用于浓缩煤泥水，效果是令人满意的。如直径为 300 mm 的旋流器，给料压力为 0.18 MPa，入料浓度为 11%(含固体量)时，可得到浓度高达 72.5%的底流浓缩物，而溢流水只含有 1.4%的固体。溢流中完全不含 60 网目以上的粗粒，大部分(87.93%)是小于 120 网目的细粒。浓缩物中煤泥量占入料中的 88.92%。

三、常用的煤泥水流程

煤泥水流程的类型很多，概括起来可分为煤泥水全闭路和半闭路两类流程。

煤泥水全闭路流程的特点是全部煤泥水经过浓缩、澄清，将水全部回收循环使用。煤泥水半闭路的特点是全部煤泥水经过浓缩、澄清，少部分洗水不能循环使用而排出厂外。

图 3-59 所示为煤泥水半闭路流程。粗煤泥沉淀设备可以采用角锥沉淀池、斗子捞坑等，细粒煤泥浓缩设备多采用耙式浓缩机、沉淀塔、水力旋流器等。该流程往往用在粗煤泥回收作业中。采用该流程若溢流含有+0.5 mm 煤粒或管理不当，易使厂外煤泥池煤泥量增大。而厂外煤泥池由于管理不严，沉降效果很差，致使大量煤泥水外流，既浪费煤炭资源又污染环境。

图 3-60 所示为煤泥水全闭路流程。其特点是煤泥水不出厂，煤泥全部厂内回收，洗水全部循环复用。浓缩煤泥进行底流大排放，浮选兼有直接浮选的优点，操作稳定可靠，浮选尾煤厂内回收，洗水澄清添加高效凝聚剂，澄清水全部复用。取消煤泥沉淀池，只设事故水池，以备个别情况下使用。

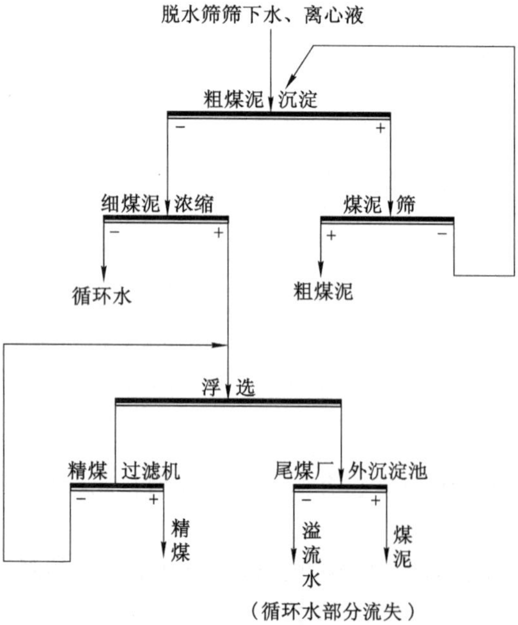

图 3-59　煤泥水半闭路流程

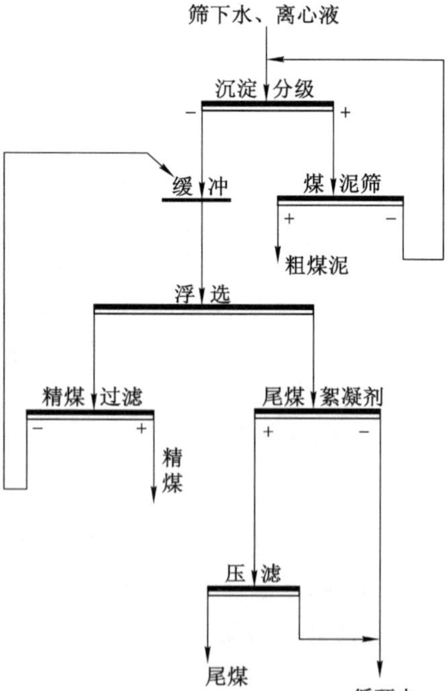

图 3-60　煤泥水全闭路流程

第四章 水 煤 浆

第一节 概 述

水煤浆是20世纪70年代中期迅速发展起来的。典型的水煤浆是由70%左右的煤、30%左右的水配以1%左右的添加剂加工而成的浆体，其黏度（在低切变下）约1 000 mPa·s。它具有石油一样的流动性和稳定性，可以泵送、雾化与稳定燃烧，也可长距离运输和长时间储存，其热值相当于燃料油的一半。可广泛应用于电站锅炉、工业锅炉、工业窑炉中，对改善燃料油紧缺和环境恶化具有重要意义，受到了世界各国的普遍关注，也为化石能源形式多样化开辟了一条新的途径。

根据水煤浆所用原料和特性，可以将其划分成以下品种，见表4-1。

表4-1 水煤浆的种类和用途

品 种	原料煤	水煤浆特性	用 途
精 煤 水煤浆	洗精煤灰分小于10%	浓度：大于65% 黏度：1 Pa·s 稳定性：大于3个月 发热量：18.8～20.9 MJ/kg	锅炉代油燃料
经济型 水煤浆	原生煤泥灰分为15%～25%	浓度：65%～68% 稳定性：大于15 d	链条锅炉燃料
	浮选尾煤灰分大于25%	浓度：50%～65% 稳定性：3～5 d	沸腾炉或链条锅炉燃料
气化用 水煤浆	普通原煤灰分小于25%	浓度：58%～65% 黏度：1 Pa·s 稳定性：1～2 d 流动性较好 粒度偏粗，小于200网目占40%左右	德士古气化炉制气原料
环保型 水煤浆	制浆过程中加入脱硫剂	浓度：大于65% 黏度：(1±0.2) Pa·s	可提高脱硫率10%～20%
	加入碱性有机废液	浓度：50%～55% 黏度：1.2 Pa·s 稳定性：30 d	适合高硫煤地区锅炉燃用，脱硫效果好
精 细 水煤浆	超低灰精煤灰分1%～2%	浓度：50%～55% 黏度：小于0.3 Pa·s 细度：小于10 μm	内燃机、燃气透平燃料
原煤水煤浆	原煤灰分大于20%炉前制浆	浓度：60%左右 稳定性：1 d	工业窑炉燃料

第二节 水煤浆的质量要求与制浆技术要求

一、水煤浆的质量要求

煤浆和一般的煤水混合物(如煤泥水)不同,是一种燃料,所以对它的质量有如下一些特殊要求。

(一) 煤浆中煤炭的细度

从有利于燃烧的角度出发,要求其中煤炭的粒度上限(通过率大于98%的粒度)不大于300 μm,小于200网目(74 μm)含量不低于75%。这种细度要求与煤粉电站锅炉燃用的煤粉细度相当。

(二) 煤浆浓度

水煤浆无论是作为锅炉燃料还是作为气化原料,应尽可能减少其水的含量。通常要求其中含煤的质量百分数(即水煤浆的浓度)大于60%。水煤浆产品的实际浓度与煤炭的质量、制浆技术及用户的需求有关,最一般的标准是70%,有时可高达75%。

需要说明的是,水煤浆允许含有高达30%的水分。这个30%水分是指水煤浆中的全部水分,包括隐含在煤中的内在水分。通常使用的煤炭也并不是完全干的,一般已经含有5%～8%甚至更多的水分,做成水煤浆后所增加的水分实际不到30%。另外,这个30%水分在燃烧后所造成的热量损失并不大。1 kg水煤浆中含有约0.7 kg的煤炭,煤炭的热值按7 000 kcal/kg计算,则水煤浆的高位热值为4 900 kcal/kg(1 kcal=4 186.3 J)。1 kg水煤浆中含有约0.3 kg的水,水的汽化潜热不到600 kcal/kg,因此燃烧1 kg水煤浆因其中的水汽化造成的热损失为180 kcal,不到水煤浆热值的4%。这些损失并不大,但却能使煤炭从传统的固体燃料转化成为一种流体燃料,便于代油并可密闭贮存和输送,从而减少了储运过程中的损失,并能取得环境效益。

(三) 煤浆的流变特性

流变性是指流体的流动特性。通常的流体在流动时,其内摩擦因数(黏度)在温度恒定时为常数,不随层间流动速度差而变,这种流体称为"牛顿流体"。水煤浆是一种"非牛顿流体",其黏度随流动时剪切速率的大小而变,所以它的内摩擦因数称为"表观黏度",不同剪切速率条件下可表现为不同值。为了便于使用,水煤浆使用时应有良好的流动性,以利于泵送、雾化和燃烧。作为普通燃料,要求水煤浆在常温及100 s^{-1}剪切率下的表观黏度不高于1 000 mPa·s。长距离管道输送水煤浆则要求在低温(埋管地下年最低温度)及10 s^{-1}剪切率(与管道流速有关)下的表观黏度不高于800 mPa·s。此外,还要求水煤浆具有"剪切变稀"的流变特性。也就是说,在它处于流动状态时,表现出具有较低的黏度,便于使用;当它停止流动处于静置状态时,又可表现出高黏度,便于存放。

(四) 煤浆在贮运中的稳定性

水煤浆是一种固、液两相混合物,不容易保持均态,很容易发生固、液分离。通常要求在贮、运过程中不产生"硬沉淀"。所谓"硬沉淀",是指无法通过搅拌使煤浆重新恢复原态的沉淀物。煤浆能维持不产生硬沉淀的性能,称为煤浆的"稳定性"。所需要的存放稳定期根据用户要求而定,一般为三个月。稳定性不良的煤浆在贮、运中会发生沉淀,将严重影响生产。

二、制浆技术要求

对所制煤浆只要求满足上述某些单项质量要求并不难，但要求能同时满足上述各项性能就会遇到困难。因为其中的一些性能之间是相互制约的。例如，煤浆的浓度高虽然好，但浓度高又会引起黏度大、流动性差的问题。为了使所制煤浆的性能能同时满足以上各项要求，就必须掌握以下几方面的制浆技术。

（一）煤炭成浆规律

性质不同的煤炭，制浆的难易程度各不相同。有的煤炭在常规条件下很容易制成高浓度的水煤浆；而有些煤炭例如神府地区的某些煤炭就很难制成，或者需要采用较复杂的制浆工艺和以较高的成本才能制出高浓度水煤浆。掌握了煤炭成浆性的规律，就可以根据实际需要，按照技术可行、经济合理的原则优选制浆用煤。

（二）级配技术

水煤浆中煤炭的粒度不但要达到规定的细度，还要具有良好的粒度分布。这里所说的良好粒度分布，是希望能使其中不同大小的煤粒能够相互充填，尽可能地减少煤粒间的空隙，达到较高的堆积效率。空隙少就可以减少水的消耗，容易制成高浓度。该项技术简称为级配技术。

（三）制浆工艺与设备

上面介绍了水煤浆产品中煤炭粒度分布的重要性，在给定原料煤的粒度特性与可磨性条件下，如何使水煤浆最终产品的粒度分布能达到较高的“堆积效率”就取决于所选用的磨矿设备、磨矿设备的运行工况及制浆工艺流程。

（四）添加剂技术

要使所制水煤浆能达到高浓度、低黏度并有良好的稳定性，还必须使用一些化学药剂（简称添加剂）。添加剂的分子作用于煤粒与水的界面，可减小水煤浆流动时的内摩擦，降低黏度，改善煤粒在水中的分散，提高水煤浆的稳定性。添加剂的用量通常为煤量的1%左右。添加剂的品种很多，它的有效性与所用煤炭及水的性质有密切关系，配方不是一成不变的，必须通过研究才能确定。

第三节　水煤浆添加剂

水煤浆添加剂按其功能不同，有分散剂、稳定剂及其他一些辅助化学药剂，如消泡剂、pH 调整剂、防酶剂、表面改性剂及促进剂等。其中不可缺少的是分散剂与稳定剂。添加剂与原煤和水的性质密切相关。合理的添加剂配方必须根据制浆用煤的性质和用户对水煤浆产品质量的要求，经过试验后方可确定。

一、添加剂分类

添加剂的功效在于提高煤粒表面的亲水性，增加煤粒表面的电动电位（亦称为 Zeta 电位，即固液之间可以发生相对移动处的电位），使煤粒在水中能更好地润湿和分散，从而改善煤浆的流变性。稳定剂的加入是为了防止水煤浆在运输与储存中发生硬沉淀，大部分稳定剂需配用消泡剂。由于一些表面活性剂使用时会产生泡沫，不利于煤浆的流动和稳定，因而需破坏泡沫或抑制发泡。添加剂的配方及其效果在很大程度上与煤种、煤粒表面结构及其性质有密切关系。而水的 pH 值、水中各种离子与杂质含量的影响也是不能忽视的因素。

配方中分散剂与稳定剂的正确配合、用量以及不同添加剂的混合使用配比也很重要。现将可能用作添加剂的表面活性剂的类型举例叙述如下：

(1) 阴离子表面活性剂

R—COONa	羧酸盐(如肥皂)
R—OSO_3Na	硫酸酯盐(如高级醇硫酸酯盐)
R—SO_3Na	磺酸盐(如十二烷基苯磺酸钠)
R—OPO_3Na	磷酸酯盐(如高级醇磷酸酯盐)

(2) 阳离子表面活性剂

R—NH_2 · HCl	伯胺盐(如高级脂肪胺盐)
R—$NHCH_3$ · HCl	仲胺盐(如十八烷基甲基胺盐)
R—$N(CH_3)_2$ · HCl	叔胺盐(如十二烷基二甲基叔胺)
$(R—N(CH_3)_3)^+Cl^-$	季铵盐(如十二烷基三甲基氯化铵)

(3) 两性表面活性剂

R—$NHCH_2$—CH_2COOH	氨基酸型(如十二烷氨基丙酸钠)
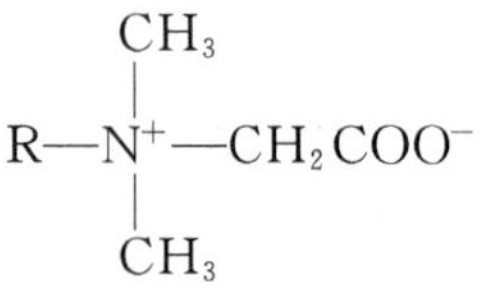	甜菜碱型(如十二烷基二甲基甜菜碱)

(4) 非离子表面活性剂

R—O—$(CH_2CH_2O)_nH$	聚氧乙烯型(如月桂酸的 n 克分子环氧乙烷加成物)
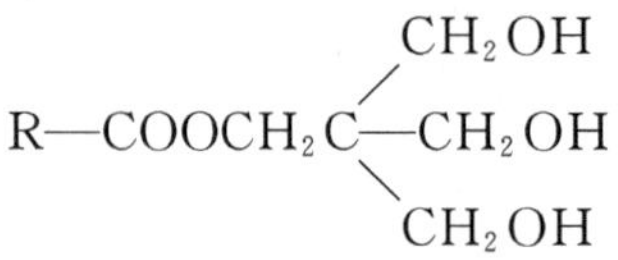	多元醇型(如棕榈酸单季戊四醇)

二、添加剂的作用机理

凡是溶于水又能电离成离子的皆属离子型表面活性剂，其中根据生成的是正离子或负离子再分为阴离子和阳离子表面活性剂，还有两性表面活性剂。凡溶于水但不能电离又不生成离子的皆属非离子型表面活性剂。它们溶于水中时的情况见以下各例示意。

在阴离子表面活性剂中，与其憎水基相连的亲水基是阴离子，如脂肪醇硫酸酯钠：

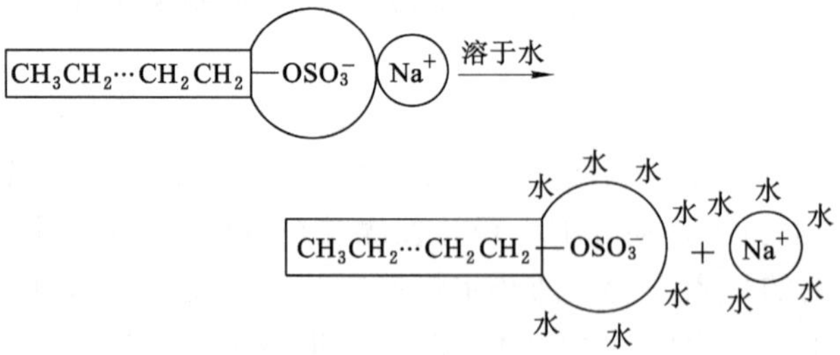

在阳离子表面活性剂中，与其憎水基相连的是阳离子，如烷基三甲基氯化铵：

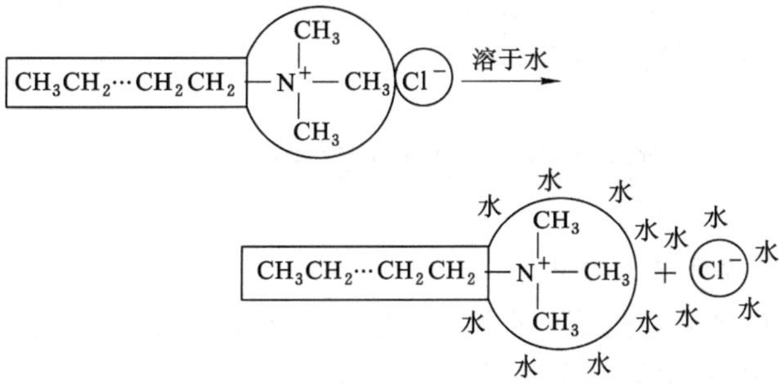

两性表面活性基在结构中同时存在性质相反的阴离子和阳离子，如十二烷基二甲基甜菜碱：

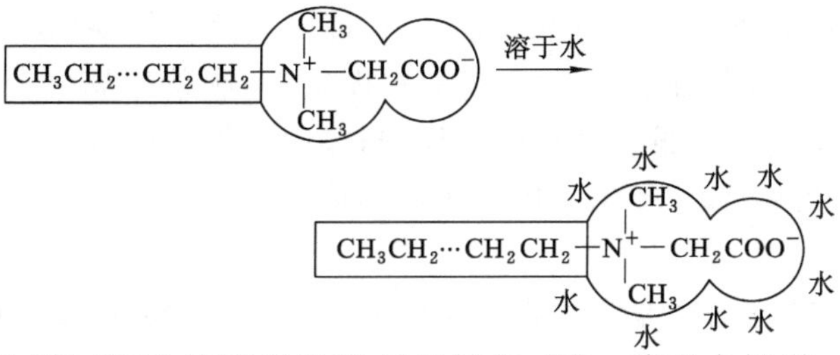

非离子表面活性剂如脂肪族高级醇聚氧乙烯加成物，其亲水性随 n 的增加而变大：

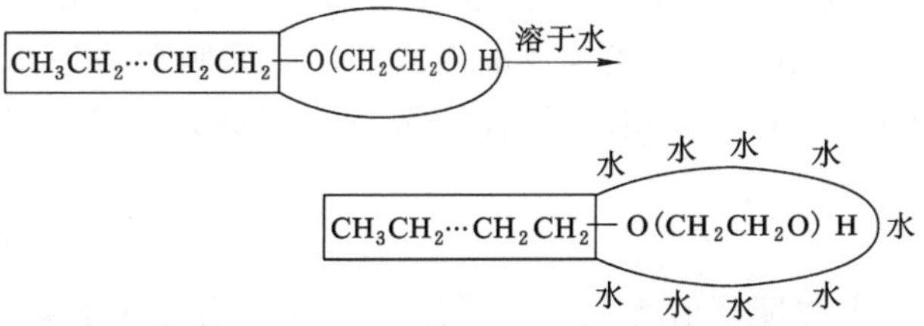

作为水煤浆添加剂，表面活性剂在煤粒表面上的作用如图 4-1 所示。由于煤炭颗粒表面呈疏水性，与表面活性剂的疏水性非极性端性质相近，因此，表面活性剂以非极性端吸附在煤粒表面，而以亲水的极性基朝水，从而使本来疏水的煤炭表面改变为亲水，易为水所润湿。并且将水的极性分子紧紧地吸附在其周围，故在煤炭表面形成一层牢固的水化膜，有效地将固体煤粒相互隔开，阻止彼此团聚，从而提高了煤浆的稳定性和流动性。

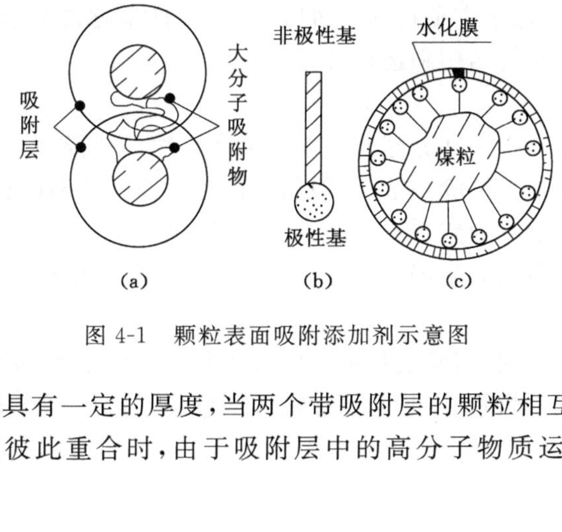

图 4-1　颗粒表面吸附添加剂示意图

颗粒表面的吸附层具有一定的厚度，当两个带吸附层的颗粒相互接近时，若尚未重叠，相互间不发生作用。当彼此重合时，由于吸附层中的高分子物质运动的自由度受到障碍

(图 4-1),吸附分子的熵减少;因为体系的熵总是自发地向增加方向发展,所以颗粒有再次分开的倾向,这就是熵斥力的作用结果。

第四节 水煤浆制浆工艺

一、制浆工艺的主要环节及功能

水煤浆制备工艺通常包括选煤(脱灰、脱硫)、破碎、磨矿、加入添加剂、捏混、搅拌与剪切,以及剔除最终产品中的超粒与杂物的滤浆等环节。制备工艺取决于原料煤的性质与用户对水煤浆质量的要求。

(一) 选煤

当原料煤的质量满足不了用户对水煤浆灰分、硫分与热值的要求时,制浆工艺中应设有选煤环节。除制备超低灰(灰分小于 1%)精细水煤浆外,制浆用煤的分选均采用常规的选煤方法。大多数情况下选煤应设在磨矿前,只有当煤中矿物杂质嵌布很细,需经磨细方可解离杂质选出合格制浆用煤时,才考虑采用磨矿后再选煤的工艺。

(二) 破碎与磨矿

在制浆工艺中,破碎与磨矿是为了将煤炭磨碎至水煤浆产品所要求的细度,并使粒度分布具有较高的堆积效率。它是制浆厂中能耗最高的环节。为了减少磨矿功耗,除特殊情况外(如利用粉煤或煤泥制浆),磨矿前必须先经破碎。磨矿可用干法,亦可用湿法。磨矿回路可以是一段磨矿,也可以是由多台磨机构成的多段磨矿。原则上各种类型的磨机,例如雷蒙磨、中速磨、风扇磨、球磨、棒磨、振动磨与搅拌磨都可用于制浆。这一切应视具体情况通过技术经济比较后确定。

(三) 捏混与搅拌

捏混只是在干磨与中浓度湿磨工艺中才采用。它的作用是使干磨所产煤粉或中浓度磨矿产品经过滤机脱水所得滤饼能与水和分散剂均匀混合,并初步形成有一定流动性的浆体,以便于在下一步搅拌工序中进一步混匀。这种物料如不先经捏混,直接进入搅拌机是无法把浆体混匀的。

搅拌在制浆厂中有多种用途。它不仅仅是为了使煤浆混匀,还具有在搅拌过程中使煤浆经受强力剪切、加强药剂与煤粒表面间作用、改善浆体流变性能的功能。在制浆工艺的不同环节,搅拌所起的作用也不完全相同。所以,虽然同样都称之为搅拌,但不同环节上所使用的搅拌设备应选择不同的结构和运行参数。

(四) 滤浆

制浆过程中必然会产生一部分超粒和混入某些杂物,它将给贮运和燃烧带来困难,所以产品在装入贮罐前应有杂物剔除环节,一般用可连续工作的筛网(条)滤浆器,适用于高浓度水煤浆的滤浆器目前还没有通用产品。八一制浆厂、浙江大学热能工程系及中国矿业大学都曾先后研制有相应的在线滤浆器。此外,近年来中煤科工集团唐山研究院为选煤厂研制的高频煤泥筛也可选用。

为了保证产品质量稳定,制浆过程中还应有煤量、水量、各种添加剂量、煤浆流量、料位与液位的在线检测装置及煤量、水量与添加剂加入量的定量加入与闭路控制系统。

二、制浆工艺

(一) 干法制浆工艺

典型的干法制浆工艺流程如图 4-2 所示。制浆原料经破碎、干磨达到所要求的水煤浆产品细度与粒度分布后,加入水和分散剂进行捏混和进一步在搅拌机中调浆。如果要进一步提高水煤浆的稳定性,还需要加入适量的稳定剂。加入稳定剂后还需要经搅拌混匀、剪切,使浆体进一步熟化。进入贮罐前还必须经过滤浆,去除杂物。

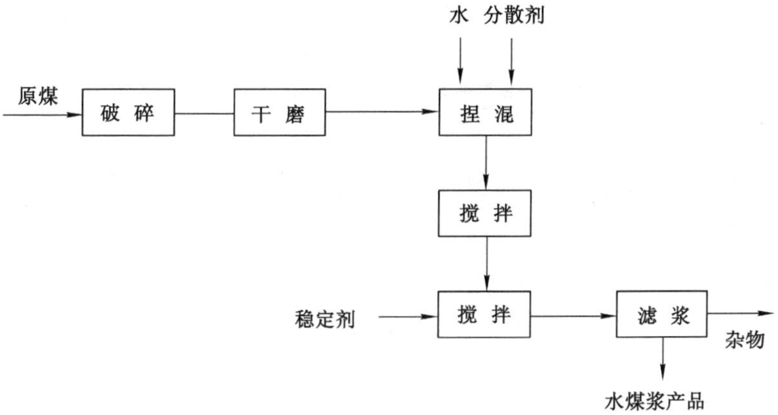

图 4-2 干法制浆工艺

干法制浆工艺在水煤浆发展的初期,因为有可借用现有磨粉设备的方便而被采用,例如美国西方石油公司(OXY)在洛杉矶的水煤浆试验厂就是采用干法加工成煤粉再制浆的。我们在研制水煤浆的初期,为了借用原有的干式球磨机,采用过这种工艺。国内有的单位也曾采用过利用现有的雷蒙磨磨粉,然后调浆的干法制浆工艺。

干法制浆工艺存在许多缺点:

(1) 常规干法磨煤,如果在磨机前或磨机中没有热力干燥措施,则要求入料的水分不大于 5%,否则磨机不能正常工作。发电厂因有热风干燥,所以干法磨煤粉没有困难,但这点在制浆厂事实上很难满足。特别是当原煤需要分选后制浆时,由于煤炭的分选差不多都用湿法,采用湿法磨矿更为方便。

(2) 干法磨矿的能耗比湿法高。据美国 KVS(Kennedy Van Saun)公司的资料记载,在产品细度相同的条件下,干法球磨机的能耗大约比湿法球磨机高 30%,而且干法磨矿的安全与环境条件不及湿法磨矿。

(3) 在一般情况下,干法磨矿制浆的效果不及湿法,根据作者获得的几种干法磨煤粉的粒度分布资料,其堆积效率远不及湿磨产品高,而且干法磨煤时新生表面积很快被氧化,从而降低了它的成浆性。

正是基于上述原因,除了在水煤浆发展初期偶有使用干法制浆工艺外,后来在国内外的工业制浆厂中均不再采用该法。

(二) 干、湿法联合制浆工艺

干、湿法联合制浆工艺与上述干法制浆工艺不同之处在于从干法磨矿的产品中分出一部分用湿法细磨的工艺,如图 4-3 所示。中国科学院早期在北京印染厂建设的制浆试验系统就采用这种制浆工艺。这种制浆工艺比干法制浆工艺效果好，可以实现双峰级配，改善最终产品的粒度分布，从而提高制浆效果。但是由于它的主体仍是干法磨矿，所以还存在干法制浆共同的缺点，在国内外的工业制浆厂中也未再被采用。

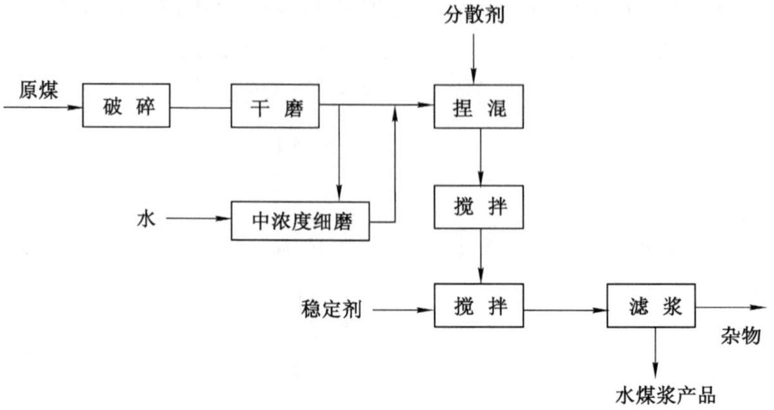

图 4-3　干、湿法联合制浆工艺

（三）高浓度磨矿制浆工艺

高浓度磨矿制浆工艺如图 4-4 所示。它的特点是煤炭、分散剂和水一起加入磨矿机，磨矿产品就是高浓度水煤浆。如果需要进一步提高水煤浆的稳定性，还需要加入稳定剂。加入稳定剂后还需要经搅拌混匀、剪切，使浆体进一步熟化。进入贮罐前还必须经过滤浆，去除杂物。

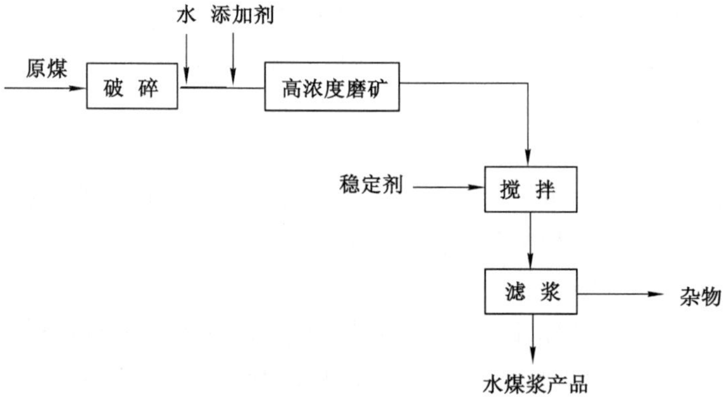

图 4-4　高浓度磨矿制浆工艺

国外采用这种制浆工艺的公司很多，美国的大西洋（ARC）公司、KVS 公司，日本的日立公司与 COM 公司都采用这种工艺。我国自己建设的制浆厂也都采用这种工艺。高浓度磨矿制浆有许多优点，例如工艺流程简单，在高浓度下磨介表面可黏附较多的煤浆，有利于研磨作用产生较多的细粒，改善粒度分布，分散剂直接加入磨机可在磨矿过程中及时与煤粒新生表面接触，从而提高制浆效果，可省去捏混与强力搅拌工序。但高浓度磨矿能力较中浓度磨矿低，并需很好地掌握磨机的结构与运行参数，以免因煤浆黏度过高而丧失磨矿功效。此外，由于只有一台磨机，对水煤浆产品粒度分布的调整有一定的局限性。在良好的工况运行时，这种工艺的产品粒度分布可以获得72%左右的堆积效率，已能满足大多数煤炭制浆的需要，所以是用途最广的一种制浆工艺。

（四）中浓度磨矿制浆工艺

所谓中浓度磨矿制浆工艺，是指采用50%左右浓度磨矿的制浆工艺。由于中浓度磨矿产品粒度分布的堆积效率不高，所以很少采用单一磨机中浓度磨矿工艺（日本三菱公司在初期制浆试验系统上曾采用过这个工艺），图4-5为二段中浓度磨矿制浆工艺。

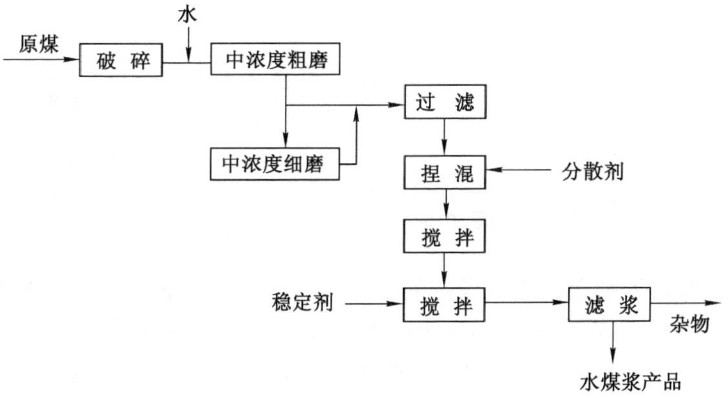

图4-5　二段中浓度磨矿制浆工艺

该工艺为改善最终产品的粒度分布，先从粗磨产品中分出一部分再进行细磨，然后分别或混合进行过滤、脱水。脱水后的滤饼加入分散剂捏混、搅拌调浆。如果需要进一步提高水煤浆的稳定性，还需要加入适量的稳定剂。加入稳定剂后还需要经搅拌混匀、剪切，使浆体进一步熟化。进入贮罐前还必须经过滤浆，去除杂物。

瑞典的胶体碳（Carbongel）公司、流体碳（Fluidcarbon）公司及引进胶体碳制浆技术的日本日挥公司原来都是采用这种制浆工艺。中浓度磨矿时磨机的能力高，但磨矿产品要经过过滤脱除多余水分，滤饼与分散剂需经捏混和强力搅拌才能均匀混合成浆，工艺流程不如高浓度磨矿制浆工艺简单。由于中浓度磨矿本身的产品粒度分布不如高浓度磨矿的宽，虽有两段磨矿调整粒度分布的环节，如果对两部分的细度及配比掌握不当，最终产品的粒度分布也未必合理。引进瑞典流体碳公司制浆技术的北京水煤浆厂虽然有四磨机（粗磨与细磨各由两台磨机串联组成），而且中间还有控制粒度的若干分级环节，但最终产品的粒度分布仍然欠佳。由日挥公司提供技术设计的兖日纸浆厂，开始在初步设计中也采用二段中浓度磨矿制浆工艺，但在实施时改为图4-6所示的高、中浓度磨矿级配制浆工艺，这就说明，日挥公司认为这种工艺比前者更好。

（五）高、中浓度磨矿级配制浆工艺

1. 典型工艺一

基本流程结构如图4-6所示。它的特点是将原来的二段中浓度磨矿级配工艺中的细粒产品改为高浓度磨矿。不同的是，高浓度磨矿磨机的给料不是从中浓度磨矿产品中分流而来，而是直接来自破碎产品，这就使粗磨与细磨两个系统独立工作，避免了相互干扰。中浓度粗磨产品经过滤脱水后与高浓度产品一起捏混调浆。

兖日水煤浆厂的实践证明，这种制浆工艺所产水煤浆产品的粒度分布达到了比较高的堆

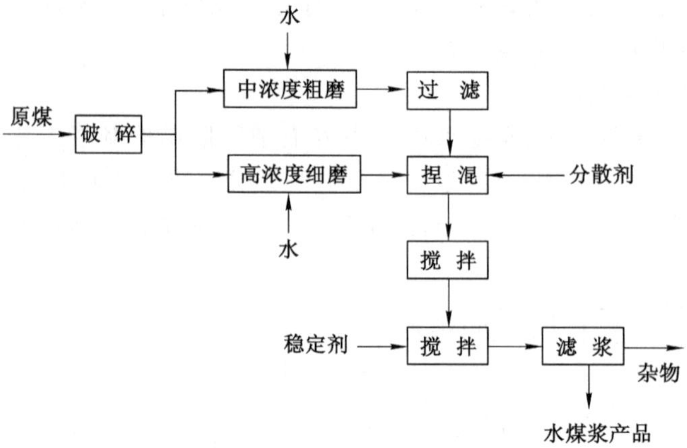

图 4-6 高、中浓度磨矿级配制浆工艺之一

积效率(约 74%),有利于制造出质量较好的水煤浆。但该工艺仍然没有摆脱中浓度磨矿后产品要进一步过滤脱水的环节。此外,所选用的细磨球磨机的磨矿效率很低,这台 4.8 m×13 m 球磨机由两台各 1 000 kW 的电机拖动,处理量不到 14 t(干煤)/h,吨煤电耗按装机容量计算高达 143 kW·h,所以也有待进一步改进。

2. 典型工艺二

图 4-7 所示为另一种高、中浓度磨矿级配制浆工艺。它与前一种工艺相反,粗磨是高浓度磨矿,细磨则是中浓度磨矿。此外,细磨的原料是由粗磨产品中分流而来的,粗磨产品即是最终的水煤浆产品,这样就可以除去后续的过滤、脱水及捏混环节,简化了生产工艺。细磨原料不直接来自破碎后的产品而改用粗磨产品,可大大减小细磨中的破碎比,有利于提高细磨的效率。细磨产品返回入粗磨磨机中的目的并不是要对它做进一步磨碎,而是可以改善高浓度磨矿的粗磨机中煤浆的粒度分布,从而降低煤浆的黏度,提高磨矿效率。根据工艺的要求,粗磨最好是选用棒磨机,细磨选用振动球磨机。这种工艺虽然有许多优点,但只有在处理难制浆煤种并要求生产高质量水煤浆产品时才有优势。因为其中的细磨环节只是起到改善级配的效果,对提高处理能力作用甚微。也就是说,会使制浆的能耗增加。所以,当采用其他工艺能制出符合用户质量要求的水煤浆时,就没有必要选用这个工艺。

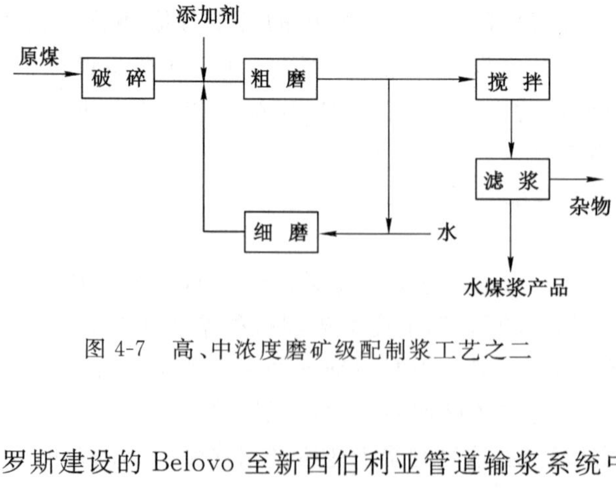

图 4-7 高、中浓度磨矿级配制浆工艺之二

3. 典型工艺三

图 4-8 所示为俄罗斯建设的 Belovo 至新西伯利亚管道输浆系统中制浆厂采用的制浆

工艺。这种制浆工艺与前一种工艺不同的是，中浓度细磨的原料直接来自破碎后产品，这可能与该厂磨机的给料很细(3～0 mm)有关。所以它的性能基本上与前一种工艺相同。

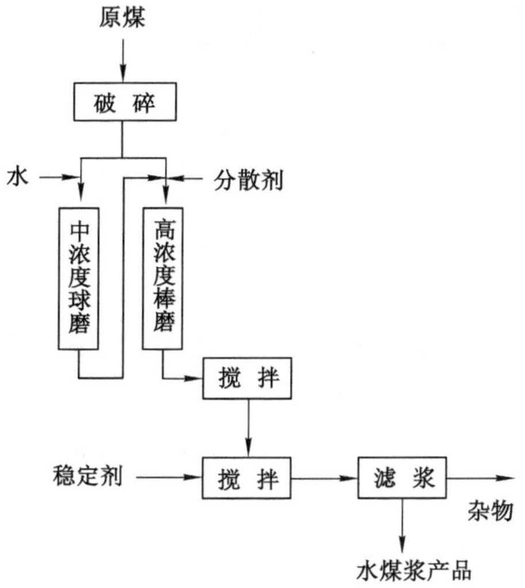

图 4-8 高、中浓度磨矿级配制浆工艺之三

(六) 结合选煤的制浆工艺

结合选煤厂建制浆厂是我国在发展水煤浆工业中总结的一项宝贵的经验，至今在其他国家中尚未见采用，所以也是我国独具的特点。选煤厂是煤炭加工的基地，它可以根据不同用户的需要将煤炭加工成多种质量(热值、灰分、水分、硫分、粒度等)不同的产品，不但便于用户使用，而且可综合有效地充分利用煤炭资源。水煤浆是煤炭加工中的一个新产品，它不但对制浆原料的质量有一定的要求，而且要求供应的原料质量稳定，否则很难保证生产出质量稳定的水煤浆。这一点无论对制浆厂本身或燃烧水煤浆的用户都是十分重要的。如果结合选煤建制浆厂，制浆原料的质量就有了可靠的保证，选煤厂还可以根据本矿煤炭资源的特点，合理规划产品结构，从中确定为制浆提供原料的最佳方案。此外，结合选煤厂建制浆厂还可以与选煤厂共用受煤、贮煤、铁路专用线及水、电供应等许多公用设施，从而减少基建投资。

为了合理利用煤炭资源并减少制浆中磨矿的能耗，结合选煤厂建制浆厂时应尽可能利用其中的细粒煤炭。如果用粒度小于 13 mm 或 6 mm 的末煤(包括原煤与精煤)制浆，它的制浆工艺与独立的制浆厂相同。最有前途是利用选煤厂或矿区粒度小于 1～0.5 mm 的浮选精煤或煤泥制浆，因为这部分煤泥粒度细、水分高(接近高浓度水煤浆中的含水量)，不管是作为单独的产品还是掺入其他产品，装、贮、运都有困难，而且不受用户欢迎，有不少选煤厂往往因为这些煤泥甚至是浮选精煤无法处理而制约了生产，但是如果用它来制浆，则因其粒度细、水分适中而正恰到好处。

这种含水量在 30%左右的煤泥，既不可能干燥后再用干法去制浆，也不应该稀释至中浓度去制浆，只能采用高浓度制浆工艺。是否还要经过磨矿，则应视煤泥的细度与粒度分布而定。在大多数情况下，这种煤泥(包括浮选精煤)的粒度上限都超过常规水煤浆要求的 300 μm，而且很难保证它的粒度分布都会达到较高的堆积效率，对于这种煤泥或浮选精煤，合理的制浆工艺如图 4-9 所示。

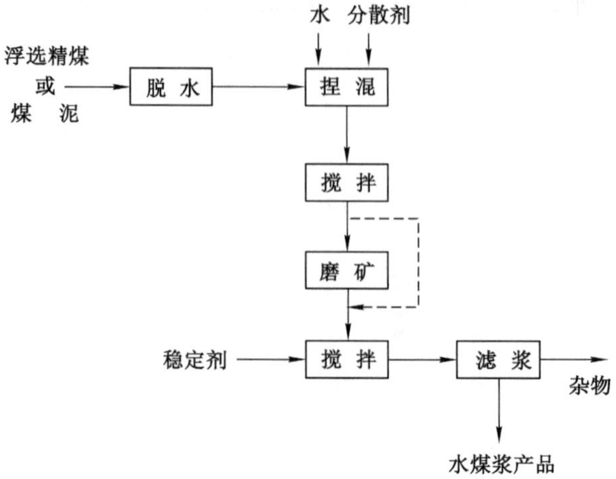

图 4-9 煤泥或浮选精煤制浆工艺

其中的磨矿环节用以控制粒度上限和调整粒度分布。磨矿设备以振动球磨机最为适用。采用选煤厂或矿区煤泥为原料的这种制浆工艺，是由中国矿业大学（北京）和枣庄矿务局八一选煤厂合作开发的，采用了这种工艺后，不但生产出了高质量的水煤浆，而且使该厂最终精煤的水分降低了 4%（水分绝对值），灰分降低了 0.5%～1.0%，每年可增加利润一百多万元（按 1990 年计价）。

当利用矿区煤泥制备供本矿就地使用的煤浆时，由于对煤浆质量没有严格的要求，只要能满足当地燃烧的需要，为降低成本往往不使用磨矿环节（如图 4-9 中虚线途径），甚至不用添加剂。该项技术已在若干矿区应用，并取得了良好的效果。它既可提高煤炭资源的利用率，增加煤炭企业的经济效益，又可改善矿区环境，减少煤泥的污染。据初步统计，我国现有这类煤泥 1 000 万 t 左右，推广应用此法将会取得较好的社会经济效益。

第五章　粉煤成型

第一节　概　　述

一、型煤、型焦的概念和意义

（一）型煤、型焦的概念

以粉煤为原料，经机械加工压制成具有一定形状、尺寸、特定物理化学性能和不同用途的煤产品的工艺过程称为粉煤成型，这种产品叫作型煤。型焦由煤粉或焦粉或混合原料等型焦用料，经粉碎、磨粉，添加黏合剂搅拌，再加压制成型焦半成品，经炭化处理制成；也有把型煤经氧化热处理或型焦炭化炉氧化处理或自热硬化处理后制成型焦。现代粉煤成型涉及的学科很广泛，它以煤化学和煤的机械加工工艺学为基础，以燃烧理论、煤的转化技术、传热学原理和环保工程等为指导，以各种用煤设备特性和工艺原理为依据，发展成为煤炭加工利用的一个分支。

（二）粉煤成型的意义

型煤和型焦是清洁能源的一部分，其生产及应用直接关系着提高煤炭的使用效率，更主要的是固硫、消烟从而降低污染物的排放。它既解决了粉煤积压和块煤短缺的问题，又能消除粉煤堆积造成面源二次污染的问题。通过粉煤成型，改变了煤炭原来的性质，克服了天然煤存在的缺陷。采用特殊的工艺，使型煤具有优良特性，从而满足不同用途的需要。因此，粉煤成型能够更加合理、充分地利用煤炭资源。主要表现为：

（1）粉煤成型可以满足工业对块状燃料的需要。

（2）粉煤成型是合理利用劣质燃料的重要途径之一。

（3）粉煤成型是扩大原料的经济而有效的途径之一。

（4）粉煤成型是把低效原煤转化为高效能源，取得节煤效果的现实途径。

（5）粉煤成型是把非清洁燃烧的原煤转化为清洁燃料的可行途径。

（6）粉煤成型的投资少，成本低，适合中国国情，切实可行。

二、型煤、型焦技术的国内外发展概况

20 世纪初，德国用年轻褐煤采用高压无黏结剂成型工艺生产褐煤砖。1985 年仅德国的莱茵褐煤矿区就生产了褐煤砖 400 万 t 左右，用于造气、集中供热和民用。20 世纪 30 年代，褐煤成型两段炼焦工艺问世；1969 年世界高炉会议肯定了型焦是高炉技术的重要发展方向之一，之后陆续出现了 20 多种利用弱黏结煤或不黏结煤生产型焦的工艺。1971 年，日本铁路机车 79%用型煤，成为国外型煤用量最大的行业，1993 年，日本引进德国型煤技术生产机车用型煤。韩国于 20 世纪 60 年代开始普及使用型煤，到 80 年代高峰时期韩国的型煤产量达 2 400 万 t。近年来生物质型煤技术成为国外型煤技术研究的热点之一，日本、土耳其、西班牙、瑞典、美国及我国的台湾地区均开展了此方面的研究。

中国的工业型煤是从 1958 年研制型焦开始生产的，先后研制完成 4 种不同型焦生产工

艺，建成 30 多个型焦生产厂。中国的型煤技术开发分为三代，第一代为粉煤加黏结剂成型，以替代块煤燃烧等用，该技术单靠粉煤压成块来改善通风和燃烧状况，达到减污和节能效果，但对原料煤性质未做改变；第二代是在成型过程中，单项改变煤质，以提高煤的使用性能，如通过热化学加工使烟煤无烟燃烧的型煤、无烟煤的上点火蜂窝煤等都属于这一代；第三代是对原料煤进行多项改质，实现清洁、高效燃烧。目前中国的型煤技术除能“固硫”“清洁”“高效”“快速点燃”“型煤代焦”等外，并已达到可以控制型煤的燃烧性能，如控制燃烧温度、速度等，以及改善型煤的结渣性、结焦性、反应活性、热稳定性等特性。

第二节　粉煤成型机理

一、成型过程

粉煤成型过程依次包括：装料、压密、成型、压溃和反弹。以下以理想的压模为例说明其成型过程。

（一）装料

合格物料进入压模后，处于自然松散状态。作用在物料上的力，仅有粒子之间的重力和摩擦力。由于这些力较小，因此粒子间接触面积也小，此系统是不稳定的，在外力作用下易产生变形。系统状态见图 5-1(a)和图 5-2(a 点)。

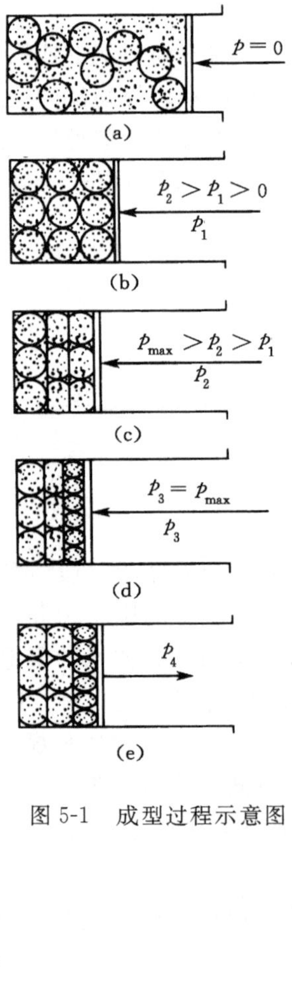

图 5-1　成型过程示意图

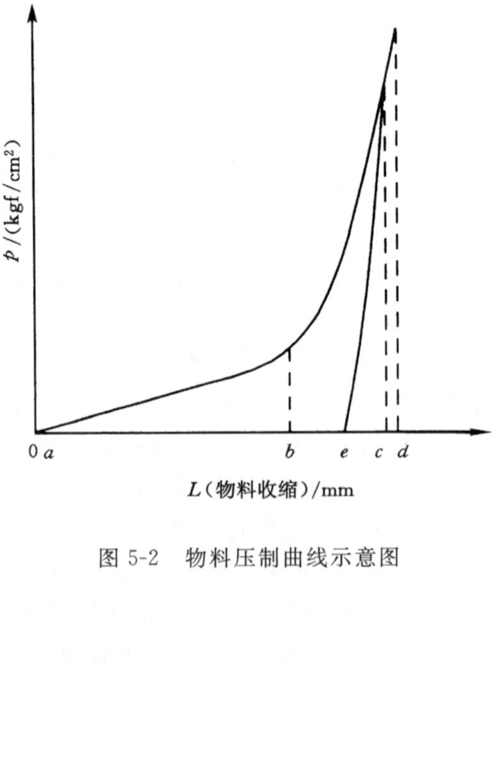

图 5-2　物料压制曲线示意图

（二）压密

外力 p 开始压缩不稳定系统，粒子开始移动，物料所占的体积减小，所消耗的功用在移动各粒子、克服粒子间摩擦力以及粒子与压模内壁的摩擦力上。本阶段的特点是：压力增加慢，体积减小快，粒子间能最大限度密集，但粒子不发生变形，形成的型块能维持一定形状，但一碰就碎。系统状态如图 5-1(b)和图 5-2(a～b 段)所示。

（三）成型

压力 p 增加得很快，但物料体积减小得较慢。压力 p 增大到足以使粒子开始变形。此阶段体积的减小，主要是由粒子的塑性或弹性形变造成的，但粒子间仍有相对移动。因此，在高压下粒子间的摩擦力对压型过程有很大的影响，所做的功消耗在克服粒子变形、粒子与模壁的摩擦力以及排出空气上。由于粒子进一步密集，它们之间接触面增加，系统稳定性接近于天然块状物。系统状态见图 5-1(b)和(c)和图 5-2(b～c 段)。

（四）压溃

继续增加外力 p，导致不坚固的粒子遭到破坏，外力增加愈大，粒子破坏程度也愈快，物料体积略有减小，系统的稳定性减少，型煤的机械强度也将降低。工业生产型煤时，应在这阶段以前结束。系统状态见图 5-1(d)和图 5-2(c～d 段)。

（五）反弹

去掉外力后，压缩到最大限度的物料由于反弹作用，型块体积稍有增大，同时粒子间的接触面积减小，系统稳定性也随之降低。因此，成型压力不宜过大，成型过程不应发展到第四阶段(压溃)。此时，反弹力应小于型煤的机械强度，以确保型块的稳定性不被完全破坏，从而达到完好合格的状态。如果成型压力过大，粒子被压碎过多，型块内聚力大为减少，反弹力增大到超过型煤的机械强度时，型煤脱模后会出现裂缝，甚至发生膨胀裂碎。系统状态见图 5-1(e)和图 5-2(c～e 段)。

上述五个阶段不是截然分开的，在实际过程中，某几个阶段可同时发生，例如对辊成型机的工作过程分为三个区，分别是滑移区、咬入区和脱模区，如图 5-3 所示。

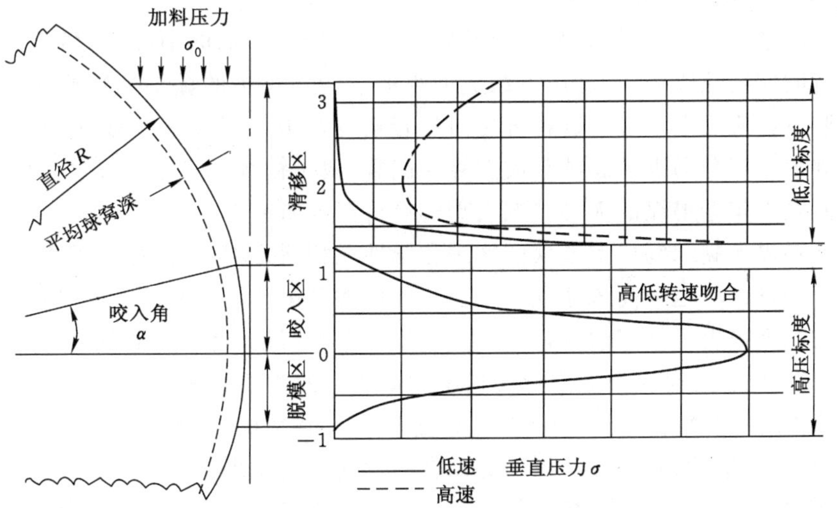

图 5-3　对辊成型机的工作过程和压力分布

滑移区相当于上述的装料阶段，大型工业对辊成型机有的采取强制加料，加上物料自身的重力作用，所以该区域压力不为零。固体物料被轻度压缩，一部分气体可由物料中自由逸出，在这一区域内，由于辊轮的圆周速度大于固体物料的流动速度，所以在固体物料和辊面之间便产生相对运动，故称为滑移区。当物料进入滑移区底部时，加料压力增大，物料与辊面之间的摩擦阻力增大，此时物料不再在辊面上滑移，这一条件确定了咬入区的起点，物料进入咬入区后，实际上相当于进入了上述成型过程的压密和成型阶段，该区域内辊轮产生极高的压力，被压缩到最大密度。

这里需要指出的是，当物料一定时，辊轮的咬入角 α 基本不变，咬入区随辊轮直径而变化。物料越过辊轮中心线后，辊轮压力逐渐卸除，成型型球弹性膨胀，脱模区的范围取决于颗粒的弹性回跳，虽然大多固体回跳极小，但这足以使型球在型轮中心线之下相当一段距离上和辊面保持接触。图 5-4 所示的是压缩操作中堆积密度的变化，这与图 5-2 表明的物料收缩与压力的关系相吻合。

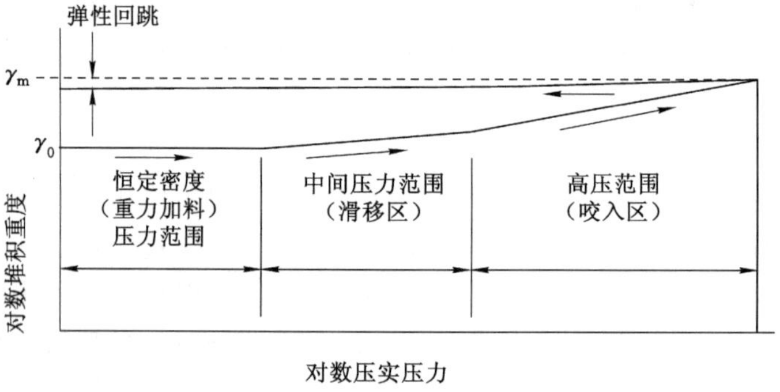

图 5-4　物料堆积密度与成型压力的关系

二、成型机理

（一）无黏结剂成型机理

煤炭的无黏结剂成型，是指原料煤经破碎后，在不加黏结剂的情况下，依靠煤炭本身的性质和所具有的黏结性成分，在高压下结成型煤的过程。煤中的黏结性物质一般是指沥青质、腐殖酸、胶体物质或黏土等。这种方法对年轻褐煤的成型已获得了成功，并达到大型工业化生产的规模。年老褐煤无黏结剂成型存在困难，我国褐煤的 80%～90% 为变质程度高的褐煤。因此对于年老褐煤的无黏结剂成型还有待深入研究。

由于年轻褐煤无黏结剂成型是煤的物理化学性质相联系的过程，影响因素较多，而且它们之间相互影响，所以，至今尚未建立一个公认的成型理论。不过有不少学者对年轻褐煤无黏结剂成型的机理提出了许多假说，如沥青假说、腐殖酸假说、毛细管假说、胶体假说等。

（1）沥青假说认为：褐煤中的沥青质是煤黏结成型的主要物质。沥青的软化点为 70～80 ℃，原料煤经预先干燥后，在 40～60 ℃ 温度下装入成型机，成型时，由于摩擦而温度升高，沥青质软化成为塑性物质，并与煤粒黏结在一起而成为型煤。

煤中物质要在 210～310 ℃ 温度条件下才能形成沥青，由于瞬间摩擦会产生较高的温度，但温度很快就下降，煤中脂肪酸来不及分解生成沥青或只能生成极少量的沥青，所以发挥其黏结作用也是有限的，而且实践证明，含沥青质少的褐煤，可以生产出高强度的型煤。

所以沥青假说也不够全面。

(2) 腐殖酸假说认为:褐煤的成型是由于煤中含有游离腐殖酸,游离腐殖酸是一种胶体,可将煤黏结成型。但实践证明,在没有腐殖酸作用的情况下,也能制成高质量的成型煤。

(3) 毛细管假说认为:褐煤中存在大量充满水的毛细管。这种毛细管的数量和大小取决于煤的煤化程度。煤化程度愈高,煤中毛细管数量就愈少。褐煤成型时,毛细管受压破裂把其中的水挤出,覆盖于煤粒表面,使之易滑动而密集。煤粒表面紧密接触,因分子间引力使煤粒黏结成型。当成型压力消失后,煤中被挤压的毛细管力图扩张,吸收被挤出的水,使煤粒表面的水膜变得非常薄。这样,煤粒间的分子聚集力提高,使型煤具有足够的强度。但实践证明,在外部的高压条件下,含水量很少的煤粒也可以压制出高强度煤球或煤饼,因此,毛细管假说也是不够全面的。

(4) 胶体假说认为:褐煤由固相和液相两部分物质组成。固相物质由许多极小的胶质腐殖颗粒构成,其粒度为 0.001～0.000 01 mm。在成型过程中,使胶粒密集而产生聚集力,形成具有一定强度的型煤。这一假说实质上是腐殖酸假说在某种程度上的引申,建立在纯机械性质上的一种理论,它把分子内聚力的原理不仅扩大到腐殖酸及盐类之间,还扩大到所有被压的物质之间。

这些假说都只从某一方面解释过程中的一些现象,而不能解释各种现象。

碎散性煤料在湿态下被压制成型的主要原因是煤粒间存在着一定的黏结性。煤在破碎加工过程中,其中一些桥键或晶格断裂,形成一些不饱和键,使煤粒表面产生微弱的负电荷,极性的水分子被煤粒吸附形成水化膜,煤粒通过黏结性的水化膜连接而成型。

在型煤干燥过程中,随着型煤的水化膜逐渐变薄,液膜水的表面张力增大,煤粒受力彼此靠得更近,煤分子间的范德瓦耳斯力增大。直至液膜的水蒸干,煤分子间的范德瓦耳斯力达到最大。此外,干煤粒间摩擦阻力大,煤粒彼此镶嵌产生较大的机械啮合力。因此,干态型煤主要靠煤分子间的范德瓦耳斯力和煤粒间的机械啮合力使煤粒紧密黏结而成型。

研究表明,在弱黏结煤、肥煤、焦煤、无烟煤等不同煤种中,焦煤无黏结剂成型性能最好,其型煤表面致密、光洁,抗压强度高,防水性能好;而无烟煤无黏结剂成型性能最差,其型煤质量低,抗压强度小。这是由于焦煤的显微硬度小,无烟煤的显微硬度大。软质煤在成型过程中易被压碎,产生更细的煤粉填充到煤粒间隙中,达到最紧密堆积,使型煤致密、光洁,抗压强度高。

实践证明,物料所含水分、成型温度、成型压力、受压时间的长短、颗粒的大小、模具的形状和尺寸、物料的物理化学性质以及物理机械性质等,对成型过程都会有很大的影响。所以研究成型机理应该从以上各方面进行探索。

(二) 黏结剂成型机理

粉煤有黏结剂成型,是指粉煤与外加黏结剂充分混合均匀后,在一定的压力下压制成型煤的过程。有黏结剂成型的煤种为年老褐煤、烟煤、无烟煤等;黏结剂为煤焦油、焦油沥青、石油沥青(又称石油残渣)或水溶性黏结剂。成型煤料为<3 mm(占 95%以上)的粉煤,具有类似砂土的碎散性。从热力学观点出发,粉煤成型过程是体系的熵减小的非自发过程.欲使粉煤成为具有一定强度的型煤,外力做功和黏结剂是重要的基础条件。黏结剂的选择关系到型煤的质量和成本,也是型煤产业化的制约因素。因此,研究粉煤成型机理,关键是探讨煤与黏结剂间的相互作用,即作用力的类型、大小及其影响因素。黏结剂与煤粒间的作用

方式十分复杂,它包括机械、物理化学和化学的作用。

煤的表面是凹凸不平的,而且有许多毛细管。黏结剂填充到这些缝隙中,与煤粒表面呈犬牙交错而固结在一起,这种作用属于机械作用。

物理化学作用是指吸附作用和扩散作用。按现代物理学观点,原子和分子间都存在着相互作用。由于范德瓦耳斯力的作用,煤粒表面与黏结剂吸附在一起,这种方式称吸附作用。液态的黏结剂有利于黏结剂与煤粒表面保持紧密接触,煤粒之间的平均距离缩小,使范德瓦耳斯力成倍增大,尤其是与煤表面性质相似的有机黏结剂。如果按范德瓦耳斯力计算出型煤的理论强度,是远大于型煤强度实测值的。这是因为型煤的机械强度是一种力学性质,而不是分子性质。型煤强度是一种综合性指标,它取决于材料的每一个局部性质,而不取决于分子作用力的总和。扩散作用在黏结剂与煤粒之间很少发生,只有在特定条件下才发生。黏结剂与煤粒之间如果有扩散作用,其界面必须发生互溶,煤粒与无机物间一般不发生互溶,所以就不发生扩散作用,即使是高分子有机物用作黏结剂,多数情况下也不发生互溶。

黏结剂与煤粒表面发生化学键连接方式称为化学作用。化学键连接对抵抗压力集中、防止裂缝扩展、抗御破坏性环境侵蚀的作用较突出。产生化学作用往往需要条件,如加热、改性等。

煤粒与黏结剂间的浸湿和黏合直接影响型煤质量,以煤和焦油沥青成型为例,除煤的含水量影响煤粒与焦油沥青的浸湿与黏合外,沥青的黏度和组成也会影响成型过程。沥青的黏度决定型煤的冷态抗压强度;沥青中含成焦组分的多少决定型煤的热稳定性。当沥青与低挥发分煤成型时,成焦组分在型煤结构中形成沥青焦骨架,使型煤具有好的热稳定性。为了使沥青类黏结剂获得最合适的黏度,苏联学者研究了沥青的重要性质。研究发现,沥青黏度发生显著变化有两个阶段:一个是从固态向塑性状态的转变阶段;另一个是从液态向高流动状态的转变阶段。沥青在室温下呈固态,只有在温度高于其软化点(20～25 ℃)时,才能与煤粒混合均匀并充分浸湿。苏联学者采用了一种特殊的料粒抛光技术,通过显微镜观察研究了煤与沥青黏合剂的混合料。结果表明,在成型过程中沥青黏结剂只能部分地将煤粒浸(润)湿,进入成型机的物料内,大部分煤粒通过“黏结剂桥”连接而成型。

研究结果表明,成型前的黏结剂应呈塑性状态并具有良好的扩展性,成型后型煤内黏结剂要尽快固化,形成能承受机械力作用的骨架结构,以使型煤具有足够的强度。型块强度是颗粒和固化黏结剂构成的类似混凝土结构的总体强度的体现。若成型物料的结构强度低于由黏结剂固化形成的骨架强度,则提高成型物料的粉碎细度,以增加颗粒总表面积。型块强度取决于物料的结构强度。

总之,加入黏结剂后,总的趋势是提高了颗粒间的内聚力,使型煤获得较高的强度。

近年来,随着研究领域的延伸,黏结剂成型的应用也愈加广泛。我国每年因利用焦炭产生大量的焦粉,因其粒度小,不符合生产工艺要求而被废弃。以焦粉为原料,通过添加黏结剂,开发气化型焦工艺可以解决造气用块煤或块焦供不应求和焦粉大量积压的矛盾,使制出的型焦高强防水,在气化炉的高温、强制通风、快速反应、料层移动条件下能够使用。用焦粉生产气化型焦,提高了焦粉的经济附加值,是焦粉加工利用的一条新的技术途径。

除此之外,我国作为农业大国,开发利用生物质作为黏结剂可以产生巨大的社会效益。以生物质作为型煤黏结剂较无机黏结剂和部分有机黏结剂灰分低、环境友好、来源广泛、价格便宜，适宜大规模推广使用，受到国内外许多学者的关注。生物质可以为农作物秸秆、锯末、玉米芯、稻草等，还可以在成型过程中添加 CaO 等固硫剂和其他黏结剂以改善生物质型煤的品质。褐煤和生物质冷压成型需要较高的成型压力，而且成型后容易出现反弹，影响了生物质型煤的强度和防水性能。通过在成型过程中加热，使得褐煤中的沥青类物质溶出、腐殖酸发生反应、生物质软化和木质素等发生玻璃化转化，从而只需要较低的压力就可获得强度很好的型煤。褐煤作为低变质程度的煤种，其结构和植物更接近。褐煤经过微生物作用后其表面含氧基团被破坏，疏水性增强，将转化过的褐煤作为黏结剂用于褐煤型煤的制作，可改善褐煤型煤的防水性。另外微生物细胞及代谢产物可增加褐煤颗粒间的黏结性，提高型煤强度。

第三节 黏结剂和其他添加剂

一、黏结剂

在型煤成型过程中加入黏结剂，主要是增加煤粒间的内聚力和增大物料的塑性，如果黏结剂为液体，可使煤粒以水膜或油膜团聚，供给煤粒间液体搭桥；如果黏结剂为相对较大量的团体，则为煤粒间固体搭桥提供了大量坚固的机械骨架。当黏结剂均匀地分布在煤粒表面，形成膜后，使整个混合物具有了可塑性，降低了煤料的弹性，并改善了成型性，因而提高了煤制品的机械强度。另外，黏结剂性质还直接影响着型煤的性质。例如黏结剂本身的热稳定性、热态强度等影响煤制品的热性质，黏结剂的无机成分影响型煤灰渣的骨架组成、灰熔点、结渣性和灰渣强度等。有一些黏结剂除了以上功能外，还兼有其他作用。例如石灰既作黏结剂，又兼顾着对高硫煤的固硫作用。

（一）型煤黏结剂的理论基础

1. 传质理论

煤料被黏结剂所湿润为产生黏合力创造了必要条件。据研究，要使煤料与黏结剂之间产生机械和物理化学结合，必须使它们之间的距离小到一定程度，这就要靠黏结剂分子的质量传递——移动、扩散和渗透。根据传质理论，温度及外界压力能促使黏结剂分子的移动、扩散和渗透，我们在研究具体某一型煤压球机黏结剂时可以适当地考虑一下温度、压力等外部条件，对辊成型就是这一原理的具体运用。

2. 黏结剂与被黏物的黏合理论

黏结剂与被黏合物之间的结合力是机械结合和物理化学结合的综合结果，它们对总黏结强度的贡献与被黏材料表面状态有关，对煤料这种非极性多孔材料来说，机械结合力常起决定性作用。煤与型煤压球机黏结剂的机械结合力，是黏结剂渗入煤料孔隙内部固化后，在孔隙中产生机械键合的结果。根据上述理论，认为在研究型煤黏结剂时，要更多地注意煤与黏结剂的机械结合力，而黏结剂的固化往往是产生机械结合力的必要条件，因而对型煤的固化工艺必须足够重视。

3. 表面化学理论和热力学原理

型煤黏结剂要对煤料产生黏合力作用，首先必须能对煤料进行很好的湿润，达到黏质分子和煤的真正接触，并为它们之间产生机械结合和物理化学结合创造条件，可以在型煤黏结剂中加入适量表面活性剂，以降低型煤压球机黏结剂的表面张力，提高对煤料的湿润能力，以便为更好地形成机械结合和物理化学结合创造条件。对于那些疏水性黏结剂(表面张力较大),可把煤料干燥,使煤料的表面张力增大,这样两者也可以很好地接触。

4. 型煤的结渣性

型煤的结渣性直接影响型煤气化过程的正常进行以及锅炉的正常燃烧和清渣。型煤中矿物质含量及组成、型煤的煤灰熔融温度及黏度是型煤结渣性的主要影响因素。黏结性的加入势必会改变上述四个因素,从而影响型煤的结渣性,因此对型煤的结渣性必须要有足够的重视。

5. 反应活性理论

型煤的反应活性是指在一定的高温条件下,型煤与 CO_2、水蒸气或 O_2 相互作用的反应能力,是一项很重要的燃烧和气化特征指标。型煤的反应活性直接关系到型煤在炉内的燃烧反应情况、耗煤量、耗氧量等。型煤的反应活性(α 值)强,表示型煤在燃烧或气化过程中反应速度快、效率高。

型煤的反应活性与原煤的变质程度、岩相组成,型煤的物理结构、矿物质含量及化学特性有关,而黏结剂必然会影响到型煤的矿物质含量、物理结构及化学特性,从而影响型煤的反应活性。因此,在型煤黏结剂的研究中必须十分重视黏结剂对型煤反应活性的影响。

(二) 黏结剂的分类

黏结剂的来源广泛,性质各异,不同用途的煤制品对黏结剂有不同的选择原则。从使用的角度看,黏结剂的化学本性是起决定作用的,所以,按化学性质进行分类更实用些,黏结剂的化学分类见表 5-1。

表 5-1 黏结剂的化学分类

有机黏结剂	无机黏结剂	复合黏结剂
A. 疏水性:	A. 不溶性	A. 沥青型
焦油沥青	石灰	沥青-亚硫酸纸浆废液
石油沥青	水泥	焦油-石灰
木焦油沥青	黏土	沥青-粉煤
B. 亲水性:	B. 水溶性	B. 防水型
淀粉	水玻璃	粉煤-沥青
亚硫酸纸浆废液		亚硫酸纸浆废液-水泥
糠醛渣盐碱废液		硅酸盐-沥青
腐殖酸盐碱废液		
酿酒废液		
制革废液		

1. 有机黏结剂

有机黏结剂可分为疏水性油类黏结剂和亲水性黏结剂两种。这类黏结剂黏结性好,干燥固化后,型煤有较高的机械强度;但有机物在高温时易分解和燃烧,失去黏结性,因而型煤的热稳定性和热态机械强度较差。亲水性黏结剂一般能溶于水,与水生成各种不同浓度的溶液,对煤粒表面具有较好的润湿能力,能较均匀地覆盖于煤粒表面。多数亲水性黏结剂来自工业废液,使用前需浓缩,提高其黏结能力;亲水性黏结剂压制的型煤,一般抗湿性较差,易因气候潮湿而返潮。疏水性黏结剂的特点是不溶于水，如煤焦油、煤焦油沥青、石油沥青及石油系产品等油类都属于该类黏结剂，它们对煤粒的润湿和团聚能力较强，其防潮性能都较好。

2. 无机黏结剂

无机黏结剂大部分是溶解度很小的亲水物质，具有胶体特性和较强的黏结能力。用它压制的型煤，机械强度较高。一般无机黏结剂耐高温，因而型煤的热稳定性和热态机械强度较好（水泥煤球例外），燃烧时无烟，同时这类黏结剂价格便宜。但其缺点是提高了型煤的无机组分，使其发热量降低，抗湿性差。

3. 复合黏结剂

复合黏结剂是指同时使用两种或两种以上不同物质作黏结剂。利用两种或两种以上物质作黏结剂的优点，可以取长补短，互相补充，使型煤具有较高的机械强度和热稳定性。如用淀粉-沥青复合黏结剂压制的型煤，其机械强度高，抗水性较好，发烟少。

（三）常用黏结剂

虽然黏结剂种类很多，但最常用的较少，目前常见的有：沥青类黏结剂、纸浆废液、黏土和淀粉等。

1. 沥青类黏结剂

沥青类黏结剂分为煤焦油沥青、石油焦油沥青、煤焦油、煤气、煤焦油、石油渣油等。

(1) 煤焦油沥青

煤焦油沥青是欧洲最早用作型煤黏结剂的，也是至今用得最多的黏结剂。煤焦油沥青具有与煤组成结构相似的性质，故其黏结性好，生产的型煤机械强度高，防水性能好，同时，煤焦油沥青的发热量高、灰分低、能提高燃料的热值、改变燃料性能，但由于产量有限及污染问题，限制了煤焦油沥青的广泛应用。

在炼焦方面，煤焦油沥青仍广泛应用。日本、法国、苏联均有该工艺，我国上海宝山钢铁厂从日本新日铁引进的配型煤炼焦工艺采用了软沥青作黏结剂。鞍山热能研究院利用发生炉焦油渣作黏结剂制成了气化型煤。

(2) 石油沥青

石油沥是作为煤焦油沥青的代用品出现的。石油沥青比煤焦油沥青的塑性好，燃烧时发烟少，从人体健康角度考虑非常理想。但与煤焦油沥青相比较，有三个缺点：

① 含硫量较高，燃烧时产生的 SO_2、SO_3 等较高；

② 石油沥青的黏度与温度曲线平稳，对温度变化不太敏感，成型后型煤达到一定的冷态抗压强度所需的冷却时间长；

③ 石油沥青缺乏成焦成分，热强度比焦油沥青型煤低，燃烧时易破碎，对稳定而有效的燃烧产生不良影响。

近年来，人们致力于改进石油沥青相比不足的地方，如用作型煤防水剂，与生物质、石灰等作复合黏结剂。日本有专利报道，用褐煤粉和石油真空干馏的重残渣、亚硫酸废液混合，在约 40 MPa 下成球，1 000 ℃下焦化，得到的燃烧型煤强度可达 48 MPa。

2. 纸浆废液

纸浆废液作为黏结剂，来源广泛，可以以废治废，具有较好的环境效益。国内外在这方面的研究都十分多。

纸浆废液根据蒸煮药液的不同分为：烧碱法、硫酸盐法和亚硫酸盐废液。

亚硫酸盐废液的主要成分是木质素磺酸盐，还有少量醋酸、蚁酸、果酸、单糖和多糖等碳水化合物以及游离硫酸盐和硫化钠等成分。主要起黏结作用的是木质素磺酸盐和碳水化合物。在作为型煤黏结剂使用时，要将黑液浓缩到固态物含量达46%～56%。

烧碱法或硫酸盐法生产化学浆时，大约有50%的纤维原料和绝大部分碱类溶解于溶液中，形成黑液，黑液固体物中有机物包括木质素、半纤维素和纤维素分解产物以及有机酸等，这些生成的碳水化合物起黏结作用。

3. 黏土

按照国际土壤颗粒组成分类从质地命名，凡黏粒（<0.001 mm 的颗粒）在土壤中占45%以上的土称为黏土。黏土的元素组成主要是二氧化硅、三氧化二铝、三氧化二铁等。表5-2是某地区黏土的元素组成。

表5-2 某地区黏土的元素组成

化合物名称	百分数/%	化合物名称	百分数/%
二氧化硅	60.23～62.25	二氧化钛	0.69～0.73
三氧化二铁	7.0～8.10	氧化钠	0.08～0.83
氧化铝	0.09～9.11	氧化钾	3.34～3.64
氧化镁	0.95～0.99	灼失	5.03～6.07
二氧化铝	18.33～19.42		

黏土的元素组成直接影响着黏土的性质。如 Al_2O_3 高，黏土的熔点高；CaO，MgO，Fe_2O_3 高，黏土的熔点低，在作型煤的黏结剂时，影响灰渣的结渣性、灰熔点等。

黏土颗粒十分微小，很容易被其他物质吸附，或自身相互结成团聚体，因而具有黏结的性质，这种黏结性必须以水为媒介，才能发挥作用。只有加入定量的水分，才能使颗粒表面的水膜保持最佳厚度，形成薄膜水，在这种水膜张力的作用下，颗粒之间相互发挥黏结作用。黏土与煤混合受到压挤时，能沿着煤粒表面或各个空隙变形延展，填充煤粒表面凸凹之处，发挥黏结作用，提高成型煤的质量。黏土在干燥及加热过程中，自由水和化合水逐步蒸发，黏土会产生收缩，而引起龟裂，对成型煤的热稳定性不利，故需掌握适当的掺配比例和合理的含水量。

型煤生产中常用的黏土有：黄土、红土、高岭土、膨润土、凹凸棒、陶土等。

黄土在生产普通蜂窝煤时用得最多，因为它来源广，价格便宜；在型煤中添加高岭土可提高型煤的灰熔点；膨润土作气化型煤黏结剂已在工业上得到应用，内蒙古宁都化肥厂加入11%～13%膨润土或气化型煤，效果良好。

4. 淀粉

淀粉是由葡萄糖单元组成的天然高分子化合物，其分子式为 $(C_6H_{10}O_5)_n \cdot H_2O$，来源不同，其组成和聚合度也不相同。淀粉可分为直链淀粉和支链淀粉两种，直链淀粉的聚合度在100～10 000，其含量为70%～80%；支链淀粉的大分子主链为2-1,4糖甙键方式连接，而其侧链为2-1,6糖甙键方式连接，侧链含量越高，糊化后水溶解的黏度也就越高。

淀粉的糊化是指破坏团粒结构，导致团粒润胀，与淀粉分子水合和溶解的过程。对于淀粉黏结剂来说，糊化是其不可缺少的一步，淀粉的糊化状态能提高黏结剂的黏结能力。一般糊化是通过淀粉在水中加热溶胀来实现的，不同来源的淀粉糊化温度不同，如表 5-3 所示。

表 5-3　淀粉糊化温度

品名	玉米种子	大米种子	小麦种子	木薯块根	甜薯块根	土豆块根
糊化温度/℃	77～78	75	75	67～78	75	65～66

淀粉有较大的黏结性，型煤中添加 1%～3%就有很高的强度，中国矿业大学围绕处理淀粉制成糊化淀粉，成型时黏结剂用量只需加 2%即可。

用淀粉作黏结剂，其不足之处是缺乏成焦组分、价格高、防水性差，在这方面也有许多国家做了大量工作：德国用添加高分子物质（硅氧烷）或在煤球表面涂防水层（聚乙烯醇溶液浸泡或喷洒）的方法，提高型煤防水性；用煤粉和有机黏结剂（如淀粉、面粉、纤维素、半纤维素）及氧化剂混合成球，干燥所得煤球也有一定的防水性；另外，还可加有机硅化合物进一步提高防水性。

5. *腐殖酸*

腐殖酸是由具有芳香结构、性质相似的酸性物质组成的混合物，它广泛存在于泥炭、褐煤和风化煤中。大部分腐殖酸以游离的形式存在，少数与钙、镁结合成盐，所以可用强碱抽提。

由不同原料制得的腐殖酸，其相对分子质量差别范围可达 1 000 倍，其中，风化煤所含腐殖酸为再生腐殖酸，相对分子质量大；褐煤和泥炭中的腐殖酸为原生腐殖酸，相对分子质量小。用腐殖酸盐作黏结剂，型煤的热强度好，但防水性很差。

苏联用腐殖酸对烟煤成型，在 200 ℃下干燥 20～30 min，制得的型煤具有防水性。国家“七五”攻关项目中用植物纤维与腐殖酸钠渣作型煤黏结剂，利用风化煤或褐煤中的腐殖酸与纸浆废液中的钠作用，生成的腐殖酸钠和纸浆废液一起作型煤黏结剂。

6. *水泥*

水泥是优质胶凝材料，作为型煤黏结剂，需要控制用量、水分、成型压力及生球的养护方式，否则得不到高强度的型煤。普通水泥一般不具有耐高温性。高温下，固结的水泥不养护会因脱水而降低强度。

日本用褐煤与 7%水泥混合，70 ℃时加热 2 h，室温放置 2 d，得到强度达 65 kg/个的型煤；我国用水泥、水玻璃作复合型煤黏结剂，型煤冷热强度高，灰熔点较低。

7. *石灰*

石灰能作黏结剂，主要是利用了其中的有效成分 CaO。CaO（生石灰）微溶于水，在没有转变成氢氧化钙时，没有黏结性，或黏结性较小，加水生产成 $Ca(OH)_2$（熟石灰主要成分）后，具有了黏结性和可塑性。煤成型后，$Ca(OH)_2$ 与 CaO 作用，生成坚硬的碳酸钙，这一过程称为石灰的碳酸化过程，其反应式为：

$$CaO + H_2O \longrightarrow Ca(OH)_2$$

$$Ca(OH)_2 + CO_2 \longrightarrow CaCO_3 + H_2O$$

碳酸钙在煤球中形成坚硬的网络骨架，使煤球具有较好的机械强度。

作为石灰中的有效成分，CaO 的含量最好在 50%以上，否则就需要增加石灰用量。如果石灰中含有较多没有烧炼的大颗粒石灰石，燃烧时会产生热崩现象，影响成型煤的热稳定性。

二、添加剂

（一）固硫剂

我国有许多地方的煤含硫量都比较高。燃烧时产生的二氧化硫污染大气环境，所以在煤炭成型时加固硫剂非常必要。

目前，我国最常用的固硫剂是石灰和电石渣，其固硫原理是煤中的硫与 CaO 结合产生高温下稳定的钙盐。一般情况下，石灰中有效成分 CaO 含量比较高，电石渣中 CaO 含量仅占 30%左右，而且石灰更广泛，因此石灰作固硫剂更普通。

（二）助燃剂

为了促进型煤燃烧，提高上火速度和燃烧效率，降低灰渣含碳量，在成型时加入少量的助燃剂。

例如上点火蜂窝煤、取暖易燃球、煤质火锅炭和烧烤等型煤，为了用一根火柴点燃，需加一定量的助燃剂，通常所用的助燃剂有 $Ba(NO_3)_2$、KNO_3、$NaNO_3$、$KClO_4$、铝镁粉、$KMnO_4$、MgF_2、缩甲基纤维素(CMC)等。考虑到来源和成本问题，我国最常用的助燃剂是 $Ba(NO_3)_2$、KNO_3 和 $NaNO_3$，这些氧化剂吸潮能力按上述次序增强，制成的型煤在空气中易吸潮而不易点燃，所以在生产过程中，需加入一定量的防潮剂，如硬脂酸钙、硬脂酸、石蜡等，但加入量要适当，不然燃烧时会产生烟。

（三）防水剂

为了便于大批型煤的露天堆放，要求型煤有防雨雪的性能，所以在成型时加入防水剂使其具有防水性能。有些黏结剂本身就是疏水性物质，例如沥青类有机黏结剂，而用无机黏结剂时，则大多需要加入油类物质，型煤才具有防水性，这些油类防水剂应尽量选择成本较低的废油为佳。

三、型煤黏结剂的选择要求

目前，用于型煤工业的黏结剂种类很多，性能也各有差异。为了满足工业对型煤的质量要求，型煤对黏结剂有下列要求：

(1) 作为黏结剂应具有很好的黏结性，应能与煤料混合成为可塑的物质。液态的黏结剂最好对煤粒的表面具有较好的润湿能力，能使黏结剂呈薄膜状均匀地覆盖在煤粒表面。黏结剂应具有一定的黏度，能牢固地黏附在煤粒的表面上，因此最好使黏结剂与煤的表面性质相一致。这样，成型后的黏结剂薄膜才能保证煤制品具有较高的机械强度。

(2) 能使型煤具有足够的冷强度、抗湿防潮性和热稳定性。

(3) 要求黏结剂最好能够燃烧，但不应过于恶化成型煤的可燃烧性或大幅度降低其发热量。黏结剂在燃烧时最好能少烟或无烟。

(4) 尽量不含有害杂质，不危害人体健康，不污染环境。

(5) 来源广，价格便宜，能就地取材。

第四节　型煤生产工艺

一、型煤生产工艺概述

具体的型煤生产工艺各有不同，根据原料性质和产品性能不同，各个生产环节所达到的目的也不相同，但总体来说，各个生产工艺均包括原料准备、计量、混合、搅拌、成型、干燥、后处理等环节。合理的生产工艺要具备以下的要素。

（一）物料混合的均匀性

混合设备的混合效果直接影响物料混合的均匀性，最终影响型煤的质量。混合机形式多种多样，工业上使用最多的是立式和卧式两种，它们在工作原理和混合效果上各有特点。卧式混合机的混合功能很好，适合物料的初步混合，特殊的螺旋叶片也有一定的捏合作用；立式混合机的物料捏合作用好，适合物料的后序混合。另外，立式混合机搅拌的时间较长，一般在 6～8 min，而卧式混合机搅拌时间一般为 2 min。在工艺布置上，可用两台卧式混合机和一台立式混合机，使加黏结剂的粉煤有 10 min 的搅拌时间，物料得到充分混合。在设备的选择上，卧式混合机选用断开螺旋的双轴混合机，兼混合和捏合两种功能，立式混合机采多轴敞开螺旋搅拌，捏合效果比单轴和双轴的更好。另外，在生产过程中，建立混合均匀度的定期检测制度，了解因叶片磨损和其他条件波动引起的变化，以便做出及时调整。

（二）物料计量的准确性

物料的准确计量主要在于计量方式和计量器选择，对于不同原料采用不同方式进行计量。原料煤的给料计量方式分体积定量和重量定量两种。体积定量机械有箱式给料机、圆盘给料机和皮带给料机等；重量定量机械有核子秤和电子秤等。在以往的工艺中计量只采用其中的一种计量方法，当物料在粒度、水分等条件变化时，计量的波动大，灵敏性差，调节不方便。对于粉煤计量用皮带给料机与电子秤相结合能达到较满意的效果，在皮带给料机给料后设置电子秤，物料重量变化信号反馈至皮带给料机，通过调节带速和押门高度可以实现均衡给料。固体黏结剂一般是较细的干粉，用圆盘给料机计量十分方便准确，关键是解决仓内物料的打拱。液体黏结剂可采用计量泵准确计量，也可以采用阀门体积定量，同时注意给料的分散性。对易产生堵塞的黏结剂，应设置定期冲洗装置。

（三）水分的均匀性

粉煤水分的均匀化，通常采用中间堆仓陈化的方法解决。粉煤经过陈化，颗粒内部及颗粒之间的水分相互渗透，毛细管充分吸附水分，把物料中的空气尽量挤出，利用黏结剂与煤粒表面接触，使物料的弹性降低，可塑性提高。中间堆仓的大小取决于陈化时间，陈化时间因不同煤种有所不同，要通过试验来确定。中间堆仓喂料机的取料程序将按区划分，根据进料的先后次序进行编制。

（四）成型后处理方式的合理性

合理的后处理方式工艺选择关系到型煤的质量和投资预算。目前在工艺上看后处理方式分三种：养护、烘干和直接使用湿的型煤。采用料仓养护，产品的养护系统设计要根据工艺的要求和成型后型煤的初始性能（如初始抗压强度、跌落强度、水分含量、型煤尺寸和形状等）来确定；烘干系统的设计和设备形式是否合理直接影响干燥费用和干燥效果，因此对热源的提供、通风量、入窑气温度等能量分析参数要进行详细计算。

（五）型煤生产工艺的动态平衡

设备的配套选型是解决动态平衡所必须考虑的问题，如皮带的宽度、带速等，应与设备处理能力匹配，贮仓内物料量应当有一定的可变范围，以缓冲各种因素造成的物料量的波动，例如生产过程的返料使动态平衡变得很复杂。为了均衡生产，合理把握设备的操作负荷是十分重要的。如某原料缓动仓或定量给料机，只有在往里加入一定物料之后，才能往外输送物料。因此，应当通过计算机模拟物料在各工序的平均停留时间，并能做到物料量的及时调整，维持物料动态平衡。

型煤的工艺分类有多种形式，目前主要的工艺有黏结剂冷压成型、无黏结剂冷压成型和热压成型。

二、黏结剂冷压成型

黏结剂冷压成型是最常见的一种成型方式，它的实质是使黏结剂与煤粒均匀掺和，并使液态黏结剂能均匀分布在煤粒表面上，然后在成型机内，常温下加压成型。

目前，工业上使用的黏结剂型煤工艺有：沥青类黏结剂型煤、纸浆废液-黏土黏结剂型煤和石灰碳酸化型煤等。由于采用的黏结剂不同和型煤的用途不同，因而其加工过程有所不同。

（一）沥青类黏结剂冷压成型

使用沥青黏结剂压制不同形状的煤球，可掺入配煤中作为炼焦原料，还可作为蒸汽机车和层燃锅炉的燃料。

日本利用焦化厂自产的沥青类黏结剂生产的工业煤球，主要是按照配煤比例成型的，掺入焦炉中和配煤一起炼焦，以提高产量和质量。一般掺球量达20%～30%。例如KB法生产工业煤球，其工艺过程如图5-5所示。

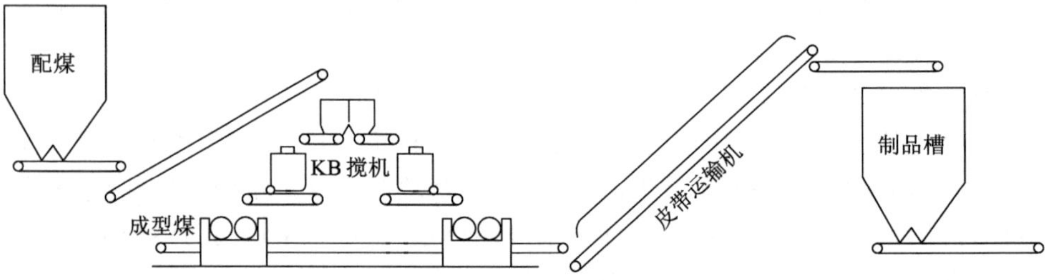

图5-5　KB法生产工业煤球工艺过程

该法的主要特点是采用焦化厂自产的沥青类黏结剂(P. D. A)，添加量＜17%；采用KB型高效混合设备，简化了蒸汽混捏方法，提高了产品质量，搅拌时间4～5 min；原料平均水分为8.6%；装入量1.25～1.4 t。采用对辊成型机，成型压力大于80 MPa，生产能力一般小于35 t/h。制得煤球质量指标见表5-4。

表5-4　煤球质量指标

质量指标	黏结剂用量			质量指标	黏结剂用量		
	6.0%	6.5%	7.0%		6.0%	6.5%	7.0%
水分/%	5.2	4.9	4.8	抗压强度(60 min后)/MPa	＞6.6	＞8.7	＞12.4
堆密度/(g/cm³)	＞1.20	1.20＞	1.20＞	转鼓强度(60min后)/%	＞64	＞76	＞86

近年来，我国对沥青黏结剂生产蒸汽机车和层燃锅炉燃料型煤技术进行了大量的研究试验。结果表明，节能效益十分明显。例如年产 10 万 t 工业型煤的中试厂，其生产工艺流程如图 5-6 所示。

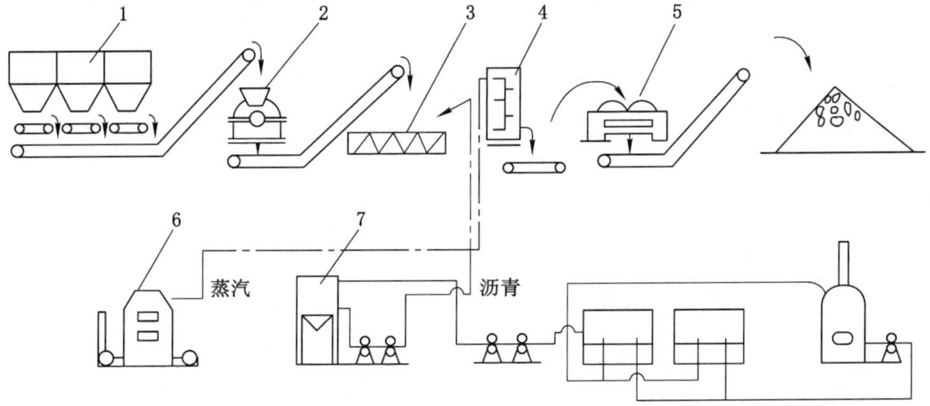

1—原料仓；2—粉碎机；3—卧式混合机；4—立式混合机；5—对辊成型机；6—锅炉；7—沥青。

图 5-6 年产 10 万 t 工业煤球生产工艺流程

原煤经筛分机筛出块煤直接出售。粉煤、煤泥和返料按比例配好后，送入鼠笼型破碎机粉碎至 0～3 mm，再送入卧式混捏机，同时，沥青黏结剂也按比例地喷入混捏机，并与原料煤均匀混合。为了使沥青黏结剂能均匀地分布在煤粒表面，将煤粒很好地润湿，从卧式混合机出来的混合料，再次送入立式混合机中，用蒸汽加热(80 ℃以上)混捏。混捏好的物料进入对辊成型机压制成型，经冷却固化送贮存场。

沥青黏结剂加入的方式有两种，即固态加入法和液态加入法。由于固态沥青难于破碎，消耗量大，同时沥青粉尘污染大，所以目前倾向用液态沥青由罐车运入工厂，卸于加热保温槽，生产时用泵送至稳压罐，再稳定地给入沥青定量泵，定量泵用可控硅自动调速装置，严格地控制沥青按工艺规定的配比送入雾化器，雾化后喷入混捏机的煤料中。

(二) 纸浆废液-黏土型煤工艺

用酸性纸浆废液压制的煤球，其热稳定性和热态强度均较差。为弥补这一缺点，常在纸浆废液中掺加 7%～10%的黏土作黏结剂。

纸浆废液-黏土压制煤球的工艺过程如图 5-7 所示。

原煤先经筛分机把＞25 mm 的块煤分出，或送反击破碎机破碎后，再与＜25 mm 的原煤一块送入破碎机破碎。黏土经圆盘给料机送入双轴混捏机，并与破碎后的原料煤搅拌混合均匀，然后经对辊成型机压成湿球。湿球送到没有烟道气加热装置的地仓或送立式炉、返排炉，烘干后就可使用。

(三) 石灰碳化煤球

以石灰为黏结剂生产石灰化型煤，一般经过消化、成型和碳酸化三个主要环节。

石灰消化的目的是提高型煤碳酸化速度，因为 CaO 与 CO_2 的反应速度极慢。消化使水分均匀加入，水量应控制，使石灰消化成粉状 $Ca(OH)_2$ 为宜。水量过大，形成浓稠的石灰膏，不便使用。

实际情况表明,CO_2与干燥后的型煤中$Ca(OH)_2$的反应速度极慢,而有水分存在时,反应进行较快。因此,型煤碳酸化时必须含有一定水分,碳酸化和水蒸发干燥同时进行,但是要控制水蒸发速度略低于碳酸化速度,以利于提高型煤强度,最佳碳酸化水分随工艺条件不同而有所差异。如长春化肥厂生产碳化型煤,采用常压变换气碳酸化,最佳碳酸化水分为5%～7%。

消石灰碳酸化反应是放热反应,较低温度有利于反应进行完全。温度过低,反应速度较慢,而且生球的内在水分和反应生成的水不能及时蒸发带走,型煤强度差;适当提高反应温度,有利于反应速度提高和水的蒸发;温度太高,达140～150 ℃时,水分蒸发太快,型煤强度反而降低。

石灰碳酸化煤球的生产过程如图5-8所示。

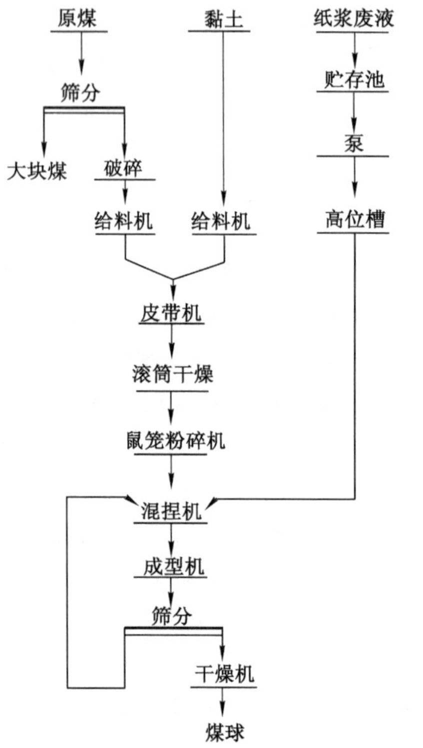

图5-7　纸浆废液-黏土煤球生产工艺流程

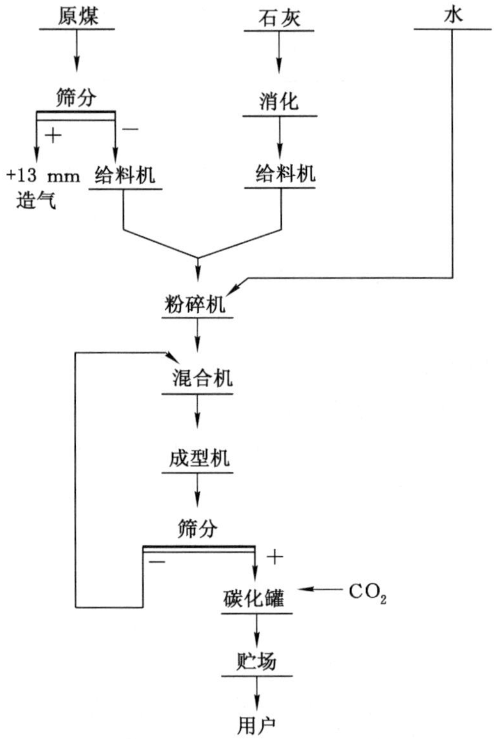

图5-8　石灰碳酸化煤球生产工艺流程

原料煤和消化处理后的石灰通过圆盘给料机的胶带机送入鼠笼破碎机破碎,在破碎机入口处,向煤料中洒一定量的水,以调节煤料水分。破碎后的煤料经斗式提升机送入成型机压制成球。生球送碳化罐,用CO_2气进行碳化。碳化用气经压缩后送到热交换器预热到120 ℃左右,由碳化罐底进入,反应后的余气由罐顶排出。出罐气体温度约60 ℃,生球需碳化12～14 h,然后停气、降温、卸罐。煤球在室温下堆放一两天,自然干燥后,即可使用。

煤球碳化的CO_2气源有4种:在合成氨厂可用变换气和高压洗膨胀气,在其他工厂也可用石灰窑气或锅炉烟道气。

石灰碳酸化煤球有两种主要特征,即煤球的灰熔点变化和煤球的气化活性变化。

对一般的煤灰而言,随着石灰用量增加,煤球的灰熔点先是下降,然后逐渐上升。对一些灰熔点低的煤，加入 20%左右的石灰，其灰熔点明显提高，软化温度超过 1 300 ℃。

由于钙盐有一定的强化作用，同时用粉状物料压制成型的煤球具有一定数量的内孔，孔隙率达 20%以上。煤球在高温灼烧时 $CaCO_3$ 分解放出 CO_2，孔隙率又进一步增加。由于煤球的孔隙率比原煤显著增加，这就使反应表面积增大，反应速度提高。

因石灰具有来源广、价格低、所制煤球防雨易贮放、煤球的机械强度高、孔隙率大、反应活性好等优点，适合作为造气原料。但缺点是石灰加入量过大，固定碳降低太多。

三、无黏结剂冷压成型

(一) 褐煤的无黏结冷压成型

在褐煤的成型中，年轻褐煤的无黏结剂成型应用最广；中年褐煤的无黏结剂成型在工业上也得到应用，但要用更大的成型压力，才能制成质量较好的型煤；老年褐煤的水分低，硬度大，无黏结剂成型比较困难，需要用很大的成型压力，或采用其他特殊方法，例如，有人曾建议把煤磨得很细以后，将硬褐煤短时间急热到 800～1 000 ℃，成型后冷却。另外，还可采用黏结剂成型。下面以年轻褐煤为例，介绍褐煤无黏结剂成型的工艺。

年轻褐煤无黏结剂成型的工艺过程如图 5-9 所示。

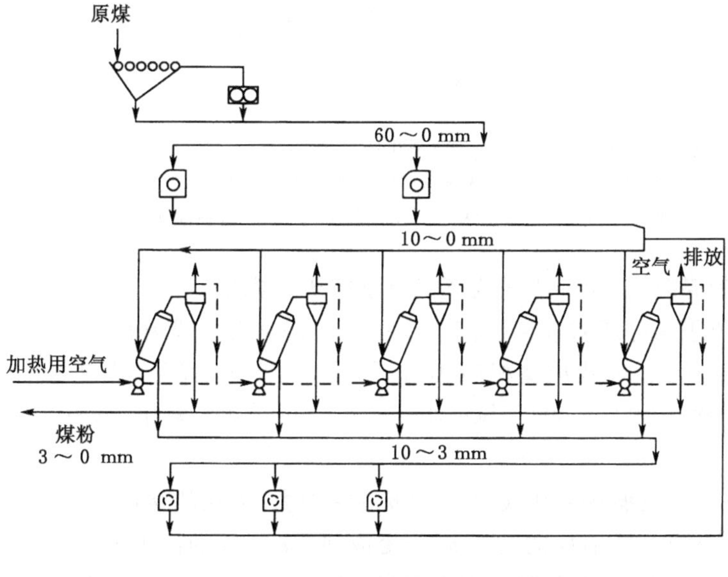

图 5-9　年轻褐煤无黏结剂成型工艺过程

一般生产所需粒径范围是 6～0 mm、3～0 mm，甚至更细一些。原料煤用带式输送机给入破碎机，破碎后送到筛分机上筛分，粗颗粒重新破碎，筛下物经带式输送机送入干燥机干燥。生产上所用的破碎机一般是锤式破碎机，筛分机有双层摆动筛、电热共振筛和振动筛。

用分粒器代替上述备煤作业使工艺得到进一步完善，其中斜室分粒器在煤的分粒作业中的生产能力最大，在这种设备中，湿煤可以被磨很细，从而不需要再进行干煤的磨细。

褐煤一般采用滚筒型管式蒸汽干燥机或盘式蒸汽干煤机，以蒸汽为热源进行间接加热干燥。年轻褐煤的水分一般在 50%以上，干燥后的水分视型煤的用途而异。如供动力或气化时，要求水分干燥至 12%～18%；如供炼焦用，要求水分干燥至 8%～10%。其最佳水分通过试验确定。干燥时要求各粒级干燥得比较均匀，否则影响型煤的质量。

褐煤干燥后的温度达 90 ℃左右，需要经过冷却至 40～45 ℃，国外目前用的冷却设备有温流冷却器、冷却链式输送机和冷却鼓等。

通常把斜室分粒器、大型管式干燥器和湍流链式冷却加料机连接在一起，如图 5-10 所示，褐煤在上述装置中被粉碎、分级、干燥和冷却。这样的装置实行中央控制，也可实现自动化。

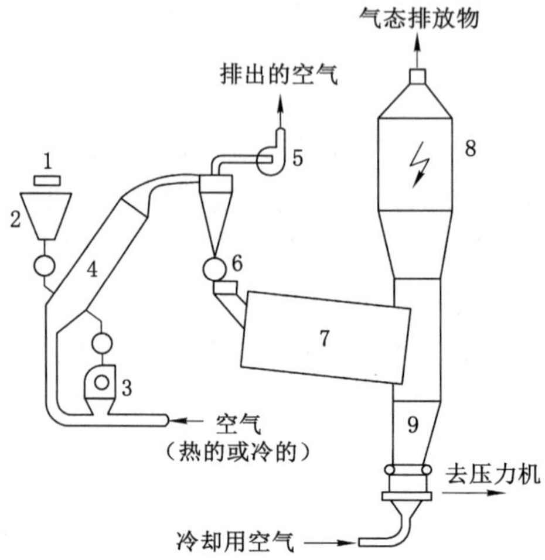

1—原料煤预破碎后用的输送机；2—料斗；3—锤式磨；4—斜室分粒器；5—排风机；
6—旋风分离器；7—管式干燥器；8—电滤器；9—湍流链式冷却加料机。

图 5-10　连成一体的斜室分粒器、大型管式干燥器和湍流链式冷却加料机

在褐煤制造型煤时，使用冲压式或环式成型机压制成型。

对软褐煤主要采用冲压式成型机；对较硬的，尤其是对于没有伸缩性、富含沥青且难以成型的煤，采用（辊筒式）环式成型机较为合适。比较新式的环式成型机的成型压力可达 290 N/mm^2，对于含有 40%～50%、粒径小于 0.06 mm、含水量为 8%～9%的原料煤，也可以成型。

在成型过程中，为克服煤灰压实对压模板的摩擦力、煤粒的塑性变形以及煤粒之间的摩擦力等需消耗一定的功，所消耗的功一部分变成热，使型煤的温度升高，一般升高 30 ℃左右。为防止自燃，压制的型煤必须冷却后，才能装仓或堆放。

这类型煤的机械强度高，无须再进行处理即具有防水性能。

（二）风化无烟煤的无黏结剂成型——清水湿煤棒

无烟煤，煤化程度最高，硬度大，弹性大，而塑性小，不用黏结剂很难压制成强度较高的型煤。但某些无烟煤经风化后煤质变得松软，同时煤中含有黏性较大的黏土。用这样的煤掺加一定量的水，经螺旋挤压机压制成型煤，不必烘干就能用于气化炉作造气原料。这种型煤叫作清水湿煤棒。

原煤破碎筛分后，10 mm 以下的粉煤经搅拌混合，送入螺旋挤压机制成煤棒。原料粉煤的成型水分为 15%～18%。

压制清水煤棒的关键是煤料水分的控制。水分过高，原料煤的流动性好，达不到较高的成型压力时就被挤出来，煤棒压得不结实，质量差。水分过低，挤压时由于煤料内摩

擦力大而影响煤料的前移，甚至会使一部分煤料从筒体内壁与螺旋叶片之间的径间隙倒流。倒流的煤料与前移煤料之间产生强烈的摩擦和剪切，以及煤料颗粒叶片和筒体内壁之间产生的摩擦，都会引起煤料、叶片和筒体的温度升高，从而加剧挤压机筒体和叶片的磨损。

水分对湿煤棒的质量有很大影响。刚压制出来的湿煤棒含水多，其截面抗压强度低，但热稳定性好。随着存放时间的增长，水分蒸发而含水量降低，其截面抗压强度增加，热稳定性则降低。水分不同的湿煤棒的机械强度测定结果和湿煤棒存放时间对质量的影响如表 5-5 和表 5-6 所示。为保证良好的热稳定性，湿煤棒一般随压随用，不宜存放太久以致水分蒸发而变干。

表 5-5　湿煤棒含水量与机械强度

粉煤品种	湿煤棒含水量/%	截面抗压强度/(kgf/cm^2)	热稳定性/%	
			>12 mm	<1.5 mm
马田粉煤	15.4	8.8	50.36	7.73
马田粉煤	17.5	5.2	88.30	1.63
马田粉煤	18.0	3.8	100	0
焦作粉煤	13.5	4.8	85.30	6.10
焦作粉煤	14.8	3.8	90.55	4.20
焦作粉煤	16.3	3.6	95.70	2.70

表 5-6　湿煤棒存放时间对质量的影响

存放时间	煤棒含水量/%	截面抗压强度/(kgf/cm^2)	落下强度(20 mm)	热稳定性/%	
				>12 mm	<1.5 mm
0.5 h	15.6	6.8	变形而不碎	87.9	2.7
2 h	15.2	7.8	变形而不碎	81.5	3.0
6 h	14.9	7.9	变形而不碎	79.0	3.3
12 h	14.1	8.4	变形而不碎	71.4	3.9
1 天	12.2	8.9	92%	69.0	4.8
2 天	11.0	9.0	76%	58.5	6.7
3 天	8.3	9.3	73%	43.6	10.4

四、热压成型工艺

（一）热压成型的概念和原理

将具有一定黏结性的单种煤或配合煤，快速加热至胶质状态下加压成型的工艺叫热压成型。热压型煤经炭化处理，即得机械强度很高的型焦。

粉煤热压成型的基本原理是利用煤热解时产生胶质体所具有的黏结性，将煤热压黏结成型。

煤中有机质是高分子缩聚物。隔绝空气加热时，随着温度升高，煤中有机质将发生一系列的物理化学变化。对黏结性烟煤，在 300 ℃以前，主要是干燥、脱水、析出毛细孔中的吸附气体(如 CH_4、CO、CO_2、N_2等)。300 ℃左右，煤的有机质大分子结构中一些键能较弱的键开始断裂，产生气体和少量焦油。随着温度升高，煤激烈地热分解和缩聚，析出大量焦油和气体，在 450 ℃左右时，焦油析出量最大。此时由于煤粒软化、熔融，形成胶质体。温度再继续升高，胶质体将进一步分解、缩聚、固化逐渐形成半焦或焦炭。

煤是否具有黏结性，由加热过程中形成胶质体的数量和质量来定。而加热过程中形成胶质体的数量和质量，主要取决于煤种，其次是加热速度。由于煤的变质程度、煤岩组成和有机质大分子结构不同，热解时形成胶质体的量和质差异很大，因而表现出的黏结性有强弱或没有之分。其中以中等变质程度烟煤，如肥煤、气肥、焦煤等，形成的胶质体多，流动性大，黏结性好；变质程度低或较低的褐煤、长焰煤和不黏煤，热解时虽产生焦油、气体及较多的水，而不形成胶质体，没有黏结性；变质程度高的贫煤、无烟煤，热解时只产生气体，基本上没有焦油，不能形成胶质体，也没有黏结性。

热压成型的原料可以采用单种高挥发分、黏结性差的煤作原料，如气煤、弱黏煤等；也可选用黏结煤和无黏结性煤的配合料，无黏结性煤包括无烟煤、贫煤和各种高挥发分不黏煤，但其配比应以热压型煤强度的要求为原则。一些研究指出，以胶质层厚度为 25～10 mm 的黏结性煤为宜，胶质层较薄的烟煤，压制的型煤机械强度低；而胶质层过厚，物料膨胀性大，操作困难。

快速加热有利于提高煤的黏结性。因为将煤快速加热至胶质状态，煤热解的液态产物来不及再次分解和缩聚，胶质体数量增多，胶质体的流动性和热稳定性得到改善，软化温度降低，固化温度升高，胶质体的温度区间扩大，煤粒间接触和反应时间增长，煤的可塑性和黏结性增加。

粉煤热压成型正是应用快速加热的原理来提高煤的黏结性的。在煤的塑性区间温度内，借助于成型机施加外部压力，将软化了的煤粒相互黏结在一起。

在原煤进行低温炭化以及生成的焦炭与黏结剂混合过程中，释放出煤气、焦油和油，煤气可以是浓的或稀的，随所选的炭化工艺而定，焦油中含尘量一般较多，难以处理和回收需将焦油循环使用。

（二）热压成型工艺

热压成型的一般工艺包括以下四个阶段：

(1) 快速加热，在几秒钟内将煤加热至塑性温度 400～480 ℃，形成胶质状态。

(2) 维温分解，将快速加热至塑性温度的煤维温数分钟，使煤粒充分软化形成胶质状态，有利于黏结成型；同时使热解挥发物进一步析出，防止热压型煤膨胀开裂。

(3) 加压成型，将处于胶质状态的煤粒经成型机热压成型。

(4) 型煤冷却，刚压制的热型煤温度高达 450 ℃左右，需隔绝空气冷却，用冷循环气冷却至 200 ℃后再用水淬冷，即得到强度较高的型煤。冷却型煤的方法对它们的性质影响很大。如果将冷却过程适当控制，就可增加型煤的强度。有时为了提高型煤强度，将热型煤先隔绝空气进行“热焖”处理再冷却，“热焖”处理将使型煤中胶质体进一步热分解和缩聚，形成类似半焦结构，以提高强度；同时防止因急冷使型煤内外温差大，收缩应力不同而使强度降低。

按加热方式不同，热压成型工艺分为气体热载体热压成型工艺和固体热载体热压成型工艺两大类。

1. 气体热载体热压成型工艺

苏联开发的IGI法热压成型是以气体为热载体的热压成型工艺，该工艺于1955年开始开发，并经过长期不断的改进，形成现在使用的IGI法(图5-11)。

干燥并粉碎过的煤在流化床中用热气体加热到软化温度(420～450 ℃)并用高速气流输送到中间贮斗停留1～10 min后，用挤压机将热煤预压缩，然后在辊式压力机上在只有0.5 N/mm²的压力下成型。这样生产的型煤作为无烟燃料使用。在作为高炉焦使用时，需将热型煤在立式或水平室式焦炉中，分别在600 ℃和1 000 ℃下炭化。

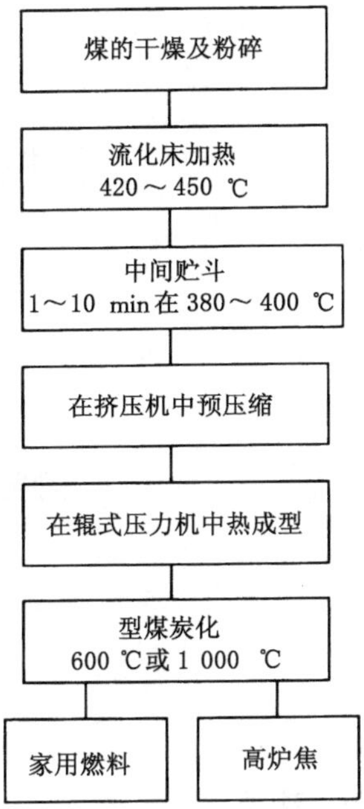

图5-11　IGI法气体热载体热压成型工艺流程

IGI法的特点如下：

(1) 煤在几秒钟内加热到软化温度，以保持其最佳黏结性。

(2) 在煤或型煤中软化温度至少保持1 min。

(3) 物料在0.2～1.0 N/mm²低压下成型。

(4) 热型煤在1～3 ℃/min的加热速率下炭化，以免出现破裂现象。

温度和成型压力的选择取决于原料煤的性质和要求的最终产品性质。

以气体为热载体，气体温度不宜过高，否则烟煤过早软化易粘在筒壁上，造成设备堵塞，快速加热需通过加大气量的方法来实现。

本工艺适用于高挥发分弱黏结性煤。

缺点是：循环气量大；部分热解产物混入废气中，给温度控制和防止焦油堵塞管道、烟泵带来困难。

2. 固体热载体热压成型工艺

采用高温的无烟煤等无黏结煤或焦粉作热载体。本工艺适用于无黏结性煤和黏结性煤的配合料热压成型，或铁粉和黏结性煤的配合料热压成料球。

固体热载体热压成型工艺流程如图5-12所示。

无黏结性煤或铁粉在沸腾炉或直立管炉中快速加热到550～750 ℃，进入分离器分离，送至维温分解器，预热至200～250 ℃(低于煤的软化点)的黏结性煤经旋风分离器，除去热废气进入维温分解器，与高温的无黏结性煤混合，被迅速加热至软化温度400～480 ℃，维温数分钟后，在塑性温度下，通过挤压机和对辊成型机热压成型，热型煤经冷却或选“热焖”处理再冷却得强度高的型煤。

该工艺的特点如下：

(1) 两种煤分别预热，预热至高温的无黏结性煤(或铁粉)，既是热压成型原料之一，又是黏结性煤的热载体。烟煤热解产物可单独回收。

(2) 采用沸腾炉或直立管炉加热，热效率高。

(3) 加热温度调节较方便，通过调节两种煤的配比能迅速实现调温目的。

该工艺的缺点是不适合于单独煤热压成型。

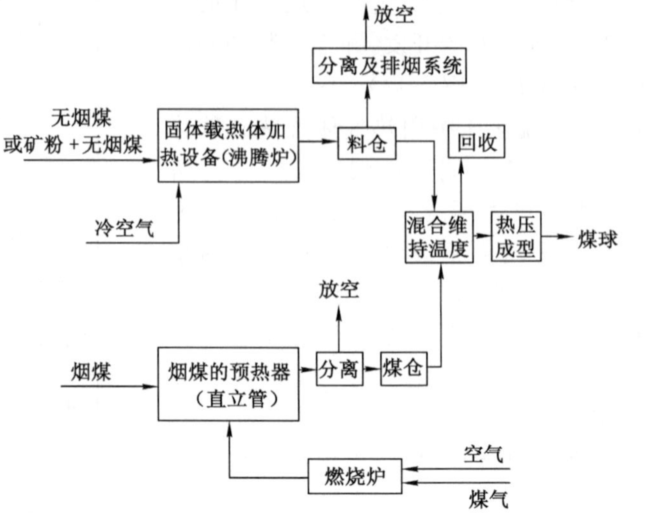

图 5-12　固体热载体热压工艺流程

五、球团成型工艺

该工艺是在黏结剂和水的作用下，粉煤配合料无须加压力，在圆盘式或滚筒式球团成型机中滚动成型。成型产品是球团型煤。

球团型煤的生产是一个多工序的连续过程，一般需要经过配料、混合、造球、布料及干燥等工序。前两道工序是将生产球团型煤的各种原料，按要求的比例进行混配获得具有均匀的化学成分的混合料，后三道工序则是制成生球后经干燥成高强度球团型煤的过程。

配料：一般使用圆盘给料机。它由转动圆盘(直径有 1 m、2 m 不等)、套筒、调节排料量的刀闸及传动机构组成。当圆盘转动时，料仓内的物料在压力的作用下，向出口一方移动，经闸刀或刮刀卸到皮带运输机上。通过调节圆盘给料机的转速、排料闸门的大小或刮刀的位置，并把它们与电子皮带秤相联合，及时调节下料量，使其在一定时间内，从料仓中放出一定数量的物料，以保证获得预定成分的混合料。对于一些粒度很细、用量较少的添加剂，如皂土、消石灰、炉尘等，也可使用螺旋给料机或槽式振动给料机，以准确控制其配比较少的下料量。

混合：常用的设备为圆筒混合机。它由钢板焊成的圆筒、固定在圆筒上的钢箍、支持圆筒的托辊、防止圆筒纵向运动的定向轮以及钢质齿环和电动机等部分组成。混合机是由电动机(经减速机)、齿轮将动力传给固定在圆筒上的齿环，使圆筒转动的；也有可使用胶轮摩擦传动。圆筒混合机安装成一定的倾角，物料从给料端加入，圆筒转动时，物料被带到一定的高度后抛下，如此反复，物料呈螺旋形运动而被混合，最后从卸料端排出。圆筒混合机的直径与长度根据产量的需要，可选用各种不同的规格。除圆筒混合机外，还有双轴搅拌机、轮式混合机以及强力混合机等。

造球：制成生球的过程。造球设备主要有圆筒造球机、圆盘造球机和圆锥造球机 3 种。

六、生物质型煤工艺

生物质型煤 BCC(biomass compound coal)是指破碎成一定粒度和干燥到一定程度的

煤与可燃生物质按一定比例掺混，利用生物质中的木质素、纤维素、半纤维素等与煤黏结性的差异，在高压力下压制而成的型煤(若有必要也可加入一定量的黏结剂)。

生物质型煤是质量分数70%～80%的煤和质量分数15%～30%的生物质燃料经过高压成型的型煤。生物质是指农作物秸秆类物质和生物质工业废料，如柴草、种皮、树皮、木屑、糖渣等。

根据生物质成型处理的不同方法，生物质型煤可以分为三类：① 生物质制浆后的黑液，如纸浆废液作为成型黏结添加剂；② 生物质水解产物，如水解木质素、纤维素、半纤维素及碳氢化合物等作为成型黏结添加剂；③ 生物质粉末直接和煤粉混合，利用受热或高压压制成型。

生物质型煤成型工艺分为冷压成型和热压成型，我国大多数型煤厂家都采用添加黏结剂的冷压成型。其工艺流程图如图5-13所示。

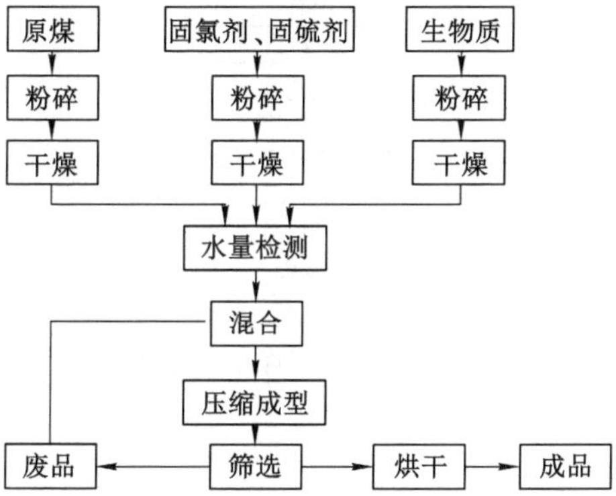

图5-13　生物质型煤生产工艺流程

生物质型煤制备工艺主要由烘干、粉碎、混合、高压成型等单元组成。其生产过程如下：① 将原煤和准备掺入的生物质分别进行烘干，将干燥后的煤进行破碎，生物质也需碾碎，磨成微细粉末；② 将两者进行充分混合，此时可根据原煤和生物质的特性，视情况加入适量黏结剂和脱硫剂；③ 将上述混合物一同送入成型机，在高压下制成生物质型煤产品。

七、气化型煤工艺

气化型煤的生产按成型方法来分，可分为无黏结剂成型和有黏结剂成型两种成型方法，可分别应用于不同的煤种。对于无黏结剂成型，主要用于泥煤、年轻的软质褐煤等低变质程度煤。应用比较多的是国外年轻褐煤，如德国黑水泵厂和澳大利亚褐煤，生产的型煤砖可用作气化炉原料，而我国褐煤的变质程度较高，通过无黏结剂高压成型技术生产气化型煤的难度较大。

目前，我国气化型煤多采用有黏结剂成型，小中型企业应用较多的气化型煤多以无烟粉煤为成型原料煤，添加一定比例的黏结剂后压制成型。靠黏结剂的作用，使煤粒彼此黏结起来，具有一定的机械强度，避免了成型所需的高压。在有黏结剂成型方式中，黏结剂起着十分重要的作用。

气化型煤是目前解决用块煤造气供不应求和粉煤大量积压的有效方法。根据多年来的理论研究和实践经验，气化型煤技术关键之一是选择合理的工艺路线。目前气化型煤新技术确定的生产工艺流程如图 5-14 所示。

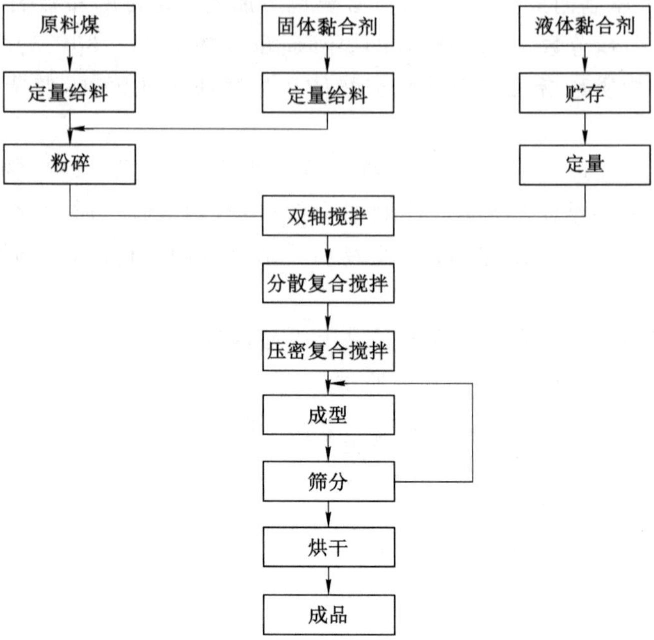

图 5-14　气化型煤工艺流程图

第六章　煤炭焦化

焦炭是由黏结性煤在隔绝空气的条件下加热至1 000 ℃左右干馏所得到的多孔性固体块状物，此过程称为煤的高温干馏，所得到的最终产物为焦炭、煤气和煤焦油等，一般焦炭为主要目的产物。焦炭主要用于高炉炼铁生产以及铸造、造气、电石生产和有色金属冶炼等生产领域。全世界每年用于高炉生产的焦炭占焦炭总产量的85%以上。高炉炼铁使用的焦炭称为冶金焦或高炉焦，在高炉冶炼生产中，焦炭起着极其重要的作用，其质量对高炉的生产过程有至关重要的影响，焦化工业的发展主要受高炉炼铁生产的影响。

第一节　焦炭的性质和用途

焦炭的性质有多方面的评价，归结起来，与焦炭质量有关的性质包括焦炭的外观与孔结构、焦炭的化学组成、焦炭的物理机械性质和焦炭的化学反应性能。

成熟的焦炭，肉眼可以观察到裂纹和气孔，这就是焦炭的表观性质。焦炭的裂纹分为纵裂纹和横裂纹两种，炼焦生产规定裂纹面与焦炉炭化室炉墙面垂直的裂纹称为纵裂纹；裂纹面与焦炉炭化室炉墙面平行的裂纹称为横裂纹。

焦炭的气孔率是指焦炭中气孔体积与焦炭总体积比的百分数。气孔率可以利用焦炭的真密度和视密度加以计算。焦炭的气孔还可以用比孔容积来表示，即单位质量焦炭内部气孔的总容积。焦炭的裂纹和气孔性质影响焦炭的块度、强度和化学反应性能。

一、焦炭的化学组成

（一）焦炭的工业分析

焦炭的工业分析包括水分、灰分、挥发分和固定碳的测定，其测定方法与煤的工业分析基本相同。

1. 水分 M_t

刚出炉的焦炭不含水分，湿法熄焦时，焦炭的水分可高达6%以上，而采用干法熄焦，焦炭不含水分，因吸附大气中的水汽使其含水1%～1.5%。水分的高低对焦炭质量并无太大影响，但作为冶金焦使用，水分含量的波动会影响高炉的操作。

2. 灰分 A_d

焦炭中的灰分来自煤中的矿物质，灰分降低了焦炭的质量，对高炉生产产生不利的影响。煤中的矿物质在结焦过程中不黏结，灰分使焦炭的强度降低。

高炉炼铁生产中，焦炭中的灰分和矿石中的杂质与熔剂转化成炉渣排出。焦炭灰分增高，使得高炉的生产能力受到影响，同时炼铁的能耗相应也增大。一般焦炭灰分每升高1%，高炉熔剂消耗量约增加4%，炉渣量约增加3%，每吨生铁消耗焦炭量(焦比)增加1.7%～2.0%，生铁产量降低2.2%～3.0%。因此，降低炼焦用精煤的灰分对提高焦炭的质量具有重要意义。

3. 挥发分 V_{daf} 和固定碳 FC_d

焦炭的残余挥发分是焦炭成熟度的标志，成熟良好的焦炭挥发分为0.9%～1.0%。

当焦炭的挥发分大于1.2%时，则表明炼焦不成熟。成熟度不足的焦炭耐磨性差，影响其强度。过熟的焦炭其块度将受到影响。挥发分指标也是焦炉生产中控制污染的一项考虑因素，因为在焦炉生产的推焦到熄焦过程中，焦炭中残余挥发产物必然造成对大气的污染。

固定碳含量可利用水分、灰分和挥发分的测定值进行计算得出。

我国目前焦化企业的冶金焦质量为：水分（M_{ad}）大多数厂控制在6%以下；灰分（A_d）在11%～15%，小企业的控制值偏高；挥发分（V_{daf}）控制在0.9%～1.6%，多数企业控制在1.3%以下。

（二）焦炭的元素分析组成

焦炭的元素分析主要包括C、H、O、N、S、P等化学元素的测定，其测定方法与煤的元素分析方法基本相同，焦炭的元素组成是进行燃烧计算和评定焦炭中有害元素的依据。

碳和氢是焦炭中的有效元素，氢元素主要是焦炭中残余挥发分造成的，氢含量的高低也可以表征焦炭的成熟度。

焦炭中硫含量是决定焦炭质量的另一个重要指标。工业上一般只测定焦炭的全硫S_t。

高炉炼铁生产过程中，由炉料带入的硫分，除少量是随高炉煤气带出外，其余大部分加入高炉内的硫循环，炉料带入的大部分硫由炉渣排出炉外以维持高炉内硫的进出平衡。生铁中含硫量一般不允许超过0.05%，由于焦炭带入的硫分占炉料硫分的80%以上，如果焦炭含硫量高，为了将硫分脱除，高炉的生产操作由此将产生诸多不利因素。

我国目前焦化企业硫分S_t一般控制在0.4%～0.6%，多数大企业控制在0.5%以下，少数煤质条件差的企业硫分值高至0.8%以上。

二、焦炭的物理机械性质

焦炭在高炉炼铁过程中的作用要求焦炭具有适当的块度和较高的强度，焦炭块度大小与均匀性受焦炭强度的影响，因此，焦炭的强度是焦炭质量的重要指标。

（一）焦炭的筛分组成与平均粒度

焦炭是外形和尺寸不规则的物料，只能用统计的方法来表示其粒度，即用筛分试验获得的筛分组成及计算的平均粒度进行表征。我国现行冶金焦质量标准规定粒度小于25 mm焦炭占总量的百分数为焦末含量，粒度大于40 mm称为大块焦，25～40 mm为中块焦，大于25 mm为大中块焦。

高炉焦的适宜粒度范围在25～80 mm，炼焦生产中应尽可能增加该粒度范围内焦炭的产率。对于铸造用焦，则以粒度大于80 mm级为佳。焦炭的筛分组成主要与炼焦配煤的性质和炼焦条件有关，一般气煤炼制的焦炭块度小，而焦煤和瘦煤炼制的焦炭块度大。

（二）焦炭的强度

强度是冶金焦和铸造焦物理机械性能的重要的指标，由于焦炭是一种多孔、易碎、无固定形状的固体，其强度是一种难以评价的性质。目前评价焦炭强度的方法是采用各种转鼓试验来测定焦炭的强度。对于铸造焦质量的评价，还可以采用坠落试验，我国现行的铸造焦炭国标GB/T 8729—2017同时给出两种强度考核指标，但当两个并列使用不一致时，以转鼓指标为准。

1. 转鼓试验方法

转鼓试验是将一定量块度大于某一规定值的焦炭试样，放入一个特定结构尺寸的转鼓内，转鼓以恒定的转速转动一定转数，由于转鼓内的提料板作用，焦炭在鼓内产生翻动和上下跌落运动，受这种复杂运动的作用力影响，抗碎能力差的焦块必定碎裂。同时对于耐磨能力差的焦炭，将产生表面焦炭层脱落而生成碎颗粒。这样可用转鼓试验后大于某一块度的焦炭占总的入鼓焦炭的百分比作为焦炭抗碎强度的指标，而用转鼓试验后小于某一较小粒度的焦炭量（或大于）占总的入转鼓焦炭量的百分比作为焦炭的耐磨强度指标。

我国采用米贡(Micum)转鼓试验方法测定焦炭的强度，该方法采用的转鼓是由钢板制成的无穿心轴的密封圆筒。鼓内径 1 000 mm，鼓内宽 1 000 mm，转鼓圆筒内壁上沿轴向焊有 4 根 L100 mm×50 mm×10 mm 的角钢，相互间隔 90°。

转鼓由电机带动，经减速后以 25 r/min 的转速转动，每次试验共转 100 转。转鼓试验后，将出鼓焦炭分别用 40 mm 和 10 mm 的圆孔筛筛分，对筛分得到的大于 40 mm、40～10 mm、小于 10 mm 三部分分别称重，并计算强度指标。

抗碎强度用 M_{40} 表示，按式(6-1)计算

$$M_{40}=\frac{\text{出鼓焦炭中大于 40 mm 组分的质量}}{\text{入鼓焦炭质量}}\times 100\% \tag{6-1}$$

耐磨强度用 M_{10} 表示，按式(6-2)计算

$$M_{10}=\frac{\text{出鼓焦炭中小于 10 mm 组分的质量}}{\text{入鼓焦炭质量}}\times 100\% \tag{6-2}$$

在现行的《冶金焦炭》(GB/T 1996—2017)中，用 M_{25} 代替 M_{40} 评定焦炭的抗碎强度。

为了能够评价焦炭在高温作用及受化学作用之后的焦炭强度，世界各国还发展了焦炭的高温机械强度和反应后强度的测定方法。

2. 我国冶金焦炭质量标准

我国冶金焦炭质量分级指标见表 6-1。

表 6-1　冶金焦炭质量分级指标

类别	抗碎强度，M_{25}/%	耐磨强度，M_{10}/%	灰分(干基)/%	硫分(干基)/%	挥发分(无水无灰基)/%
Ⅰ	≥92.0	≤7.0	≤12	≤0.60	≤1.9
Ⅱ	≥88.1～92.0	≤8.5	12.01～13.50	0.61～0.80	
Ⅲ	≥83.0～88.0	≤10.5	13.51～15.00	0.81～1.00	

块度种类	大块焦(>40 mm)	大中块焦(>25 mm)	中块焦(25～40 mm)
全水分/%	4.0±1.0	5.0±2.0	≤12.0
焦末含量/%	≤4.0	≤5.0	≤12.0

注：(1) 水分只作为生产控制指标，不作为质量考核依据；

(2) 焦末含量系指 25 mm 以下部分，并以湿基计算；

(3) 本表摘自国标《冶金焦炭》(GB/T 1996—2017)。

三、焦炭的化学反应性能

尽管不同用途的焦炭在使用过程中所发挥的作用不完全相同，但是在使用中都存在焦炭与 O_2、CO_2 或水蒸气之间的化学反应，焦炭在与这些气体之间反应过程中所表现出的化学反应性能的大小，对焦炭的应用有重要的影响。对于冶金焦或铸造焦，反应性越低越好。

（一）焦炭化学反应性与测定方法

焦炭与CO_2或水蒸气反应的反应速率称为焦炭的化学反应性，可以用反应后气体中CO和CO_2的百分浓度来表示，也可以用在一定反应条件下，反应一定时间之后所消耗的焦炭量占参加反应的焦炭量的百分率来表示（称为块焦反应率*CRI*）。

块焦反应率的测定是将一定量的焦炭试样在规定的条件下与纯CO_2气体反应一定时间，反应前后焦炭试样质量差与焦炭试样质量之比的百分率即得到块焦反应率*CRI*：

$$CRI = \frac{G_0 - G_1}{G_0} \times 100\% \tag{6-3}$$

式中　G_0——参加反应的焦炭试样质量，kg；

　　　G_1——反应后残存焦炭质量，kg。

也可用化学反应后，载气中CO浓度和（$CO+CO_2$）浓度之比的百分率表示块焦反应率，即：

$$CRI = \frac{c}{c + c_0} \times 100\% \tag{6-4}$$

式中　c，c_0——反应后气体中CO、CO_2气体浓度。

（二）焦炭反应后强度

由于焦炭的高温转鼓试验受试验条件的制约，很难反映出焦炭受化学反应的影响。因此，测定焦炭与CO_2反应后的转鼓强度，则成为评价焦炭反应性能和高温强度的一项简便的试验方法。具体方法是将经CO_2反应后的焦炭先用氮气冷却，然后全部装入特定的转鼓内进行转鼓试验，试验后粒度大于某规定值的焦炭质量G_2占装入鼓试验后焦炭质量G_1的百分率即为焦炭的反应后强度*CSR*。

焦炭的反应性对焦炭在高炉或化铁炉内的作用有重要的影响，是评价焦炭质量的重要指标之一。焦炭的反应性受焦炭自身的粒度大小、气孔率和比表面积、焦炭内在性质以及反应的温度等因素影响。由于焦炭的性质以及气孔率的大小都与炼焦用煤的性质有关，因此，焦炭的反应性与煤的变质程度和煤的岩相组成之间有着密切的关系。

四、高炉用焦炭

高炉的作用是利用焦炭燃烧产生的还原性气体CO，将铁矿石还原冶炼得到生铁。高炉是中空的竖炉，由上至下分为炉喉、炉身、炉腰、炉腹和炉缸五段，为了使炉料顺利下移，高炉的炉身上口小、下口大形成倒锥状。炉料由铁矿石、熔剂和焦炭组成，生产中炉料从炉顶依次分批装入炉内，预热的高温空气（热风）由风口鼓入，焦炭在风口前激烈燃烧，释放出的热量为高炉冶炼过程提供热源。燃烧反应后生成的CO是高炉冶炼过程的还原剂。燃烧和还原反应生成的高温煤气穿过料层上升，对下降的炉料进行加热。

炉料在下降过程中，经预热、反应，矿石中的铁氧化物被还原成金属铁，高温下铁熔化后，铁水将顺焦炭表面落入炉缸。矿石中的脉石以及焦炭中的灰分将与熔剂反应生成炉渣，碱性的炉渣又起脱硫作用。铁水和液态炉渣分别定期从高炉的铁口和渣口排出。

在炉腹下部的高温区内，铁矿石和熔剂都将熔化、熔融，焦炭以固态存在，为炉内下部维持良好的透气性，因此，在高炉内焦炭还起到高温填料的作用。

焦炭在高炉内发挥的作用可归纳为三个方面：① 高温热源作用；② 提供还原剂的作用；③ 疏松骨架作用。

高炉内整个料柱的透气性是高炉操作的重要条件，在高炉炉料中，焦炭约占高炉有效容积的50%，因此焦炭在炉内的块度、强度以及焦块在高炉下部的停留时间，对高炉的透气性有直接的影响。随着高炉冶炼技术的不断进步，高炉向大型化方向发展并采用喷吹技术，使得高炉用焦炭量逐渐减少，导致焦炭所起的骨架作用显得重要。

目前冶金企业高炉冶炼过程中，入炉焦比大致为400～550 kg(焦)/t(铁)。

五、铸造焦

铸造焦用于冲天炉(也称化铁炉)作燃料。冲天炉的作用是将生铁熔化，并尽可能提高铁水温度，进而提高铸件的质量。焦炭的主要作用就是提供热量，并对铁水进行渗碳。因为冲天炉内不易脱硫，故铸造焦要求含硫量低。为了提高铁水温度，延长焦炭在冲天炉内高温过热区的停留时间，要求铸造焦的气孔率小、反应性低、块度大。

铸造焦在冲天炉内要经受下落的铁块的冲击，并承受重力和摩擦力的作用，因此对铸造焦的强度要求更高。铸造焦的块度以大于80 mm为佳。因此生产铸造焦一般都选用主焦煤为骨架煤料，生产工艺以捣固炼焦为主。为了降低铸造焦的气孔率和反应性，增大块度，炼焦煤料中常添加无烟煤或焦粉，有时还添加石油沥青焦，以降低铸造焦的灰分和硫分。

我国铸造焦的质量规格见表6-2。

表6-2　我国铸造焦炭的质量标准(GB/T 8729—2017)

等　　级	特级	一级	二级
块度/mm	＞80 80～60 ＞60	＞80 80～60 ＞60	＞80 80～60 ＞60
水分 M_t/%	≤5.0	≤5.0	≤5.0
灰分 A_d/%	≤8.0	8.01～10.00	10.01～12.00
挥发分 V_{daf}/%	≤1.50	≤1.50	≤1.50
硫分 S_t/%	≤0.60	≤0.80	≤0.80
转鼓强度 M_{40}/%	≥85.0	≥81.0	≥77.0
落下强度 SI_4^{50}/%	≥92.0	≥88.0	≥84.0
显气孔率 P_s/%	≤40	≤45	≤45
碎焦率(＜40 mm)/%	≤4.0	≤4.0	≤4.0

注：(1) 表中的强度指标以大于80 mm为准；

(2) 表内规定块度、灰分、硫分、强度都是质量考核指标，其中任一项达不到规定的级别时，则不能作为该级别验收；

(3) M_{40}与SI_4^{50}并列使用，若发生互相矛盾时，以M_{40}为准。

第二节　炼焦原理与配煤

一、焦炉炭化室内的结焦过程

焦炉的炭化室是带一定锥度的窄长空间，煤料在炭化室内受两侧炉墙传递的热量加热，结焦过程从炭化室的两侧炉墙向炭化室中心逐渐推移，该过程具有以下三个特点：

(1) 侧向供热,成层结焦;

(2) 结焦过程中,各层炉料的供热性能随温度的变化而变化;

(3) 炭化室内物料产生膨胀压力。

(一) 成层结焦与温度变化

因为焦炉炭化室的侧向供热,且炉料导热系数低,因此在整个成焦过程的大部分时间内,炭化室内与炉墙垂直方向上炉料的温度梯度较大。这样在结焦过程的大部分时间内,离炭化室墙面不同距离的各层炉料,所受到的温度不同而处于热解过程的不同阶段,整个炭化室内炉料的状态随时间而变化(图 6-1)。靠近炉墙附近的煤先结成焦炭,而后焦炭层逐渐向炭化室中心推移,这就是所谓的"成层结焦"。炭化室中心面上的炉料温度始终最低,因此以结焦末期炭化室中心面的温度(焦饼中心温度)作为焦饼成熟度的标志,称为炼焦最终温度。

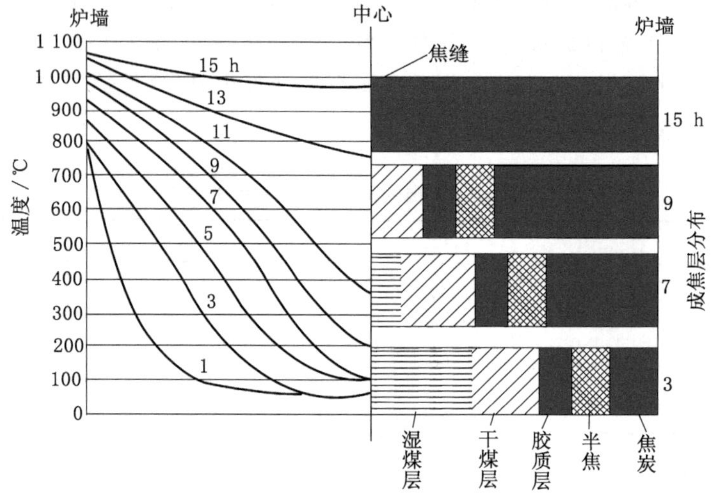

图 6-1 不同结焦时间下炭化室内各层炉料的温度与状态

如图 6-2 所示,由于各层炉料距炉墙的距离不同,传热条件各不相同,最靠近炉墙的煤

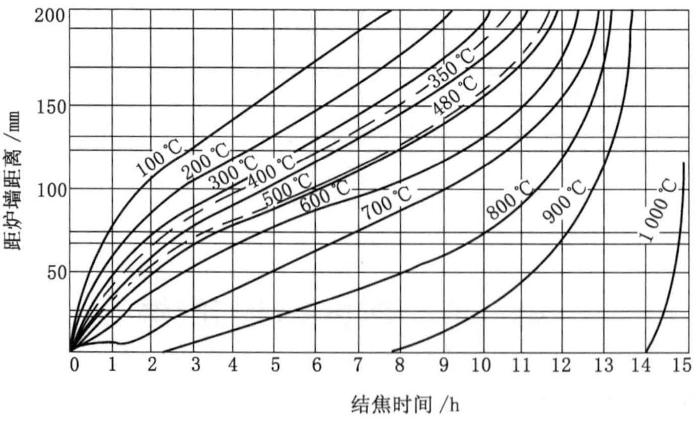

图 6-2 炭化室内各层炉料的温度变化

料升温速度最快，约 5 ℃/min 以上，而位于炭化室中心部位的炉料升温速度最慢，约 2 ℃/min以下，这种温度变化的差别必然导致焦炭质量的差异。

常规炼焦采用湿煤装炉，结焦过程中湿煤层被夹在塑性层之间，这样湿煤层内的水汽不易透过塑性层向两层外流出，致使大部分水汽窜入内层湿煤中，并因内层温度低而冷凝下来，这样内层湿煤水分增加，加之煤的导热系数小，使得炭化室内中心煤料长时间停留在水的蒸发温度以下，煤料水分愈多，结焦时间就愈长。

（二）炭化室内膨胀压力

炭化室内膨胀压力的产生是因为成层结焦，两个大体上平行于两侧炉墙面的塑性层从两侧向炭化室中心移动，炭化室底面温度和顶部温度也很高，在炭化室内煤料的上层和下层同样也形成塑性层，围绕中心煤料形成的塑性层如同一个膜袋，膜袋内的煤热解产生气体，由于塑性层的不透气性使得膜袋产生膨胀的趋势，塑性层又通过外侧的半焦层和焦炭层将压力施加于炭化室的炉墙，这种压力称之为膨胀压力。

膨胀压力的大小在结焦过程中是随时间而变化的，当两个塑性层面在炭化室中心处会合时，由于外侧焦炭和半焦层传热好，塑性层内的温度升高加快，气态产物迅速增加，此时的膨胀压力值最大，通常的膨胀压力是指其最大值。

对于常规炼焦的焦炉来讲，受炭化室炉墙结构强度的制约，炼焦生产中对膨胀压力要进行合理的控制。

二、炼焦配煤与工艺条件

由于煤在焦炉炭化室内结焦过程的特征规律，工业炼焦必须采用多种煤配合炼焦。常规炼焦方法是将多种炼焦煤按适宜的比例配合，然后再装炉炼焦，故称为配煤炼焦。

（一）配煤的意义与配煤质量要求

1. 炼焦配煤的意义

配煤的意义在于使各种煤之间性质上取长补短，符合焦炉的生产要求，生产出满足质量要求的优质焦炭，并副产炼焦化学产品，实现煤炭资源的合理利用。

冶金焦的质量要求是：灰分低、硫分少、强度高等。为满足上述要求，在常规炼焦方法条件下，用单种煤炼焦是很难实现的。而且由于煤种的相对储量、分布和开采能力的制约，不可能进行大规模的单种煤炼焦生产，特别是优质炼焦煤资源有限，工业上采用配煤炼焦，以确保焦炭质量和合理利用煤炭资源。

2. 配煤的一般原则

为了生产质量合格的焦炭，首先要确保配煤的质量，并综合考虑炼焦工业的长远发展，炼焦配煤应遵循如下一般原则：

(1) 符合本区域内煤炭资源的组成，有利于扩大炼焦煤源，同时缩短平均运距，避免造成运力浪费。煤源的数量可靠、质量稳定。

(2) 配煤质量应与煤料的预处理工艺及炼焦条件相适应，使焦炭的质量达到规定的指标，在保证焦炭质量的前提下，尽量多配用高挥发分煤，以充分利用煤炭资源并有利于增产化学产品。

3. 炼焦配煤的质量要求

配煤的质量要求主要包括配煤的灰分、硫分、煤化程度和黏结性指标等，其中煤化程度和黏结性指标被称为炼焦的配煤参数。配煤质量要求是由焦炭质量的要求和炼焦条件所共同确定的。

(1) 配合煤的灰分和硫分

成焦过程中，煤料中的矿物质以灰分形式全部转入焦炭，而煤料中的硫分一部分残留在焦炭中，另一部分转化为气态硫化物进入煤气，极少量进入液体产物。可以根据焦炭灰分、硫分的要求，计算出配合煤的灰分和硫分。例如我国规定，一级冶金焦的灰分不大于12%，按成焦率75%计算，配合煤料的灰分应小于9%(干基)。

配合煤料的灰分和硫分可按煤种配合比例进行加权平均计算。

(2) 配合煤的煤化度指标

煤化度指标是用来控制焦炭强度和块度的重要配煤参数。表征煤化度的指标可用挥发分 V_{daf} 等指标。配合煤的挥发分指标可以直接测定，也可以按加和性来进行计算，但二者之间有一定的差异。对于常规配煤炼焦，合适的煤化度指标要求是：$\overline{R}_{max}=1.2\%\sim1.3\%$，相当于 $V_{daf}=26\%\sim28\%$。煤化度过低，焦炭的平均粒度小，抗碎强度低，而且焦炭的气孔率高，各向异性程度低，焦炭质量不好。煤化度过高时，虽然焦炭的各向异性程度可以提高，但是，由于煤料的黏结性变差，成焦过程中熔融不好，焦炭的耐磨强度降低，另外还可能导致焦炉推焦困难。

针对我国炼焦煤资源的特点，同时为了尽量提高化学产品产率，我国煤科院原北京煤化所提出煤化度的合适范围为 $V_{daf}=28\%\sim32\%$。

(3) 配合煤的黏结性指标

煤的黏结性是煤结焦的前提，煤黏结性指标较多，有黏结指数 G、最大胶质层厚度 Y、最大流动 MF 以及总膨胀度 b_t，这些指标都从不同的角度表征了煤在热解过程中生成的塑性体的性质。

我国过去一直采用最大胶质层厚度 Y 作为黏结性指标，其合适的范围是：$Y=17\sim22$ mm。1975年以后，原北京煤化所提出了黏结指数 G 指标，推荐采用该指标指导配煤，其合适范围是：$G=58\sim72$。配合煤料的 Y 值或 G 值可直接测定，也可按加和性进行计算。

(4) 配合煤的膨胀压力

煤在炭化室内的膨胀压力是由多种因素决定的。膨胀压力的大小没有理论计算的方法。配合煤料中煤组分之间存在相互作用，因此配合煤的膨胀压力不具有加和性，只能用试验的方法加以测定。可以采用试验焦炉测定膨胀压力大小。对于新建炼焦厂，在进行炼焦煤种的选择时，可在实际生产焦炉上对配煤方案做单孔试验，以便得到更加可靠的试验数据。

(二) 备煤炼焦工艺条件

备煤炼焦工艺条件是指炼焦装炉煤料粉碎的细度、水分和堆密度、炼焦速度、炼焦温度和焖炉时间等，这些炼焦条件对焦炭的质量有较大的影响。

1. 煤料细度

炼焦配煤的细度是指煤料粉碎后小于3 mm的煤料质量占总质量的百分比。常规炼焦条件下要求细度在80%左右。捣固炼焦细度一般大于85%。

2. 装炉煤堆密度和水分

提高装炉煤的堆密度，有利于提高焦炭的质量，同时提高焦炉的生产能力。采用煤捣固、煤干燥预热、配型煤等炼焦方法，都可以在不同程度上提高装炉煤堆密度和焦炭强度。

在常规炼焦条件下，装炉煤的堆密度主要受煤料水分、细度以及加煤方法的影响，增加堆密度的有效途径是减少煤料的水分。

3. 炼焦速度

炼焦速度是指焦炉炭化室的平均宽度与其对应的结焦时间的比值。例如焦炉炭化室的平均宽度为 450 mm 和 350 mm，对应的结焦时间分别为 17 h、12 h，则炼焦速度分别为：26.5 mm/h和 29.2 mm/h。

炼焦速度对焦炭质量具有一定的影响，主要是炭化室内中心面处与靠近炉墙处升温速度的不同而造成的，焦炉炭化室宽度一旦确定，实际生产中对炼焦速度几乎无法改变。因此，在建设炼焦厂时，确定焦炉炭化室的宽度是非常重要的，国内新建的大、中型焦炉，其宽度大多采用 450 mm。

4. 炼焦温度与焖炉时间

炼焦温度是指结焦末期炭化室焦饼中心温度。焦炉生产中焖炉是指煤料达到炼焦温度后，延长焦炭在炭化室内的停留时间，使焦炭继续受高温作用。提高炼焦最终温度或延长焖炉时间，可以提高煤的干馏程度，使焦炭的结构更加致密，碳结构中氢含量减少，焦炭的耐磨强度和反应后强度均得到相应提高，但抗碎强度稍有下降。

三、炼焦配煤工艺

炼焦配煤过程称之为备煤，备煤工序主要包括来煤接收、贮存、倒运、配合混匀、粉碎等生产环节，在炼焦厂属于煤的准备部分。由于炼焦厂的昼夜用煤量很大，涉及的煤种多，设施占地面积大，要求的机械化和自动化作业程度高，而且备煤对焦炭的质量影响大。

（一）煤的接收和贮存

炼焦厂无论大小，都必须设置贮煤场或贮煤塔，并贮存一定的煤量，以保证焦炉的连续生产，避免因来煤短期中断而导致焦炉被迫停产保温，同时也是为了稳定装炉煤的质量。煤料在堆放过程中由于沥水，可使装炉煤的水分稳定。

为了确保配煤的准确性和焦炭的质量。炼焦厂的贮煤场应注意以下要求：

(1) 贮煤场的容量应提供 10～15 d 的贮煤量，应能提供各种煤分别堆、取、贮的必要条件。

(2) 要确保不同煤种单独存放，为了防止煤的氧化变质，煤的存放时间不宜过长。

（二）煤的配合、粉碎和输送

炼焦厂备煤的粉碎加工环节分为先配合后粉碎和先粉碎后配合两种方式，配合和粉碎工艺有多种流程和设备，两者组合形成各种具体流程。

配煤粉碎设备一般为锤式或反击式粉碎机，配煤设备主要是配煤槽及其下部的定量给料机构，配煤槽的个数应尽可能比炼焦采用的煤种多 2～3 个。

生产中配煤比例的检测一般规定配煤比误差，挥发分相差不超过±0.7%，灰分不超过±0.3%。

第三节 炼焦炉及生产过程

炼焦炉的发展大体可分为四个阶段，即成堆干馏与砖窑、倒焰炉、废热式焦炉和现代焦炉，现代焦炉全部是水平室式炼焦炉(Slot-Type Coke Oven)。早期的炼焦炉是一种半开式的砖窑，通过燃烧干馏煤气和部分煤将煤直接加热而干馏成焦炭，用这种方式炼焦，焦炭产率低、灰分高、成熟度不均匀。进一步发展出现了封闭式的“蜂巢”焦炉。

19 世纪中叶出现了将成焦的炭化室与加热的燃烧室分开的简易焦炉，即所谓火焰炉，在这种焦炉中，煤干馏生成的荒煤气由炭化室顶部直接进入立火道，煤气在此处与空气混合燃烧，产生的高温废气由立火道下降经烟道进入烟囱排放，故这种焦炉又称之为倒焰炉。这种焦炉的特点是焦炭产率提高，与现代焦炉的成焦率不相上下，焦炭质量也大幅度提高。但是这类焦炉没有回收荒煤气中的化学产品。

大约在 1860 年，在法国和其他欧洲国家建起了能回收副产品的焦炉，即将荒煤气从干馏炭化室中引出，分离出化学产品后，再将净煤气送回焦炉燃烧室用于加热。以上焦炉没有蓄热室，不能回收燃烧产生的废热，故又称为废热式焦炉。

1883 年设计出第一座奥托-霍夫曼(Otto-Hoffmann)型蓄热式焦炉，该焦炉下部设有纵蓄热室。在这种蓄热式焦炉上，耗热量的降低使煤气出现了剩余。在 20 世纪初期，使用焦炉煤气照明对进一步改善蓄热式焦炉加热系统和降低煤气消耗起了推动作用。1904 年，考伯斯(H. Koppers)设计了一种对各个燃烧室设置单独蓄热室的新焦炉，蓄热室与焦炉中心线垂直(即横蓄热室)，从而改善了焦炉加热系统煤气流量的调节与分配。这种蓄热室的布置方式成为所有现代焦炉的原型。

19 世纪末以前，砌筑焦炉使用的唯一材料是黏土砖。1906 年由考伯斯制定出硅砖生产的技术条件，并实施在砌炉时留膨胀缝的方法。至此形成了现代焦炉的设计。

现代焦炉的特征是炭化室呈窄条状(水平室式焦炉)，两侧的燃烧室分成多个立火道，采用单独横蓄热室对燃烧的空气或低热值加热煤气进行预热。

一、焦炉炉体构造

(一) 焦炉的主要结构

炼焦炉的结构可划分为炭化室、燃烧室、蓄热室、斜道区和炉顶区等几部分，蓄热室以下的部位为焦炉的基础(图 6-3)。

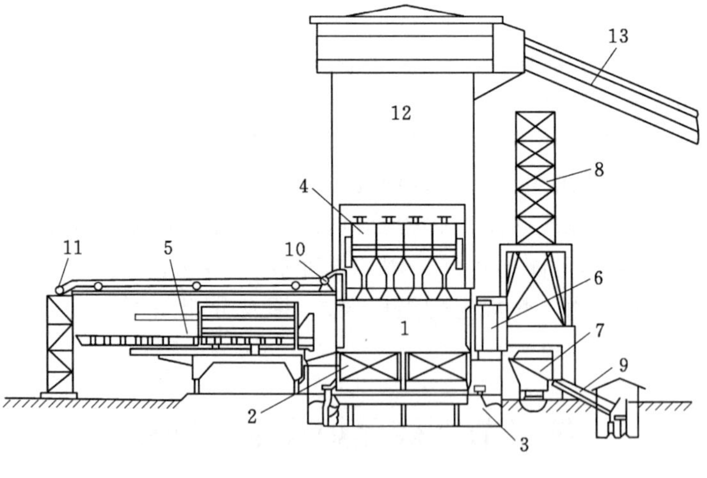

1—焦炉；2—蓄热室；3—烟道；4—装煤车；5—推焦车；6—导焦车；7—熄焦车；8—熄焦塔；9—焦台；10—煤气集气管；11—煤气吸气管；12—储煤室；13—煤料带运机。

图 6-3　焦炉及附属机械

1. 炭化室和燃烧室

焦炉的炭化室是带一定锥度的长方形空间。炭化室的顶部有加煤孔和荒煤气出口，炭化室的两端装有可打开的炉门。为了减少推焦的阻力，防止损坏炉墙，炭化室的焦侧比机侧略宽，此宽度差称为炭化室的锥度。为了使荒煤气顺利导出，炭化室内的装煤高度低于炭化室的总高，装煤高度称为炭化室的有效高度。

炭化室在长度方向上，由于炉门衬砖伸入炉内，实际装煤空间的长度(即有效长度)比炭化室的全长度略小。炭化室的有效容积为有效长、平均宽和有效高度三者的乘积。焦炉往往以炭化室的高度尺寸反映炭化室的大小及焦炉的规模，如我国的JN43-80型焦炉，其炭化室总高度尺寸为4.3 m。

焦炉的炭化室与燃烧室相间排列，燃烧室长度与炭化室相同，在宽度上具有与炭化室锥度大小相同方向相反的锥度，即燃烧室的机侧宽度比焦侧宽度大，这样机焦两侧炭化室的中心距是相同的。

燃烧室内的顶端空间高度低于炭化室顶的高度，二者间的差值称为加热水平高度。这是为了防止对炭化室顶部空间加热过度，在保证焦饼上下均匀成熟的前提下，控制煤干馏热解产物的二次热解，提高化学产品的质量和产率。

现代焦炉的燃烧室由若干垂直的立火道组成，立火道底部有供煤气或空气的入口(或废气出口)。为了便于观察、测温和调火，每个立火道都有一个看火孔引向炉顶。立火道之间的相互连接方式有多种类型。立火道始终是分成两大组，当一组立火道供煤气和空气燃烧时，另一组立火道则排燃烧产生的废气，每隔一定的时间，两组立火道的气流进行交换以维持加热的均匀，同时也满足焦炉设置蓄热室的要求。

燃烧室与炭化室之间的隔墙称炉墙，焦炉在生产时，炉墙燃烧室侧的平均温度约1 300 ℃，炭化室侧的墙面温度可达1 100 ℃以上。在此高温下，墙体还要承受一定的侧向推力和上部的重力，要求墙体结构上要防止干馏煤气泄漏，导热性能要好，整体结构强度要高，为此现代焦炉的炉墙普遍采用带舌槽的异型硅砖砌筑。燃烧室与炭化室的砖结构见图6-4。

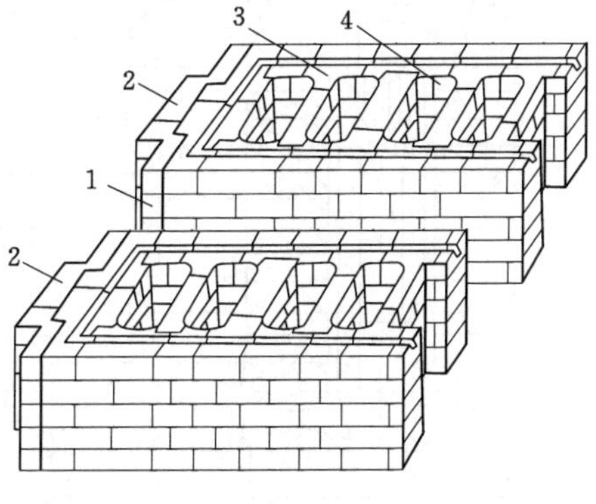

1—炭化室；2—炉头；3—隔墙；4—立火道。

图6-4　燃烧室与炭化室的砖结构

2. 蓄热室

蓄热室的作用是回收高温废气的废热，预热燃烧所用空气或煤气。蓄热室位于焦炉炉体的下部，现代焦炉几乎都采用横蓄热室，横蓄热室与炭化室和燃烧室平行，内部一般都设置中心隔墙，将每个蓄热室分成机侧和焦侧两部分。蓄热室由顶部空间、格子砖、箅子砖、小烟道以及主墙、单墙和封墙构成(图6-5)，对于下喷式焦炉，主墙内设有垂直砖煤气道。

蓄热室主要靠格子砖交替地吸热和放热起到回收热量的作用。蓄热室的底部是小烟道，其作用是将空气或煤气均匀地分配进入蓄热室和汇集并排出从蓄热室下降的废气。

3. 斜道区

斜道区位于蓄热室和燃烧室之间，斜道是连接燃烧室立火道和蓄热室的通道，不同结构类型的焦炉斜道区结构差异很大。燃烧室的每个立火道都与两个斜道和一个砖煤气道相连。下喷式焦炉砖煤气道从蓄热室主墙经斜道区进入火道，侧入式焦炉是在斜道区设有水平煤气道，煤气分别由机焦两侧引入分配到各个火道。对于双联火道结构的焦炉，每个燃烧室需要与下方的4个蓄热室相连接，故斜道区复杂，是焦炉使用砖型最多的区域。

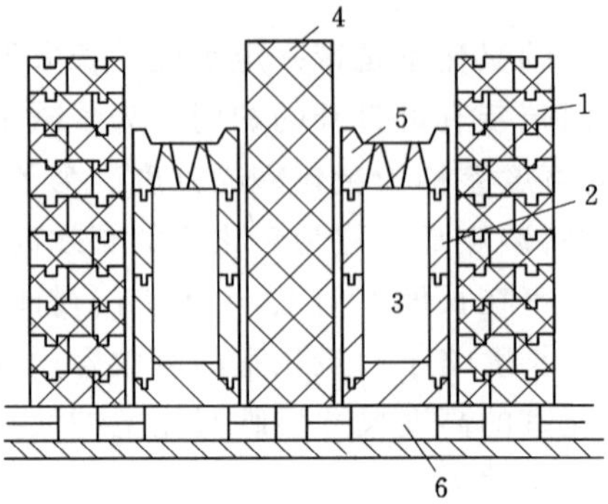

1—主墙；2—小烟道黏土衬砖；3—小烟道；4—单墙；5—箅子砖；6—隔热砖。

图 6-5　JN 型焦炉的蓄热室（小烟道）

4. 炉顶区

炭化室盖顶砖以上部位为炉顶区（图 6-6），该区砌有装煤孔、上升管孔、看火孔、烘炉孔以及拉条沟等。为减少炉顶散热，炉顶不受压部位砌有隔热砖。炉顶区的实体部位设置平行于抵抗墙的膨胀缝，烘炉孔在焦炉转为正常加热投产后用塞子砖堵死。为防止雨水对焦炉表面的侵蚀，炉顶表面用耐磨性好的缸砖砌筑。

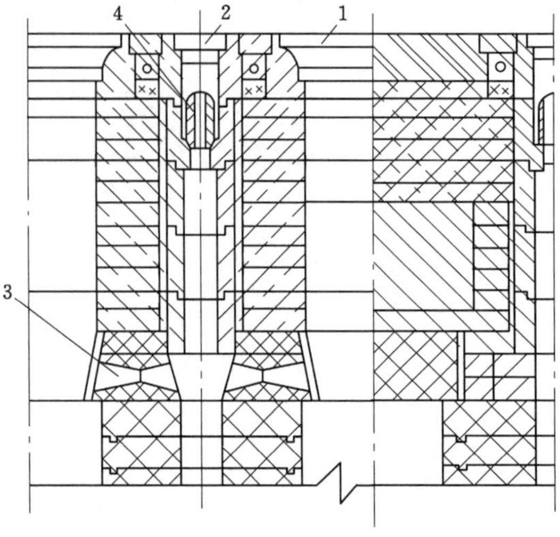

1—装煤孔；2—看火孔；3—烘炉孔；4—挡火砖。

图 6-6　JN 型焦炉炉顶区构造图

5. 焦炉基础和烟道

焦炉的基础位于炉体的底部，支撑整个炉体、炉体设备和焦炉机械的重量，并把重量传到地基上。焦炉基础的结构形式随炉型和加热煤气供入方式而不同，下喷式焦炉的基础有地下室，它由底板、顶板和支柱组成，整个焦炉砌在焦炉顶板平台上。浇顶板时，按焦炉膨胀后的尺寸埋设好下喷煤气管接口。

烟道位于地下室的机焦两侧，在炉端与总烟道相通，再汇入烟囱根部。在分烟道和总烟道汇合处，设有吸力调节翻板。

焦炉的两端设有抵抗墙，其作用是约束焦炉组的纵向膨胀，在烘炉过程中，由于抵抗墙的制约，当砖体膨胀时，膨胀缝发挥“吸收”作用。抵抗墙有平板式和框架式两种结构，现多采用框架式。焦炉的纵向膨胀在实体的部位产生，温度较高的斜道区膨胀产生的推力最大。为此在抵抗墙的结构上，在炉顶区和斜道区设有水平梁，增大抵抗墙的抵抗能力。在焦炉顶部设有纵拉条，加强抵抗墙的抗弯曲能力，约束抵抗墙的柱顶的位移。

（二）焦炉炉型划分

不同结构的焦炉其主要区别在于下列几个方面：燃烧室火道结构、对加热用煤气种类的适应性、加热煤气供入方式、蓄热室的布置方式和改善高向加热均匀性的措施等。现代焦炉炉型可以按多种方法加以划分。

1. 按燃烧室火道结构形式划分

按火道结构型式划分，焦炉分为水平火道和立火道两大类，水平火道在现代焦炉中已基本不再采用。立火道焦炉又分为两分式、四分式、跨顶式、双联式等类型，其中以两分式和双联式火道结构的焦炉应用最广，也是国内的主要焦炉炉型。

两分式焦炉的特点是在立火道上方砌有水平集合烟道，燃烧室的立火道分成机侧和焦侧两组，并由顶部水平集合烟道连接。在一个交换周期内，一组立火道供空气和煤气加热，另一组立火道排废气，交换后气体流动方向变换。

双联式火道结构的焦炉(图 6-7)特点是：燃烧室中每个单数火道与相邻的下一个双数火道联成一对，形成所谓的双联。在每对双联的立火道隔墙上部有一个跨越孔相通，如果在一个交换周期内，某个燃烧室的双数立火道加热，则单数立火道排废气，改变加热方向后，变成该燃烧室的单数立火道加热，而双数立火道排废气。

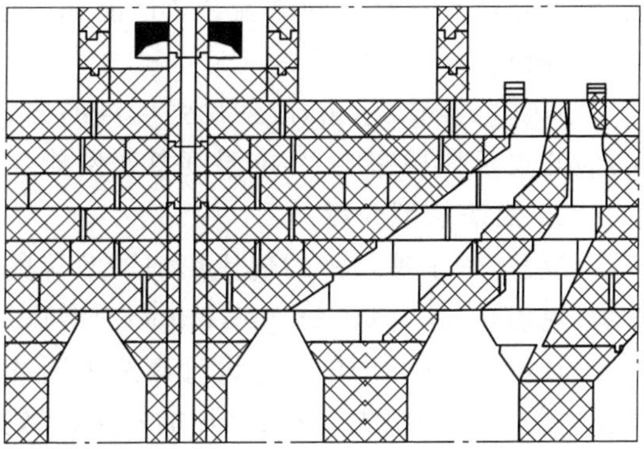

图 6-7 双联式火道结构的焦炉

目前国内焦炉火道主要采用双联和两分结构。大型焦炉均采用双联火道结构。

2. 按对加热用煤气种类的适应性划分

焦炉加热用的煤气通常分成两大类：富煤气(即焦炉煤气)和贫煤气。贫煤气主要包括高炉煤气、发生炉煤气等。富煤气的热值高，供焦炉加热时无须经蓄热室预热，而贫煤气加热焦炉时，必须经蓄热室预热。

焦炉的加热系统若只能使用富煤气加热，这种焦炉称为单热式焦炉。如果加热系统既可以使用富煤气加热，又可以使用贫煤气加热，这样的焦炉称为复热式焦炉。复热式焦炉有两套煤气供入系统，分别提供富煤气和贫煤气。当采用贫煤气加热时，煤气需经蓄热室预热。国内的大中型炼焦厂在建设焦炉时，一般选择建设复热式焦炉，通过向焦炉提供低热值煤气加热，顶替出富煤气，增加城市煤气供应。对于冶金企业焦化厂，为了回收利用高炉煤气加热，同样推荐建设复热式焦炉。

3. 按加热煤气供入方式划分

按焦炉加热煤气供入加热系统的方式不同，焦炉可分为：富煤气下喷式焦炉、富煤气侧入式焦炉、贫煤气侧入式焦炉和富煤气、贫煤气及空气全下喷式焦炉。

4. 按蓄热室的布置方式划分

焦炉蓄热室按布置方式分为纵向蓄热室和横向蓄热室两类，焦炉发展的早期采用了纵向蓄热室。现代焦炉都采用横向蓄热室。

5. 按改善高向加热均匀性的措施划分

按实现高向加热均匀性的方法不同，可分为四种类型：采用焦炉煤气高低灯头、炉墙高度方向采用不同厚度、立火道高度方向分段加热和双联火道采用废气循环。

（三）焦炉筑炉材料

焦炉的主体部位应用耐火材料砌筑，一座焦炉要连续生产几十年，在此期间，炭化室要经受上万次的装煤出焦作业，焦炉的大部分砌体不易热修，因此除了施工质量外，筑炉用耐火材料的选择及其质量是非常重要的。目前焦炉使用的耐火材料主要有硅砖、黏土砖和高铝砖等。焦炉用耐火材料的耐火度在 1 580 ℃以上。根据工艺要求和操作要求，焦炉不同的部位，由于其承担的任务、所处的温度、承受的结构负荷和遭受的机械损伤以及介质侵蚀的条件各有不同，因此对不同部位的耐火材料性能要求也不相同。

炭化室的墙在生产过程中既起传热的作用，又要承受上部砌体和炉顶装煤车的重量，因此，要求砌体具有良好的高温导热性能和高温荷重不变形的性能。炭化室部位使用强度高的硅砖砌筑。

蓄热室的隔墙承重，故使用强度高的硅砖。而蓄热室内格子砖的作用是蓄热，温度变化大，因此要求体积密度大，抗温度急变性能好，格子砖选用黏土砖。

二、焦炉炉型介绍

代表焦炉发展水平的现代焦炉炉型有奥托（Otto）式焦炉、卡尔·斯梯尔（Karl Still）型焦炉、克虏伯-考伯斯（Krupp-Koppers）型焦炉等，以上几种焦炉在国际上竞争力较强。除此之外，日本、苏联和中国也都设计建造本国的炉型，如日本新日铁式焦炉、苏联 ΠBP 型焦炉和我国的 JN 型焦炉。有关焦炉的基本参数见表 6-3。

（一）两分火道焦炉

两分火道结构的焦炉，其特点是炉体结构简单，砖型少，投资省，加热系统同侧气流流动方向相同，异向气流的接触面少，大大减少了串漏机会，操作方便。两分火道焦炉是我国中小型焦炉的基本炉型。

1. 66 型焦炉

66 型焦炉是我国鞍山焦耐院为年产 10 万 t 焦化厂设计的炉型，由 2 座 25 孔焦炉组成，经多年的生产实践，对原设计的 66 型焦炉进行了多次修改，现已发展到 66-5D 型及 66-5F 型等。常见的炉型有 66-2 型、66-3 型和 66-4 型三种，前两种炉型为焦炉煤气侧入，每个燃烧室有 14 个立火道，机焦侧各 7 个火道，火道中心距为 470 mm；而 66-4 型焦炉为下喷式，并且每个燃烧室有 15 个火道，分别为机侧 7 个、焦侧 8 个，立火道中心距为 438 mm。

2. 卡尔·斯梯尔型焦炉

卡尔·斯梯尔型焦炉由德国 Karl Still 公司设计，属于两分火道、煤气侧入、多段加热、复热式焦炉，见图 6-8。已投产的焦炉规模有多种，其中典型的有炭化室高 6 m 的焦炉，其燃烧室由 32 个立火道，机侧 17 个，焦侧 15 个。该型焦炉在日本被多家厂采用，1976 年在日本扇岛钢铁公司建造的炭化室高 7.6 m 焦炉，为当时世界上最高的焦炉，焦炉操作全部实现机械化，加热过程实行自动控制，在环境保护方面采取措施，是最现代化的焦炉之一。

（二）双联火道焦炉

1. JN 型焦炉

1958 年，在总结多年炼焦生产实践经验的基础上，吸取国外炉型优点，我国自行设计了 JN 型大型焦炉，经长期的实践，目前已发展成一系列炉型，其中具有代表性的有 JN43-58 型、JN43-80 型两类。

表 6-3 有关焦炉的基本参数

炉型		炭化室有效容积/m^3	炭化室尺寸/mm						燃烧室		设计结焦时间/h	炉组孔数	生产规模/(万 t/a)
			全长	有效长	全高	有效高	平均宽	锥度	加热水平/mm	火道个数			
两分式	66-Ⅳ	5.25	7 170	6 470	2 520	2 320	350	20	523	14	12	2×25	10
	两分下喷复热	11.3	11 200	10 520	2 800	2 500	420	40	500	12+10	16	2×32	20
	卡尔·斯梯尔	52.5	17 000		7 650		450	76		19+16	19.8	124	
双联式	JN 58 型(407)	21.6	14 080	13 280	4 300	4 000	407	50	800	28	15	2×65	90
	JN 80 型(450)	23.6	14 080	13 280	4 300	4 000	450	50	800	28	17	2×42	60
	JNK43-98D	26.6	14 080	13 280	4 300	4 000	500	50	700	28	20	2×38	50
	JNK43-98F	26.6	14 080	13 280	4 300	4 000	500	50	700	28	20	2×45	50
	TJL5550D	39.36	15 980	15 140	5 500	5 200	500	20		32	22.5	2×50	100
	JND625-06	51.4	17 000		6 170		530		850		24.5	4×46	220
	JN60-82 型	38.5	15 980	15 140	6 000	5 650	450	60	900	32	19	2×50	100
	JNX60-87 型(宝钢)	38.5	15 980	15 140	6 000	5 650	450	60	900	32	19	4×50	200
	新日铁 M 型(宝钢)	37.6	15 700	14 800	6 000	5 650	450	60	755	30	20.7	4×50	200
	奥托(法国)	49.96	15 600		7 500		450	76		30	17.3		
	考伯斯(胡金根)	70	18 000		7 850		550	70			22.4	70	
	JN70	55.6	17 640		6 980	6 630	500	50	1 100	34	21	2×60	150
	7.63 m 焦炉(A)①	78.84	18 560	17 760	7 540	7 090	623	50	1 210	36	25	2×60	190
	7.63 m 焦炉(B)②	78.84	18 560	17 770	7 540	7 090	603	50	1 210	36	25.2	2×70	220
	Schwelgern 焦炉	93	20 800		8 340	8 320	590	50		40	25	2×70	264

注:① 山东兖州集团国际焦化厂引进德国的炉型;

② 太钢/武钢/马钢/首钢/沙钢建设炉型,加热水平分别为 1 110/1 210/1 440/1 500 mm。

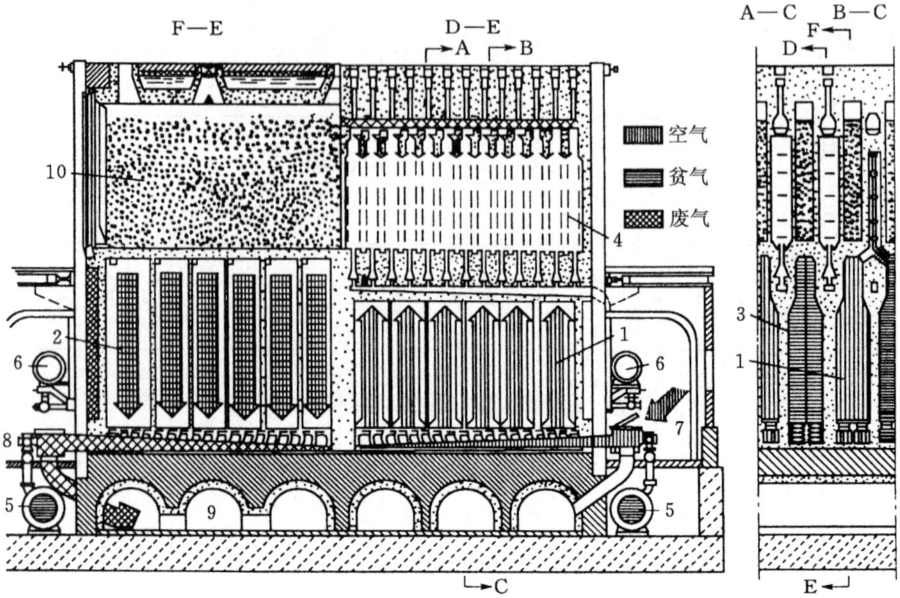

1—空气蓄热室;2—废气蓄热室;3—贫煤气蓄热室;4—分段加热;5—贫煤气管;
6—富煤气管;7—空气入口;8—废气出口;9—烟道;10—炭化室。

图 6-8 卡尔·斯梯尔焦炉结构示意图

(1) 58 型焦炉

58 型焦炉的结构特征为:双联火道、焦炉煤气下喷、废气循环、复热式焦炉。焦炉炭化室平均宽主要为 450 mm,对应焦炉的炉组为 2×42 孔,焦炭产量 60 万 t/a。

该焦炉燃烧室由 28 个立火道组成,分成 14 组形成双联结构。在双联火道的底部隔墙上设有废气循环孔,利用下降气流火道的部分废气循环进入上升火道,拉长燃烧火焰,改善高向加热的均匀性。焦炉煤气采用下喷设计,调节方便、准确。

该焦炉斜道连通关系上有如下的特征:每个炭化室下方对应有两个蓄热室,一个煤气蓄热室和一个空气蓄热室,这两个蓄热室与其上方炭化室两侧的燃烧室相通,一侧连单数火道,一侧连双数火道。单数燃烧室内的双数火道为上升气流时,单数火道为下降气流;而双数燃烧室内的双数火道则为下降气流,单数火道为上升气流。经交换之后,气体流通途径正好相反。

该炉型具有结构严密、炉头不易开裂、高向加热均匀、调节方便、热工效率高、砖型少(407 mm 宽 271 种,450 mm 宽 266 种)等优点。

(2) 80 型焦炉

80 型焦炉是 20 世纪 80 年代初鞍山焦耐院在原 58 型焦炉的基础上改进设计的炉型,结构特征与 58 型焦炉基本相同,属双联火道、煤气下喷、废气循环、复热式焦炉。在炉体结构等方面进行了多处改进:

① 炭化室平均宽度定为 450 mm,加热水平高度由 800 mm 改为 700 mm。

② 为进一步拉长高炉煤气燃烧的火焰,把斜道区鼻梁砖的宽度由 20 mm 改为 40 mm,其夹角由 20°21′改为平行。

③ 焦炉煤气出口，除 1 号和 28 号火道外，均采用离燃烧室底 300 mm 的高灯头，而且斜道口开度相应比 58 型焦炉减小，这样使加热更加均匀。

④ 燃烧室加热水平高度以下的炉墙砖是采用厚为 100 mm 的高密度硅砖，其导热性能高，火道温度可以比 58 型焦炉降低。

⑤ 蓄热室主墙厚度由原来的 270 mm 增加到 300 mm，单墙由 230 mm 减为 200 mm，都采用沟舌带尾结构的异型砖砌筑，提高了砖煤气道的严密性。

JN 焦炉的典型代表炉型 JN60-87 型焦炉结构示意图见图 6-9。

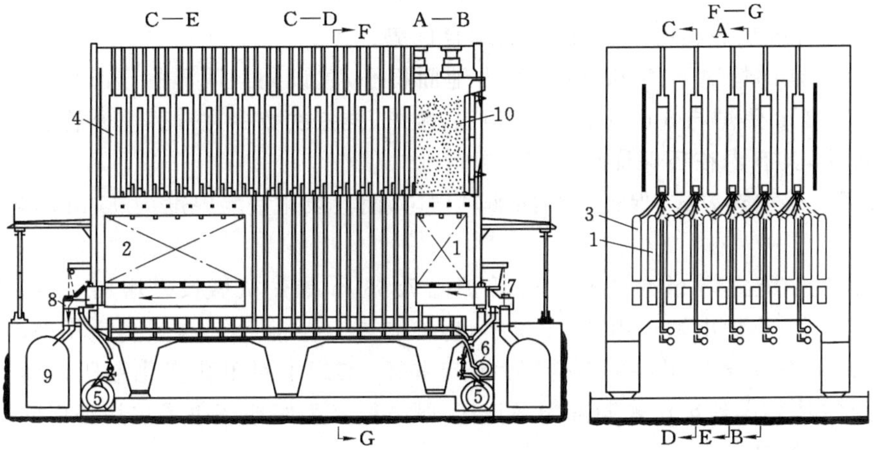

1—空气蓄热室；2—废气蓄热室；3—贫气蓄热室；4—立火道；5—贫煤气管；
6—富煤气管；7—空气入口；8—废气出口；9—烟道；10—炭化室。

图 6-9 JN60-87 焦炉结构示意图

(3) JNX70 和 JNX3-70 型焦炉

为适应我国钢铁企业建设大型焦炉的需要和炼焦煤的资源情况，中冶焦耐工程技术有限公司在总结国内 JN 系列焦炉经验及 8 m 试验炉试验数据的基础上，借鉴国外大型先进焦炉的长处，于 2005 年自行开发设计了炭化室高 6.98 m、宽 450 mm 的 JNX70-2 型焦炉。该焦炉结构与 7.63 m 焦炉结构类似。

(4) 7.63 m 焦炉

目前国内炭化室容积最大的焦炉是炭化室 7.63 m 焦炉，分别在兖矿国际焦化、太钢、武钢、马钢和首钢等多家焦化厂得到应用，使我国的焦炉大型化进程得到快速发展。

2003 年，山东兖矿集团首次引进德国 7.63 m 超大容积焦炉（二手设备），于 2006 年建成投产，其后又有太钢、马钢、武钢、首钢、沙钢等相继建设了 7.63 m 焦炉。7.63 m 焦炉的引进掀起了中国焦炉大型化的热潮，至今我国已建成投产的 7.63 m 焦炉有 15 座。

7.63 m 焦炉是目前国内炭化室高度最高、单孔炭化室容积最大的焦炉，该焦炉是国内首次从德国 TKEC 公司引进的先进炼焦工艺技术。该焦炉具有焦炭质量高、环保水平高及自动化程度高等优势，但国内早期 7.63 m 焦炉存在炉顶空间温度高导致炉顶空间和上升管根部结石墨严重、炼焦耗热量高、焦化产品质量不稳定、焦炉加热调节手段不畅、操作维护费用高等问题。

7.63 m 焦炉炉型为双联火道，分段加热，废气循环，焦炉煤气下喷，高炉煤气、空气侧入，蓄热室分格的复热式大型焦炉。该焦炉具有以下结构优势：蓄热室采用分格蓄热室，每个立火道单独对应两格蓄热室，且构成一个加热单元；水平烟道（格子砖底部）设有喷嘴板，喷嘴板调节方便、准确，并使得加热煤气和空气在蓄热室长向上分布合理均匀。蓄热室主墙和隔墙结构严密，用异型砖错缝砌筑，保证了各部分砌体之间不互相串漏。由于蓄热室高向温度不同（由蓄热室底的 100 ℃到蓄热室顶的 800 ℃），因此蓄热室下部采用半硅砖砌筑，而蓄热室上部（接近蓄热室高度的 65%）采用硅砖砌筑。从而保证了主、单墙和各分隔墙之间的紧密接合。

该焦炉与传统焦炉相比，具有以下的综合优势：

① 同等产能的情况下，7.63 m 焦炉占地面积小，建设周期明显短于 6 m 焦炉；同等产量情况下，7.63 m 焦炉与 6 m、7 m 焦炉相比，装煤、推焦次数少，炉门、上升管、装煤孔少，炉门密封长度小，具有内在环保优势。

② 采用 3 段加热方式，保证了高向加热均匀，而且炭化室墙厚度为 95 mm，耗热量低节能；

③ 同样生产能力，6 m 焦炉和 7 m 焦炉比 7.63 m 焦炉机械投入增加一倍。同时人力配置也增加一套；焦炉出炉采用 2～1 串序，焦炉加热工艺最优，机械设备使用率高。

④ 7.63 m 焦炉通过采用集气管压力调节技术，实现了对单孔炭化室压力调节技术，保证每个炭化室从装煤到炭化末期都为微正压，既节能又很好地解决了焦炉环保问题。

2. 奥托式焦炉

奥托式焦炉炉型由德国奥托公司设计，现在的奥托式焦炉已属于改良型。其主要特征为：双联火道、分格蓄热室、富煤气下喷配高低灯头，有单热式和复热式两种炉型。

奥托焦炉在 20 世纪 60 年代的典型设计是双联火道，分格蓄热室，每个立火道中有两个富煤气灯头，灯头出口在每对双联火道中处在 4 个不同高度上。通过向各灯头有区别地定量供给煤气，能够获得燃烧室高向温度的均匀分布。

奥托焦炉在新设计的高炭化室炉型上采用多段控制加热技术，通过立火道不同高度设置空气出口，改进燃烧室高向热量分配，这种情况下将与双联火道对应分格的每格蓄热室，再分成两个小格，每一小格只和立火道里面的一个出口相连，而每个出口则与下方的煤气蓄热室和空气蓄热室共两个小格相连。当烧贫煤气时，相应地向高、低斜道出口定量送进煤气和空气，同样可以实现对高向加热的控制。

三、焦炉发展方向

为了适用现代钢铁工业的发展，现代焦炉必须向大型化方向发展，同时注重污染控制，实现高效、节能、低污染的目标。

（一）增大炭化室的尺寸

增大炭化室的尺寸，实现焦炉的大型化，是各国炼焦工作者不懈努力的方向。一般来说，增大炭化室的尺寸，带来以下优点：

（1）单位产量的基建投资省。因为焦炉孔数减少，相应的筑炉材料、护炉设备等减少。

（2）劳动生产率提高，炭化室高 6 m 的焦炉比炭化室高 4.3 m 的焦炉生产率提高 30%。

（3）装炉煤堆密度增加，有利于改善焦炭质量，扩大炼焦煤源。

(4) 减少焦炉的出炉次数，大大减少了炼焦生产对大气的污染。同时为了实现高向加热均匀性所采取的措施，对降低燃烧温度、减少 NO_x 的生成有利。

(5) 减少焦炉的维修和维护费用。

(6) 提高焦炉的热工效率。

(二) 采用下喷下调式结构

焦炉采用下喷下调式结构，是提高和改善焦炉高向加热均匀性的最有效方法之一。早期侧喷式焦炉，燃烧室长向加热是通过炉顶看火孔更换立火道底部调节砖或改变斜道口断面进行的，调节难度大，操作条件差，难以精确调温，而采用下喷下调设计，不存在上述困难，而且便于实现用计算机对加热系统进行流量调节控制。

(三) 低污染焦炉

低污染焦炉是今后发展的方向，焦炉的加热燃烧系统、炉门密封、加煤出焦方式等都还需要进一步完善。为了革除传统炼焦炉生产以及化产回收过程带来的各种污染，国外正研究开发无回收焦炉。

四、炼焦炉生产操作

炼焦炉的生产操作包括焦炉的出炉操作和焦炉的加热管理，前者包括焦炉的装煤、出焦和熄焦操作，是由焦炉移动机械所进行的操作，后者则是对焦炉正常加热进行调温、调压等管理操作。

(一) 焦炉的出炉操作

出炉操作是保证焦炉稳产、高产、优质、长寿的关键环节，同时出炉操作过程中还应加强对烟尘排放的控制。

1. 装煤操作

装煤操作是通过加煤车从焦炉的煤塔受煤，然后将煤加入炭化室。焦炉对装煤操作的要求是：装满、装平、定量、均衡、减少烟尘排放。每孔炭化室的装煤量应均衡，以保证焦炭的产量和炉温的稳定。往炭化室放煤时要迅速，有利于提高煤料在炉内的堆密度。放煤后需通过推焦车平好煤，使荒煤气导出畅通。

2. 推焦

推焦是把成熟焦炭推出炭化室的操作。焦炉的出炉应严格按推焦计划进行，实现均衡生产。各炭化室按规定的结焦时间达到均匀成熟，整个炉组各炭化室实现定时、准点出焦。

推焦计划即焦炉出炉操作遵循的时间表。制定推焦计划时应考虑焦炉的周转时间和推焦串序。

周转时间是指某一孔炭化室相邻两次推焦或装煤的时间间隔。在一个周转时间内，除完成一组焦炉所有炭化室的推焦和加煤操作外，必须留有一定的时间进行设备检修，一般情况下，检修时间不应少于 2 h。

推焦串序是焦炉炭化室出炉操作的次序安排。由于焦炉加热、煤热解干馏规律以及焦炉生产操作的要求等，焦炉炭化室的出炉操作必须按照特定的顺序进行。广泛采用的推焦串序有两种：5～2 串序和 9～2 串序。

3. 熄焦

(1) 湿法熄焦

传统湿法熄焦的方法简单，操作方便，建设投资少，早期建设的焦化厂绝大多数采用该方法。湿法熄焦操作是用熄焦水泵将大量的冷却水通过熄焦塔直接喷洒在焦炭上，使焦炭的温度降至室温。熄焦操作的要点主要是控制水分稳定，一般全焦水分不大于6%。

(2) 干法熄焦

高温焦炭携带的热量占炼焦耗热量的40%左右，在湿法熄焦过程中，这部分热量不仅损失，而且消耗大量的熄焦水，熄焦过程还对大气产生污染。

干法熄焦原理是利用惰性气体(主要是N_2)将灼热的焦炭冷却，被加热后的惰性气体经废热锅炉生产蒸气回收热量，惰性气体降温后再循环使用。

如今广泛使用的集中槽式熄焦方式最早是由瑞士苏尔泽(Sulzer)公司在20世纪20年代末开发的。苏联在20世纪60年代开始推广干法熄焦，目的是解决气候寒冷地区湿法熄焦困难、焦化厂的用汽量大的问题。使该项技术得到进一步完善，并逐步向大型化发展。

1973年世界石油危机，燃料涨价，日本从苏联引进了该项技术，从1976年起陆续在多处建设投产。另外一些欧洲国家也从苏联引进了干法熄焦技术。德国最大的干熄焦装置设备的单槽能力达到250 t/h，是目前世界上最大装置。

20世纪80年代初，我国上海宝山钢铁公司(简称宝钢)首先从日本引进了干熄焦技术和设备，包括四套干熄炉-废热锅炉装置，每套装置处理焦炭能力为75 t/h，正常情况下三套操作，一套轮换检修或备用。

宝钢75 t/h干熄焦装置的主要技术参数为：冷却室300 m^3，预存室200 m^3；循环风机风量12.5万m^3/h，风压9 kPa；废热锅炉蒸发量37.5 t/h，气压(4.6±0.2) MPa，温度(450±10) ℃；汽轮机能力112.5 t/h，抽气幅度0～109 t/h，气压1.7 MPa，转速3 000 r/min；发电机能力23 300 kW；循环惰性气体入锅炉温度750～800 ℃，冷却后在循环风机处温度小于200 ℃。

干法熄焦除具有回收热量、改善熄焦的操作环境外，对焦炭质量也产生影响。干法熄焦有利于提高焦炭强度、降低反应性以及提高块度的均匀化。尽管干法熄焦有显著的优点，受到广泛的重视，但是干熄焦的设备及基建投资大，故影响了其发展。我国目前已有多家焦化厂建设了干熄焦装置，发展干熄焦是今后新建大型焦炉及现有大型焦化厂技改的重要方向。由于国家对大气环境质量要求的提高，大型焦化企业的经济实力得到增强，目前我国新建的大型焦炉一般配套建设干熄焦装置。

槽式干法熄焦工艺流程见图6-10。

(二) 焦炉的加热管理

焦炉加热的热工管理是一项比较复杂的工程，其具体任务是要求按规定的焦炉结焦时间、炭化室装煤量、装煤水分、加热煤气的性质和温度以及焦炉炉体和加热设备的状况等实际情况，测量并调节焦炉加热系统各控制点的温度、压力等，实现全炉所有炭化室在规定的结焦时间内均匀成焦，焦炉均衡生产并达到稳产、优质、低耗、长寿的目的。

焦炉加热管理制定的温度、压力和流量等指标组成了焦炉的加热制度，具体包括标准温度、全炉和机焦侧煤气流量、煤气支管压力、烟道吸力、标准蓄热室顶部吸力、风门开度等。加热制度随焦炉的装煤量、装煤水分、结焦时间以及炼焦温度等因素的变化进行相应调整。表6-4给出了加热制度的实例。

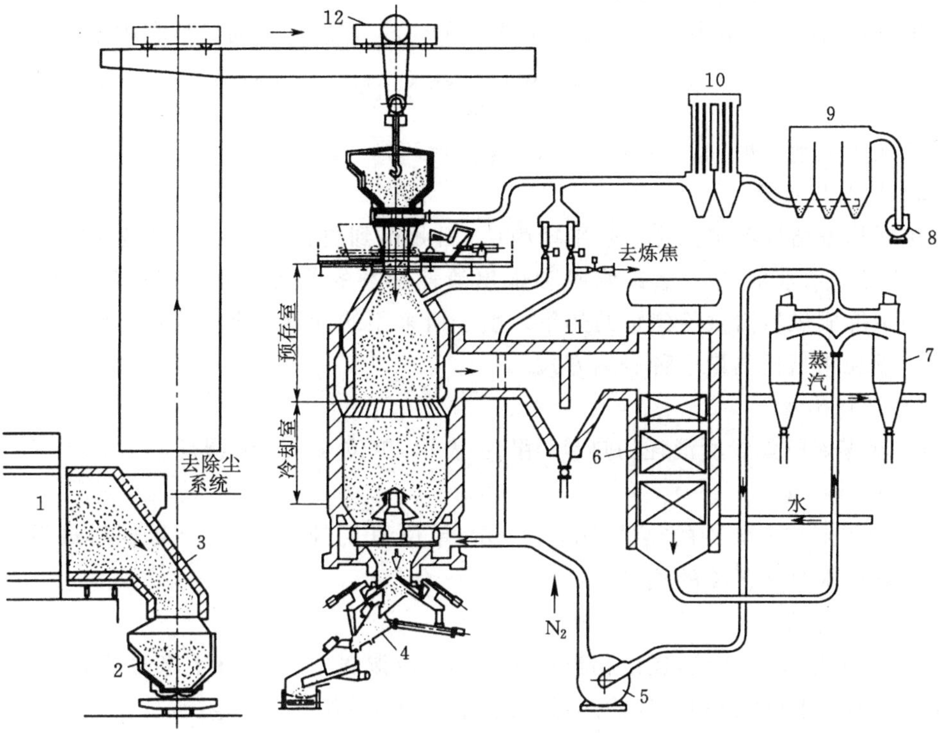

1—焦炉；2—焦罐；3—吸尘罩；4—出焦装置；5—循环风机；6—废热锅炉；7—旋风除尘器；8—风机；9—除尘器；10—管式冷却器；11—一次除尘器；12—吊车。

图 6-10　槽式干法熄焦工艺流程

表 6-4　JN60-82 型焦炉加热制度实例(炭化室宽 450 mm,结焦时间 19.8 h)

焦炉煤气加热		标准温度/℃		煤气流量/m^3	煤气压力/Pa	风门开度/mm		烟道吸力/Pa			烟道温度/℃	
热值/(kJ/m^3)	预热温度/℃	机	焦			机	焦	总	机	焦	机	焦
16 206	45	1 230	1 290	6 816	5 500	100×250 100×350	120×250 120×350	350	247	273	240	250

五、焦炉的热工评定

评价焦炉热工操作的好坏,除考核分析焦炉温度和压力制度的合理性、加热温度均匀性和稳定性指标外,焦炉对加热热量利用效率是另一项重要的考核指标。生产中常用炼焦耗热量作为评定指标,为了全面分析焦炉的热量利用状况,还必须对焦炉进行热量平衡,并由此得出焦炉的热效率和热工效率。

(一) 焦炉热效率与热工效率

根据焦炉的热平衡,可以对焦炉进行热工评定。焦炉热工效率 $\eta_{热工}$:

$$\eta_{热工} = \frac{Q_{有}}{Q_{总}} \times 100\% = \frac{Q_{总} - (Q_{废} + Q_{散})}{Q_{总}} \times 100\% \tag{6-5}$$

式中　$Q_{废}$——随废气带走的热量,含不完全燃烧热损失;

$Q_{散}$——焦炉表面散热损失。

由于散热 $Q_{散}$ 计算比较困难，也可以用热效率 $\eta_{热}$ 评定焦炉的热量利用率。

$$\eta_{热} = \frac{Q_{总} - Q_{废}}{Q_{总}} \times 100\% \tag{6-6}$$

对于现代大型焦炉，$\eta_{热工} = 70\% \sim 75\%$，$\eta_{热} = 79\% \sim 85\%$。

（二）炼焦耗热量

炼焦耗热量指标测定比焦炉热平衡简单，因此得到更普遍应用。它是评定焦炉结构完善程度、调温技术水平、生产管理水平和炼焦消耗定额的重要指标。炼焦耗热量是指 1 kg 煤在焦炉中炼成焦炭需供给焦炉的热量。由于所采用的计算基准不同，可分为湿煤耗热量、干煤耗热量和相当耗热量三种表达方式。

1. 湿煤耗热量

1 kg 湿煤炼成焦炭所消耗的热量，用 $q_{湿}$ 表示，单位为 kJ/kg 湿煤。

2. 干煤耗热量

1 kg 干煤炼焦所消耗的热量，用 $q_{干}$ 表示，单位为 kJ/kg 干煤。干煤耗热量不包括加热和蒸发湿煤中水分所需要的热量。

3. 相当耗热量

为统一基准，便于比较，提出相当耗热量。它以湿煤中的 1 kg 干煤为基准，计算供给焦炉的热量（包括加热水分和蒸发的热量），用 $q_{相}$ 表示，单位为 kJ/kg：

$$q_{相} = q_{湿} \frac{100}{100 - M_t} \tag{6-7}$$

我国焦炉相当耗热量推荐值见表 6-5，表中数据按 1 kg 非捣固煤料、配煤水分 7%计算。计算加热系统时，考虑生产留有余地，故规定值高。

表 6-5　我国焦炉相当耗热量　　单位：kJ/kg

用　途	大型焦炉		中型焦炉		小型焦炉
	焦炉煤气	高炉煤气	焦炉煤气	高炉煤气	焦炉煤气
计算生产消耗定额	2 344	2 637	2 595～2 721	2 930～3 056	2 930
计算加热系统	2 574	2 846	2 846～2 972	3 140～3 265	3 140

高炉煤气与焦炉煤气相比，热辐射强度低，废气量大，废气密度高，故废气带走热量多，通过炉墙和设备的漏损量也大，故相当耗热量高。

第四节　非常规炼焦技术

一、配型煤炼焦

配型煤炼焦是在炼焦装炉煤料中按一定比例配入成型煤料进行炼焦的技术。20 世纪 70 年代，日本采用配黏结剂生产成型煤，并改善成型煤的加工工艺和设备，使成型煤炼焦得到了很快的发展。1980 年我国宝钢从日本新日铁公司引进了配型煤炼焦技术和设备，并在国内首次大规模应用于工业生产。

（一）基本原理

配型煤炼焦是在装炉煤料中配入一定比例的型煤，然后装炉炼焦的方法，该方法炼焦提高焦炭质量的基本原理如下。

（1）配入成型煤块后，提高了装炉煤料的密度。这样可降低炭化过程中半焦的收缩，从而减少焦炭的裂纹，提高焦炭的强度。

（2）型煤块中配有一定量黏结剂，从而改善了煤料的黏结性能，对提高焦炭质量有利。

（3）型煤块的视密度为 1.1～1.28 t/m^3，而一般粉煤装炉视密度仅 0.70～0.758 t/m^3。成型煤中煤粒相互接触远比粉煤紧密，从而显著地提高了型块煤料的结焦性能。高密度型块与粉煤配合炼焦时，在软化熔融阶段，型块本体产生的膨胀，对周围煤料施加压紧作用，促进了煤料颗粒间的胶结，使焦炭结构更加致密。

（二）配型煤工艺

配型煤炼焦有两种基本工艺，第一种工艺是新日铁法，第二种工艺是由日本住友金属公司开发的住友法。

1. 新日铁法

新日铁法是指粉煤和成型煤采用相同配煤比的配型煤工艺，其基本流程是取出 30％装炉煤用黏结剂成型制型煤，然后与其余 70％装炉煤混合装炉炼焦。

该工艺主要设备包括混煤机、混捏机、成型机和网式冷却输送机。型煤用焦油沥青做黏结剂，混捏温度约为 100 ℃，热压成型。为了提高型煤强度，防止在贮运过程中碎裂和黏结，成型后的热煤球需冷却，使其表面硬化。

2. 住友法

住友法是将非炼焦煤或弱黏结性煤单独添加黏结剂进行成型处理，然后按比例将成型煤与另外单独处理的粉煤混合，最终装炉的配型煤工艺。

该工艺可以多用一些弱黏结煤，在同样的原料煤配比条件下，由于弱黏结性煤的集中成型使用，使得住友法在改善煤料的结焦性能方面效果优于新日铁法。

（三）配型煤炼焦的效果和影响因素

由于配型煤炼焦装炉煤堆密度增加，焦炭产量提高。当型煤配比为 20％时，堆密度提高 5.9％；配比达 30％时，堆密度提高 8.1％。

配型煤炼焦，结焦时间也要相应延长，生产操作表明，型煤配比为 20％时，结焦时间要延长 4.3％；配比增加到 30％时，结焦时间延长 7.1％。

1. 型煤配比对焦炭质量的影响

日本住友金属做的试验表明，随配比增加，焦炭强度提高。大约配比每增加 10％，强度升高 0.4％～0.55％，当配比达 40％～50％时，强度达到最大值。

2. 原料煤和黏结剂对焦炭质量的影响

黏结性强的煤部分成型炼焦，其效果不如黏结性弱的煤效果提高得显著。

成型煤使用的黏结剂主要来自煤焦油产品，如沥青和焦油等。一般来说，黏结剂添加量适当增加可以改善型煤强度和密度，提高成品率，对焦炭质量提高有利。

3. 配型煤对炼焦膨胀压力的影响

成型煤炼焦时，对炉墙产生的膨胀压力随型煤配比的增加而提高，推焦电流也随成型煤的配入而升高。配入 30％的型煤较不配型煤时推焦电流约升高 10％，对强黏结性的成型煤料，推焦电流会急剧上升。因此，应密切注意成型煤炼焦时型煤配比和原料煤性质对膨胀压力和推焦电流产生的影响。

二、捣固炼焦

捣固炼焦至今已有100多年的历史，它是各种非常规炼焦技术中发展较为完善的一种炼焦方法。该方法是将配合煤料在捣固箱内捣成体积略小于炭化室的整体煤饼后，由托板从焦炉的机侧推入炭化室内炼焦。

由于煤饼捣固后堆密度可由散装煤的0.72 t/m^3 提高到1.00～1.15 t/m^3，因而煤料颗粒间距缩小，接触致密，有利于多配入高挥发分弱黏结煤，并改善和提高焦炭的质量。

（一）捣固炼焦的特点

1. 扩大炼焦煤源

可以多配入高挥发分煤和弱黏结性煤炼焦，生产高炉用焦，也可渗入焦粉和石油焦粉生产优质高炉用焦和铸造用焦。

2. 焦炭质量

在使用同样的配煤比之下，捣固炼焦的焦炭质量比常规顶装煤炼焦有所改善和提高，M_{40}可提高2%～4%，M_{10}可改善3%～5%。

3. 提高焦炭产量

捣固炼焦的装炉煤堆密度是常规顶装炉煤料堆密度的1.4倍左右，而结焦时间延长仅为常规顶装工艺的1.1～1.2倍，故焦炭产量增加。

4. 捣固炼焦炭化室的锥度减小

捣固炼焦既要减少煤饼与炭化室两侧间隙，又要保证能顺利推焦，因此一般捣固焦炉炭化室仍有锥度，但锥度比顶装焦炉的锥度小得多。以JN38-86型捣固焦炉为例，炭化室主要尺寸：长为12.56 m，高为3.8 m，平均宽为460 mm，锥度仅为10 mm，有效容积为19.5 m^3，结焦时间为19 h，生产铸造焦时结焦时间为28 h。

（二）捣固炼焦的技术关键

捣固炼焦的技术关键有以下几方面。

1. 煤饼的稳定性

捣固煤饼的稳定性直接影响生产的正常进行，也是制约捣固焦炉向高大炭化室发展的重要因素。煤饼的稳定性与煤饼的高宽比、煤料的水分、煤料的粒度组成及捣固机的捣固强度有关。煤料细度一般要求95%以上，水分控制在9%～11%。煤饼的高宽比数值越大，对煤饼的稳定性要求越高，JN38-86型捣固焦炉的煤饼高宽比约为8∶1。

2. 机械作业率

机械作业率是指每台焦炉机械的昼夜操作的炉孔数，捣固炼焦发展缓慢的另一个原因是将煤料捣成饼推入炭化室（加上推焦的全过程）一般需25～30 min，每套机械一天的作业率只有70～90炉孔，而常规炼焦工艺一般操作时间为10 min左右，一天作业率为130～150炉。

3. 操作环境

由于捣固炼焦煤饼在机侧炉门打开的条件下推入炭化室，因而装煤时冒烟冒火严重。因此，必须要有消烟除尘的措施与装炉设备配套。

三、煤干燥炼焦和预热炼焦

（一）煤干燥炼焦

煤干燥后炼焦，是将装炉煤的水分干燥至4%～5%后，即对装炉煤进行干燥调湿，再装炉炼焦。由于煤料水分降低，降低了煤料间水分表面张力，增加了煤料颗粒之间的润滑，可以提高装炉煤的堆密度。又因为水分降低，结焦时间缩短，炼焦速度提高，改善了煤料的黏结性，提高了焦炭的质量和产量，降低炼焦耗热量，而且也可以降低火道温度以减少 NO_x 排放量，同时也减少了焦化厂的剩余氨水量。

煤料干燥的设备主要有转筒干燥机、多层圆盘立式干燥机和流化床等。

（二）煤预热炼焦

煤预热炼焦，是指炼焦煤料在炉外预热到200 ℃左右，然后装入炭化室内的炼焦。

煤预热炼焦的优点明显：煤预热炼焦可以增加气煤的用量，改善焦炭质量；煤预热炼焦可以缩短结焦时间，提高焦炉的生产能力，煤料预热到250 ℃装炉，可以使焦炉的生产能力增加35%以上；煤料中无水分蒸发吸热，耗热量可以节约293 kJ/kg，炼焦耗热量可以降低10%。煤料预热后不含水分，这样可大大减少焦化厂剩余氨水的处理量和含酚废水的外排量。

已有三种煤预热炼焦工艺在工业上应用。在这三种工艺中，煤预热系统的基本原理相同，即采用煤气燃烧产生的烟气在气流床内对煤进行加热，三种系统的加煤方法各不相同，考泰克系统属流态化装炉，因此装炉煤堆密度相对较小，荒煤气夹带煤尘量较多，但密闭较好，因此消除了装炉时烟尘污染大气的现象。普列卡邦和西姆卡系统采用重力装炉，因此装炉煤堆密度较大，装炉时荒煤气夹带煤尘量少，但装炉孔口与装煤斗或装料小车之间的密封不如管道装炉，故在防止烟尘污染方面稍差。

四、型焦生产

型焦就是将非黏结性煤成型后，再进一步炭化制成型焦，用以代替普通冶金焦。型焦成型工艺按成型时煤料状态可分为冷压成型和热压成型。前者煤料在远低于塑性状态温度下成型，后者煤料在塑性状态温度下成型。

冷压成型又分为黏结剂成型和无黏结剂成型两种。型焦生产的优势是可以利用高挥发分烟煤或部分利用低挥发分弱黏结煤生产符合高炉生产要求的冶金焦。因此对于扩大炼焦煤源具有重要意义。

第五节 炼焦化学产品的回收与煤气净化

煤在炼焦时产生的气体和液体产物全部转入为荒煤气。荒煤气经净化回收后，可将化学产品从中分离出来，得到焦油、粗苯、硫铵（氨水）、粗轻吡啶、硫氰化物、黄血盐等化工原料和产品。

煤气中所含有的氨可用于生产制造硫铵、无水氨和浓氨水。煤气中的硫化氢脱除回收可生产元素硫和硫酸。氰化氢用于制取黄血盐钠或黄血盐钾等化工原料。硫化氢和氰化氢的脱除对减轻大气和水质污染、保护环境具有重要意义。

焦炉煤气中的粗苯一般通过洗油吸收法回收，粗苯主要由芳烃和少量烯烃以及脂肪烃的混合物组成，通过精制加工后，可得到甲苯、二甲苯、古马隆树脂、噻吩、溶剂油等产品。

从焦炉气中冷凝下来的煤焦油，其中含有上万种有机化合物，95%为芳香族化合物。煤焦油产品占世界芳烃总需要量的25%，多环芳烃和杂环芳烃95%来源于煤焦油，蒽、菲、芘、咔唑和喹啉等产品几乎100%来源于煤焦油产品。全世界每年从煤焦油中提取约500万t化工产品，广泛应用于塑料、合成纤维、染料、合成橡胶、医药、农药等领域。

经过回收净化后的焦炉煤气主要含有H_2、CH_4和CO等气体。净焦炉煤气是高热值的燃气，可用作工业及民用燃料，也可以作为生产甲醇等产品的原料。

因此，回收和加工炼焦化学产品，对合理利用我国煤炭资源、提高煤炭加工转化的经济效益有着十分重要的意义。

一、炼焦化学产品的组成和产率

（一）炼焦化学产品的组成和产率

炼焦化学产品的组成和数量随干馏温度及原煤性质变化而变化，由每个炭化室逸出的煤气组成随炭化时间而异，但由于炼焦炉整个炉组的生产是连续的，正常生产情况下，焦炉煤气的总体组成基本是一致的，高温干馏产品产率见表6-6。

表6-6 高温干馏产品产率

产品	焦炭	净焦炉煤气	焦油	化合水	粗苯	氨	其他
产率/%	70～78	15～19	3～4.5	2～4	0.8～1.4	0.25～0.35	0.9～1.1

经回收化学产品和净化后的焦炉煤气，其组成见表6-7。焦炉煤气中其他组分的产率见表6-8。

表6-7 净焦炉煤气的组成

组分	H_2	CH_4	CO	N_2	CO_2	C_nC_m	O_2
体积含量/%	54～59	24～28	5.5～7	3～5	1～3	2～3	0.3～0.7

表6-8 焦炉煤气中其他组分的含量 单位：g/m^3

组分	水蒸气	焦油汽	粗苯	NH_3	硫化氢
含量	250～450	80～120	30～45	8～16	6～30
组分	氰化物	萘	吡啶盐基	其他硫化物	
含量	1.0～2.5	8～12	0.4～0.6	2～2.5	

（二）影响炼焦化学产品产率的因素

炼焦配煤的性质和炼焦过程的操作条件决定着炼焦化学产品的产率。

1. 配煤性质和组成的影响

配煤成分对煤气的组成有很大影响。煤气的产率G(%)与配煤的挥发分有关，可由式(6-8)求得

$$G = \alpha \sqrt{V_{daf}} \tag{6-8}$$

式中 α——与煤种有关的系数（气煤$\alpha=3$，焦煤$\alpha=3.3$）；

V_{daf}——配煤的无水无灰基挥发分，%。

配煤的挥发分和煤的变质程度决定焦油的产率。

在配煤挥发分 $V_{daf}=20\%\sim30\%$ 的范围内，焦油产率可由式(6-9)求得

$$T=-18.36+1.53V_{daf}-0.026V_{daf}^2 \quad (6\text{-}9)$$

式中 T——焦油产率，%。

2. 焦炉操作条件的影响

炼焦化学产品的组成和产率受到焦炉操作温度、压力和停留时间等因素的影响，其最主要的影响因素是炉墙温度和炭化室顶部空间温度。

提高炉墙温度将使焦油中的苯族烃量减少，而萘、蒽、沥青和游离碳的含量增加，密度变大，酚类及中性油类含量降低。

炭化室顶部空间温度的高低是由炼焦温度、炭化室顶部空间尺寸、煤气停留时间以及炉内煤气流动方向等相互复杂作用的结果。炭化室顶部空间温度不宜超过 800 ℃。若炭化室顶部空间温度过高，焦油和粗苯产率由于热解作用而降低，高温化合水的产率却增加。

焦炉操作压力对化学产品的产率和组成也有一定影响。当炭化室内形成负压时，空气被吸入，引起部分化学产品在炭化室内燃烧，导致煤气质量下降。当炭化室内压力过高时，煤气漏入燃烧系统或因炉门漏气而损失。

二、炼焦化学产品回收的典型流程

根据洗氨与煤气脱硫等方法的不同，炼焦化学产品的回收系统的工艺有多种流程，但在国内的大多数焦化厂主要有两种基本流程。

（一）硫铵流程

如图 6-11 所示，生产硫铵系统的煤气流程为：自焦炉出来的荒煤气，相继经过冷凝鼓风、硫铵、粗苯回收和煤气脱硫等工段。回收得到焦油、硫铵、粗轻吡啶、粗苯、硫黄等产品。

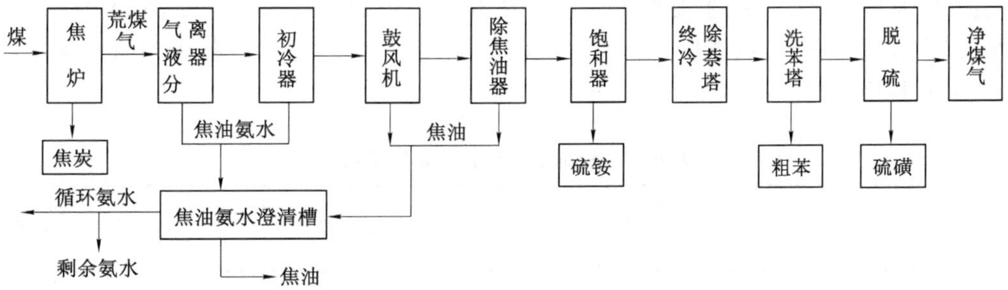

图 6-11 生产硫铵系统的煤气流程

（二）氨水流程

图 6-12 为生产浓氨水系统的煤气流程，自焦炉出来的荒煤气，与硫铵系统一样，依次经过冷凝鼓风工段、氨水工段、粗苯工段和脱硫工段，该系统回收焦油、浓氨水、粗苯以及硫黄等产品。

由于氨的回收方式不同，出现了不同的工艺流程，并且对各个工序提出不同的要求。

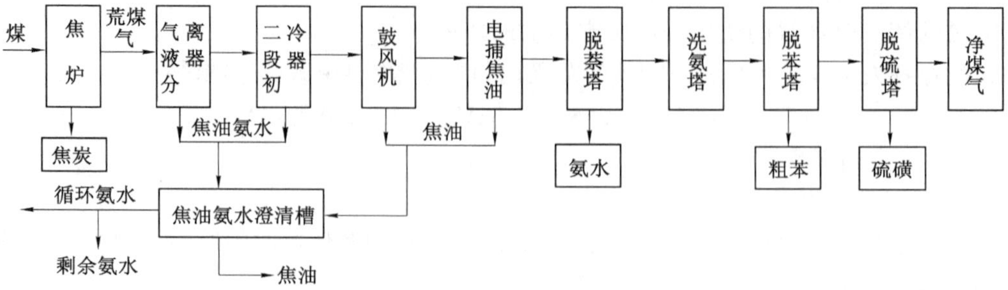

图 6-12 生产浓氨水系统的煤气流程

第六节 煤气的冷却和输送以及焦油氨水的分离

荒煤气从炭化室经上升管逸出后的冷却过程分两步进行。第一步是在焦炉桥管和集气管中用循环氨水喷洒,使煤气冷却到 80～85 ℃;第二步是在煤气初冷器中进行,使煤气进一步冷却到 25～40 ℃(硫铵系统)或低于 25 ℃(浓氨水系统)。

一、煤气在集气管的冷却

煤气在桥管和集气管内的冷却是采用循环氨水通过喷头强烈喷洒进行的,被喷成细雾状的氨水与煤气充分接触,通过氨水大量蒸发,使得煤气温度由 700～800 ℃降低至 80 ℃左右。煤气降温所放出的热量,大部分用于蒸发氨水,少部分热量消耗在加热氨水和集气管的散热损失上。

煤气冷却和焦油冷凝时放出的热量分配大致为蒸发氨水耗热约占 70%,加热氨水耗热占 15%～20%,集气管的散热损失占 10%～15%。

表 6-9 为集气管操作的主要技术数据。离开集气管的煤气虽然冷却,但未被水汽所饱和,即煤气温度仍高于露点温度,所以在集气管内不但不发生水汽冷凝,由于氨水蒸发,煤气冷却后水分相反增加。

表 6-9 集气管操作的主要技术数据

操作指标	进集气管煤气温度/℃	出集气管煤气温度/℃	循环氨水温度/℃	出集气管氨水温度/℃
参数	650～700	82～86	72～78	74～80
操作指标	循环氨水用量/(m^3/t 干煤)	氨水蒸发量(占循环氨水)/%	煤气露点/℃	冷凝焦油量(占总焦油量)/%
参数	6～8	2～3	80～83	50～60

二、煤气的初步冷却

焦炉煤气在集气管冷却后还含有大量的焦油汽和水汽,为减少煤气的体积,降低鼓风机的负荷并为回收化学产品提供必需的回收条件,煤气需在初冷器中进一步冷却到 25～40 ℃。煤气初步冷却的方式有间接冷却、直接冷却和间-直混合冷却三种。目前我国绝大多数焦化厂采用管式间接冷却器进行煤气的初步冷却。

采用管式初冷器的煤气间接初冷流程如图 6-13 所示。荒煤气与喷洒氨水冷凝焦油一起沿煤气吸气管进入气液分离器，分离出焦油和氨水混合物。煤气经气液分离后进入管式初冷器用水进行间接冷却。在煤气冷却过程中，煤气中绝大部分的焦油汽、水汽和萘被冷凝下来，形成了冷凝氨水。

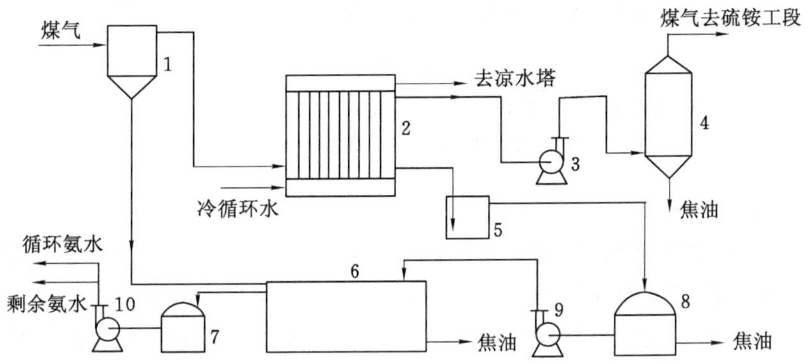

1—气液分离器；2—管式初冷器；3—鼓风机；4—电捕焦油器；5—冷凝液水封槽；
6—焦油氨水澄清槽；7—氨水中间槽；8—冷凝液中间槽；9—冷凝液泵；10—循环氨水泵。

图 6-13　采用管式初冷器的煤气初冷工艺流程

由管式初冷器出来的煤气中还有 1.5～2.0 g/m³ 的雾状焦油，煤气被鼓风机送至电捕焦油器，除去焦油雾后的煤气，送后续工段。

上述煤气间接初冷工艺流程适于饱和器法生产硫铵的回收系统，对于氨水流程系统，为了使经初冷器后煤气温度低于 25 ℃，宜采用循环水和低温水分段冷却煤气的方法。

在煤气初冷的氨水循环系统中，由于配煤水分和炼焦时生成的化合水使氨水量增多而形成了剩余氨水，这部分氨水从循环氨水泵出口管路上引出，送去蒸氨和脱酚。剩余氨水量 G_7 由煤气带入水量 G_1 与煤气带出水量 G_4 确定。

$$G_7 = G_1 - G_4 \tag{6-10}$$

煤气带入集气管水量 G_1 可由煤处理量和配煤水分及化合水含量求出，煤气带出水量 G_4 可由煤气量和煤气冷却后露点（等于冷却温度）计算。

三、焦油氨水的分离和煤气输送

焦油氨水的分离操作对氨水加工和焦油的加工有重要的影响。

通常将集气管氨水和初冷器氨水混合分离，初冷器轻质焦油和集气管重质焦油混合后，在 20 ℃时的焦油密度为 1.15～1.19 g/cm³，黏度比重质焦油降低，这样易于焦油渣沉淀分离。

（一）焦油氨水澄清分离

焦油、氨水和焦油渣组成的混合物是一种乳浊液和粗悬浮液的混合物。焦油与氨水的密度相差较大，较易分离。焦油氨水的澄清分离设备主要有立式氨水澄清槽、卧式机械化氨水澄清槽等。在大中型焦化厂中，以卧式机械化焦油氨水澄清槽应用最为广泛。其结构如图 6-14 所示。

机械化氨水澄清槽是一个长方形断面容器，底部设有刮板输送机，用于将焦油渣刮出。氨水溢流，焦油由下部经液位调节器排出。机械化氨水澄清槽的设计停留时间一般为半小时。

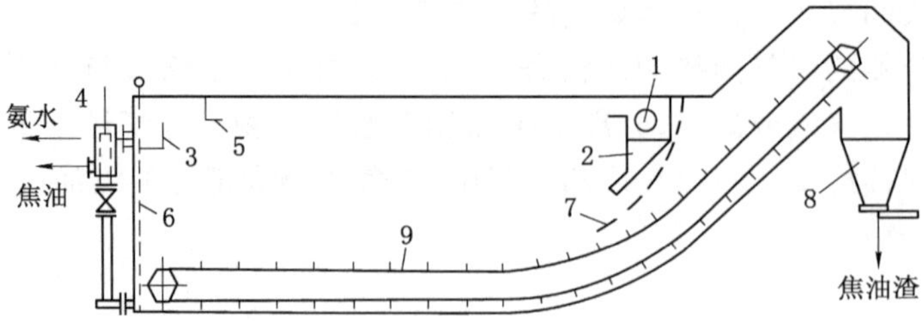

1—入口管；2—承受隔室；3—氨水溢流槽；4—液面调节器；5—浮焦油渣挡板；
6—活动筛板；7—焦油渣挡板；8—放渣漏斗；9—刮板输送机。

图 6-14　机械化焦油氨水澄清槽

（二）煤气输送

为了克服煤气回收净化系统的阻力，控制焦炉炭化室的煤气压力，向用户或煤气柜输送煤气，煤气系统需设置相应的煤气鼓风机。目前大中型焦化厂主要采用离心式煤气鼓风机。

鼓风机的正常操作是焦化厂生产的核心，必须精心操作和维护，机体下部凝结的水和焦油应及时清除。为了保障连续生产，焦化厂必须采用双回路供电。

（三）煤气中焦油雾的清除

煤气经初冷器冷却后，仍含有没有除尽的焦油雾（1～17 μm），其沉降速度大大低于煤气的流速，所以悬浮于煤气中并被煤气带走。如不除去煤气中的焦油雾，将对后续生产产生不利影响，必须将其清除。

清除焦油雾的方法和设备类型有多种，大型焦化厂主要采用电捕焦油器，其清除焦油雾效率可达 98%～99%，而且动力消耗少，阻力小。

第七节　煤气中氨的回收

煤气中的氨在荒煤气初步冷却后，一部分氨转入冷凝氨水中，其余部分存在于煤气中，前者是通过氨水蒸馏的方法进行回收，后者是通过吸收剂将煤气中的氨吸收下来，然后再进行回收加工。常用的氨吸收剂有硫酸、水、磷酸二氢铵溶液、磷酸等。采用不同的吸收剂，其工艺过程不同，得到的产品也不同，如图 6-15 所示。

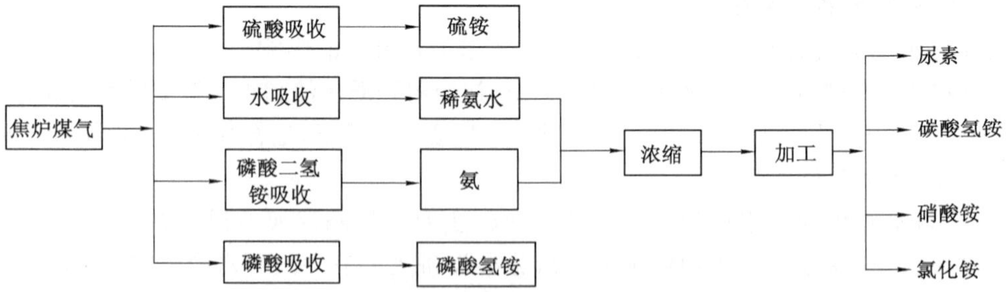

图 6-15　氨回收方法及产品

我国焦化厂从焦炉煤气中回收氨大多采用生产硫铵的流程和生产浓氨水流程。

一、饱和器法生产硫铵

（一）生产原理

制取硫酸铵化学原理主要是氨与硫酸的中和反应。

$$2NH_3+H_2SO_4 \longrightarrow (NH_4)_2SO_4$$

在酸度不大的情况下(生产控制在4%～6%)，从吸收氨的硫酸铵饱和溶液中析出的只有硫酸铵结晶。

（二）硫酸铵结晶的影响因素

1. 母液温度对结晶的影响

饱和器内母液温度影响硫酸铵在母液中的溶解度和母液黏度，进而影响晶体长大。为了蒸发饱和器的多余水分，保持饱和器内的水平衡以防止母液被稀释。一般要求进入饱和器的煤气必须预热到60～70 ℃。而饱和器母液应在保证水平衡的条件下，保持较低的操作温度，以50～55 ℃为宜。

2. 母液酸度对结晶的影响

母液酸度过大使溶解在母液中的硫酸铵数量增加，难以获得颗粒结晶，反之，则可能使氨和吡啶吸收不完全。一般情况下，母液酸度维持在4%～6%比较合适。

3. 杂质对结晶的影响

在纯净的母液中，硫酸铵结晶的生长速度最快。母液中的杂质对结晶的成长和晶形均有不利影响，母液中含有的金属离子不同，硫酸铵晶体的晶形也不同。当母液中含有Al^{3+}和Fe^{3+}时，则生成细长片状的晶体，在生产中这种晶体会被大量粉碎，导致硫酸铵粒度减小。

搅拌可以促进溶质分子向晶核表面扩散，还可以减少饱和器内部各部位温度和浓度不均匀的程度，易于增大硫酸铵的颗粒。母液中的结晶浓度(晶比)一般控制在40%～50%。

（三）饱和器法生产硫酸铵的工艺流程

饱和器法生产硫酸铵工艺流程见图6-16。来自冷凝鼓风工段的煤气首先进入煤气预热器，被预热到65 ℃左右，然后，热煤气与蒸氨塔来的氨气合并进入饱和器，氨被硫酸吸收。煤气出饱和器后进入除酸器，除去所夹带的酸雾后送往粗苯工段。在饱和器后煤气中的含氨量一般要求低于30 mg/m^3。饱和器中硫酸铵结晶用结晶泵将晶体连同部分母液送至结晶槽。硫酸铵晶体经离心机离心分离，分离出来的母液返回饱和器。离心机卸出的硫酸铵晶体经流化干燥后得到产品。

饱和器溢出的母液不断通过液封内的满流管流入满流槽，而由循环泵连续送回饱和器底部的喷射器，不断搅动母液。满流槽漂浮的酸焦油，用人工捞出或引至酸焦油处理装置进行回收。

硫酸铵工段的主要设备有煤气预热器、饱和器、离心机、干燥机、除酸器等，其中饱和器是硫酸铵工段的主要设备。

二、剩余氨水的蒸氨生产

在饱和器法生产硫酸铵的流程中，设剩余氨水的蒸馏装置，将来自溶剂脱酚后的剩余氨水进行蒸氨，得到浓度为10%～12%的氨气，不回收吡啶时，氨气直接通往饱和器制取硫酸铵。在氨水蒸吹过程中还可以回收氰化氢用以制取黄血盐。

氨水蒸馏工艺流程如图6-17所示。原料氨水经换热器与热废水换热后，进入蒸氨塔上

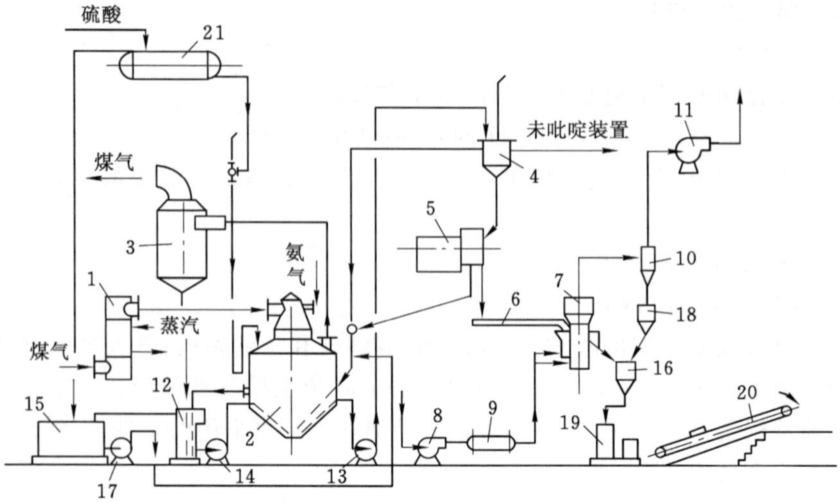

1—预热器；2—饱和器；3—除酸器；4—结晶槽；5—离心机；6—螺旋输送机；
7—沸腾干燥器；8—送风机；9—热风器；10—旋风分离器，11—排风机；
12—满流槽；13—结晶泵；14—循环泵；15—母液贮槽；16—硫酸铵贮斗；
17—母液泵；18—细粒硫酸铵贮斗；19—硫酸铵包装机；20—胶带机；21—硫酸高位槽。

图 6-16　饱和器法生产硫酸铵工艺流程

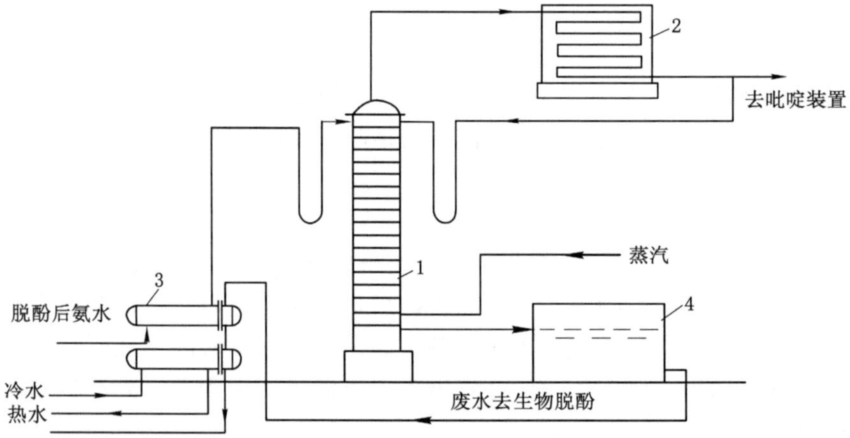

1—蒸氨塔；2—氨气分缩器；3—换热器；4—蒸氨废水槽。

图 6-17　氨水蒸馏工艺流程

部第一层塔盘，塔底用直接蒸汽作为热源进行蒸吹，将氨水中的氨蒸出，废水含氨量不高于0.01%。从塔顶逸出的蒸汽中含有氨、水汽、二氧化碳、硫化氢及氰化氢的混合气体，温度为101～103 ℃的混合气体进入氨气分缩器，氨气部分冷凝并回流到蒸氨塔，浓缩后的氨气则进入中和器或饱和器中。

三、磷铵法制取无水氨

磷铵法制取无水氨又称为弗萨姆(Phosam)法无水氨生产工艺，可制取纯度为 99.99%的无水氨。弗萨姆法制取无水氨主要包括三个过程：① 磷铵溶液吸收煤气中的氨；② 吸氨富液的解吸；③ 解吸所得氨气冷凝液的精馏。

（一）生产原理

磷铵法制取无水氨工艺以磷铵溶液吸氨，实质上是以磷酸吸氨。磷酸为三元酸，在水溶液中能离解为磷酸二氢根离子（$H_2PO_4^-$）、磷酸一氢根离子（HPO_4^{2-}）和磷酸根离子（PO_4^{3-}）。由于磷酸的水溶液中含有上述各种离子，当吸收氨时，能生成磷酸一铵（$NH_4H_2PO_4$）、磷酸二铵[$(NH_4)_2HPO_4$]和磷酸三铵[$(NH_4)_3PO_4$]。

磷酸三铵很不稳定，在室温下就能分解放出氨而变成磷酸二铵。在弗萨姆法所用的磷铵溶液中主要含有的是磷酸一铵和磷酸二铵，在低于 120 ℃时，磷铵溶液表面上氨的分压主要与溶液中的磷酸二铵含量有关。所以磷铵溶液吸收煤气中氨时，按下述反应式进行：

$$NH_4H_2PO_4 + NH_3 \longrightarrow (HN_4)_2HPO_4$$

由于磷酸吸收具有选择性，只吸收煤气中的氨，而不吸收煤气中的酸性组分（CO_2、HCN、H_2S），因此无须再经化学精制，可生产出极纯无水氨的产品。

（二）生产工艺

无水氨生产工艺流程如图 6-18 所示。

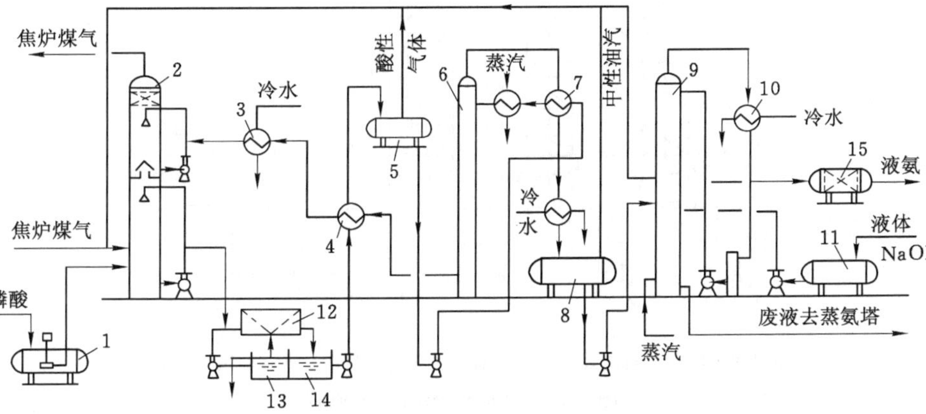

1—磷酸槽；2—吸收塔；3—贫液冷却器；4—贫富液换热器；5—蒸发器；6—解吸塔；
7—部分冷凝器；8—精馏塔给料槽；9—精馏塔；10—冷凝器；11—烧碱槽；
12—泡沫浮选除焦油器；13—焦油槽；14—溶液槽；15—活性炭吸附器。

图 6-18　无水氨生产工艺流程

第八节　煤气中粗苯的回收

粗苯是煤干馏过程中分解产生的芳香烃化合物中分子量较低的部分，其产率占炼焦干煤装入量的 0.8%～1.4%，荒煤气中的粗苯含量一般为 25～45 g/m^3，在荒煤气中的体积比约为 1%。工业上采用洗油吸收法回收焦炉煤气中的粗苯。

一、洗油吸收法回收粗苯工艺

用洗油吸收法回收下来的粗苯为苯类产品混合物。其中主要组分是苯（55%～70%）、甲苯（11%～22%）、二甲苯（2.5%～6%）以及不饱和化合物（7%～12%）和硫化物等。粗苯的各主要组分在 180 ℃之前馏出。180 ℃以后馏出的是粗苯中所含的洗油轻质馏分，称为溶剂油。常以其 180 ℃前的馏出量作为鉴别粗苯质量的指标之一，一般要求粗苯在 180 ℃前馏出量达 93%～95%。

粗苯在常态下为淡黄色透明液体，密度比水小，不溶于水。在贮存过程中，由于其中的戊烯类、环戊二烯等不饱和化合物发生氧化和聚合，会形成树脂状物质，从而导致粗苯着色而变暗。粗苯易燃，闪点为 12 ℃。

在粗苯回收时，为了便于粗苯的加工，通过精馏方法可将粗苯分离成轻苯和重苯两种产品。

（一）洗油吸苯工艺

洗油吸收煤气中的苯族烃为物理吸收。常用回收粗苯的工艺流程如图 6-19 所示。

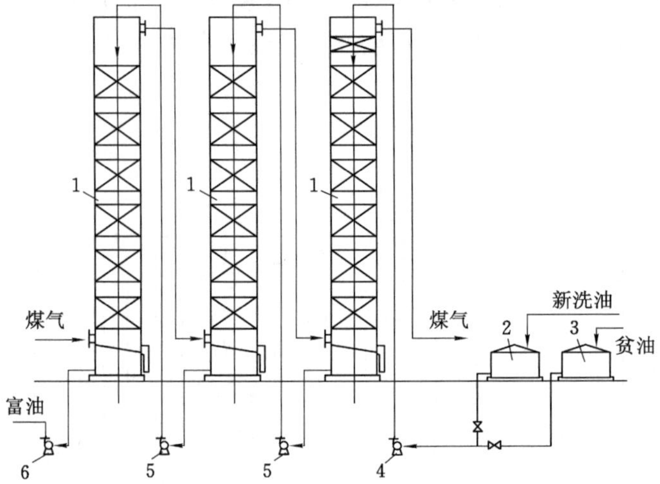

1—填料洗苯塔；2—新洗油槽；3—贫油槽；4—贫油泵；5—半富油泵；6—富油泵。

图 6-19　回收粗苯的工艺流程

温度为 25～27 ℃、含苯族烃为 25～45 g/m^3 的煤气依次进入三台洗苯塔。自 3 号洗苯塔出来的煤气中，苯族烃含量一般要求低于 2 g/m^3。之后煤气再进入脱硫工段。

脱苯后的洗油称为贫油，含粗苯 0.2%～0.4%。用泵将贫油送往洗苯塔的塔顶喷淋，洗苯塔串联操作，吸收粗苯后的洗油称为富油，含苯量约为 2.5%。将富油排入富油接收槽，用泵送往脱苯工序，脱苯后得到的贫油经冷却后再回到贫油槽循环使用。

洗苯主要设备洗苯塔大多选用填料塔。所用的填料有以下几种：木格填料、钢板网填料、金属螺旋填料、塑料花环填料等。

（二）影响粗苯回收的因素

煤气中苯族烃在洗苯塔内被吸收的程度称为回收率，粗苯回收率是评价洗苯塔操作的重要指标，一般为 93%～95%。影响粗苯回收率的主要因素如下。

1. 吸收温度

吸收温度是指洗苯塔内气液两相接触面的平均温度。当吸收温度超过 30 ℃时，随着吸收温度的升高，粗苯回收率显著下降。当吸收温度低于 15 ℃时，洗油的黏度将显著增加，使洗油输送及其在塔内均匀分布和自由流动都发生困难。洗苯操作适宜的吸收温度为 25 ℃

左右。生产中洗油的温度应略高于煤气温度，以防止煤气中水蒸气冷凝进入洗油中，使得洗油带水，因水中溶解有腐蚀性物质，会导致洗油脱苯蒸馏设备的腐蚀加重。

2. 洗油的吸收能力及循环油量

用于洗苯操作的洗油有煤焦油洗油和石油洗油两种。因其性质和质量不同，在吸收过程中对苯族烃的吸收能力也不同。在其他条件一定时，同类液体吸收剂的吸收能力与其相对分子质量成反比，吸收剂与溶质的分子愈接近，则愈容易溶解，吸收也就愈完全。洗油的相对分子质量也不宜过小，否则在脱苯蒸馏时洗油与苯族烃不易分离，且挥发损失较大。

在洗苯操作时，如果洗油的洗苯能力强，则循环洗油的用量可以相应减少。增加循环洗油量，可降低洗油中苯族烃含量，提高苯族烃的回收率，但生产的动力消耗和成本都要增加。

影响粗苯回收率的因素很多。在实际生产中，洗苯的工艺参数一般控制如下：终冷塔后煤气温度 25～27 ℃；入洗苯塔贫油温度 27～30 ℃；贫油含苯量 0.2%～0.4%；富油含苯量(焦油洗油)1.8%～2.5%；塔后煤气含苯量不大于 2 g/m^3；循环洗油量 1.6～1.8 $m^3/1\,000\ m^3$ 煤气。

实际生产中一般选用来自煤焦油蒸馏分离出的 230～300 ℃馏分的焦油洗油，其来源方便，洗苯性能好。

二、煤气终冷和除萘

为了用洗油吸收煤气中的苯族烃，煤气在进行洗苯之前必须将煤气的温度冷却到 25 ℃左右，同时除去煤气中的萘。

初冷之后的煤气，萘含量仍较高，往往高于煤气初冷温度对应的萘饱和含量(25～35 ℃时 1.1～2.5 g/m^3)。煤气在终冷降温时，萘必然要冷凝；在其他煤气净化流程中，萘同样会在低温下冷凝，导致设备和管道的堵塞，影响煤气的净化操作。因此在进行煤气冷却时必须考虑萘的脱除。脱除煤气中萘的方法主要有两种，一种是用油进行洗涤吸收，另一种是在煤气终冷时，用水进行洗涤。

(一) 油洗萘工艺

油洗萘方法可以将煤气中的含萘量降至小于 0.5 g/m^3。与水洗萘法相比，油洗萘法具有不排含酚污水、操作环境好等优点。洗萘的洗油可使用焦油洗油、轻质焦油、轻柴油、蒽油等。

油洗萘为物理吸收，其气液两相平衡关系符合亨利定律。同样温度下，萘在焦油洗油中的溶解度比在轻柴油中要高，即焦油洗油比轻柴油的吸萘能力大。为达到同样的洗萘效果，则焦油洗油的用量较少，焦油洗油在焦化厂内可实现自给。

油洗萘工艺流程主要有两种，一种是煤气的终冷和洗萘同时进行，简称冷法油洗萘；另一种是煤气在终冷前进行洗萘，简称热法油洗萘。

在热法油洗萘工艺中，为了防止煤气中的水分在洗萘塔内冷凝，洗萘油的温度应控制在略高于煤气露点的温度。

(二) 水洗萘工艺

水洗萘有两种工艺，分别为煤气终冷和机械化除萘的工艺流程、煤气终冷和热焦油洗萘的工艺流程。前者是在用水进行煤气终冷时，采用机械化刮萘槽除去水洗下来的萘，而后者是在煤气终冷时，采用热焦油对冷却水中的萘进行洗涤清除。

三、富油脱苯

(一) 富油脱苯的原理

富油脱苯采用水蒸气蒸馏方法，将洗油中吸收的苯族烃蒸馏出来。脱苯时向脱苯塔中通入直接水蒸气，将洗油中的苯族烃挥发出来，直接蒸汽耗量随富油预热温度的升高而减少，当富油预热温度由 140 ℃提高到 180 ℃时，直接蒸汽耗量可降低一半以上。提高直接蒸汽的过热温度，可降低直接蒸汽的耗量。采用管式炉加热法脱苯，可以将直接蒸汽过热到 400～450 ℃，通入再生器使用，这样可以大大减少直接蒸汽用量。

（二）管式炉脱苯生产流程

富油脱苯按其加热方式分为蒸汽预热器加热富油脱苯法和管式炉加热富油脱苯法。前者利用列管式换热器用蒸汽间接加热富油，使其温度达到 135～145 ℃后进入脱苯塔；后者采用管式炉作为加热设备，用煤气燃烧间接加热富油，使其温度达到 180～190 ℃后进入脱苯塔。管式炉加热富油脱苯法比蒸汽加热富油脱苯法具有更多的优点：① 粗苯回收率高；② 蒸气耗量低（蒸气耗量是蒸气加热法富油脱苯蒸气耗量的 1/3）；③ 酚水量少。国内新建焦化厂均选用管式炉加热富油脱苯方法。

脱苯工艺按蒸馏产品不同分为生产一种苯、两种苯（轻苯和重苯）和三种苯的工艺。

目前采用较多的是生产两种苯的工艺。其工艺流程如图 6-20 所示。在生产两种苯的工艺流程中，脱苯塔塔顶蒸出的粗苯蒸气经分凝器后进入两苯塔进行分馏。两苯塔顶逸出的轻苯蒸气经冷凝冷却并分离出水后进入轻苯回流槽，部分回流，其余作为产品采出，塔底引出重苯产品。

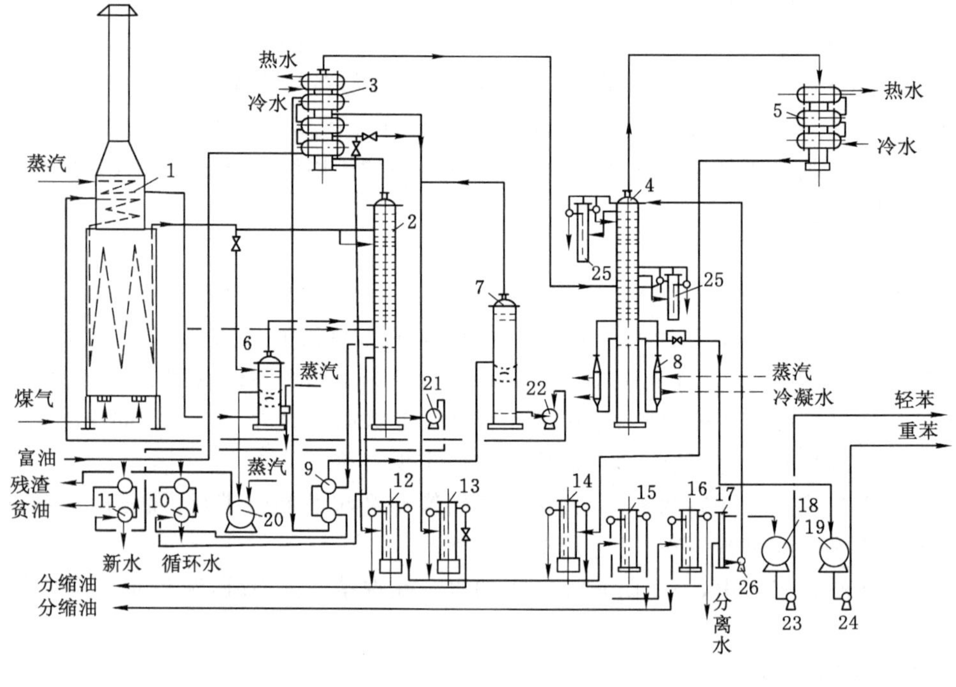

1—管式炉；2—脱苯塔；3—分缩器；4—两苯塔；5—轻苯冷凝冷却器；6—再生器；7—脱水塔；8—两苯塔加热器；9—贫富油换热器；10—一段贫油冷却器；11—二段贫油冷却器；12—重介缩油分离器；13—轻介缩油分离器；14—轻苯分离器；15—轻油控制分离器；16—重油控制分离器；17—轻苯回流槽；18—轻苯槽；19—重苯槽；20—残渣扬液槽；21—贫油泵；22—富油泵；23—轻苯泵；24—重苯泵；25—两苯塔油水分离器；26—回流泵。

图 6-20　管式炉加热法生产两种苯的工艺流程

第七章　煤炭气化

第一节　概　　述

煤炭气化是在适宜的条件下将煤炭转化为气体燃(原)料的技术。它是清洁、高效利用煤炭的主要途径之一,长期的生产实践表明,在各种煤炭转化技术中,煤炭气化是应优先考虑的一种加工方法。煤炭气化是发展煤基化学品(如甲醇、氨等)、煤基液体燃料、IGCC整体煤炭气化联合循环发电、制氢、直接还原炼铁等过程工业的龙头技术、关键技术和共性技术,是很多洁净煤新工艺的基础和先导环节。

一、煤炭气化的定义和实质

(一) 煤炭气化的定义

煤炭气化是指在煤气发生炉中,原料煤在高温条件下,与气化剂作用,生成煤气的过程。

煤炭气化过程的基本条件是:气化炉、气化原料和气化剂。气化炉是煤炭气化的设备;气化原料为各种煤或焦炭;气化剂为氧气或其他含氧物质如空气、水蒸气和二氧化碳等。

(二) 煤炭气化的实质

煤炭气化的实质是将煤由高分子固态物质转化为低分子气态物质,也是改变燃料中碳氢比的过程。

气化过程煤质分子的变化可简要表述如下:

(1) 煤质大分子周围的功能团,以挥发分的形式脱去,某些交联键断裂,氢化芳香裂解并挥发析出,或转化成附加的芳香部分,芳香部分转化成小的碳微晶,碳微晶聚集形成煤焦。

(2) 在脱挥发分过程中,生成活性的、不稳定的 C^*,它们可以与周围的气体直接作用而气化,也可以失活而形成煤焦。

(3) 析出的挥发分很活泼,可与气相的 O_2、蒸汽、H_2 等作用生成 CO、H_2 和 CH_4。

(4) 碳微晶形成的煤焦,可以气化成煤气,也可进一步缩聚形成焦炭。煤焦的气化活性主要取决于原始煤料和反应条件,如加热速度、最高温度、煤灰的催化性质等。

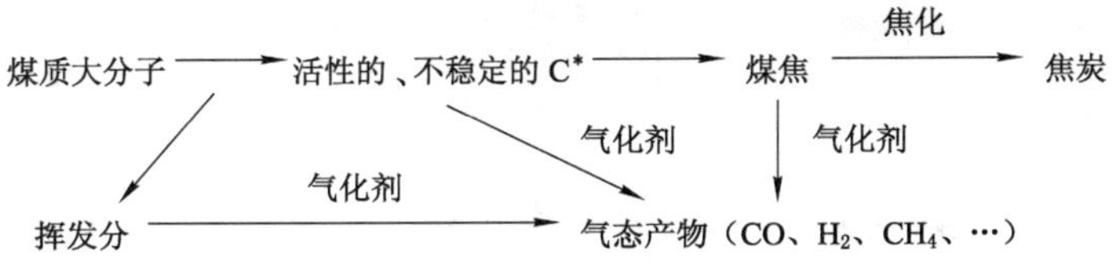

纵观整个气化过程,它既不同于焦化,也不同于燃烧。它之所以不同于焦化,在于脱挥发分过程中生成的挥发分和煤焦,均可进一步转化为气态产物,直至最终剩下灰烬;它之所以不同于燃烧,在于气化是一个不完全燃烧过程,它的目标产物是 CO 和 H_2,而完全燃烧的产物将是 CO_2 和 H_2O,但气化中的基本反应与燃烧有类似之处。

二、煤炭气化技术的发展

早期的煤炭气化大都使用块煤和小粒煤为原料制合成气，如各种常压移动床气化、鲁奇加压气化及流化床中的恩德炉气化、U－gas 气化和灰熔聚煤炭气化等气化方法，通称为第一代煤炭气化工艺。进入 20 世纪 80 年代后，煤炭气化技术取得了重大成果并进行了商业化运行，采用先进的气流床反应器，以干粉煤或水煤浆为原料，加压气化，如 Texaco 法、Shell 法、GSP 粉煤气化技术和四喷嘴对置式水煤浆气化等，通称为第二代煤炭气化工艺。

近年来煤炭气化在国外得到较大发展，目的是为煤的液化、气化联合循环及多联产提供理想的气源，扩大气化煤种，提高处理能力和转换效率，减少污染物排放。为提高能源利用效率，我国工业和信息化部在“十二五”期间选择了 19 家以煤为原料的大型、中型合成氨等煤化工企业，进行了技术改造，形成了一定规模的以先进煤炭气化技术为龙头的煤炭气化能力，替代了 780 万 t/a 常压固定床煤炭气化工艺，实现年节约标准煤 171 万 t 。

三、煤炭气化方法

迄今为止，已开发及处于研究发展中的气化方法不下百种，工业技术的分类常是依据分类方法或具体技术指标来进行的。一种技术或工艺，能被不同的分类方法归于特定的界定范围之内。对煤炭气化技术，按气化技术可分为地面气化技术和地下气化技术。

（一）地面气化技术

将煤从地下挖掘出来后再经过各种气化技术获得煤气的方法称为地面气化。地面气化技术从实用的目的出发，从不同的角度进行分类，见图 7-1。

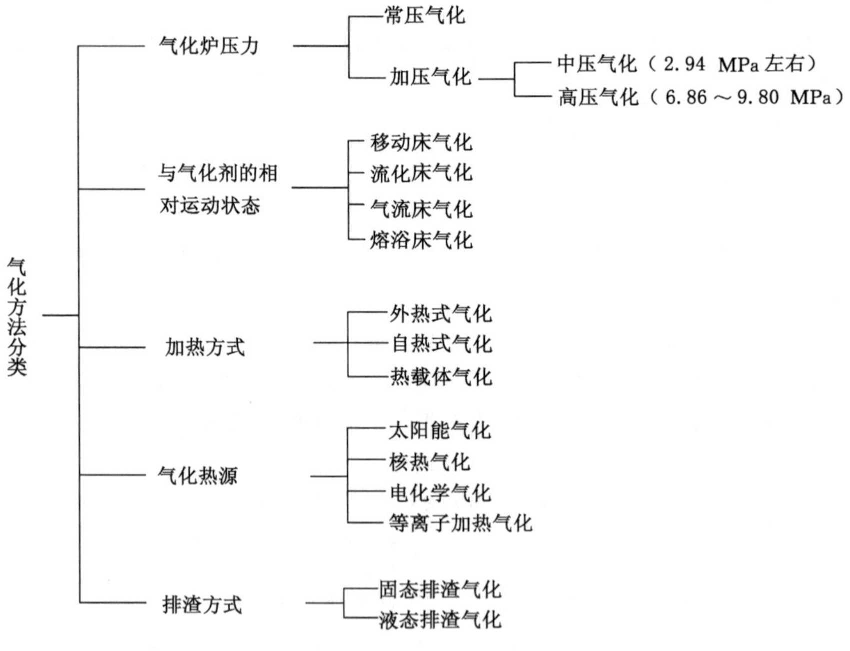

图 7-1　气化方法的分类

（二）地下气化技术

煤炭地下气化是通过在地下煤层中直接构筑“气化炉”，通入气化剂，有控制地使煤炭在地下进行气化反应，使煤炭在原地自然状态下转化为可燃气体并输送到地面的过程。煤炭地下气化技术可分为有井式和无井式两种。

四、煤气的应用

煤气的用途十分广泛，主要应用于合成气、工业燃气、城市煤气、联合循环发电用燃气及冶金工业还原气等。

第二节 煤炭气化原理

一、煤炭气化基本过程

煤炭气化过程是热化学过程，是煤或煤焦与气化剂（如空气、氧气、水蒸气、氢气等）在高温下发生化学反应，将煤或煤焦中的有机物转变为煤气的过程。该过程是在高温、高压下进行的一个复杂的多相物理及物理化学过程。

煤炭气化主要包括四个过程，即煤的干燥、干馏、热解、氧化和还原。

（一）煤的干燥

煤的干燥过程受干燥温度、气流速度等因素的影响。干燥过程主要与水分蒸发温度有关。煤的干燥过程实质上是水分从微孔中蒸发的过程，理论上应在接近水的沸点下进行，但实际生产中，煤的干燥与具体的气化工艺及其操作条件又有很大的关系，例如，对于移动床气化而言，由于煤不断向高温区缓慢移动，且水分蒸发需要一定的时间，因此水分全部蒸发的温度稍大于 100 ℃；而在气流床气化时，由于粉煤是直接被喷入高温区内的，几乎是在 2 000 ℃左右的高温条件下被瞬间干燥。

因此，增加气体流速、提高气体温度都可以增加煤的干燥速度。煤中水分含量低、干燥温度高、气流速度大，则干燥时间短；反之，煤的干燥时间就长。

煤干燥过程的主要产物是水蒸气以及被煤吸附的少量一氧化碳和二氧化碳等。

（二）煤的干馏

煤是由生物经复杂生物化学作用和物理化学作用转变而成的，是含碳、氢、氧、氮和硫等元素的极其复杂的有机化合物，并夹杂一部分无机化合物。当加热时，分子键的重排将使煤分解为挥发性的有机物和固定碳。挥发分实质上是由低相对分子质量的氢气、甲烷和一氧化碳等化合物至高相对分子质量的焦油和沥青的混合物构成的。

就移动床来说，煤炭气化过程的热解从温度和工艺条件分析，基本接近于低温（500～600 ℃）干馏。从还原层上来的气体基本不含氧气，而且温度较高，可以视为隔绝空气加热即干馏。而对于沸腾床和气流床气化工艺，由于不存在移动床的分层问题，因而情况稍微复杂，尤其对于气流床来讲，煤的几个主要变化过程几乎瞬间同时进行。

（三）煤的热解

煤的加热分解除了与煤的品位有关外，还与煤的颗粒粒径、加热速度、分解温度、压力和周围气体介质有关。

无烟煤中的氢和氧元素含量较低，加热分解仅放出少量的挥发分；烟煤加热时经历软化为类原生质的过程，在煤颗粒中心达到软化温度以前，开始分解出挥发分，同时其本身发生膨胀。

煤颗粒粒径小于 50 μm 时，热解过程将由挥发分形成的化学反应控制，热解与颗粒大小基本没有关系；当颗粒粒径大于 100 μm 后，热解速率取决于挥发分从固定碳中的扩散逸出速率。

压力对热解有重要影响，随着压力的升高，液体碳氢化合物相对减少，而气体碳氢化合物相对增加。

一般来说，在 200 ℃以前，并不发生热解作用，只是放出吸附的气体，如水等；在大于 200 ℃后，才开始发生煤的热解，放出大量的水蒸气和二氧化碳，同时，有少量的硫化氢和有机硫化物放出；继续升高温度，达到 400 ℃左右时，煤开始剧烈热解，放出大量的甲烷和同系物、烯烃等，此时煤转变为塑性状态；温度达到 500 ℃时，开始产生大量的焦油蒸气和氢气，此时塑性状态的煤因分解作用的进行而变硬。

煤的热解结果生成三类分子：小分子（气体）、中等分子（焦油）、大分子（半焦）。

就单纯热解作用的气体组成而言，煤气热值随煤中挥发分的增加而增加；随煤的变质程度的加深，氢气含量增加，而烃类和二氧化碳含量减少。煤中的氧含量增加时，煤气中二氧化碳和水含量增加。煤气的平均相对分子质量随热解的温度升高而下降，即随着温度的升高，大分子变小，煤气数量增加。

（四）氧化和还原反应

煤炭气化过程中存在许多化学反应，既有煤和气化剂之间的反应，也有气化剂与生成物之间的反应。可以用影响化学反应平衡和化学反应速率的一般规律来讨论这些重要的煤炭气化反应。

首先是煤的燃烧反应，通过燃烧一部分燃料来维持气化工艺过程中的热量平衡。煤的燃烧是指煤在空气、富氧空气或氧气中，当温度达到着火点时剧烈氧化，放出大量热量的过程，完全燃烧时生成二氧化碳，而不完全燃烧时则生成一氧化碳。不论采用哪一种具体的气化工艺，产生的热量基本上用于如下几个方面：灰渣带出的热量、水蒸气和碳的还原反应需要的热量、煤气带走的热量以及传给水夹套和周围环境的热量。

其次是还原反应，包括碳和二氧化碳的反应以及水蒸气和碳之间的反应，是制煤气的主要反应，主要生成一氧化碳和氢气。

由此可见，煤炭气化过程的两类主要反应即燃烧反应和还原反应是密切相关的，是煤炭气化过程的基本反应。

二、煤炭气化的主要反应和特点

（一）煤炭气化的主要反应（反应热以 ΔH 表示）

目前能够用于气化的煤种很广，各煤种的元素组成与工业性质各不相同，但是气化的基本反应都相同。在讨论基本反应时，虽然煤具有复杂的分子结构，元素组成除了碳还有氢、氧和别的元素，但由于气化反应发生在煤裂解之后，所以只考虑主要元素碳。参加反应的成分还有 CO、CO_2、水蒸气、H_2 和 CH_4。主要反应如下：

（1）碳的氧化反应 $C+O_2 = CO_2 - 393.8\ kJ/mol$

（2）碳的部分氧化反应 $2C+O_2 = 2CO - 231.4\ kJ/mol$

（3）二氧化碳还原反应 $C+CO_2 = 2CO + 162.4\ kJ/mol$

（4）水蒸气分解反应 $C+H_2O(g) = CO + H_2 + 131.5\ kJ/mol$

（5）水蒸气分解反应 $C+2H_2O(g) = CO_2 + 2H_2 + 90.0\ kJ/mol$

（6）一氧化碳变换反应 $CO+H_2O(g) = CO_2 + H_2 - 41.5\ kJ/mol$

（7）碳的加氢反应 $C+2H_2 = CH_4 - 74.9\ kJ/mol$

(8) 甲烷化反应 $CO+3H_2 \xlongequal{} CH_4+H_2O-206.4\ kJ/mol$

(9) 甲烷化反应 $2CO+2H_2 \xlongequal{} CH_4+CO_2-247.4\ kJ/mol$

(10) 甲烷化反应 $CO_2+4H_2 \xlongequal{} CH_4+2H_2O-165.4\ kJ/mol$

根据以上反应，无论何煤种，总的气化反应可以表示为：

$$煤 \xrightarrow{高温、加压、气化剂} C+CH_4+CO+CO_2+H_2+H_2O$$

如果煤中有硫等杂质，还会发生其他反应。

(二) 气化反应的特点

以上反应可反映出气化反应有如下的特点：

(1) 煤炭气化的目的产品是燃料气或化工原料气，有效成分是 CO、H_2 和 CH_4，因此上述反应应根据煤气用途的不同加以控制。例如在生产化工原料气时，可应用反应(6)调整原料气中 CO 和 CH_4 的比例。

(2) 气化反应均有热效应。主要的反应(3)、(4)、(5)均是吸热反应，其热量的来源可由外部供给，也可以由燃烧反应自供热。甲烷化反应是强放热反应，在生产代用天然气(主要成分是甲烷)时需要解决好移热问题。

(3) 气化反应可分为一次反应和二次反应。一般认为碳与气化剂间的反应为一次反应，碳与一次反应产物之间的反应、气化剂与一次产物之间的反应和一次产物之间的反应均为二次反应。

(4) 气化反应有在体积中进行的均相反应，也有在相界面上进行的气-固多相反应，其中，甲烷化反应和一氧化碳变换反应等，实际上是在固态催化剂作用下才能进行的反应，因而亦具有多相反应的特点。

第三节　移动床气化

移动床气化技术又称固定床气化技术，是开发应用最早的气化技术，也是最简易、安全可靠、成熟的气化技术。一般按气化压力分为移动床常压气化和移动床加压气化。

常压移动床气化工艺是比较古老的、应用非常普遍的气化方法。其特点是：整个气化过程是在常压下进行的；在气化炉内，煤是分阶段装入的，随着反应时间的延长，燃料逐渐下移，经过前述的干燥、干馏、还原和氧化等各个阶段，最后以灰渣的形式不断排出，而后补加新的燃料；操作方法有间歇气化法和连续气化法；气化剂一般为空气或富氧空气，用来和碳反应提供热量，水蒸气则利用该热量和碳反应，自身分解为氢气、一氧化碳、二氧化碳和甲烷等气体。其中氢气、一氧化碳和甲烷等有效成分可作为化工原料、城市煤气和工业燃气。常压固定床气化煤气根据使用气化剂和煤气的热值不同，一般可以分为发生炉煤气、水煤气、半水煤气。发生炉煤气又可分为空气煤气和混合煤气。

鲁奇加压气化技术与常压气化技术类似，只是在高于常压条件下气化，主要采用固态排渣，煤种适用性较广，其主要优点是加压气化可以使用劣质煤气化，生产能力高，低氧耗，低温操作，碳效率高，气化效率高。但缺点是只能以块煤为原料，不仅原料昂贵，气化强度低，而且气-固逆流换热，合成气复杂，并且甲烷体积含量大。鲁奇加压气化技术在合成氨、甲醇、城市煤气和合成油中都有应用。

一、混合发生炉煤气

混合发生炉煤气是指原料煤或焦炭在煤气发生炉内与空气和水蒸气组成的气化剂发生反应所生成的煤气。它是移动床常压气化工艺中技术最成熟的重要气化方法之一。

混合发生炉煤气属于低热值煤气，一般热值为 4.6～7.5 MJ/m^3，主要用作工业燃气，亦可作为城市煤气的掺混气，但不能单独作民用煤气使用。

（一）气化过程

气化炉大多呈圆筒形，外壳由钢板制造。气化炉由炉体、加煤装置、炉箅、气化剂入口和煤气出口等部分组成。煤气发生炉示意图见图 7-2。

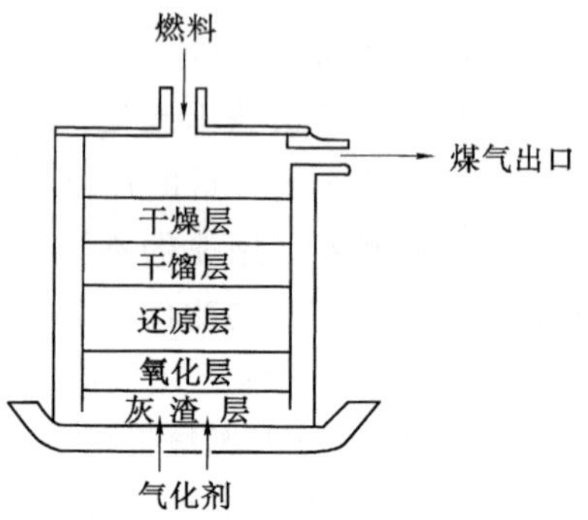

图 7-2　煤气发生炉示意图

煤炭气化过程是在煤气发生炉中进行的，燃料层由下至上大致可分为五层。

(1) 灰渣层：在灰渣层中，气化剂不发生化学反应，只与灰渣进行热交换，气化剂吸收灰渣的热量而升温预热，灰渣则被冷却。

(2) 氧化层：主要进行碳的燃烧反应：$C+O_2 \rightarrow CO_2$，放出大量的热量，在氧化层末端，气化剂中的 O_2 被全部耗尽。

(3) 还原层：主要进行二氧化碳的还原反应和水蒸气的分解反应：$CO_2+C \longrightarrow 2CO$，$C+H_2O(g) \longrightarrow H_2+CO$，反应所需的热量主要由碳的燃烧反应放热提供，同时，CO 变换反应可以补充部分热量。

(4) 干馏、干燥层：由还原层出来的气体（包括其中大量的 N_2）具有很高的温度，在继续上升的过程中，将上部原料干馏，生成焦油蒸气、热解水和其他液体、气体馏分和半焦或焦，干馏析出的挥发分与气化煤气仍有较高的温度，继续上升将原料煤干燥，析出水分（以焦炭为原料的气化过程无干馏干燥层）。

(5) 气相空间：料层上部的气相空间也有化学反应发生，主要是 CO 的变换反应。CO 和 $H_2O(g)$ 的含量在减少，CO_2 和 H_2 的含量在增加，该反应进行的程度直接影响着粗煤气的组成和出口温度。

（二）气化过程的工艺条件

在混合发生炉气化过程中，主要的工艺条件是炉膛温度、水蒸气加入量和鼓风速度，它们直接影响着煤气的组成和质量。

1. 炉膛温度

炉膛温度亦即料层温度，它是影响煤气质量、气化强度和气化热效率的最重要因素。煤气中有效成分是 CO 和 H_2，其含量的多少主要取决于 CO_2 的还原反应和水蒸气的分解反应。如前所述，料层温度的升高，有利于这两个反应的进行，既可提高煤气产量又可改善煤气质量。但料层温度过高，不仅散热损失和煤气带走的显热损失增加，而且原料煤中灰分将会软化、熔融而严重结渣。因此，料层温度的选定应结合原料中灰分含量的多少和灰熔点的高低，大致为 1 000～1 200 ℃，当然，原料的反应性也应考虑，对于反应性好的原料，可以选择较低的炉温，从而可以缓和煤气质量与结渣之间的矛盾。

2．水蒸气加入量

混合发生炉煤气的生产过程是以空气和水蒸气的混合物作为气化剂的。水蒸气加入量的多少对煤气质量、产率和气化过程的正常进行有很重要的影响。水蒸气在气化过程中具有以下几个作用：

（1）水蒸气分解吸收热量，降低炉温，可防止灰分熔化结块，减少炉壁散热损失。

（2）水蒸气分解反应可提高煤气中的有效成分（$CO+H_2$）的含量，改善煤气质量。

（3）水蒸气分解吸收热量，减弱 CO_2 的还原反应，降低 CO 与 CO_2 之比。

（4）未分解的水蒸气显热损失降低气化热效率。随着水蒸气单位消耗量的增加，水蒸气绝对分解量也增加，但水蒸气相对分解量即水蒸气分解率和煤气热值却不断降低，CO 含量也随之下降，H_2 含量有所增加。

根据水蒸气的作用，水蒸气量有一个最佳点，即以灰不结渣为最低限度。

由于一定温度下的空气具有一定的饱和蒸汽量，因此，空气中含水蒸气量的多少可用相应的空气饱和温度来表示。在实际生产中，是通过控制空气被水蒸气所饱和的温度来调节水蒸气用量的。这种方式可以使蒸汽均匀地分散在空气中。常用饱和温度及其对应的水蒸气含量见表 7-1。一般情况下，水蒸气的耗量为 0.4～0.6 kg/kg，饱和温度控制在 50～65 ℃，蒸汽分解率为 60%～70%。

饱和温度的变化对炉温影响非常敏感。在实际生产中，必须保持相对稳定的饱和温度，波动幅度最好控制在±1 ℃范围内，一般工厂均采用自动调节来控制饱和温度。

表 7-1　常用饱和温度及其对应的水蒸气含量

饱和温度/℃	水蒸气饱和含量/(g/m³)	饱和温度/℃	水蒸气饱和含量/(g/m³)	饱和温度/℃	水蒸气饱和含量/(g/m³)
45	65.5	52	90.6	59	124.0
46	68.5	53	95.1	60	129.0
47	71.9	54	99.5	61	135.0
48	75.8	55	104.2	62	142.0
49	79.4	56	109.2	63	148.0
50	83.0	57	114.2	64	155.0
51	86.5	58	119.0	65	162.0

3．鼓风速度

鼓风速度决定着气化强度，鼓风速度愈大，气化强度愈高。一方面，提高鼓风速度后，由于受外扩散控制的碳燃烧反应速度加快，单位时间放出的热量增加，给还原反应和分解反应提供了充足的热量，有利于气化碳量的增加，提高了气化强度。另一方面，受动力区或过渡区控制的 CO_2 还原反应和水蒸气分解反应需要一定的反应时间，因此，随着鼓风速度的提高，气化剂与料层的接触时间缩短，不利于碳的充分转化，而且料层阻力相对增大，炉出煤气中的带出物数量也相应增多。鼓风速度过低，将降低发生炉的生产能力。所以，鼓风速度必须控制在合适的范围内，气流速度按空横截面计算，一般为 0.10～0.20 m/s。各种原料生产混合煤气的正常气化强度见表 7-2。

表 7-2　各种原料生产混合煤气的正常气化强度

原料种类	炉膛直径/m	气化强度			
		按原料质量	按气体产量	按产热	
		kg/(m² · h)	m³/(m² · h)	×10³ kcal/(m² · h)	MJ/(m² · h)
焦　炭	3.0	160～200	500～650	650～800	2 721～3 349
无烟煤	3.0	160～200	670～850	800～1 000	3 349～4 187
烟　煤	3.0	240～350	800～1 160	1 100～1 300	4 605～5 443
褐　煤	3.0	240～360	500～550	700～800	2 931～3 349

在实际生产中，煤气产量是通过控制发生炉的空气供应量来调节的，调节范围为30%～110%。

（三）气化指标和影响因素

气化指标包括煤气质量、煤气产率、气化强度、原料损失、冷煤气效率、气化热效率和各项消耗指标。

影响气化指标的因素很多，主要取决于三个方面：气化原料的理化性质、气化过程的操作条件和煤气发生炉的构造。

气化原料的理化性质是主要因素，它既影响气化指标，同时也决定了气化过程操作条件和发生炉的构造选择。表 7-3 为我国主要气化用原料的气化指标。

表 7-3　我国主要气化用原料的气化指标

煤　种	粒度/mm	工业分析				气化指标			
		水分/%	灰分/%	挥发分/%	热值/(MJ/kg)	气化强度/[kg/(m² · h)]	干煤气产率/(m³/kg)	煤气热值/(kJ/m³)	灰渣含碳率/%
大同煤	13～50	5～5.5	5～8	28～30	29.3	300～350	2.8～3.5	5 650	<12
阜新煤	13～50	5～8	11～12	35～40	25.1	300～350	2.6～2.9	5 650	<12
抚顺煤	13～50	4～7	8～11	～45	27.2	280～320	2.8～3.0	5 650	<12
淮南煤	13～50	4～6	18～20	30～35	25.1	270～300	2.8～3.0	5 530	<13
鹤岗煤	13～50	3～6	～20	35	24.3	270～300	2.7～3.0	5 530	<13
辽源煤	13～50	3～10	18～22	43	23.0	230～260	约 2.5	5 230	<15
焦作煤	13～50	3～5	20～22	5～7	25.1	200～280	约 3.5	5 020	<15
阳泉煤	13～50	3～5	～23	8～9.5	25.1	180～220	约 3.3	5 020	<15
焦　炭	13～50	4	12～35	～1.0	25.1	200～250	约 3.5	5 020	<12
气　焦	10～40	15	25	4	23.4	230～260	2.6～2.8	5 020	<15

1. 煤气的热值和组成

煤气热值的高低与煤气中可燃组分的含量有关。而煤气中可燃组分含量的多少又取决于气化原料中的挥发分产率以及挥发分的组成。高挥发分产率的烟煤制得的煤气热值高于无烟煤或焦炭制得的煤气；对于挥发分产率相近的烟煤和褐煤，褐煤制得的煤气热值明显地高于烟煤煤气。

煤气中的主要可燃成分是 CO 和 H_2，它们主要来自二氧化碳的还原反应和水蒸气的分解反应。适当减小原料粒度以增加反应表面积；控制适当低的饱和温度以降低入炉水蒸气量，维持较高的料层温度；适当增加料层厚度以延长反应时间有利于气化反应的充分进行，提高煤气的质量，并且气固之间有充分的热量交换，使煤气出口温度降低，气化热效率提高。气化原料的反应活性与结渣性对 CO 和 H_2 的含量多少也有较大的影响。在炉温一定的情况下，反应性好的原料有利于气化反应；结渣性弱的原料可以适当提高炉温，同样有利于气化反应的进行，从而可以提高煤气中的有效成分。

炉出煤气中必定含有一些水蒸气，主要来自原料中所带的水分、煤干馏产生的热解水以及作为气化剂送入而未分解的水蒸气。水蒸气的存在，会降低煤气的热值，因此煤气离开发生炉后必须冷凝冷却，降低煤气中的水蒸气含量，一般冷煤气的出站温度低于 35 ℃。

2. 煤气产率

煤气产率是指气化单位质量的原料所得到煤气的体积数(在标准状态下)。

煤气产率决定于原料中的水分、灰分、挥发分和固定碳的含量，也与气化方法的转化率有关。

对于同一类型的原料而言，原料中的惰性物(水分和灰分)越低时，煤气产率就越高。而且含有不同量的惰性组分的煤气产率可根据已知煤种的惰性组分含量及煤气产率计算得到，即：

$$V_1 = V\frac{100 - M_{t,1} - A_{ar,1}}{100 - M_t - A_{ar}} \tag{7-1}$$

式中　V——以收到基为基准的具有水分 M_t、灰分 A_{ar} 的原料的已知煤气产率，m^3/kg；

V_1——所需求的同一类型原料的煤气产率，该原料的水分为 $M_{t,1}$，灰分为 $A_{ar,1}$，m^3/kg。

式(8-1)只有当两者灰分相差不大时才适用。因为当原料中灰分增加时，不仅降低了原料中可燃组分的含量，而且增加了炉渣中可燃物的绝对损失量，这两者都导致煤气产率的下降。

煤气产率与原料可燃组分中挥发分的含量有关，也就是与不同种类的原料有关。挥发分含量愈高，煤气产率就愈低。因为原料中的挥发分在干馏裂解或加氢过程中生成甲烷的数量很少，相当部分转变成了焦油，转变成煤气的部分相应减少。半机械化煤气发生炉中不同煤种的实际煤气产率见表 7-4。

表 7-4　半机械化煤气发生炉中不同煤种的实际煤气产率

原料指标及煤气产率	原料种类			
	无烟煤	烟煤	褐煤	泥炭
水分/%	5	6	19	33
灰分/%	11	10	17	5
挥发分/%	3	33	26	43
干煤气产率/(m^3/kg)	4.1	3.3	2.0	1.38

煤气产率不仅与原料中的水分、灰分和挥发分含量有关，而且还与气化过程中原料损失量有关。显然，原料损失增加，煤气产率就降低。

3. 原料的损失

气化过程中原料的损失包括随煤气离开气化炉的带出损失和随灰渣离开气化炉的排出损失。

(1) 带出损失

原料的带出损失是气流在料层中和煤气发生炉上部空间的流动而引起的。原料中小颗粒含量愈多，气流速度愈大，则带出物的数量愈多。所以，原料机械强度愈低、热稳定性愈差，在气化过程中会产生愈多的小颗粒和粉末，造成大量的带出损失。

煤气发生炉的构造也影响带出物的量，如机械搅拌会增加原料的破碎，平煤和松煤装置在搅动煤层时也会增加带出损失。

带出损失一般以加入煤气发生炉中的原料的百分率来表示。

(2) 排出损失

排出损失是由于熔融的灰分包裹了未反应的原料，使其无法继续与气化剂接触，形成碳核，最终随灰渣一起被排出炉外。它与原料灰分含量、灰分性质、操作条件及发生炉结构有关。原料灰熔点低、灰分含量高、气化过程中水蒸气用量大以及操作过程中料层移动过快都将导致排出损失增加。

随灰渣一起排出炉外的排出损失的碳量可由式(8-2)计算：

$$C_A = \frac{A_{ar} - M \cdot A_m}{1 - X} \cdot X \tag{7-2}$$

式中　C_A——随灰渣排出的碳量，以原料质量百分数表示；

A_{ar}——原料中的灰分，%；

M——带出物的量，以原料质量百分比表示；

A_m——带出物中的灰分，%；

X——灰渣中的碳含量，%。

4. 气化效率和气化热效率

(1) 气化效率

气化效率是指生成物的发热量与所使用原料发热量之比。只利用冷煤气的潜热称为冷煤气效率；同时利用热煤气显热时，称为热煤气效率。

(2) 气化热效率

气化热效率是指生成物的发热量与可回收热量之和占所供给总热量的百分率，表示所有直接加入到气化过程中热量的利用程度。

当废热不回收时，气化热效率低于气化效率。在实际生产中，由于存在各种热损失，气化效率不可能达到理想气化效率100%的数值，实际气化效率只有70%～80%。

气化过程的热损失主要包括热产物带走的热量和发生炉对周围环境因辐射、传导及对流所引起的热损失。热产物带走的热量包括煤气的显热、未分解水蒸气的热焓以及带出物、焦油、灰渣排出物的化学热、潜热和显热等。

5. 气化强度

气化强度是指发生炉炉体单位截面上的生产强度。煤气发生炉的生产能力取决于炉体

的截面积和气化强度，即

$$I = F \cdot q \cdot V \tag{7-3}$$

式中　I——煤气发生炉的生产能力，m^3/h；

F——炉体截面积，m^2；

q——气化强度，$kg/(m^2 \cdot h)$；

V——煤气产率，m^3/kg。

气化强度与气化方法、气化原料的特性以及煤气发生炉的构造等因素有关。

在实际生产过程中，煤种和发生炉的截面积都是固定的，只有适当提高气化强度，才能提高生产能力，同时改善煤气质量。因为提高气化强度，可以减少炉体散热损失，相应可以提高料层温度，有利于水蒸气的分解，从而提高煤气的质量。表 7-5 为我国各种煤在机械化发生炉中的实际气化指标示例。

表 7-5　我国各种煤在机械化发生炉中的实际气化指标示例

项目			煤种							
			大同煤	阳泉煤	抚顺煤	鹤岗煤	气煤焦	阜新煤	淮南煤	小龙潭褐煤
原料分析	水分 M_t/%		3～5	4.12	5～6	1.69	19.52	8.0	1.47	9～28
	灰分 A_d/%		<10	23.14	7～8	17.94	12.49	12.0	16.75	6～18
	挥发分 V_{daf}/%		≥30	7.07	36～37	34.23	0.96	37.5	30.66	31～40
	硫分 S_A/%			1.68	0.12	0.078		<1	2.43	0.79
	热值 Q/(MJ/kg)		≥27.2	26.5	27.2	27.9	30.1	22.9	29.1	13.9
气化指标	干煤气组成/%	CO_2	2～4	5.5	4.2	4.4	8.8	4.0	3.8	10
		CO	≥28.5	25.5	28.5	28.3	26.6	28.2	28.5	23.5
		H_2	12	4.5	13.8	11.1	16.0	11.0	13.2	12
		CH_4	3～5	1.8	2.7	4	3.1	2.5	1.7	0.9
		C_mH_n	0.4		0.7	0.6		0.3	0.8	
		O_2%	0.2	0.4	0.2	0.2	0.5	0.2	0.2	0.1
		H_2S		0.17						
		N_2	>50	52.1	48～53	51.4	45.0	52.8	51.8	55
	煤气热值/(kJ/m^3)		6 071	5 443	6 364	6 589	6 662	5 987	5 987	5 024
	煤气产率/(m^3/kg)		3.1	3.15	2.85	2.77	3.6	3.0	3.0	
	冷煤气效率/%		69.2	64.7	66.7	65.4	79.7	78.7	61.7	
	气化强度/[$kg/(m^2 \cdot h)$]		210～260	385	358	292	214	425	420	200
消耗指标	空气耗量/(m^3/kg)		2.31	2.1	2.3	1.85	2.3	2.2	2.1	
	蒸汽耗量/(kg/kg)		0.34	0.56	0.22	0.23	0.49	0.25	0.33	
	气化剂饱和温度/℃		45～65	63	48～52	60	58～60	48～55	60～63	
	煤气炉出温度/℃		≤600	550	540	550	400～500	500	550	350～500
	炉渣含碳量/%		≤14	18	11.3	21	10.1	11～12	15～20	
使用厂家			北京重型机械厂	太钢煤气厂	大连钢厂	第一重型机械厂	丹东煤气公司	葫芦岛锌厂	杭州重型机械厂	虹山轴承厂

（四）气化过程的强化途径

在实际生产过程中，为满足生产的需要与提高煤气生产的技术经济指标，煤气生产能力应该是较大的。提高生产能力有两种途径，一是增大煤气发生炉的几何尺寸，即增大截面积；二是提高煤气发生炉的气化强度，即强化气化过程。

强化气化过程的实质就是提高炉内气化反应的速率。根据气化过程中各层的反应特点，强化气化过程的主要途径是提高气化剂中氧气的浓度、气化温度和鼓风速度。

1. 提高气化剂中氧气的浓度

提高气化剂中氧气的浓度，即气化剂采用富氧空气与蒸汽的混合物或采用氧气和蒸汽的混合物。气化剂中氧气含量的增加，惰性组分氮气的浓度相应降低，碳的氧化反应加剧，料层温度随之上升，反应速度加快。如将氧气浓度提高到 50%，气化强度增加约一倍，而且可使煤气中有效成分 CO 和 H_2 的含量大大增加，从而使煤气热值也大大提高。表 7-6 为用富氧空气-水蒸气为气化剂时，鼓风气中氧浓度对主要气化指标的影响。

表 7-6　鼓风气中氧浓度对主要气化指标的影响

气化指标		单位	干鼓风中的氧浓度/%					
			21.0	30.2	40.0	49.9	59.9	70.6
煤气组成	CO_2	%	6.0	13.2	14.7	15.4	16.4	17.4
	CO	%	26.0	28.8	30.9	34.0	34.7	35.2
	H_2	%	13.0	23.9	28.3	31.7	34.7	37.5
	CH_4	%	0.5	0.5	0.5	0.5	0.5	0.5
	N_2	%	54.5	33.6	25.6	18.4	13.7	9.4
在标准状态下煤气低热值		kJ/m^3	4 857	6 448	7 180	7 955	8 332	8 709
单位体积干鼓风的蒸汽消耗		kg/m^3	0.25	0.6	0.9	1.3	1.7	2.0
蒸汽分解率		%	80	66	55	50	—	—
1 kg 焦的煤气产量		m^3	4.0	3.3	3.0	2.8	2.7	2.62
气化效率		%	76.0	77.4	79.0	81.0	82.6	84.0
气化强度（按燃料）		$kg/(m^2 \cdot h)$	200	263	330	405	372	327

由表 7-6 可知，随着鼓风气中氧浓度的增加，煤气中可燃组分（$CO+H_2$）的含量增加，煤气热值提高，气化效率和气化强度也能得到相应的提高。但水蒸气消耗量的增加幅度远远高于氧浓度的增加比例。这是因为蒸汽不仅需要满足加速分解的要求，而且还要用以氧化层冷却的要求以控制适宜的料层温度，从而导致了水蒸气的分解率降低。此外，随着鼓风气中氧气浓度的提高，煤气中 CO_2 的含量增加，其原因：一是煤气中 N_2 含量减少，相对的 CO_2 含量增高，二是 CO 与未分解水蒸气发生了 CO 变换反应。

2. 提高气化温度

提高气化温度有利于提高各气化反应的速度，是提高煤气质量和发生炉生产能力最有效的手段。一般可通过改变鼓风气的饱和温度来调节控制气化温度，亦可提高气化剂中氧气浓度或预热鼓风气来提高气化温度。然而气化温度的提高受原料结渣性的限制。不过在强化生产时，由于气化强度的提高，反应速度加快，炉内料层的移动速度也相应提高，使得原料与灰渣在炉内高温区的停留时间缩短，即使炉温稍高一些，也并不一定发生结渣现象。实际生产中，炉内氧化层温度一般控制在 1 100～1 200 ℃，根据原料的结渣特性，可进行适当调整。

3. 提高鼓风速度

在实际的生产中，提高鼓风速度是强化操作简便易行的方法。但是，鼓风速度的提高受以下因素的限制：CO_2 还原反应和水蒸气分解反应进行的程度；料层的稳定性和带出损失；炉底的最大风压。鼓风速度的提高会导致料层阻力的增大，为克服强化生产后的料层阻力，炉底最大压力一般为 4.41～4.90 kPa(450～500 mmH_2O)。不同结构的发生炉对炉底最大压力的限制是不同的。

在采取上述强化气化过程的措施时，必须考虑配合其他技术措施，一般有：

(1) 原料的精心准备，尤其是严格控制原料的粒度，如改用粒度较小(15～30 mm)和灰熔点较高(ST>1 400 ℃)的原料；

(2) 提高加料和排渣设备的能力，以满足料层下移速度增加的要求；

(3) 相应提高空气鼓风机、煤气排送机、蒸汽锅炉和煤气净化设备的能力，以满足强化生产所需的匹配要求。

(五) 混合发生炉气化对煤质的要求

混合发生炉气化用煤的要求是具有较高的机械强度、热稳定性和灰熔点。对煤种的要求是选用无烟煤或焦炭或挥发分适中的不黏结和弱黏结烟煤，这可根据用户对煤气热值的要求而定，同时，选择与煤种匹配的煤气发生炉。对煤质的具体要求如下。

(1) 粒度(mm)

烟煤：13～25，25～50，50～100；

无烟煤：6～13，13～25，25～50；

焦炭：6～13，13～25。

粒度大小与原料的反应性有关，反应性好，粒度可适当增大。上述粒级必须单独使用，不能混用。

在实际生产中，各种原料的推荐粒级为：烟煤 25～50 mm，无烟煤 13～25 mm，焦炭 6～13 mm，气化用焦 5～10，10～25 mm。

(2) 灰分 $A_d \leqslant 24\%$。

(3) 含矸率≤2%。

(4) 灰熔点 ST>1 250 ℃。

(5) 胶质层最大厚度 $Y<12$ mm(无搅拌装置)，$Y<16$ mm(有搅拌装置)。

(6) 抗碎强度>60%。

(7) 热稳定性 $TS_{+6}>60\%$。

(8) 全硫 $S_{t,d}<2\%$。

(六) 煤气发生炉

煤气发生炉主要由以下几部分组成：炉体、原料加入装置、处理料层的机械搅拌装置、炉箅和调节气化剂送入装置。常用的煤气发生炉有 3M13 型(3АД-13 型)和 ϕ3W-G 型炉。

1. 3M13 型煤气发生炉

3M13 型煤气发生炉具有 Д 型炉算，如图 7-3 所示。此种炉型主要适合于气化弱黏结性的烟煤、贫煤等，在我国得到了最广泛的使用。

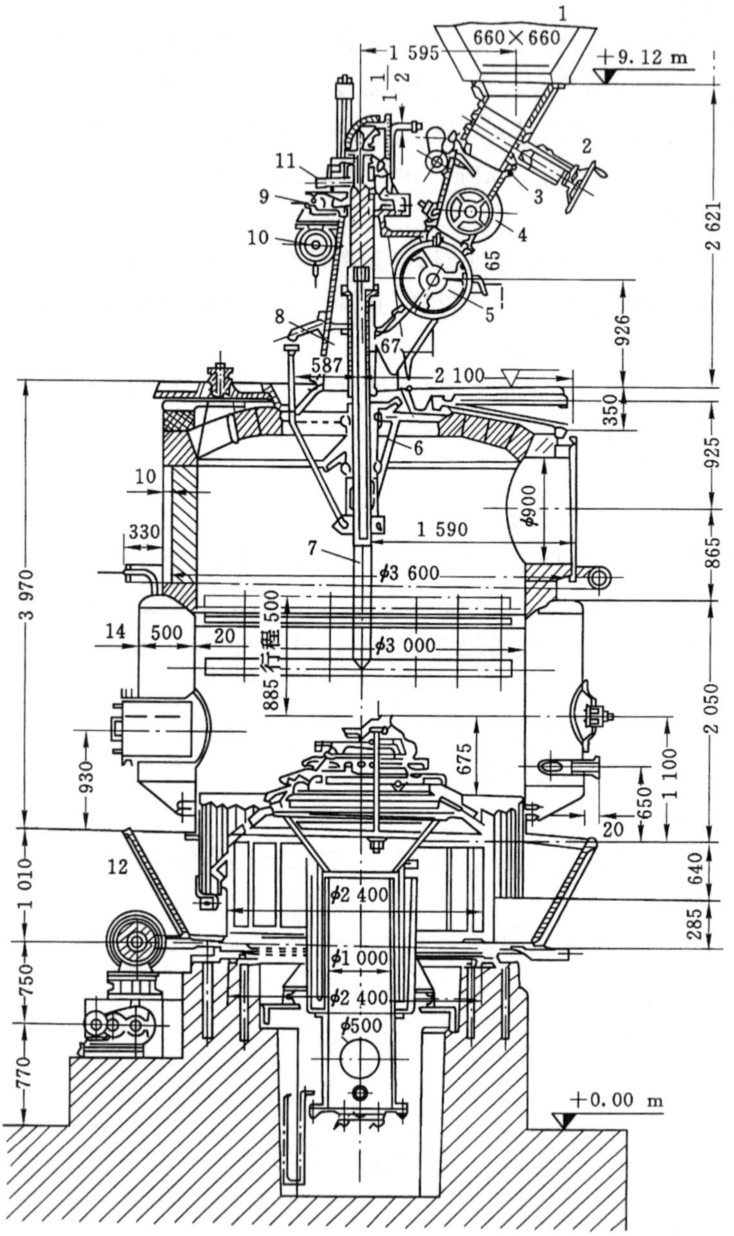

1—料斗；2—煤斗闸门；3—伸缩节；4，5—计量锁煤器；6—托板和三脚架；
7—搅拌棒；8—空心柱；9—蜗杆减速机；10—圆柱减速机；11—四头蜗杆；12—灰盘。

图 7-3　3M13 型煤气发生炉结构图

此种炉型具有以下特点：

(1) 煤种适应性较强，既可用无烟煤和焦炭，也可用弱黏性的烟煤，如弱黏煤、气煤、长焰煤、贫煤等；

(2) 采用Д型炉箅，具有较强的搅动、破碎和排渣能力，对炉温和原料灰熔点的要求可适当放宽；

(3) 采用湿法出灰，兼有冷却灰渣和水封气体的作用，操作过程中环境污染也小；

(4) 烟煤反应性好，气化强度大；

(5) 搅拌棒的运动使料层保持良好的透气性，对气化反应有利；

(6) 与W-G炉相比，要求原料粒度较大，炉底风压较低，且制约鼓风速度的提高，对气化过程的强化不利。

2. 威尔曼-格鲁夏(W-G)气化炉

威尔曼-格鲁夏煤气发生炉也有两种炉型，一种是无搅拌装置的标准型，采用无烟煤或焦炭做原料，另一种是带搅拌装置的改进型，采用具有较高挥发分的弱黏性烟煤做原料。在我国广泛使用的是无搅拌装置的W-G炉，其结构如图7-4所示。

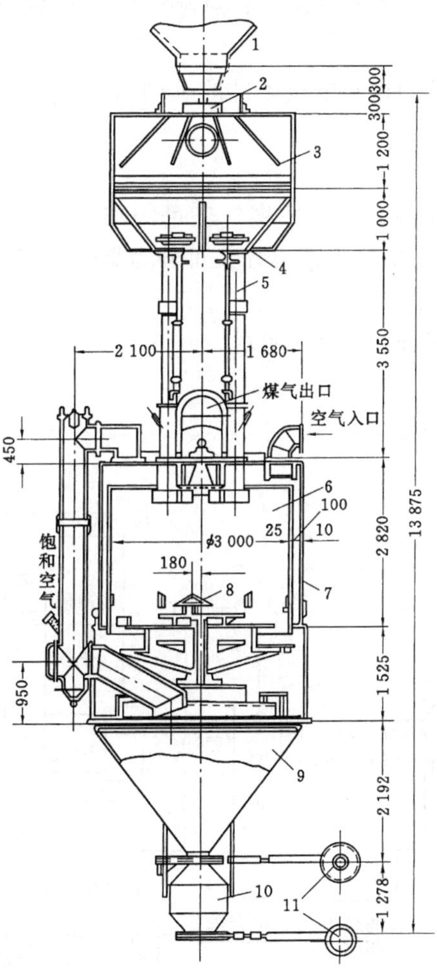

1—储煤斗；2—上圆盘阀；3—料仓；4—下圆盘阀；5—下料管；6—炉身；7—水套；8—炉箅；9—储灰斗；10—下灰斗；11—插板阀。

图7-4　W-G煤气发生炉结构图

此种炉型的优点如下：

(1) 采用料管多点加料，而且加料量可以调节，因此炉内布料比较均匀，且对煤块的机械冲击小，热冲击也小，对原料粒度可适当减小；

(2) 炉箅通风均匀，允许通风量较大，气流速度约为 1 m/s，可保证气化剂在炉内均匀分布，有利于气化强度的提高和料层正常层次的稳定；

(3) 采用空气鼓入水夹套增湿的办法，直接充分利用水夹套中的蒸汽，不必使用汽包等附件，也有利于安全生产，饱和温度可用给水量或补充蒸汽来调节；

(4) 采用干法排渣，没有水封高度的限制，可提高鼓风压力和风速，从而提高气化强度；

(5) 出灰量较大且出灰均匀，有利于提高煤气产量和质量。

此种炉型的缺点如下：

(1) 发生炉整体高大，直径 3 m 的 W-G 炉总高达 17 m，另加加料装置，所以生产厂房的建设投资较高；

(2) 加料管上圆盘阀和干法除灰装置的密封性能较差，污染操作环境。

（七）煤气生产工艺流程

混合发生炉煤气由于其用途和输送条件的不同，在生产工艺上可以分为冷煤气工艺流程和热煤气工艺流程两种。

1. 冷煤气工艺流程

冷煤气工艺流程是将制得的发生炉煤气经过冷却、净化处理后，成为冷净煤气送往用户。由于采用的原料不同，冷煤气工艺流程又可分为烟煤冷煤气和无烟煤冷煤气两种。

(1) 烟煤冷煤气工艺流程

烟煤冷煤气生产工艺流程如图 7-5 所示。

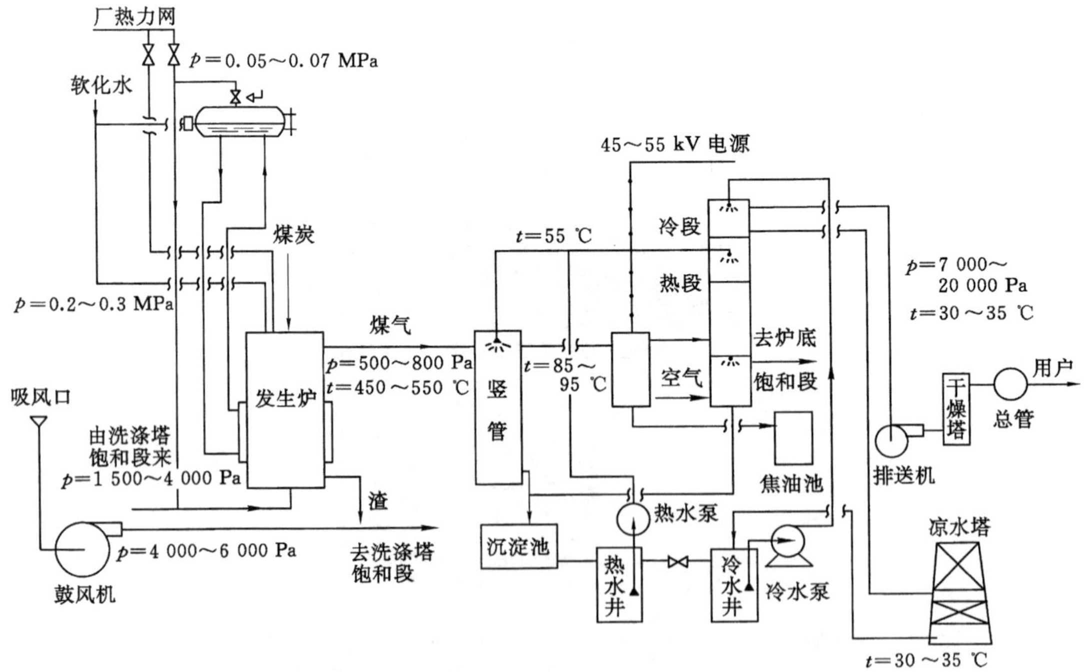

图 7-5　烟煤冷煤气生产工艺流程

(2) 无烟煤冷煤气工艺流程

无烟煤冷煤气生产工艺流程如图 7-6 所示。

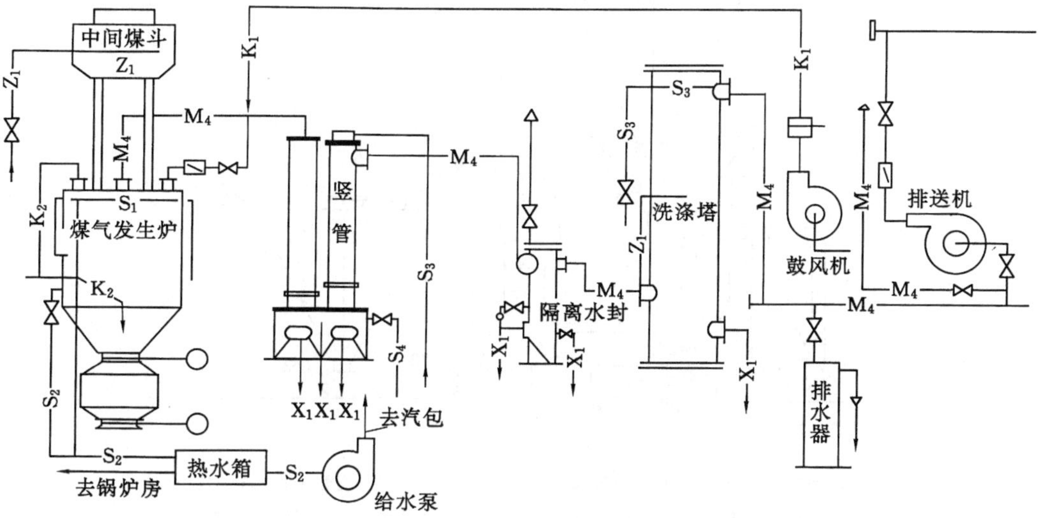

K_1—空气管；S_2—热水管；K_2—饱和空气管；M_4—煤气管；S_3—循环水管；
Z_1—0.4 MPa 蒸汽管；S_1—自来水管；S_4—高压水冲洗管；X_1—排水管。

图 7-6　无烟煤冷煤气生产工艺流程(W-G 炉)

无烟煤冷煤气工艺流程与烟煤冷煤气工艺流程相比，主要区别在于无烟煤冷煤气生产工艺流程中不设专门的除焦油设备，原因是无烟煤或焦炭中焦油含量很少。无烟煤冷煤气热值比烟煤冷煤气低。

冷煤气工艺流程的优点是：输送距离较远，使用方便，热值可调。缺点是：附属设备较多，煤气热值低，煤气显热未得到利用，动力消耗大。

2. 热煤气工艺流程

热煤气工艺布置图如图 7-7 所示。

热煤气工艺与冷煤气工艺相比具有如下优点：

(1) 工艺系统简单、附属设备少、投资省；

(2) 煤气显热和焦油雾的热量得以利用，且可改善煤气燃烧炉内的传热效果；

(3) 节省动力消耗；

(4) 环境污染低，运行费用少，煤气成本低。

但热煤气工艺也存在以下的缺点：

(1) 输送距离短；

(2) 煤气管内流速低，耗材多，管道投资大；

(3) 调节不便，计量困难；

(4) 管道内须定期清理。

在实际生产过程中，鼓风机送风压力必须保证，否则由于空气压力的突然下降会使得煤气由发生炉倒流入空气系统，从而引起爆炸事故的发生。为了确保安全生产，空气鼓风机和煤气排送机原则上应有两路电源供电，而且排送机的电动机必须与空气总管的空气压力继

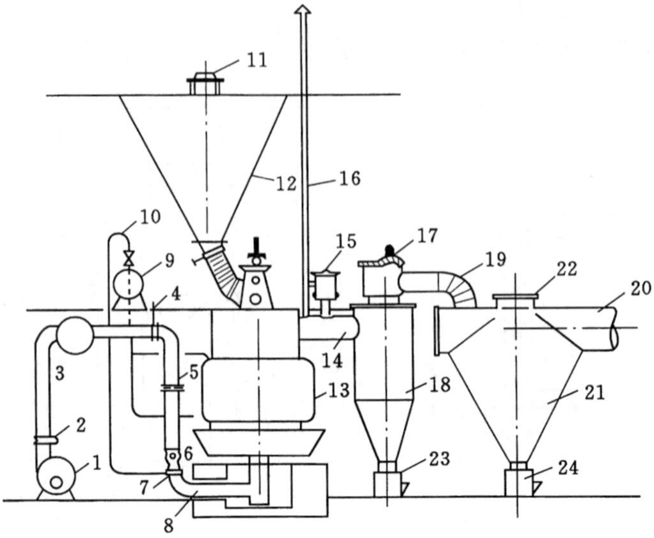

1—空气鼓风机；2—鼓风机出口闸板阀；3—空气总管；4—空气支管闸板阀；5—流量孔板；6—止逆阀；7—蒸汽混合器；8—混合气管；9—汽包；10—蒸汽支管；11—皮带机；12—炉上煤仓；13—发生炉；14—炉出口管道；15—最大放散阀；16—放散管；17—盘阀；18—旋风除尘器；19—盘阀出口管；20—热煤气总管；21—沉灰斗；22—人孔；23,24—水封。

图 7-7　热煤气工艺布置图

电器或鼓风机的电动机联锁，使得空气总管的空气压力达到预定值时，煤气排送机才能启动；空气压力降至预定值时，煤气排送机应自动停机。空气鼓风机必须先启动，然后才能启动排送机；鼓风机停止运转时，排送机应自动停机。并且，在送风管道上应安装逆止阀，保证送风只能单向进行，一旦送风压力消失，煤气也不能倒流回空气系统。

二、水煤气

水煤气是以水蒸气为气化剂、吹入炽热的炭层分解而制得的煤气。水煤气的主要成分是 CO 和 H_2。水煤气在燃烧时，火焰呈蓝色，因此又称为蓝水煤气。

由于水煤气中不含 N_2，因此，其热值比混合发生炉煤气高，一般在 11.0 MJ/m^3 左右，主要用作合成氨的原料，也可用作工业燃料气，少量用作规模较小的城镇或工矿企业的民用燃料。

（一）水煤气生产原理

1. 基本原理

水煤气生产的主要反应是水蒸气的分解反应（反应热以 ΔH 表示）：

$$C+H_2O(g)=\!=\!=CO+H_2+131.5\ \text{kJ/mol}$$

$$C+2H_2O(g)=\!=\!=CO_2+2H_2+90.0\ \text{kJ/mol}$$

这两个反应都是吸热反应。为确保水蒸气分解能顺利进行，外界必须提供足够的热量，目前，我国主要采用间歇送风蓄热气化法。间歇送风蓄热气化法把水煤气生产过程分成两个阶段：第一阶段是吹风阶段，向发生炉吹入空气，使空气中的氧与煤发生燃烧反应（反应热以 ΔH 表示）：

$$C+O_2=\!=\!=CO_2-393.8\ \text{kJ/mol}$$

$$2C+O_2 = 2CO-231.4\ kJ/mol$$

反应放出的热量积蓄在料层内，使料层温度升高，生成的吹风气的主要成分是 N_2 和 CO_2，经废热回收后放空。第二阶段是制气阶段，向高温料层内送入水蒸气，使水蒸气与炽热的碳进行分解反应，生成以 CO 和 H_2 为主要成分的水煤气。经一定时间后，料层温度下降，蒸汽分解很少或不再分解，停止送入蒸汽，制气阶段结束。再向发生炉吹入空气，如此循环。

2. 理想水煤气

在理想情况下，水蒸气分解反应只生成 CO 和 H_2，在间歇法生产水煤气的过程中，分成吹风阶段和制气阶段，如前所述，吹风气与水煤气组成不同，吹风气组成为 21%的 CO_2 和 79%的 N_2，水煤气组成为 50%的 CO 和 50%的 H_2。

3. 实际水煤气

实际水煤气与理想水煤气的气化指标有较大的差别，表 7-7 为我国某厂用焦炭为原料生产水煤气的指标。

表 7-7　我国某厂用焦炭为原料生产水煤气的指标

指标名称	数量	指标名称	数量
1. 原料成分		CH_4/%	0.2
水分/%	6.0	H_2S/%	0.1
挥发分/%	1.2	O_2/%	0.2
固定碳/%	78.2	5. 吹风气热值	
灰分/%	12.6	高热值/(kJ/m^3)	1 156
硫/%	1.1	低热值/(kJ/m^3)	1 122
氮/%	0.9	6. 水煤气组成	
2. 原料热值		CO_2/%	6.7
高热值/(kJ/kg)	27 465	CO/%	37.3
低热值/(kJ/kg)	27 156	H_2/%	50.0
3. 原料及气化剂消耗		CH_4/%	0.3
焦炭/(kg/m^3)	0.667	N_2+Ar/%	5.5/%
蒸气/(kg/m^3)	0.8	H_2S/%	0.2
空气/(kg/m^3)	19.5	7. 水煤气热值	
4. 吹风气组成		高热值/(kJ/m^3)	11 271
CO_2/%	16.0	低热值/(kJ/m^3)	10 245
CO/%	7.0	8. 气体带出物/%	4.0
H_2/%	1.3	9. 气化强度/[$m^3/(m^2 \cdot h)$]	1 250
N_2+Ar/%	75.2	10. 气化效率/%	61.8

在实际生产过程中，吹风阶段的碳不可能完全燃烧生成 CO_2，一部分生成 CO，放出的热量较理想过程少；制气阶段，水蒸气也不能完全分解成 CO 和 H_2，并且在吹风和制气阶段总存在热量损失，用于水蒸气分解的热量比理想过程要少，因此，两者之间差别较大。

实际水煤气中，除了 CO 和 H_2 外，还含有 CO_2、O_2、H_2S、$H_2O(g)$、N_2 和 CH_4。其中

CO_2 一部分由反应 $CO+H_2O \longrightarrow CO_2+H_2$ 所生成，另一部分是由吹风气混入的；水蒸气是通入炉内未分解的水蒸气和原料干燥时产生的水蒸气；H_2S 来自煤中的含硫物质；CH_4 是在料层下部碳的加氢反应所生成的，煤灰中的铁元素具有催化作用；N_2 主要是炉内和管道中混入的吹风气和煤中氮元素所产生的；O_2 则是由水煤气生产系统的阀门不够严密泄入微量空气所造成的。

4. 水煤气生产的工作循环

水煤气生产是间歇式的，每隔一定时间，整个生产过程的各个阶段必有一次重复。从上一次开始送空气至下一次开始送空气称为一个工作循环。从理论上讲，一个工作循环由吹风阶段和制气阶段组成，但是，在实际生产过程中，为了节约原料、保证安全和煤气质量，还需要包括一些辅助阶段。一般来说，一个工作循环由六个阶段组成。图 7-8 为工作循环组成图。

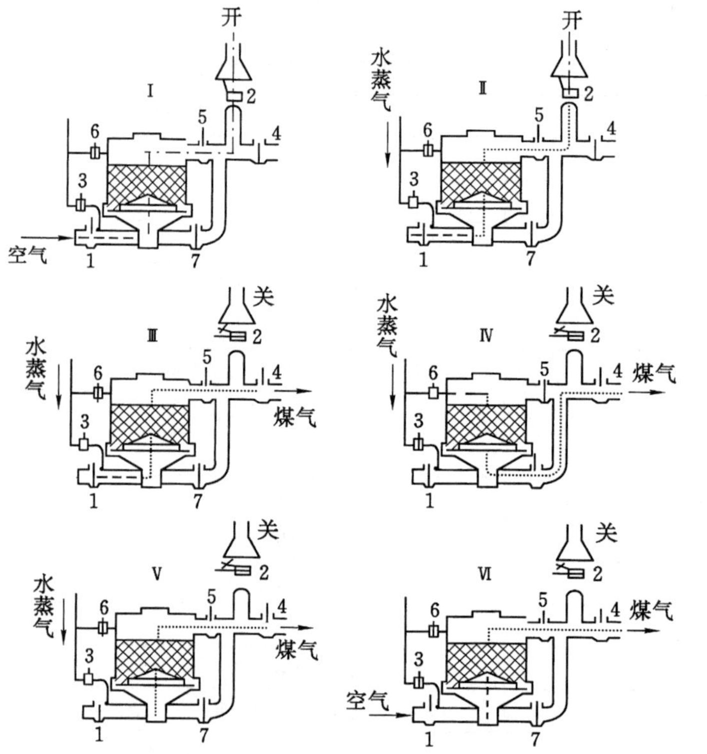

Ⅰ—吹风阶段；Ⅱ—蒸汽吹净阶段；Ⅲ—上吹制气阶段；Ⅳ—下吹制气阶段；
Ⅴ—二次上吹制气阶段；Ⅵ—空气吹净阶段。

图 7-8　工作循环组成图

（1）吹风阶段

吹风阶段是将空气与原料燃烧后放出的热量积蓄在料层内，为制气阶段提供热量。气流如图 7-8 的Ⅰ所示，空气经阀 1，从炉底进入料层，吹风气由炉子上部流出，经阀 5、阀 2 由烟囱排出。若要将吹风气通入燃烧室，则关闭阀 2，开通阀 4，通入燃烧室和余热锅炉。回收吹风气的显热和潜热。

（2）蒸汽吹净阶段

蒸汽自炉底进入炉内吹扫料层和发生炉及管道，目的是将残余的吹风气吹净，提高水煤气质量。气流如图 7-8 的Ⅱ所示，关闭阀 1，蒸汽经阀 3 从炉底进入，吹出的残余气体经阀 5、阀 2 吹出或经阀 5、阀 4 进入燃烧室和余热锅炉回收废热。

（3）一次上吹制气阶段

该阶段的目的是制造合格的水煤气。经吹风阶段后，料层内已积蓄了大量热量，温度较高，为 1 100～1 200 ℃，吹入水蒸气可以大量分解，是主要的制气阶段。气流如图 7-8 的Ⅲ所示，水蒸气继续经阀 3 进入炉底，关闭阀 2 和阀 7，制得的上行煤气经阀 4 进入水煤气冷却净化系统和缓冲气柜。

（4）下吹制气阶段

在一次上吹制气后，料层下部的温度较低，水蒸气分解反应速度变慢，同时，由于反应层逐渐上移，料层上部温度较高，使水蒸气分解条件变差，而且上部料层由于 CO 变换反应的放热作用，使上行煤气出口温度升高，因此，为了充分利用料层上部的蓄热，克服上吹制气时造成的气化层上移，此时应切换阀门，将蒸汽从炉顶吹入，制得合格的水煤气。气流如图 7-8的 Ⅳ所示，关闭阀 3、阀 5，开通阀 6，水蒸气经阀 6 由炉顶进入发生炉，生成的下行煤气经阀 7、阀 4 进入净化系统到缓冲气柜。

（5）二次上吹制气阶段

该阶段的目的是将下吹后残留在发生炉底部和管道内的水煤气吹入贮气柜中，并保证安全生产，因为此时若吹入空气，会引起爆炸。气流如图 7-8 的Ⅴ所示，阀门位置和气流路线与第三阶段相同。

（6）空气吹净阶段

这一阶段的目的是使残存在炉顶空间和管道内的水煤气吹入贮气柜，以免将其吹除，节约原料，提高气化效率。气流如图 7-8 的Ⅵ所示，关闭阀门 2、3、6 和 7，停止向炉内通入蒸汽。打开阀门 1，空气经阀 1 由炉底进入，吹出气经阀 5、4 后经净化系统送入缓冲气柜。

（二）气化效率及操作条件

水煤气生产过程是间歇式的，包括吹风和制气两个阶段，这与混合发生炉制气有较大的差别，必须将吹风和制气分别考察。

1. 吹风阶段

吹风阶段的作用是在料层中积蓄尽可能多的热量，以供制气阶段所需。同时，此阶段又是非产气阶段，要求占用尽可能短的时间。即对吹风阶段的要求是在最短的时间内提供最多的热量。

众所周知，碳与氧的燃烧反应有完全燃烧和不完全燃烧两种，不完全燃烧反应消耗的原料多，放出的热量少，同时生成的是 CO；完全燃烧则消耗的原料少、放出的热量多，所以，吹风阶段进行的应该是碳的完全燃烧反应。

吹风阶段的效率（吹风效率）是指积蓄于料层中的热量和消耗的原料所具有的热量之比，可以用式（8-4）表示：

$$\eta_B = \frac{Q_B}{Q'_F} \times 100\% = \frac{Q'_R - Q'_g}{Q'_F} \times 100\% \tag{7-4}$$

式中 η_B——吹风效率,%;

Q'_F——吹风阶段消耗的原料所具有的热量,kJ;

Q_B——积蓄在料层中的热量,kJ;

Q'_R——吹风时反应放出的热量,kJ;

Q'_g——吹风气所带走的热量包括吹风气的显热和潜热,kJ。

图 7-9 表示料层在不同温度下,采用焦炭做原料生产水煤气时,料层的平均温度与吹风阶段积蓄在料层中的热量、吹风气温度、吹风气中 CO_2 含量及吹风效率之间的关系。

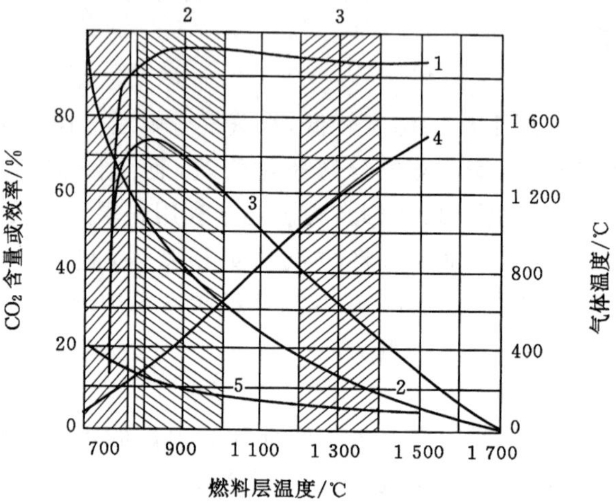

1—制气效率(气化剂流速 43.5 mm/s);2—吹风效率;

3—总效率(气化剂流速 60 mm/s);4—吹风气温度;5—吹风气中 CO_2 含量。

图 7-9 水煤气生产过程的效率与温度的关系

从图 7-9 中可以看出,随着料层温度的上升,吹风气温度升高,吹风气中 CO_2 含量减少,CO 含量增加。即料层温度愈高,则炉内被吹风气以显热和潜热带走的热量越多,积蓄在料层中的热量相应减少,使吹风效率下降。当料层温度为 800 ℃时,吹风气中 CO_2 含量为 13%,吹风效率为 53%;当料层温度为 1 000 ℃时,CO_2 含量为 8%,效率为 32%;当料层温度升至1 200 ℃时,CO_2 含量仅为 5%,效率降至 18%;而当料层温度为 1 700 ℃时,吹风气中已完全没有 CO_2,吹风效率为零。这表明吹风阶段放出的反应热已全部为吹风气所带走,不再有剩余热量使料层温度升高。在制气阶段,当料层温度达到 900 ℃以上时,制气效率最高;当温度低于 800 ℃后,制气效率下降很快,而当温度在 800～900 ℃时,水煤气生产过程的总效率最高,结合吹风效率、制气效率、总效率以及反应速度,一般实际生产过程中,料层温度应控制在 1 000 ℃左右。

在吹风阶段操作中,应控制以下操作条件。

(1) 吹入空气量

吹入空气量取决于吹风强度。在吹风强度一定的情况下,随着吹风时间的延长,吹风气中 CO_2 含量减少, CO 含量增加,积蓄在料层中的热量降低,吹风气带走的潜热增加,但带走的显热比较接近。在吹风时间较短时,随吹风强度的提高,吹风气中 CO_2 含量增加,CO

含量减少，吹风气带走的显热增加，带走潜热大大降低，所以积蓄于料层中的热量增加；当吹风时间较长时，随着吹风强度的提高，吹风气中 CO_2 和 CO 含量都比较接近，吹风气带走的潜热比较接近，带走的显热却增加，因此，积蓄在料层中的热量有所减少。所以，吹风强度较大、吹风时间较短情况下积蓄于料层中的热量比吹风强度小、吹风时间长时多，从而造成了实际操作上提高风压、增大风量、缩短吹风时间的发展趋势。

(2) 氧化层高度和料层总高度

吹风时，氧化层高度较高时，可积蓄较多的热量；料层总高度较高时，吹风气与料层之间有较长的接触时间，可以进行充分的热交换，降低吹风气的出口温度，提高吹风效率。

氧化层的高度与料层阻力降有关，阻力降又与原料块度有关。原料块度越大，料层阻力降越小，氧化层厚度就越大；相反，氧化层会变薄，而且氧化层的温度必定会升得很高，造成 CO_2 的还原，增加吹风气中的 CO 含量，降低吹风效率，增加原料消耗。

料层总高度通常控制在 1.8 m 内，当采用小块焦炭时，吹风气与原料之间换热较充分，原料层总高度可适当降低。

2. 制气阶段

制气阶段效率(制气效率)是指所得水煤气的热量与制气阶段消耗原料所具有的热量和吹风时积蓄于料层中的热量之和的比值，可表示为：

$$\eta_G = \frac{Q_g}{Q_F + Q_B} \times 100\% \tag{7-5}$$

式中　η_G——制气效率，%；

Q_g——水煤气的化学热，kJ；

Q_F——制气时消耗原料所具有的热量，kJ；

Q_B——积蓄在料层中的热量，kJ。

水煤气生产过程的总效率是指所制得的水煤气热量与吹风阶段和制气阶段所消耗原料热量之和的比值，表示为：

$$\eta_T = \frac{Q_g}{Q_F + Q'_F} \times 100\% = \frac{Q_g}{Q_F + \dfrac{Q_B}{\eta_B}} \times 100\% \tag{7-6}$$

式中　η_T——总气化效率，%；

其余符号意义同上。

在制气阶段操作中，应控制以下操作条件。

(1) 料层温度

当水蒸气吹入速度一定时，随着作用时间的延长，料层温度逐渐降低，煤气中水汽含量和 CO_2 含量逐渐增加，表明水蒸气分解率降低，制气效率和过程总效率都趋于下降。在图 7-9 中，当料层温度为 800～900 ℃时，过程总效率最高，但正如前所述，此时反应速度较慢，气化强度较低，而当料层温度高于 1 000 ℃后，尽管制气效率很高，但由于此时吹风效率下降很快，为维持该料层温度，必须消耗较多的原料，因此过程总效率会急剧下降。而且，在实际的生产过程中，气化剂的流速是图 7-9 中流速的 5～10 倍，料层温度即使较高，CO_2 也来不及还原成 CO，却使整个生产过程的生产能力大大提高。同时，吹风气的热量可以回收，所以，在取得同样气化效率的情况下，可以维持较高的料层温度，一般以 1 000 ℃为宜。

(2) 蒸汽用量和蒸汽吹入速度

料层温度的高低主要决定于吹风阶段的空气用量和制气阶段的蒸汽用量。考虑到设计时风量已经选定,风机已经定型,实际生产过程中鼓风机亦不宜经常变动,因此,往往是通过改变水蒸气用量来控制料层温度。当然,料层温度的高低与原料的灰熔点和块度有关,当原料灰熔点较高、块度较大时,可适当减少蒸汽用量,提高蒸汽分解率,以改善水煤气质量;当原料灰熔点较低、块度较小时,应适当增加蒸汽用量,以防止炉内结渣。

蒸汽的吹入速度对制气效率也有较大的影响。图 7-10 表示料层温度、蒸汽吹入速度与制气效率的关系。由图 7-10 可见,在一定的料层温度下,制气效率与蒸汽吹入速度有一最大值的关系。当蒸汽吹入速度过低时,尽管蒸汽分解率很高,但此时因辐射和对流等热损失所占的比例较大,造成制气效率下降;当蒸汽吹入速度过高时,又因水蒸气分解率较低,更多未分解水蒸气随煤气一起析出造成热损失较高,也导致制气效率下降。同时,生成的水煤气中 CO_2 含量由于 CO 的变换反应会急剧增加,恶化水煤气质量。所以蒸汽吹入速度必须控制在适宜的范围,且当料层温度较高时,才能适当提高蒸汽吹入速度,蒸汽吹入速度取决于吹风速度。

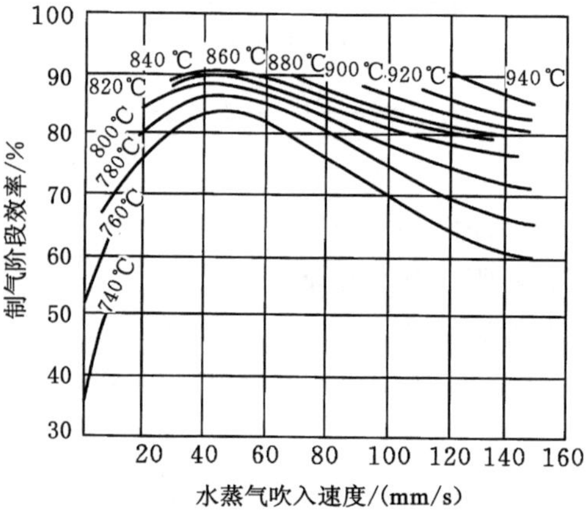

图 7-10 料层温度、蒸汽吹入速度与制气效率的关系

(3) 原料反应活性

原料反应活性对总效率的影响很大。一般说来,反应活性较高的原料在制气阶段是有利的,可以提高水蒸气的分解率,增加煤气中的有效成分,提高制气效率。但反应活性较高的原料对吹风却是不利的,它会使吹风阶段的原料消耗大大增加,并且增加吹风气中 CO 的含量和吹风气带走的潜热,降低吹风效率。所以,在实际生产中,为兼顾吹风和制气阶段对原料反应活性的不同要求,应该选用中等反应活性的原料。

(三) 循环时间的确定和分配

1. 制气各阶段水煤气组成及产量的变化

在制气的各个阶段中,由于制气条件的不同,各阶段的水煤气组成和产量各不相同。表 7-8 为制气各阶段中水煤气的组成。图 7-11 表示制气各阶段和在每个阶段的持续过程中水煤气产量的变化情况。

表 7-8 制气各阶段中水煤气的组成

		第Ⅲ阶段	第Ⅳ阶段	第Ⅴ阶段
煤气组成/%	CO_2	6.97	5.77	8.84
	H_2S	0.43	0.43	0.43
	O_2	0.20	0.20	0.20
	CO	38.38	39.31	34.53
	H_2	49.31	50.39	50.31
	CH_4	0.04	0.54	0.70
	N_2	4.07	3.36	4.99
煤气热值	高热值(HHV)/(kJ/m^3)	11 535	11 765	11 200
	低热值(LHV)/(kJ/m^3)	10 509	10 722	10 153

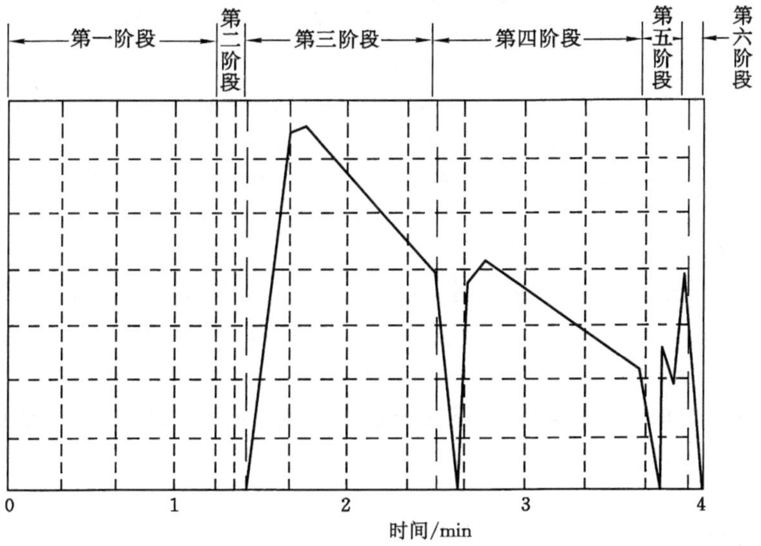

图 7-11 制气各阶段的生产能力

由表 7-8 可知，在制气的不同阶段中，生产的煤气质量并不完全相同，其中以下行煤气质量更好些。从图 7-11 中可以看出，三个制气阶段单位时间所产煤气量是不同的。在开始一次上吹制气时，由于吹风阶段已在料层中积蓄了很多的热量，对制气十分有利，因此第Ⅲ阶段的产气量最多，占总产量的 60%～63%，第Ⅳ阶段次之，占 32%～35%，第Ⅴ阶段最少，占 5%左右，而且，在同一阶段的持续时间内，随着制气时间的延续，产气量先升后降。影响水煤气组成和产量变化的主要因素如下。

(1) 延续时间

制气时，随着时间的延续，料层中积蓄的热量逐渐减少，气化层前移，导致水蒸气分解率逐渐下降，同时有利于 CO 变换反应的进行，影响煤气质量。水蒸气的大量过剩，热量损失增大。

(2) 蒸汽的吹入强度

蒸汽的吹入强度对煤气产量的变化有较大的影响，它们之间的关系见图 7-12。当蒸汽吹入强度为500～600 kg/(m²·h)时，水煤气产量缓慢降低，这主要是因为在蒸汽吹入强度较低时，料层温度的降低是逐渐缓慢的过程，所以煤气产量也是缓慢降低的，该过程是渐变过程；相反，当蒸汽吹入强度提高到1 500 kg/(m²·h)时，一开始由于料层温度较高，分解的水蒸气量很多，煤气产量也较高，但随着时间的推移，料层温度显著降低，水煤气产量降低得很快，尤其在制气后期更加明显。在这种情况下，吹蒸汽的时间应适当缩短。

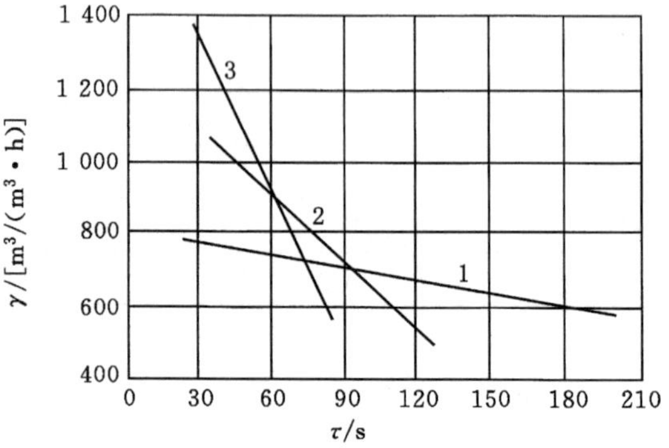

1—蒸汽吹入强度为500～600 kg/(m²·h)；2—蒸汽吹入强度为700～900 kg/(m²·h)；
3—蒸汽吹入强度为1 500 kg/(m²·h)。

图7-12　水煤气产量与蒸汽吹入强度的关系

(3) 蒸汽吹入方向

当采用预热的蒸汽进行下吹制气时，气化速度快于上吹制气。但下吹制气时煤气产量不如上吹制气时多。

(4) 原料反应性

原料反应性较好时，制气速度快，煤气产量和质量会随时间的延续而急剧变化，所以应缩短循环时间和吹风时间。

2. 循环时间的确定

(1) 循环时间的确定及分配

水煤气生产过程中每个工作循环时间的确定应既考虑气体组成的稳定和热效率的提高，又要考虑操作过程中阀门开关和气流变向需要一定时间的实际情况，而且工作循环时间越短，必将相对增加阀门开关所占的时间，减少真正造气的时间。所以，每个工作循环时间一般采用2.5～4 min。

(2) 各阶段的时间分配

水煤气生产时每个工作循环由六个阶段组成，各阶段时间的分配应根据原料性质、工艺条件和每个阶段所起作用来确定。作为辅助阶段的蒸汽吹净、二次上吹和空气吹净来讲，时间的长短以能达到除净水煤气炉上部空间和炉底残留吹风气或煤气为原则，因此，辅助阶段所占的比例基本不变或很少改变。一般来说，为保证空气吹净阶段空气从炉底进入而不发生爆炸，要求二次上吹时间稍长一些，占循环时间的6%～9%；蒸汽吹净和空气吹净分别只是为了保证煤气质量和节省原料，因此时间应较短，只占循环时间的3%～4%。作为主要阶段的吹风、蒸汽一次上吹和下吹来说，各阶段时间的分配原则应该是吹风后料层具有较高的温度，而且吹风时间要短，相对增加制气时间。如前所述，吹风时间短时应采用较大的鼓风强度，而鼓风强度的大小又决定于风机压头和流量以及原料粒度和热稳定性。蒸汽上、下吹时间分配则以维持炉内气化层的稳定和保证水煤气质量为原则，要注意考虑原料反应性、热量和原料的高效利用。通常，一次上吹时料层温度较高，有利于上吹制气的产量提高和质量的改善，但同时也必须注意，若上吹时间过长，会使气化层上移，不利于以后的制气。所以，就上、下吹时间的分配而言，还是以下吹时间稍长为好，可使灰渣中含碳量较少。但下吹时间过长，又会造成气化层的下移，导致炉底温度过高，容易损坏炉底部件且影响煤气质量。

工作循环各阶段时间的分配，应视原料性质不同而异，表 7-9 为各阶段时间分配情况。

表 7-9　各阶段时间分配情况

序号	阶段名称	3 min 循环/s	4 min 循环/s
1	吹风阶段	40～50	60～80
2	蒸汽吹净阶段	2	2
3	上吹制气阶段	45～60	60～70
4	下吹制气阶段	50～55	70～90
5	二次上吹阶段	18～20	18～20
6	空气吹净阶段	2	2

（四）实际操作方法

在多年的水煤气生产过程中，为了提高气化效率和制气强度，改善水煤气质量，应该采用高炉温、高风速、高料层、短循环（简称三高一短）的操作方法。

1. 高炉温

高炉温是指气化层维持较高的温度。提高炉温可加速气化反应。在吹风时尽管 CO_2 还原反应速度也加快，会使吹风气中的 CO 含量增加，并使吹风气的出口温度升高，从而导致吹风气带出炉外的显热和潜热增加，但可通过燃烧室加以部分回收，使吹风效率下降较少。在制气时，气化层温度的升高可以提高制气效率和气化强度。同时提高蒸汽分解率，提高水煤气产量和改善水煤气质量。但是，料层温度的提高受到灰熔点的限制，以维持稍低或接近于灰熔点为宜，否则灰渣会熔融结块，恶化操作条件甚至造成停炉事故。

2. 高风速

高风速就是增大单位时间内的吹风量，这可由增大鼓风强度、缩短吹风时间得以实现。很明显，提高风速具有如下优点：

(1) 可以加快空气中氧向原料表面的扩散，加速炭的燃烧速度，增加热量在料层中的积蓄；

(2) 可以缩短 CO_2 与高温料层的接触时间，降低吹风气中 CO 的含量，从而减少 CO 的潜热损失，降低原料的消耗；

(3) 可以缩短吹风时间，相对增加制气时间，提高设备的有效利用率。

当然，风速也不能过高，否则将导致炉内带出物的增多，通常以带出物的量不大于 4% 为界限。

3. 高料层

控制适宜的料层厚度有利于炉内料层各层高度的相对稳定，可增加水蒸气与原料的接触时间，提高水蒸气分解率和煤气质量。随着料层厚度的增加，提高了气体与料层的热交换效率，降低了吹风气和水煤气的出口温度，而对吹风气中 CO 含量和对水煤气中 CO_2 含量几乎没有影响。但料层过高，会使预热层过厚，造成炉内上部料层温度很低，几乎不发生任何变化，反而会增大炉内的阻力，对制气不利。若料层过低时，高风速会吹翻料层，而影响气化炉的正常运转。

料层的高低还与灰层有关。对灰分含量较高的煤种(包括型煤)在高温条件下操作时，应选择薄灰层为宜，因为灰分熔融结渣不仅与灰分熔点有关，而且还与灰分含量及灰分在高温下的停留时间有关。同时，薄灰层可减少灰层阻力，有利于风速的提高。一般料层高度在 1.8 m 左右。当焦炭粒度较小时，热交换效率提高，可以适当降低料层高度。

4. 短循环时间

如前所述，较短的循环时间对水煤气生产是有利的，但循环时间与原料反应活性密切相关。对于反应活性较高的原料，在相同的炉温下，提高吹风速度、缩短吹风时间，有利于降低吹风气中 CO 的潜热损失，提高蒸汽吹入速度，加快气化反应，缩短制气时间，因此，可选用较短的循环时间。对于反应活性较低的原料，则应采用稍长的循环时间。

(五) 生产水煤气原料的选择

间歇法生产水煤气的原料，必须具有较低的挥发分，若采用高挥发分的烟煤和褐煤作为制造水煤气的原料，尽管制得的水煤气质量较高，但气化效率却远低于无烟煤或焦炭。主要的原因是在吹风阶段造成了大量的热量损失。一方面，烟煤或褐煤在干馏时会析出大量的高热值如甲烷等烃类气体，另一方面这些原料的反应活性较高，吹风气中会生成大量的 CO。同时，褐煤的热稳定性极差，在干燥和加热过程中会形成大量的粉末，增加了带出物的损失。另外，在实际生产中，阀门的开闭非常频繁，焦油等污染物在液压阀门座上的沉积会导致阀门关闭不严，给生产造成极大的危险性。所以，采用间歇法生产水煤气时，通常选用无烟煤或焦炭作为气化原料。

作为水煤气生产的原料，通常有以下的具体要求：

固定碳(干基)	≥70%；
水分(湿基)	<7%；
灰分(干基)	<20%；
挥发分(干燥无灰基)	≤8%；
硫分(干基)	≤1%；
热稳定性	≥60%；
机械强度(落下试验)	≥70%；
灰熔点	>1 250 ℃；
块度	25～75 mm。

我国无烟煤资源比较丰富，价格比焦炭便宜。当然，各种无烟煤的性质有较大的差异，一般应根据工业试验结果来确定制气的操作条件。无烟煤作为原料与焦炭相比，具有以下特点：

(1) 无烟煤的反应活性比焦炭差，因此需要较高的炉温。并且无烟煤料层的温度波动对气体产量和质量的影响比焦炭大，所以操作时要注意炉温的变化，及时调节。

(2) 无烟煤的机械强度比焦炭低，因此，入炉前要进行筛分，尽量使用块度均匀的原料。

(3) 无烟煤的热稳定性比焦炭差，入炉后易爆裂，造成带出物多、吹风阻力大和气体分布不均等问题。因此，选择风机时要求压力较高，吹风时间要稍长些，保证入炉总风量，减少温度波动；料层高度要低一点，以减少床层阻力；对阀门性能要求高些，以防止带出物卡住阀门，减少阀门的泄漏，阀门动作要迅速，可以用油压控制。

(4) 无烟煤的挥发分比焦炭高，当水煤气作为合成氨原料时，无效气体成分增加。

(六) 水煤气发生炉

间歇法生产水煤气的发生炉主要为 UGI 水煤气炉。在我国常用的有 $\phi1500$、$\phi1600$、$\phi1980$、$\phi2260$、$\phi2740$、$\phi3000$ 和 $\phi3600$ 等一系列水煤气炉，UGI 水煤气发生炉的结构如图 7-13 所示，炉壳由钢板焊成，上部衬有耐火砖和保温硅藻砖，保护炉壳钢板免受高温的损害，下部外设水夹套，降低炉内氧化层的温度，防止熔渣黏壁并副产蒸汽。

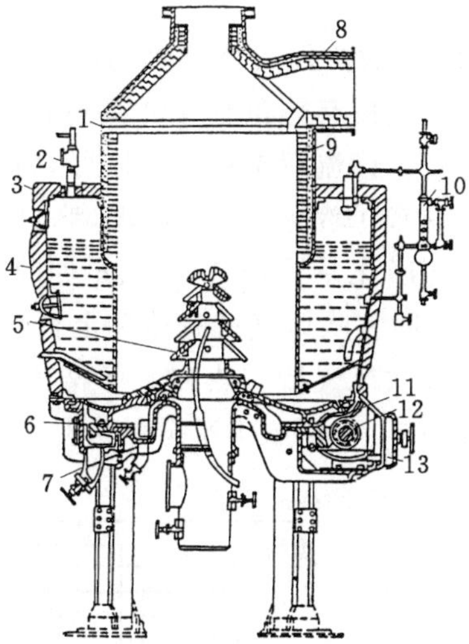

1—外壳；2—安全阀；3—保温材料；4—夹套锅炉；5—炉箅；6—灰盘接触面；7—炉底；8—保温砖；9—耐火砖；10—液位计；11—涡轮；12—蜗杆；13—油箱。

图 7-13 UGI 水煤气发生炉结构

(七) 水煤气生产的工艺流程

间歇法生产水煤气时，依据制气原理，其工艺流程具有以下特点。

1. 阀门系统复杂

间歇法生产水煤气是由六个阶段组成的每个工作循环周而复始的运转来完成的。为了不断地改变和控制气流的方向，必须设置复杂的阀门系统。为防止气体的泄漏，对阀门的制造要求比较严格。而且，由于这些阀门处在高温含尘等杂质的气体介质中工作，因此要求具有较高的耐热性和机械强度，阀门的开闭应非常迅速，气密性好。通常，水煤气生产系统的阀门可由气压或液压驱动，液压驱动又可用高压水或高压油驱动，阀门的状态由专门设计的自动机控制，并且随着自动化水平的提高，水煤气系统的阀门已由油压全自动电脑控制，大大提高了生产效率。

2. 设置缓冲气柜

由于在每个工作循环的不同阶段中，水煤气的产量和组成不断变化，各不相同，使水煤气的气流在质和量上都显得很不均衡。为了消除水煤气的制造与下一工序或与用户之间的不均衡现象，必须在水煤气生产工艺流程中设置缓冲气柜来混合、均衡煤气。

3. 废热回收利用

间歇法生产水煤气过程中，大量吹风气的持有热、上行煤气的显热等，若不加以回收利用，将会大大降低气化热效率。

生产规模或水煤气用途不同，废热利用的程度也是不同的。

(1) 不回收废热的流程

不回收废热的流程是一种最简单的小型水煤气站的工艺流程。具有设备少、投资省、建设快的优点。该流程中吹风气直接放空，上、下行水煤气直接进入冷却净化系统，热效率低。

（2）回收吹风气持有热的流程

吹风气持有热包括 CO 具有的潜热和高温具有的显热，吹风气持有热占全部废热的70%左右。该流程是在吹风阶段，将吹风气通入燃烧室，并向燃烧室内送入二次空气，使吹风气中的 CO 燃烧、蓄热，高温燃烧废气经过废热锅炉回收热量后放空。上、下行煤气直接进入冷却净化系统，不进行热量回收。

（3）回收吹风气持有热和上行煤气显热的流程

回收吹风气持有热和上行煤气显热的流程是我国目前间歇法生产水煤气广泛采用的典型流程，它可以回收大部分的废热。其流程如图 7-14 所示。

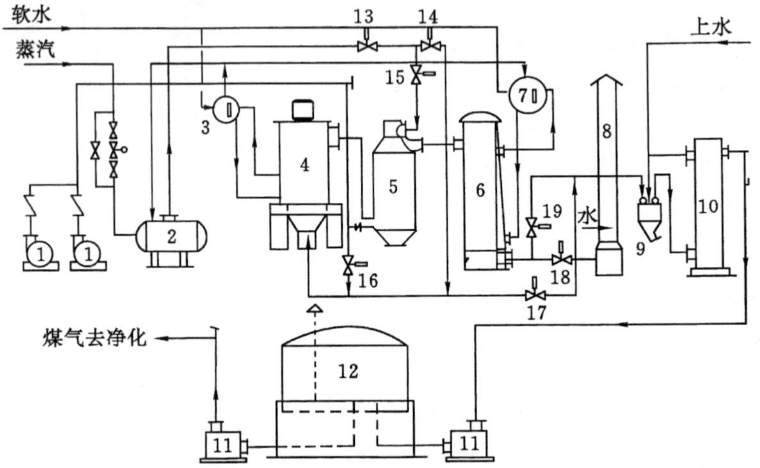

1—空气鼓风机；2—蒸汽缓冲罐；3，7—集汽包；4—水煤气发生炉；5—燃烧室；
6—废热锅炉；8—烟囱；9—洗气箱；10—洗涤塔；11—气柜水封；
12—气柜；13—蒸汽总阀；14—上吹蒸汽阀；15—下吹蒸汽阀；16—吹风空气阀；
17—下行煤气阀；18—烟囱阀；19—上行煤气阀。

图 7-14　间歇法生产水煤气的典型流程

此流程中各阶段的气体流向如下：

① 吹风阶段

二次空气（→燃烧室）　水（→废热锅炉）

空气→气化炉→吹风气→燃烧室→废热锅炉→烟囱放空

② 蒸气吹净阶段

二次空气（→燃烧室）　水（→废热锅炉）

水蒸气→气化炉→燃烧室→废热锅炉→烟囱放空

③ 上吹制气阶段

水（→废热锅炉）

水蒸气→气化炉→燃烧室→废热锅炉→洗气箱→洗气塔→气柜

④ 下吹制气阶段

过热水蒸气(经燃烧室预热)→气化炉→洗气箱→洗气塔→气柜

⑤ 二次上吹制气阶段

水
↓
水蒸气→气化炉→燃烧室→废热锅炉→洗气箱→洗气塔→气柜

⑥ 空气吹净阶段

水
↓
空气→气化炉→燃烧室→废热锅炉→洗气箱→洗气塔→气柜

(4) 回收吹风气持有热和上、下行煤气显热的流程

回收吹风气持有热和上、下行煤气显热流程的废热回收利用率最高,使废热锅炉温度的波动较小,锅炉蒸发量也较稳定,有利于锅炉寿命的延长。

(5) 增热水煤气流程

增热是指在水煤气生产过程中用油裂解来提高煤气热值的方法。所得的煤气称为增热水煤气,其热值可达 16.7～18.8 MJ/m^3,但 CO 含量仍偏高达 30%以上,因此不宜单独作城市煤气,可作城市煤气的补充气源以备调峰。

三、移动床加压气化

由于移动床常压气化生产的煤气热值低,CO 含量高,生产能力有限,因此,移动床加压气化(鲁奇加压气化)日益受到世界各国的关注。

(一) 加压气化的基本过程

1. 分层情况

在移动床气化炉内,无论是常压操作,还是加压操作,沿料层的高度方向一般都会出现不同特征的区域,即所谓的分层现象。这是移动床气化炉的共同特点。在整个移动床气化过程中,原料自上而下,气化剂自下而上,逆流接触,逐渐完成煤炭由固态向气态的转化。随着各种反应的进行,料层各区域中存在着不同的温度特征,这实际上也反映了不同的气化特征。在加压气化炉内,这种不同特性的区域自上而下依次可分为干燥层、干馏层、甲烷层、第二反应层(气化层)、第一反应层(氧化层)和灰渣层,共 6 层,其数值可见表 7-10。

表 7-10　加压气化炉内各层高度及温度

床层名称	高度(自炉箅算起)/mm	温度/℃
灰渣层	0～300	450
氧化层	300～600	1 000～1 100
气化层	600～1 100	800～1 000
甲烷层	1 100～2200	550～800
干馏层	2 200～2 700	350～550
干燥层	2 700～3 500	350

各层在加压气化炉中的情况可见图 7-15。干馏层和干燥层是原料的准备阶段,甲烷层和第二反应层是气化煤气的主要生成层,统称为还原层,第一反应层也就是氧化层。

2. 各层的主要特点和作用

(1) 灰渣层

灰渣层位于料层的最底部。在该层中，原料中的碳已基本耗尽，气化反应已结束，因此温度快速下降。它覆盖在炉箅的上面，以免被炽热的碳层烧坏或变形，保护了炉箅，又能使刚由炉底进入的气化剂在灰渣层中得到预热，将灰渣层的热量带回反应层中。被冷却的灰渣排入灰锁。

(2) 第一反应层

第一反应层亦即氧化层。主要进行的是碳的氧化反应，生成大量的 CO_2 和少量的 CO。同时还进行着 $2C+2H_2O(g) \rightarrow CH_4+CO_2$ 的反应，使得水蒸气稍有消耗。该层的主要反应均为放热反应，是料层中温度最高的区域，提供气化炉内其他反应所需的热量。由于碳燃烧反应在高温下反应速度非常快，因此原料在该层的停留时间比较短，为 3～8 min。若气化灰分高、活性差、粒度大的原料时，则停留时间可适当延长。

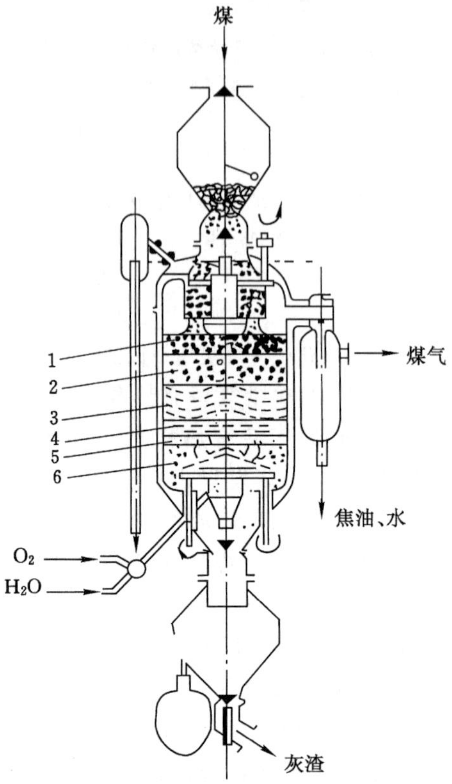

1—干燥层；2—干馏层；
3—甲烷层；4—第二反应层；
5—第一反应层；6—灰渣层。

图 7-15　加压气化炉内的各层分布

(3) 第二反应层

第二反应层亦即气化层。该层的主要标志是氧气已全部耗尽。水蒸气大量分解，CO_2 被还原，使气体中 CO 和 H_2 的含量不断增加，CO_2 和 $H_2O(g)$ 的量逐渐减少。同时也进行着 $2C+2H_2O(g) \rightarrow CH_4+CO_2$ 的反应。该层生成大量的 CO 和 H_2，为甲烷化反应创造了条件。随着水蒸气的分解和 CO_2 还原反应的进行，上部料层温度逐渐降低，甲烷的生成量不断增加，从而进入了甲烷层。

(4) 甲烷层

甲烷层是生成甲烷的主要反应层，也是加压气化与常压气化的区别所在。该层进行的甲烷生成反应是碳与氢、一氧化碳与氢之间的反应，反应速度比第一反应层和第二反应层中的气化反应速度要慢得多，因此，为使反应能充分进行，生成尽可能多的甲烷，一般要求甲烷层厚度较大，保证原料在该层的停留时间为 0.5～1 h。由于甲烷生成反应放出的热量与该层中其他反应吸收的热量几乎相等，因此该层的温度变化较小。

(5) 干馏层

原料煤经过干燥层预热后，在干馏层中脱除挥发分，生成热解水和多种干馏产物，如低温焦油、油、脂肪酸、酚、氨、不饱和烃、HCN 及半焦。在加压气化炉内，由于温度较低并有大量氢气存在，因此产生的焦油和以脂肪烃为主的轻质油很少裂解，并以蒸汽状态存在于粗煤气中。同时，在该层还存在着 CO 的变换反应，决定了出炉煤气的组成。

(6) 干燥层

入炉原料在上升气流的对流传热作用下，失去水分，逐渐升温。预热的程度取决于入炉原料的水分。与此同时，充分的热交换可降低炉出煤气的温度，减少热损失。

（二）加压气化的主要反应

在加压气化的条件下，气化炉内进行着以下的反应：碳的氧化反应、二氧化碳的还原反应、水蒸气的分解反应以及甲烷的生成反应。与常压气化相比，加压气化过程中甲烷生成反应增多。一方面是由于较厚干馏层挥发分热解产生甲烷，另一方面是由于甲烷层中碳的加氢生成甲烷，而且主要以后者为主。在加压条件情况下，以上反应亦与常压气化有一定的区别。

1. 碳的氧化反应

$$C+O_2 \rightarrow CO_2-393.8\ \text{MJ/kmol}\ (\text{以}\ \Delta H\ \text{表示})$$

气化剂的氧与原料中的碳反应，生成 CO_2，并放出大量的热，以提供气化所需要的热量。在压力作用下，碳的氧化反应速度大大加快，反应氧浓度增加，反应区高度降低。

2. 二氧化碳还原反应

$$C+CO_2 \rightarrow 2CO+162.4\ \text{MJ/kmol}\ (\text{以}\ \Delta H\ \text{表示})$$

根据化学反应平衡原理，二氧化碳还原反应以高温、低压有利。在加压气化过程中，压力使反应平衡向左移动。

在反应温度一定时，压力越高，则一氧化碳的平衡浓度越低，故加压气化粗煤气中二氧化碳的含量比常压煤气高。在实际生产中，由于二氧化碳还原反应的速度相当缓慢，很难达到反应平衡，因此，实际气体中一氧化碳含量比一氧化碳的平衡浓度低。

3. 水蒸气分解反应

$$C+H_2O(g) \rightarrow CO+H_2+131.5\ \text{MJ/kmol}\ (\text{以}\ \Delta H\ \text{表示})$$

此反应与二氧化碳还原反应相似，低压高温有利于生成物平衡浓度的提高，加压使水蒸气分解率下降。它们之间的关系见图 7-16。

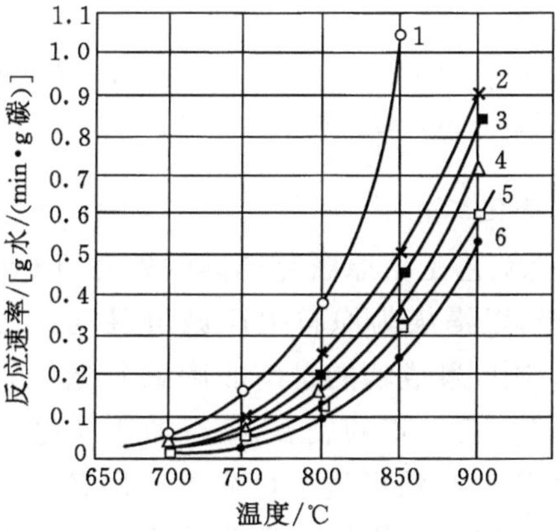

1～6 分别表示反应压力为 0.098 MPa，0.98 MPa，1.96 MPa，4.9 MPa，6.86 MPa 和 9.8 MPa。

图 7-16　不同温度下水蒸气分解反应总速度与压力的关系

由图 7-16 中可以看出，反应速度随温度升高而加快，随压力增大而减慢。但是，在加压气化中，水蒸气分解生成的氢气是甲烷生成反应中氢的重要来源。提高蒸汽浓度，增加蒸汽的绝对分解量，使氢气的绝对量也增加。

4. 甲烷生成反应

$$C+2H_2 \rightarrow CH_4-74.9\ \text{MJ/kmol}\ (\text{以}\ \Delta H\ \text{表示})$$

这一反应是体积减小的放热反应，根据化学反应平衡原理，提高压力、降低温度有利于甲烷的生成。图 7-17 为甲烷生成速度与压力、温度的关系。甲烷的生成速度随温度和压力的升高而加快。图 7-18 为不同压力下，石墨加氢气化的平衡甲烷含量曲线。随着压力的提高，系统的平衡向温度较高区域移动。在 0.1 MPa 时，要制取热值为 16.7～18.8 MJ/m^3（4 000～4 500 kcal/m^3）的 CH_4 和 H_2 混合物，必须在 550～650 ℃下操作，但是，在该温度范围时，由图 7-17 可知，甲烷的生成速度极慢，而且，在该温度下，无论是水蒸气的分解反应，还是二氧化碳的还原反应实际上都不可能进行。在 5 MPa 时，同样热值的 CH_4 和 H_2 的混合物可以在较高的温度（860～950 ℃）下获得。此时，甲烷的生成速度已相当快，水蒸气的分解和二氧化碳的还原也能顺利进行，从而使加压气化生产甲烷含量较高的煤气成为可能。

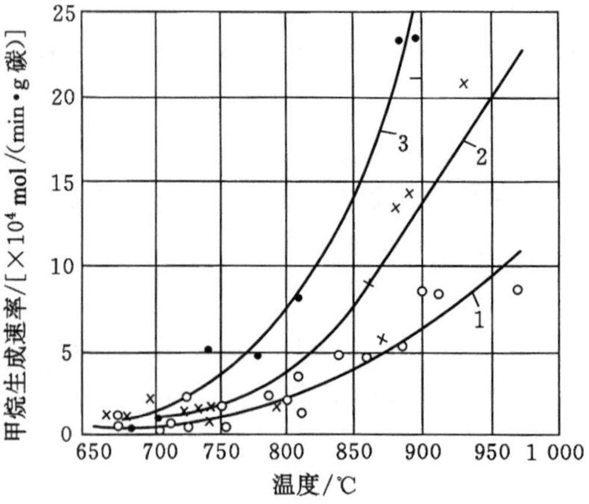

1—0.098 MPa；2—4.9 MPa；3—9.8 MPa。

图 7-17　甲烷的生成速度与温度、压力的关系

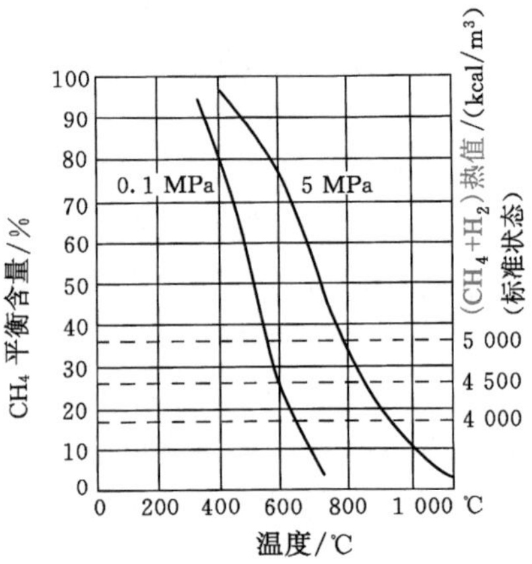

图 7-18　石墨加氢气化的甲烷平衡含量曲线

（1 kcal/m^3＝4.186 8 kJ/m^3）

（三）鲁奇固态排渣加压气化工艺

移动床固态排渣加压气化工艺是由原联邦德国的鲁奇（Lurgi）公司于 1930 年开发成功的，1936 年正式投入工业生产，以褐煤为原料生产城市煤气。之后世界上许多国家都先后建设了鲁奇炉加压气化厂。其中，最成功的是南非萨索尔堡的煤气化液化联合工厂和原民主德国的黑水泵联合工厂。经过几十年的发展，鲁奇加压气化炉由第一代发展到了第四代，具体见表 7-11。目前，鲁奇加压气化法已属于世界上应用最多的煤气化工艺之一。该工艺在我国处于发展之中，我国的一些科研机构和企业进行了大量的研究开发和工业运行，积累了大量的技术资料、试验数据和实际运行经验。

1. 压力对气化指标的影响

（1）煤气成分

与常压气化相比，加压气化时，煤气中的甲烷和二氧化碳含量增加，一氧化碳和氢气含量下降。其变化情况见表 7-12。在加压情况下，有利于碳加氢生成甲烷的反应，不利于水蒸气的分解反应和二氧化碳的还原反应，一定程度上影响了水蒸气的分解和二氧化碳的还

表 7-11 鲁奇炉开发历程

发展阶段	第一代	第二代		第三代	第四代
时 间	1936～1954	1952～1965		1969	1978～
炉 型	Dg2.6 m，侧面除灰炉型	Dg2.6 m，中间除灰炉型		Dg3.8 m，(MARK-Ⅳ型)	Dg5.0 m，(SASOL-Ⅲ型)
煤 种	褐煤	弱黏煤	不黏煤	所有煤种	所有煤种
生产能力/(m^3/h)	8 000	14 000～17 000	32 000～45 000	36 000～55 000	75 000～100 000
气化强度/[m^3/(m^2·h)]	1 500	2 600～3 200	3 500～4 500	3 500～4 500	3 800～5 000

表 7-12 常压气化与加压气化煤气成分比较

煤气组成/%		CO	H_2	CH_4	CO_2	低热值/(kJ/m^3)
混合发生炉煤气		24～31	11～18			5 024～6 280
水煤气		37～38	48～50			10 048～11 723
加压气化鲁奇炉煤气	粗煤气	16～22	38～39	10～11	28～32	10 048～11 304
	净煤气	24～31	53～59	13～18	2.0～3.5	14 654～16 747

原，造成二氧化碳和水蒸气的含量偏高，一氧化碳和氢气的含量偏低。但是，为了向碳加氢反应提供足够的氢气和维持固态排渣顺利进行的气化温度，只能采用过量水蒸气的方法，从而造成水蒸气的分解率降低，煤气中未分解的水蒸气含量增多，同时，水蒸气量的增多又造成了一氧化碳的变换反应的加剧，更增加了粗煤气中二氧化碳的含量。净煤气热值随气化压力的提高而增加，并可达到城市煤气热值的要求。但净煤气中一氧化碳的含量仍大于20%，作为城市煤气使用时，必须经过一氧化碳变换处理。

(2) 氧气消耗量

很明显，加压气化有利于生成甲烷反应的进行，而该反应是放热反应，可以作为气化炉中的第二热源，减少碳与氧燃烧反应中原料和氧气的消耗。并且，气化压力的升高，对生成甲烷的反应越有利，放出的热量越多，氧气的消耗越少。在制气生产的成本计算中，若使用电力为主要生产动力，则耗电费占成本的 25%～30%，其中制氧所耗电量占总电耗的 1/2 左右，因此，氧耗降低有明显的经济性。

(3) 蒸汽消耗量

加压气化时，压力升高，水蒸气耗量也增大。但是，加压却不利于水蒸气的分解，即水蒸气分解率下降。而且，在实际生产中，还需用蒸汽量来控制炉温以保证固态排渣能顺利进行，因此，总的蒸汽消耗量加压时比常压高 2.5～3 倍。显然，压力升高，需要的当量氢增加，水蒸气耗量增加，使得水蒸气绝对分解量也增加，但水蒸气分解率却下降，水蒸气的利用率下降，这是固态排渣加压气化工艺的一大缺陷。

(4) 气化强度

加压气化可使气化强度明显提高。这是由于气化压力的提高，既加快了反应速度，又增加了气-固反应接触的时间，反应更加充分，几乎接近平衡状态，碳的转化率较高。

(5) 煤气产率

提高气化压力，增加了甲烷的生成量，减少了气体的总体积，降低了煤气产率。而且，净煤气产率的下降幅度比粗煤气产率更大。这是由于加压气化的粗煤气中二氧化碳含量较多,且随气化压力的升高而增加,一旦净化脱除,将使净煤气体积数大大减少。

2. 加压气化对原料煤的选择

(1) 水分

加压气化炉的炉温通常低于常压气化炉,而且料层较厚,因此入炉煤的水分可以较高,但当有些褐煤水分过高时,对气化就会造成不良的影响。一是促使褐煤块碎裂;二是造成氧耗显著增加;三是增加净化系统的负荷;四是增加污水处理的投资和操作费用;五是给原料预处理造成困难。因此,煤中水分控制在20%左右时,气化效果较好。根据德国标伦厂的经验,当原料煤水分高于20%时,每增加1%的水分,氧耗将增加1.5%,煤气炉出温度下降5 ℃左右,水汽含量增加3%左右。当原料煤水分由20%上升到30%时,气化炉的生产能力下降10%左右。故通常要求褐煤水分控制在20%以内。

(2) 灰分

鲁奇加压气化炉原则上对煤的灰分无严格要求,即使灰分含量高达55%,也可用作加压气化的原料。但是,煤中灰分含量增加,导致消耗定额增加,煤气产率降低,灰渣含碳量增加,煤气热值降低。因此,控制煤的灰分小于20%时较为经济。

(3) 粒度

加压气化时,由于气化炉内气流的实际速度远低于常压气化,因此,粒度可小于常压气化,并且与煤的机械强度、热稳定性和活性有关。通常,加压气化炉中采用的原料粒度为:褐煤4~6 mm、烟煤5~25 mm、焦炭和无烟煤5~20 mm。同时,要求原料颗粒组成均匀,最大粒径与最小粒径比为5~8。最小粒径宜在6 mm以上,小于2 mm的粉煤量控制在1.5%以内,小于6 mm的细粒煤量控制在5%以内。因此,在不被气流带走小颗粒的前提下,减小煤的粒径有较好的经济性。

(4) 黏结性

通过对美国强黏结性烟煤的试验,表明鲁奇加压气化炉能气化自由膨胀序数(FSI)7以下的强黏结性煤。但是,与气化褐煤相比,消耗指标增加10%~15%,气化炉的处理能力降低15%~20%,气化效率下降5%左右。因此,从经济性角度出发,气化煤的黏结性还是以不黏或弱黏为好。

(5) 灰熔点与结渣性

这是影响汽氧比和气化强度的关键,尤其是活性差的煤,因对炉温要求高,对灰熔点要求也高,通常要求 $ST>1\ 200$ ℃,最好高于1 400 ℃。灰质量的好坏,会影响操作温度的波动范围。品质好的灰,即使操作温度波动较大,炉内也不易发生挂渣结块现象。

(6) 反应活性

原料煤活性好,有利于改善煤气质量,有利于提高气化强度,有利于降低消耗指标。尤其在加压气化炉中,由于气化温度低于常压气化,原料反应活性的好坏就显得更为重要。

3. 加压气化炉

马克Ⅳ型第三代加压气化炉如图7-19所示。它由煤锁、气化炉主体和灰锁三部分组成。

(1) 煤锁

煤通过煤锁由常压系统间歇地加入气化炉中,采用上下阀加煤形式。

(2) 气化炉主体

操作压力为 2.95 MPa。气化炉外壳尺寸为 ϕ4 100 mm×50 mm,设计压力为3.5 MPa,设计温度为 260 ℃。气化炉内径为 ϕ3 848 mm×30 mm,设计压力为0.25 MPa,温度为 310 ℃。气化炉高为 12 500 mm。气化炉炉顶装有煤分布器和搅拌器。煤分布器由一个静止的贮料器和一个旋转的煤分布器构成,保证供煤的连续均匀,贮煤量为煤锁容积的 1.5 倍。搅拌器的作用是破黏,它由一个粗大的锥体和两个桨叶组成。搅拌器和煤分布器用同一电机驱动,转速为 15 r/h。安装搅拌器后,能气化自膨序数小于 7 的黏结性煤。炉箅呈宝塔状,共有四层相叠而成,转速 2～12 r/h(正常转速 3～4 r/h),气化剂由炉箅缝隙出口喷出,速度达 5 m/s。四层宝塔形分布器自上而下气量分布分别为 10%、20%、30%和 40%。

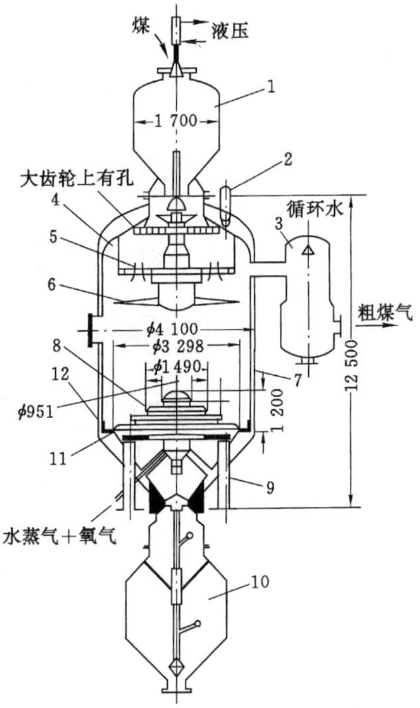

1—煤箱;2—上部传动装置;3—喷冷器;
4—裙板;5—布煤器;6—搅拌器;
7—炉体;8—炉箅;9—炉箅传动装置;
10—灰箱;11—刮刀;12—保护板。

图 7-19　马克Ⅳ型第三代加压气化炉

(3) 灰锁

灰锁的结构与煤锁相似,也是上下阀形式。

4. 加压气化生产工艺

鲁奇加压气化生产工艺流程一般包括煤的气化、煤气的净化和改制及煤气水处理等环节。根据用户的不同要求生产各种煤气,有中热值城市煤气、合成氨原料气、合成甲醇原料气、合成液态烃原料气、代用天然气、联合循环发电用燃气等。

(1) 生产中热值城市煤气的流程

通常,采用鲁奇加压气化法生产中热值城市煤气的流程可归纳为三类。第一类是不进行一氧化碳变换的加臭工艺流程,第二类是前变换工艺流程,第三类是后变换工艺流程。

(2) 生产合成氨原料气的工艺流程

生产合成氨主要是利用煤气中的氢气,它要求除去煤气中的其他组分。一氧化碳采用变换法转化成氢气和二氧化碳,然后采用加压水洗或其他方法如低温甲醇洗脱除全部的二氧化碳,并同时脱除硫化物。采用液氮洗法脱除煤气中的惰性气体甲烷。并采用裂解法将甲烷转化成一氧化碳和氢气,一氧化碳再进入变换装置,变换得到的二氧化碳仍用上述方法脱除。此工艺流程如图 7-20 所示。

(3) 生产合成甲醇原料气的工艺流程

合成甲醇的工艺分低压法、中压法和高压法三种。煤制气合成甲醇通常采用低压法。采用加压气化法生产合成甲醇原料气的工艺流程如图 7-21 所示。

粗煤气先经冷凝冷却后进行低温甲醇洗,然后与经过甲烷转化和一氧化碳变换的煤气进行热交换,热交换后的煤气脱除部分二氧化碳后,可用作合成甲醇的原料气,经合成得到的粗甲醇再精馏可得到甲醇产品。

(4) 城市煤气与化工产品联产的工艺流程

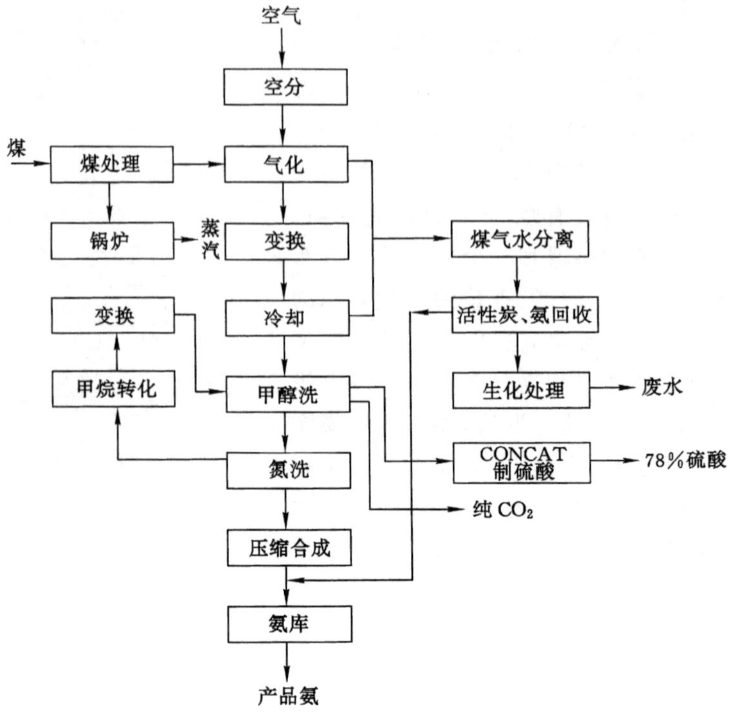

图 7-20　生产合成氨原料气的工艺流程

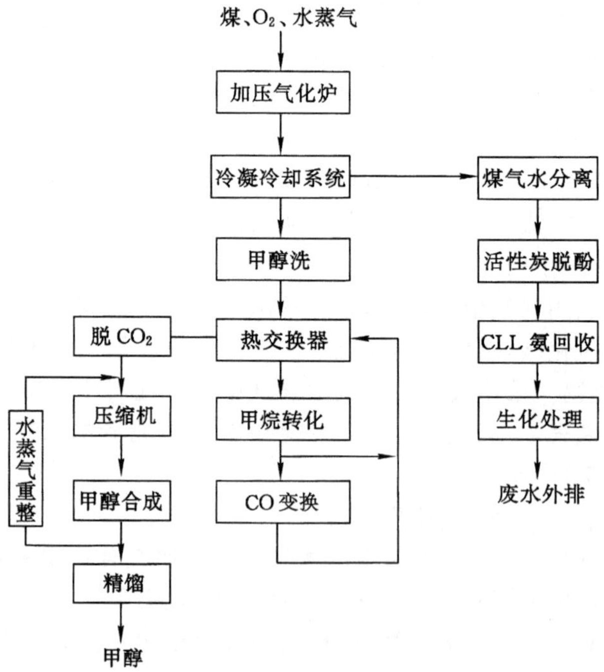

图 7-21　生产合成甲醇原料气的工艺流程

城市煤气与化工产品联产的工艺流程是对煤气中各种组分进行最合理的利用。如将甲烷组分用于城市煤气，氢和一氧化碳组分用于合成化工产品。副产物焦油、轻油、酚、硫和二氧化碳等回收加工成各种化工产品，以充分利用各种资源。

(四) 液态排渣加压气化工艺

气化时，送入气化炉中的水蒸气量最少，使碳的燃烧反应将氧化层的温度提高到原料煤的灰熔点之上，灰渣呈熔融状态从炉内排出。这样，由于消除了结渣对炉温的限制，气化层温度有了较大幅度的提高，加速了气化反应，从而提高了炉子的气化强度和生产能力。

1. 液态排渣加压气化炉的工作原理

液态排渣鲁奇加压气化炉如图 7-22 所示。

一定块度的煤，由炉顶经密封煤斗，通过布煤器均匀加入气化炉内，布煤器和搅拌器的工作性能与固态排渣加压气化炉相似。在炉子下部，由于炉渣呈熔融状态，经排渣口后进入熔渣急冷室。在熔渣上方，沿径向均匀安装了稍微向下倾斜的 8 个喷嘴。气化剂及部分煤粉、焦油从风嘴喷入料层底部，并恰好汇集在熔渣池中心管的排渣口上。控制较小的汽氧比，使该区域的温度高达 1 500 ℃左右，保证熔渣呈流动态，在密封渣斗的上方增设一熔渣急冷室，室内容积的 70%左右充满着水。由排渣口落下的液渣被水淬冷而形成渣粒，并当渣粒堆积到一定高度后，卸入密封渣斗内，然后定期排出。气化剂喷入速度应大于 200 m/s，以防止回火，气化炉的负荷可通过控制喷嘴开闭的数量加以调节，因此，其调荷能力较大。

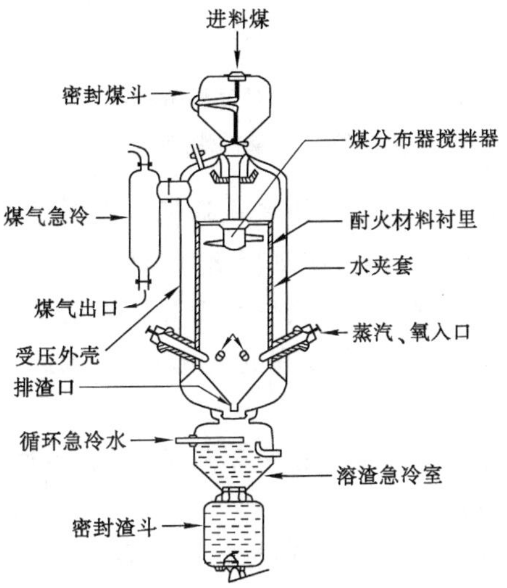

图 7-22　液态排渣鲁奇加压气化炉

2. 液态排渣加压气化的特点

液态排渣加压气化有如下优点：

(1) 生产能力大。直径 3.7 m 的固态排渣加压气化炉的生产能力为 30～36 万 m^3/d，而直径为 3.5 m 的液态排渣加压气化炉的生产能力高达 200 万 m^3/d，是固态排渣炉的 5.6～6.7 倍。这主要是因为生产能力的提高受到带出物数量的限制。而在液态排渣情况下，绝大部分小于 6 mm 的煤粉可以随气化剂一起由喷嘴喷入，直接进入 1 500 ℃的高温区，迅速气化，这样，炉顶的带出物大大减少，在实际生产中就可以较大幅度地提高鼓风速度，强化生产。同时，氧化层温度已不再受灰结渣的限制可以相应提高，加速气化反应，从而强化了生产过程。当然，氧化层温度也不能太高，否则会引起设备材质和其他技术方面的问题。

(2) 水蒸气消耗量明显降低，水蒸气分解率提高，降低操作费用。由图 7-23 可见，排渣方式不同，选择的汽氧比差别很大。固态排渣一般采用(6～8)∶1，而液态排渣仅为(1～1.5)∶1。固态排渣大量的水蒸气是用于控制炉温以防结渣的，而液态排渣的蒸汽几乎都用于煤的气化。水蒸气分解率约为 95%。

(3) 煤气的有效成分增加，煤耗下降。液态排渣气化炉内的炉温较高，有利于水蒸气的

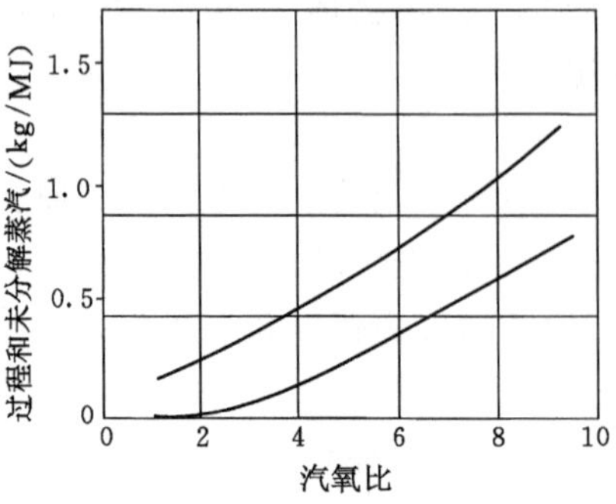

图 7-23 汽氧比对过程蒸汽和未分解蒸汽量的影响

分解和二氧化碳的还原，抑制了甲烷生成放热反应和一氧化碳的变换反应。因此煤气组成中甲烷和二氧化碳的含量减少，一氧化碳和氢气的总量提高，CO 与 H_2 的比例上升。煤气组成的变化带来的效果是：CO 和 H_2 组成增加了约 25%，煤气热值提高，CO_2 含量较低(2%～5%)，有利于煤气的净化处理，碳转化率提高，降低了煤耗。在所有气化方法中，液态排渣移动床加压气化炉的煤耗最低。

(4) 氧气消耗。氧耗的多少与煤的活性密切相关，不同的排渣方式，氧耗亦不同。当采用活性较高的煤作气化原料时，由于固态排渣炉可允许较低的炉温，有利于甲烷的生成反应，放出较多的热量，补偿氧化反应放热，使氧耗降低。液态排渣炉，由于其炉温较高，而较高的炉温又不利于甲烷生成反应，因此，使氧耗增加，液渣炉的氧耗比固渣炉高 10%～12%。当采用活性较低的煤作气化原料时，固渣炉就需要较高的气化温度，以保证气化反应的速度，使汽耗和氧耗增加，但液渣炉本身有较高的气化温度，因此，炉温对煤的活性并不敏感，此时，液渣炉的氧耗略低于固渣炉。

所以，液渣炉适宜于灰熔点低、活性也低的原料煤，固渣炉则适宜于灰熔点高、活性也高的原料煤。

(5) 气化效率和热效率提高。液态排渣气化炉的粒度小于 6 mm 的粉煤随气化剂由喷嘴吹入，进入高温区后能立即气化，降低了带出损失。气化产生的灰、焦油也可经风口再循环回到气化炉内，直至燃尽。气化温度较高，有利于碳的气化反应，灰渣中含碳量低于 2%，中试中碳的转化率接近 100%。由于水蒸气分解率高，所含的水汽量很少，当煤气与上部原料接触交换热量时，主要利用的是煤气的显热，降低了煤气的炉出温度，甚至低于某些固态排渣气化炉的煤气炉出温度。因而使煤气带出的显热损失和水蒸气的热损失大大降低。综合以上这些，最终提高了气化效率和热效率。

(6) 煤种适应性强。液渣炉对煤种的适应性强于固渣炉，尤其是对活性较低的煤，它们对各种煤的进行结果相当一致。

(7) 环境污染小。由于蒸汽耗量少，且水蒸气分解率高，煤气中的水汽含量大大减少，水蒸气量仅为固渣气化的 1/3～1/4。生成的灰焦油经风口返回炉内气化。液渣淬冷后成为洁净、黑色玻璃状的熔渣烧结物颗粒，可与水彻底分离，化学活性极低，对环境无污染。

液态排渣加压气化也有某些不足之处：一是对炉体材料在高温、高压下的耐磨、耐腐蚀性能要求高；二是熔渣池的结构和材质是液渣炉的技术关键，还有待于进一步的研究。

3. 液态排渣加压气化的工艺流程

英国煤气公司与德国鲁奇公司合作，在西田先后成功地开发了煤处理能力为 350 t/d 和 550 t/d 的液态排渣气化炉。生产出来的煤气主要用于制造代用天然气，具体的工艺流程见图 7-24。

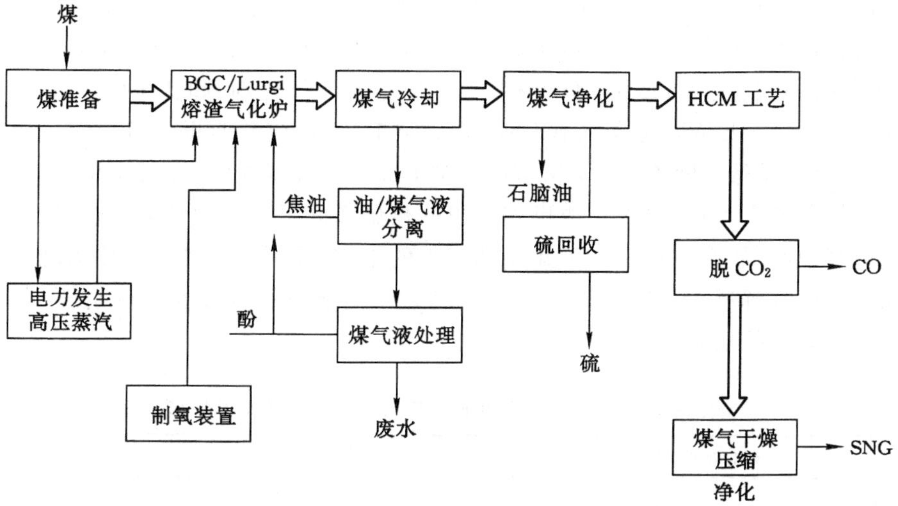

图 7-24　液态排渣加压气化生产代用天然气工艺流程

第四节　流化床气化

在移动床气化方法中，由于单炉的生产能力还不够高，且无法使用小颗粒的煤，而流化床气化可以克服上述两大缺陷。常压下操作的流化床气化炉，早已在工业生产中推广使用，加压流化床气化方法在近代又获得了较快的发展。在国外开发的第二代或第三代煤气化方法中，流化床气化法占有较大的比例。

流化床气化又称沸腾床气化，气化剂（蒸汽和富氧空气或氧气）由炉底进入炉内，使煤颗粒在炉内上下翻滚呈沸腾状态进行气化反应。

一、气化过程

流化床气化采用小于 8 mm 的小颗粒煤作气化原料。气化剂同时作为流化介质，通过流化床的分布板（炉栅）自下而上经过床层。根据原料的粒度分布和颗粒特性，控制气化剂的流速，使床层内的原料煤都处于流化状态，在剧烈的搅动和返混中，煤粒与气化剂充分接触，同时进行着化学反应和热量传递。利用碳燃烧放出的热量，对煤进行干燥、干馏和气化。生成的煤气在离开流化床床层时，会带着包括 70％的灰粒和部分来不及完全气化的碳粒的大量细小颗粒由炉顶离开气化炉。部分密度增重后的渣粒则由炉底排灰机构排出。

在流化床气化炉内，主要进行的反应是：碳的燃烧反应、二氧化碳的还原反应、水蒸气的分解反应及一氧化碳的变换反应。

采用加压流化床气化技术可以改善流化质量，克服常压流化床的许多缺陷。采用加压，增加了反应容积中反应气体的浓度，减少在相同流量下的气流速度，增加了气体与固体颗粒间的接触时间。这样，不仅提高了生产能力，减少了气化炉及设备的尺寸，而且还可以减少原料的带出损失。所以在许多新开发的气化方法中，都采用加压流化床气化技术。

压力对流化床气化过程最大的影响是使气化炉的生产能力得到了很大的提高，在相同的床层膨胀度和气化剂组成的条件下，气化强度随压力提高而提高，约与两种压力的比值的平方根成正比，这与移动床气化的规律相同。例如气化水分为 24.5%、粒度组成为 1～1.6 mm的褐煤时，在表压为 0.049 MPa 和 1.96 MPa 下进行气化时，气化强度从 930 kg/(m^2·h)提高至 2 650 kg/(m^2·h)(蒸汽-空气作气化剂)和从 1 050 kg/(m^2·h)提高到 3 260 kg/(m^2·h)(蒸汽-氧气作气化剂)。同时，加压气化有助于提高煤气组成中的有效成分，改善煤气质量。随着压力的提高，甲烷生成反应程度加深，煤气中甲烷含量增加，相应提高了煤气热值。而且，甲烷生成反应放出的热量降低了气化的氧耗。若氧气用量不变，则可相应提高炉温，从而有利于一氧化碳和氢气的生成，并可部分抵消因压力增加对二氧化碳还原和水蒸气分解反应造成的不利影响。表 7-13 是苏联褐煤在常压和加压下，流化床气化的部分试验数据的比较情况。

表 7-13　流化床常压和加压气化部分试验数据的比较

操作压强/MPa(表)		0.049	1.96
1. 原料水分/%		24.5	24.5
2. 气化剂组成	O_2/%	20.0	14.8
	蒸汽/%	80.0	85.2
3. 水蒸气分解率/%		12	24.2
4. 氧耗/(m^3/m^3粗煤气)		0.308	0.224
5. 汽耗/(kg/m^3粗煤气)		0.98	1.04
6. 气化强度/[kg/(m^2·h)]	干基	790	2 440
	应用基	1 050	3 260
7. 气化产率/(m^3/kg)(应用基)		1.07	1.58
8. 带出物/%(应用基)		38.6	8.1
9. 干煤气组成/%	(CO_2+H_2S)	42.4	36.3
	CO	18.35	15.0
	H_2	33.57	41.2
	CH_4	3.53	5.75
	C_nH_m	—	0.25
	O_2	—	0.29
	N_2	1.2	1.21
10. 煤气热值 HHV/(kJ/m^3)		7 955	9 420

二、流化床气化工艺

(一) 温克勒(Winkler)气化工艺

温克勒气化工艺是流化床技术发展过程中最早应用于工业生产的。1926 年在德国的路易那(Leuna)建成了第一个工业生产装置并投入运行，以后世界各国共建有 60 多台温克勒气化炉。在这些工业化装置中，有些用空气作气化介质，有些采用氧气作气化介质。但是由于常压温克勒气化工艺存在着诸多弊端，至今仍在运转的并不多。针对这些问题，又成功地开发出了许多新型的流化床气化技术，其中最具代表性的是高温温克勒和灰团聚气化工艺。

1. 温克勒气化炉

图 7-25 为温克勒气化炉的示意图。

由图 7-25 可见，温克勒气化炉的炉体是外壳为钢板、内衬有耐火材料的立式圆筒形炉体，炉体下部呈圆锥状，为流化床，上面的圆筒形部分为气流床，其高度为下部流化床高度的 6～10 倍，起分离固体的作用。

粒度小于 8 mm 的原料煤，由设置在圆锥部分腰部的螺旋给料器送入，它既能控制加料速度，又能起到密封作用，以防止气化炉中的蒸汽倒流而沾湿料仓中的原料煤，保证料仓的顺利操作。螺旋给料器一般沿气化炉的圆周设置 2 个或 3 个进口，互成 180°或 120°，以保证加料的均匀性。

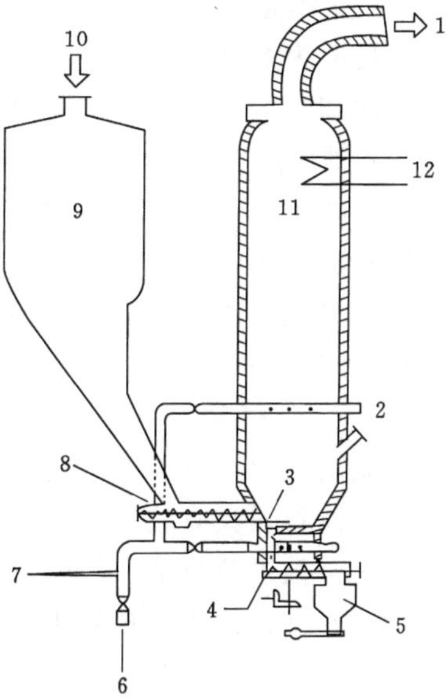

1—煤气出口；2—二次气化剂入口；
3—灰刮板；4—除灰螺旋；
5—灰斗；6—空气入口；
7—蒸汽入口；8—供料螺旋；
9—煤仓；10—加煤口；
11—气化炉；12—散热锅炉。

图 7-25　温克勒气化炉

氧气(空气)和水蒸气由设置在气化炉不同高度的喷嘴环喷入。气化介质的流速和组成调整以流化床内温度不超过灰的软化点为准。流化床床高约 3 m。气化后，富含灰分的较大颗粒密度较大，沉在流化床底部由刮灰板刮入除灰螺旋送至灰斗。在温克勒气化炉中，约 30％的灰分在底部排出，其余约 70％随气流从炉顶夹带而出。为提高气化效率和适应气化低活性的煤，在气化炉上部的气流段中引入二次气化剂，并在十分接近灰熔点的温度下操作，该处温度比流化床内的操作温度高 200 ℃左右，使气流夹带的煤粒充分气化，生成不含焦油和轻油的煤气。气化炉内的最高温度区在流化床上面的气流段空间，有些灰粒会发生熔融，为了防止这些灰粒沉积在出口管中，可在气化炉顶部附近安装散热锅炉，由沿内壁配置的水冷管组成，吸收煤气的部分显热，使煤气温度下降 180～230 ℃，而熔融的灰粒在此重新固化。

早期的第一代温克勒气化炉在炉底设置炉栅，气化剂通过炉栅进入炉内。炉栅安装在圆锥体部分，且炉栅直径小于上部炉膛的圆筒形部分，有利于床层中颗粒的均匀循环。但这种结构也使灰渣直接下落在炉栅上，尽管刮灰板可以随时将灰渣刮去，却难以彻底清除。灰渣在炉栅上的不断堆积，将经常造成结渣，限制了炉温的提高，同时也影响气化剂的均匀分布。为克服以上的缺陷，后来广泛采用的气化炉改成了无炉栅结构，简化了气化炉结构，并同样可以均匀分布气化剂，而且可以避免气体的沟流、局部过热及结渣现象，延长操作周期和降低维修费用。

温克勒气化炉直径有 2.5 m、3 m 、4 m、5 m、5.5 m 等系列。典型的工业化气化炉内径为 5.5 m，高 23 m。当采用褐煤做原料、氧气-蒸汽为气化剂时，单炉生产能力为 47 000 m^3/h。采用空气-蒸汽做气化剂时，生产能力提高至 94 000 m^3/h。而且，温克勒气化炉的负荷调节非常灵活，可在 25％～150％范围内变化。

2. 操作条件

温克勒气化炉的操作条件一般包括操作温度、操作压力、停留时间、原料煤特性和二次气化剂用量及组成等。

(1) 操作温度

流化段为 800～1 000 ℃,气流段为 1 000～1 200 ℃。实际操作温度的选定取决于原料煤的活性和灰熔点。煤气出口温度为 800～1 000 ℃。

(2) 操作压力

典型的工业化温克勒气化炉都是在常压下操作的,即 0.098 MPa。

(3) 停留时间

原料煤在炉内的停留时间为 15～30 min。停留时间的长短由煤的进料速率控制,取决于气化炉产量的要求。

(4) 原料煤特性

温克勒气化炉可以采用粒度为 0～10 mm 褐煤、不黏煤、弱黏煤、长焰煤及中等黏性烟煤。要求原料煤具有较高的反应活性。使用黏结煤时,由于流化床内富含灰分,新鲜的煤料进入炉内会被迅速分散、稀释,不会造成床层的熔结问题,一般采用自膨序数小于 4 的原料煤,当大于 4 时,需进行预处理。但由于流化床内的温度不宜过高,且碳浓度较低,因此不适宜使用低活性、低灰熔点的原料,最适宜使用褐煤和次烟煤。另外,当入炉原料煤水分超过 20%时必须进行炉外干燥,以减少氧耗。

(5) 二次气化剂的用量及组成

在气化炉上部引入的二次气化剂的用量和组成必须精确地与被气流带走的未反应碳量成比例。若气化剂过少,未反应碳不能得到充分气化而带出,降低气化效率;若气化剂过多,则煤气将被不必要地烧掉。二次气化剂的组成即气氧比的大小应以使气流段比流化段温度高 200 ℃左右为宜。

3. 气化指标

表 7-14 为温克勒常压流化床气化生产燃气和水煤气时的气化指标。

表 7-14 温克勒常压流化床气化指标

			德国褐煤	褐煤
原料	煤种		德国褐煤	褐煤
原料	水分/%		8.0	8.0
原料	元素分析/%	C	61.3	54.3
原料	元素分析/%	H	4.7	3.7
原料	元素分析/%	N	0.8	1.7
原料	元素分析/%	O	16.3	15.4
原料	元素分析/%	S	3.3	1.2
原料	灰分/%		13.8	23.7
原料	热值 HHV/(kJ/kg)		21 827	18 469
产品气组成/%	CO		22.5	36.0
产品气组成/%	H_2		12.6	40.0
产品气组成/%	CH_4		0.7	2.5
产品气组成/%	CO_2		7.7	19.5
产品气组成/%	N_2		55.7	1.7
产品气组成/%	C_nH_m		—	—
产品气组成/%	H_2S		0.8	0.3
产品气组成/%	焦油和轻油		—	—

表 7-14(续)

产品气热值 HHV/(kJ/m³)	4 663	10 146
汽/煤	0.12	0.39
氧/煤	0.59	0.39
空气/煤	2.51	—
气化温度/℃	816～1 200	816～1 200
气化压力/kPa(表)	约 103	约 103
炉出温度/℃	777～1 000	777～1 000
煤气产率/(m³/kg)	2.91	1.36
气化强度/[kJ/(m²·h)]	20.8×10⁴	21.2×10⁴
碳转化率/%	83.0	81.0
气化效率/%	61.9	74.4

4. 工艺流程

温克勒气化工艺一般由原料的预处理、气化、粗煤气的显热回收及煤气的除尘和冷却等环节组成，具体的工艺流程如图 7-26 所示。

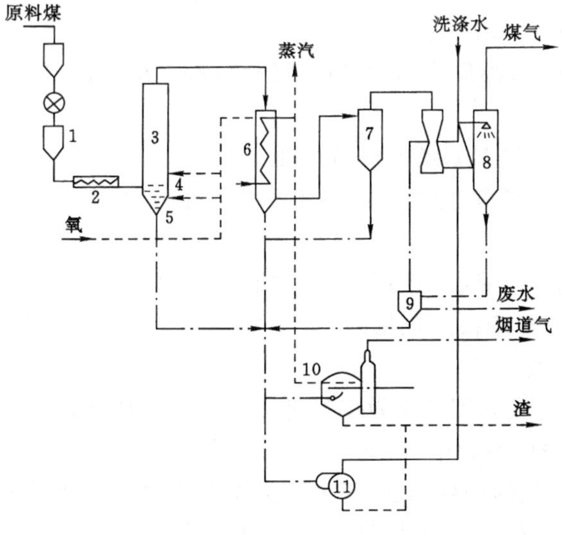

1—锁煤斗系统；2—螺旋输送器；3—气化炉；4—流化床；5—排灰螺旋输送器；
6—废热锅炉；7—旋风除尘器；8—洗涤塔；9—沉降器；10—辅助锅炉；11—气化炉(单设)。

图 7-26　温克勒气化工艺流程示意图

(1) 原料的预处理

将原料煤破碎至 0～10 mm，并用烟道气余热干燥，控制入炉原料水分在 8%～12%。经干燥后的原料可提高气化效率，降低氧耗，并且对原料的输送也是有利的。对于黏结性较强的煤料还必须进行破黏处理，以保证原料的顺利输送和流化床内正常的流化工况。

(2) 气化

经预处理后的原料煤进入料斗由螺旋给料机送至气化炉内。气化剂分成两股给入气化炉。一次气化剂(60%～75%)从炉栅底送入,二次气化剂(25%～40%)送入气化炉内的废热锅炉与床层之间的二次反应区。生成的煤气由发生炉顶部引出,粗煤气中含有大量的粉尘和水蒸气。灰渣由水冷的排灰螺旋输送器排出。

(3) 粗煤气的显热回收

粗煤气的炉出温度较高,一般维持在 700～1 000 ℃,为了防止熔融的飞灰堵塞废热锅炉的管子,在任何情况下,必须控制煤气炉出温度低于灰熔点,这对煤气的显热利用造成了困难。一般可采用辐射式废热锅炉,通常可产生压力为 1.96～2.16 MPa 的水蒸气,并可作气化剂使用,蒸汽产量为 0.5～0.8 kg/m^3 干煤气。

(4) 煤气的除尘和冷却

粗煤气经热量回收后,进入旋风除尘器和洗涤塔,以除去煤气中大部分粉尘和部分水蒸气,使煤气中的含尘量降至 5～20 mg/m^3,温度降至 35～40 ℃。脱除的粉尘可以与气化炉排出的灰渣一起送往辅助锅炉作燃料。

5. 温克勒气化工艺的优缺点

温克勒气化炉是已经完全工业化的气化炉,其工艺的优缺点如下。

(1) 单炉生产能力大

ϕ3.3 m 炉气化强度达 2 500 ～ 2 700 $m^3/(m^2 \cdot h)$,ϕ5.5 m 炉气化强度达 2 000 $m^3/(m^2 \cdot h)$,单炉生产能力为 47 000 m^3/h,远高于常压移动床气化炉的产气量。

(2) 气化炉结构简单,造价低

气化炉的炉栅不转动,操作费用和维护费用都较低,每年仅占设备总投资的 1%～2%。炉子使用寿命长。

(3) 运行可靠,开停车容易,负荷调节方便

负荷可在 25%～150%范围内变动,且不影响气化效率。

(4) 碳利用率低

由于气化操作温度低,带出物和灰渣中含碳量较高。一般带出物占总灰量的 70%～80%,含碳 30%～50%;灰渣占总灰量的 20%～30%,含碳 20%～30%,因此,煤耗较高。

(5) 气化炉设备庞大

气化炉设备庞大,造成容积气化效率较低,仅为 K-T 炉的 1/3,鲁奇炉的 1/20。

(二) 高温温克勒(HTW)气化工艺

由于常压温克勒气化的种种问题,开发了高温温克勒气化新工艺,改进了流化加压气化新技术,提高了气化温度和气化压力,主要用于生产合成气。图 7-27 为 HTW 示范装置工艺流程图。

该工艺生产的煤气用作甲醇合成气。流程中考虑了煤气显热的回收。粗煤气经两级旋风除尘后,进入卧式火管锅炉,煤气被冷却到 350 ℃,产生中压蒸汽,以后煤气顺序进入激冷器、文氏洗涤器和水洗塔,使煤气进一步降温和除尘。将净化得到的部分 CO_2 气压缩后用作煤料、灰渣和尘粒锁斗的加压气体。

在 HTW 中试装置上得到的粗煤气组成为:CO 33%、H_2 26%、CH_4 3%、CO_2 9%、$H_2O(g)$19%。

高温温克勒法除了保持常温温克勒法所具有的优点外,还具备下列一些优点:

(1) 将气化压力提高至 0.98 MPa,提高了气化炉的气化强度。同时也降低了后续化学

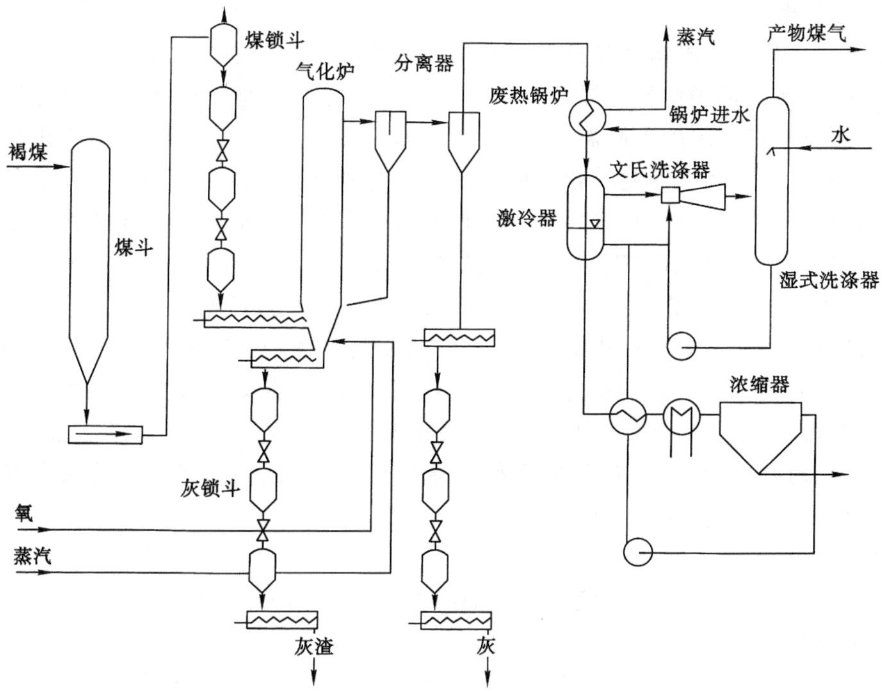

图 7-27　HTW 示范装置工艺流程图

合成所需的压缩用能量。

(2) 使流化床粗粒带出物循环到流化床，从而提高了碳的转化率。

(3) 提高了气化温度，从而降低了粗煤气中的 CH_4 含量，提高了煤气中的有效成分。

第五节　气流床气化

对于气流床气化方法的研究，最为成熟的是柯柏斯-托切克(Koppers-Totzek)法，该法早已实现工业化。德士古(Texaco)法属第二代气流床气化方法，也早已开发成功。气流床反应器结构简单，内件较少，但煤气出口温度高，必须考虑回收显热，否则热效率过低。

一、气流床气化的基本原理和特点

(一) 基本原理

气流床气化就是将气化剂(氧气和水蒸气)夹带着煤粉，通过特殊喷嘴喷入炉膛内。在高温辐射作用下，氧煤混合物瞬间着火，迅速燃烧，产生大量热量，火焰中心温度高达 2 000 ℃。煤粉立即气化，所有的干馏产物均迅速分解，转化成含一氧化碳和氢的水煤气及熔渣。

在反应区内，由于煤粒悬浮在气流中，随气流做并流流动，煤粒之间被气流隔开，因此，每个颗粒均单独膨胀、软化、烧尽或形成熔渣，而与邻近的煤粒毫不相干。煤粒不易在塑性阶段凝聚，因此煤的黏结性对气化过程没有任何影响。所以，气流床气化除了对熔渣的黏温特性有一定要求外，原则上可适用于所有煤种。

（二）气化特性

气流床气化具有并流运动和自热式气化的特点，气化过程向着反应物浓度降低的方向进行，碳的损失是不可避免的。煤粒气化的热量由自身的燃烧反应提供。当煤粉和气化剂一起喷入气化炉内后，因炉内高温辐射，温度迅速上升，在析出挥发分后变成焦粒。挥发分析出所形成的干馏煤气立即与气化剂中的氧气混合燃烧，生成二氧化碳和水蒸气，同时放出大量的热，此反应速度极快，约在百分之几秒内就可完成。焦粒和气化剂中剩余的氧气继续反应，生成二氧化碳和一氧化碳，并放出大量的热量。碳与氧的反应将进行到气化剂中的氧气完全耗尽为止，产生的热量提供二氧化碳的还原反应和水蒸气的分解反应。影响这两个吸热反应进行程度的主要是提供的热量、反应的速度常数、炭粒的总表面积、气体中二氧化碳和水蒸气的浓度。随着气化反应的不断进行，吸收热量使反应温度降低，反应的速度常数也减小，炭粒的总表面积和气体中二氧化碳和水蒸气浓度因不断消耗也在急剧下降。因此，在设计的反应时间内（1 s左右）要使炭粒依靠自热尽可能地完全气化，必须采取相应的措施，这就构成了煤粉气流床气化的一般特性。

1. 用纯氧和水蒸气做气化剂

采用纯氧而不采用空气，避免了大量的氮气进入气化炉内，可维持较高的反应温度，有利于炭粒的完全气化；相对提高了二氧化碳和水蒸气的浓度，加速了气化反应；生成的一氧化碳和氢气浓度的提高，改善了煤气的质量；没有大量氮气带走的热量，大大减少了煤气的显热，有利于吸热气化反应的进行。

2. 选择合适的煤种

就气流床气化本身而言，由于其炉内温度很高，内火焰中心温度可达 2 000 ℃，气化炉中部温度亦达 1 500～1 600 ℃，因此，从技术上讲可适用于任何煤种，但从经济上讲，并非完全如此。

在气流床气化过程中，总反应速度的控制步骤为动力学控制。因此，选用反应活性高的煤种如褐煤等有利于气化反应的进行。此外，在选择煤种时，还应考虑煤灰熔点的影响，灰熔点低的煤比较理想，当选用煤灰熔点较高或液渣黏-温特性不够理想的煤时，可添加助熔剂或配入低灰熔点的煤加以改善。

3. 原料煤的粒度组成要适当

由于反应物在离开火焰高温区后，气化反应的速度大大降低，因此，原料煤粒度越细越好。煤料小，比表面积大，气化速度快，反应时间短，碳转化率高。一般要求 70%以上的煤粉通过 200 网目筛。

4. 采用高压气化

在高压下，生产能力提高，气相分压增大，气化反应加快，停留时间延长，使碳转化率提高。因此，近年来世界各国研究粉煤气化时普遍采用高压粉煤气化炉。

5. 配置辅助设施

气流床气化中，通常采用辅助设施与气流床气化炉相配合。辅助设施包括制粉（制浆）系统、废热回收和除尘冷却系统。

（三）反应条件

1. 温度

温度对化学反应速度和化学平衡的影响十分显著。在气流床气化炉中，炉内温度的提高，一方面使气化反应的速度常数增大，反应速度加快，有助于碳的瞬间完全气化；另一方面，温度有利于吸热反应的平衡转化率的提高，使水蒸气分解反应的平衡朝着有利于生成一氧化碳和氢气的方向移动，改善煤气质量。但是，炉温的提高也必须考虑气化炉的耐火材料、液渣的顺利排放和高温煤气的显热回收等问题。此外，气化炉的温度并不是一个独立的条件，通常采用改变氧煤比或蒸汽煤比的方法来调节气化炉温度。

2. 氧煤比

在粉煤气化中，氧煤比是最重要的反应条件，而氧耗又是主要的经济指标，所以，氧煤比是控制气化过程的主要手段之一。

由粉煤部分氧化的化学方程式可知：

$$C_mH_n+\frac{m}{2}O_2=mCO+\frac{n}{2}H_2+\text{热量}$$

氧的理论用量应该是氧原子数与煤中的碳原子数相等。这样，煤中的碳通过部分氧化全部转化为煤气中的一氧化碳。如果氧的用量大于这个比值，则一部分碳将被完全氧化，转变为二氧化碳。因此，按原子数比计，氧与碳之比(O/C)最高不大于1。然而，煤粉在火焰中反应时，大量的一氧化碳和氢气是由以下反应生成的：

$$C+CO_2=2CO$$

$$C+H_2O(g)=CO+H_2$$

这两个反应比完全氧化反应慢得多，所需的反应时间为完全氧化反应时间的数百倍。因此，按照理论用量供入氧气，必定会有一部分煤粉进行完全氧化而生成二氧化碳和水蒸气。但当气化剂中加入水蒸气或二氧化碳时，可以提高上述两个还原反应的速度，并且其结果也生成了一氧化碳和氢气。换言之，水蒸气或二氧化碳中的氧原子代替了一部分氧气的作用，使氧耗降低，这样，由水蒸气或二氧化碳带入的氧原子数应计算在O/C比值内，因此，实际的O/C比值超过1，但氧气的用量可以低于理论值。

氧煤比对气化过程同时存在两方面的影响：一方面，氧煤比的提高使燃烧反应放出的热量增加，提高了反应温度，有利于二氧化碳还原反应和水蒸气分解反应的进行，从而增加了煤气中的有效成分，提高了碳的转化率；另一方面，氧煤比的提高，使燃烧反应直接生成的二氧化碳和水蒸气的量也增加，从而增加了煤气中的无用成分。因此，考虑到以上两方面的因素，在其他条件一定时，有一个最佳的氧煤比，此时，可得到最好的气化结果。

3. 蒸汽煤比

在气化剂中加入适量的水蒸气可增加煤气中的氢气含量，降低氧耗，并使炉温控制在一适宜的范围内。但是，蒸汽煤比也不宜太高，否则，炉温过低将不利于气化反应的进行。因此，水蒸气的加入量与粉煤的水分以及生成煤气组成的要求有关。蒸汽煤比对碳的转化率影响较小，但会影响煤气中氢气与一氧化碳的含量。

二、气流床气化工艺

(一) 谢尔法(Shell)

谢尔法原名为谢尔-柯柏斯法，是一种干粉进料的加压气流床气化工艺。它是结合了谢尔国际石油公司的高压油气化经验和柯柏斯公司煤气化方面的经验后开发成功的。后来，谢尔公司独家进行了开发。先后建立了6 t/d 、150 t/d 和 400 t/d 处理能力的示范装置。最后在荷兰的 Buggenum 建立了一套发电能力为 25 kW 的 IGCC 装置，该装置处理能力为

2 000 t/d，操作压力为 2.8 MPa，气化温度为 1 500 ℃，冷煤气效率为 80%～83%，装置的发电效率可达 43%，投入运行后运转正常。

1. 工艺过程

谢尔气化法的典型流程如图 7-28 所示。原煤经粉碎、干燥至含水量小于 2%，粒度 90%通过 90 μm（170 网目）的筛孔，送入常压煤仓和加压煤仓，粉煤用氮气浓相（400 kg/m³）输入气化炉内。气化炉结构与 K-T 炉相似，也设置相对称的烧嘴，气化剂（蒸汽和氧气）与煤粉在炉内反应，温度大于 1 370 ℃。在此高温下，煤灰熔化后沿水冷的耐火衬里壁流入水浴而固化，通过灰锁排出。粗煤气中含有少量的未燃烧和相当数量的熔融灰，用循环冷煤气激冷至 900～1 100 ℃，以避免黏性灰渣进入废热锅炉。废热锅炉包括辐射室和对流室，使煤气冷却到 300 ℃，然后煤气进入净化系统。热煤气也可用水激冷以除去固化的熔渣。

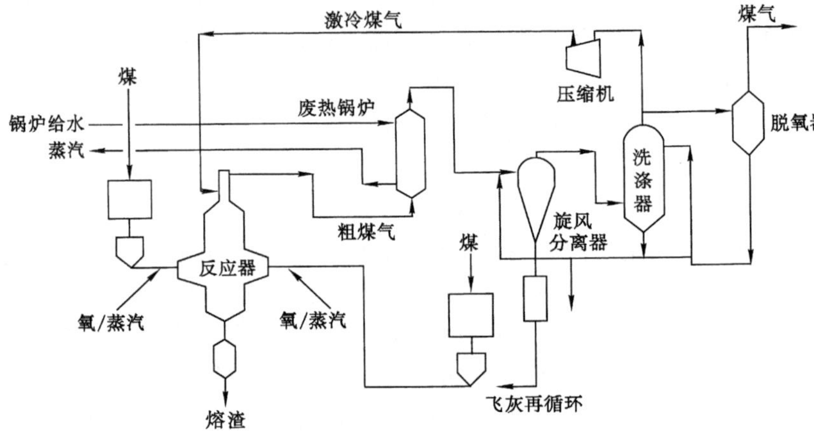

图 7-28　谢尔气化法的典型流程

2. 操作指标

表 7-15 列出了 400 t/d 示范装置的运行性能，使用的是伊利诺伊 5# 煤。

表 7-15　400 t/d 示范装置的运行性能

项目		设计	变化范围	示范运行
用煤量/(t/d)		229	115～235	229
压力/MPa(绝对)		2.51	2.44～2.51	2.44
煤气组成/%	H_2	29.9	22.7～34.6	27.7～29.8
	CO	62.9	54.8～69.0	66.5～69.0
	CO_2	5.8	2.2～10.8	2.2～2.4
	CH_4	0.04	0.001～0.004	0.001～0.004
	H_2S+COS	1.0	1.1～1.8	1.1～1.2
碳转化率/%		98.5	96～99	97～98

3. 谢尔气化法的特点

(1) 原料适应性广。可使用褐煤、烟煤和沥青砂,碳转化率可达98%以上。煤的水分、硫、灰分和结焦性对气化影响很小。

(2) 煤气有效成分含量高,达90%以上,适合作合成气原料。煤气中二氧化碳含量少,可大大降低酸性气体的处理费,并且无焦油等液体。

(3) 单炉生产能力大,处理能力达2 000 t/d。

(4) 符合环境保护要求。

(二) 德士古气化法(Texaco)

德士古气化法是一种以水煤浆进料的加压气流床气化工艺,是由美国石油公司所属的德士古(现属于GE公司)开发公司于1946年开发成功的。在美国的15 t/d中试装置上,开展了大量的工作,取得了相当好的效果,为该工艺的工业化打下了良好的基础。目前,德士古气化工艺已成为第二代煤气化技术中最成熟、商业化装置最多的技术。我国也正在开发引进这项技术,在山东鲁南已建成处理能力为320 t/d的装置,用以制造合成甲醇的原料气。上海、陕西渭南、安徽淮南等也已引进该技术。

1. 德士古气化炉

德士古气化炉结构如图7-29所示。气化炉的内壁衬有多层耐火砖,外壁为圆筒形的高压容器,炉顶和炉内都没有机械装置。由于长期处于高温高压下运转,炉壁内衬受冲刷力很大,因此,炉衬必须具有耐高温和耐磨的性能,采用以氧化铬为主添加少量氧化镁的耐火砖,但还应考虑气化温度和灰成分的酸碱性能。通常MgO-Cr_2O_3耐火砖适用于碱性灰,Al_2O_3-Cr_2O_3耐火砖适用于酸性灰。激冷式气化炉下部为激冷室。废热锅炉式气化炉下部为辐射式废热锅炉,煤气在此被急冷到700～800 ℃后进入到对流锅炉,以进一步回收煤气的显热,副产蒸汽,如图7-30所示。气化炉造气的关键部件是喷嘴,它长期处于高温下工作,可连续喷射煤浆原料,头部是燃烧的火焰。所以,喷嘴必须耐高温、耐磨和寿命长,同时还应配置冷却水系统。图7-31是全外混三流喷嘴的示意图,日本宇部兴产公司和美国冷水工程均采用了此类喷嘴,其张角可满足气化的要求,雾化粒度细,并且受到气流膜的保护而耐腐蚀。

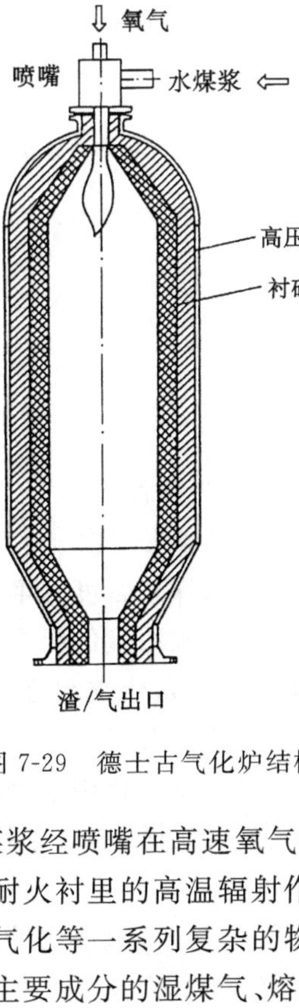

图7-29　德士古气化炉结构

2. 德士古气化的基本过程

德士古水煤浆加压气化属于气流床疏相并流反应过程。水煤浆经喷嘴在高速氧气流的带动下破碎、雾化喷入气化炉内。氧气和雾状水煤浆在炉内受到耐火衬里的高温辐射作用,迅速经历预热、水分蒸发、煤的干馏、挥发物的裂解燃烧以及碳的气化等一系列复杂的物理、化学反应过程,最终生成以一氧化碳、氢气、二氧化碳和水蒸气为主要成分的湿煤气、熔渣和未反应的碳,一起离开反应区并流而下,进入炉子底部的激冷室水浴或辐射式废热锅炉,溶渣经淬冷固化后被截留在水中,落入灰锁斗,经排渣系统定时排放。煤气则进入冷却净化系统。

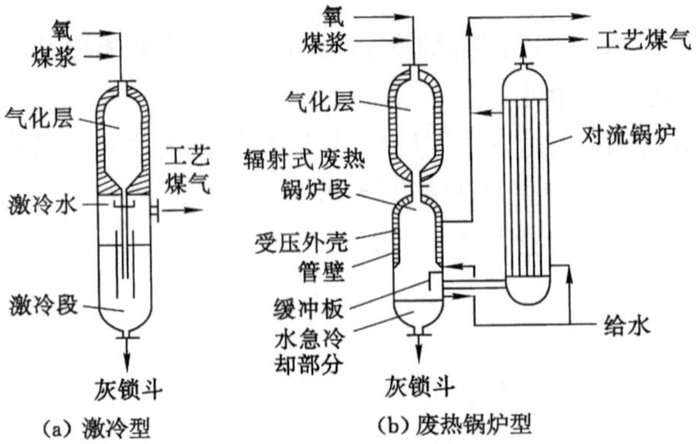

图 7-30　两种气化炉示意图

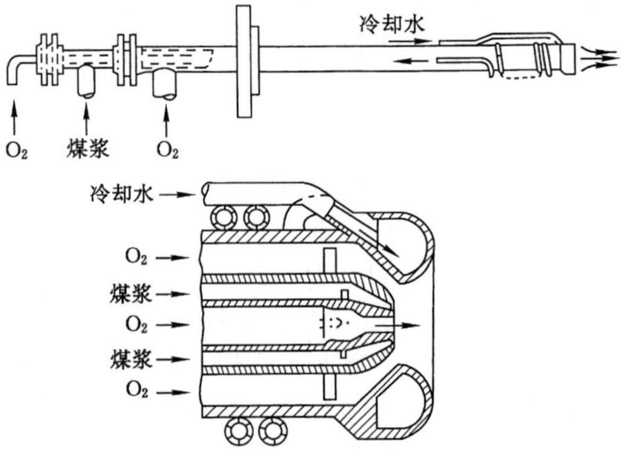

图 7-31　全外混三流喷嘴示意图

3. 工艺条件

(1) 水煤浆浓度

随着水煤浆浓度的增加，煤气中有效成分($CO+H_2$)提高，气化效率提高，氧气消耗量降低。水煤浆浓度的提高，使得带入气化炉内的水分相对降低，减少了蒸发水分所消耗的热量，从而使一氧化碳和氢气的含量增加，气化强度和气化效率都得到提高，能耗下降。

(2) 氧煤比

氧煤比是气化中十分重要的操作参数，它决定了气化温度和碳的转化率。增加氧煤比，气化温度和碳转化率都明显升高。但是，氧气用量过大时，部分碳将完全燃烧，生成二氧化碳，或不完全燃烧生成的一氧化碳又进一步氧化成二氧化碳，增加煤气中的无用组分，降低气化效率，而且，氧煤比的增加造成氧耗明显提高，而煤耗下降。所以，氧煤比应有一最佳值，一般为 0.92 左右。

(3) 煤粉粒度分布

煤粉的粒度对碳的转化率有明显的影响。煤粒在炉内的停留时间及气固反应的接触面积与颗粒大小有着非常密切的关系。大颗粒煤离开喷嘴后相对速度较高，停留时间较短，而比表面积与颗粒大小成反比。这种双重影响的结果必然造成大颗粒煤的转化率低于小颗粒煤。根据试验结果，煤粉越细，气化效率越高。但是，煤粉中细粉含量过多会导致水煤浆的表观黏度增加，不利于制备高浓度的水煤浆。当然，煤粉的粒度大小还取决于煤的反应性。

(4) 气化压力

气流床操作压力的提高，有利于气化过程的进行。因为压力增加，不仅增加了反应物的浓度，加快了反应速度，而且也延长了反应物在炉内的停留时间，使碳的转化率提高。同时，气化压力的提高，既可提高气化炉单位体积的生产能力，又可节省压缩煤气的动力。所以德士古气化工艺的最高气化压力可达 8.0 MPa。但是，气化压力的选择应根据煤气的最终用途加以确定。

4. 工艺过程

德士古气化工艺主要由制浆和输送、气化和废热回收、煤气冷却净化及三废处理等环节组成。

(1) 制浆和输送

煤经湿磨后，与油或水制成煤浆，典型的煤浆浓度为 60%～70%。煤浆制备可采用干法、湿法（一段湿法和两段湿法）以及混合法。煤浆输送的主要设备为低压循环泵和高压料浆泵。低压循环泵一般采用离心泵，主要对煤浆进行泵送、循环和起一定程度的搅拌作用。高压料浆泵一般采用柱塞泵、隔膜泵或活塞泵等，用于将制成的煤浆压送入气化炉喷嘴。

(2) 制气和废热回收

煤浆在炉内快速气化，制得的粗煤气温度很高，必须回收其显热。图 7-32 中给出了两种常用的工艺流程。图 7-32(a)为激冷流程，图 7-32(b)为废热锅炉流程。对于前者，粗煤气用激冷水直接冷却，后者则使粗煤气先经辐射锅炉，再送往对流锅炉，产生的锅炉蒸汽可用于发电。

(3) 煤气冷却及三废处理

粗煤气经回收显热后，进入水洗涤系统，其温度一般为 300 ℃左右，需进一步冷却和脱除其中的细灰，可通过煤尘洗涤器加以洗涤冷却。粗煤气的组分单一，不含焦油。煤气脱硫可采用 Selexol 法或 Rectisol 法，脱除酸气后的尾气，经净化（如 Claus 法）后放空，不存在废气排放问题。废水中只含极少量的酚、氰和氨，只需常规法处理即可排放。固化熔渣呈玻璃光泽状，可用作水泥和建筑材料，填土无公害产生。

5. 对德士古气化法的评价

(1) 对煤种的适应性

衡量煤种适应性的主要指标是煤料的反应性、成浆性和灰熔点。无烟煤活性低、褐煤成浆性差，都不适宜于水煤浆气化。最适宜的原料应为长焰煤、气煤等。同时为维持正常的液态排渣，液渣黏度最好维持在 15～25 Pa·s。

对德士古气化的原料，通常有如下的具体要求：发热量为 25 121 kJ/kg，灰熔点为 1 300 ℃，灰分为 15%～20%。

(2) 煤气的适用范围

煤气中 CO 和 H_2 含量高，尤其是 H_2/CO 比谢尔气化法高，甲烷仅为 0.1%左右，无焦油等高级烃类，是比较理想的化工合成原料气。

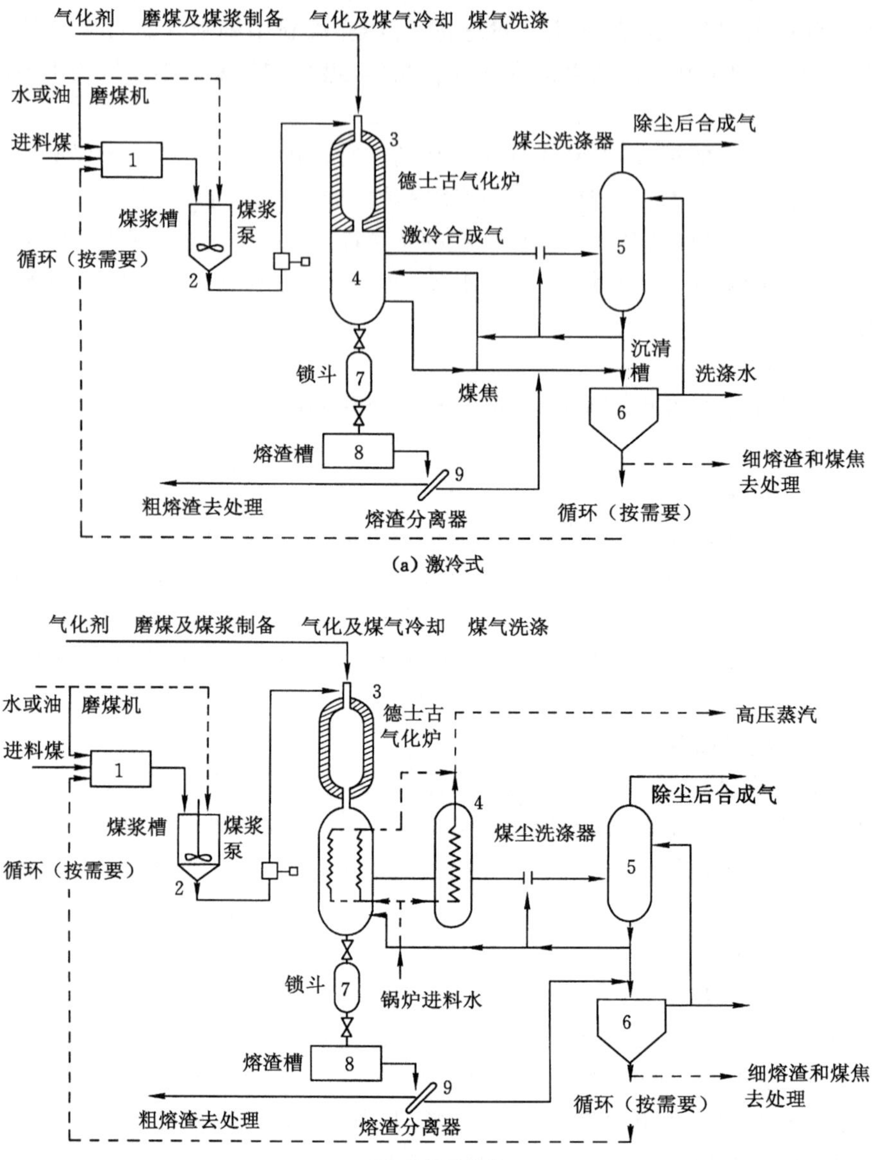

1—磨煤机；2—煤浆槽；3—气化炉；4—废热锅炉；5—洗涤塔；
6—熔渣池；7—灰锁；8—渣池；9—分离器。

图 7-32　德士古气化法流程图

(3) 生产效率和建厂规模

生产能力大，对负荷变化适应性强，在 50% 的负荷下，仍然能正常操作；操作压力高，可节省煤气压缩动力，对下游系统有利；氧耗量较高；单炉生产能力不宜太低，通常处理能力应大于 500 t/d。

第六节 煤炭地下气化

煤炭地下气化是对难开采的地下煤层就地气化生产煤气的一种方法。由于地下煤层的构成及其走向变化多端，虽经几十年的研究试验，至今尚未形成一种工艺成熟、技术可靠、经济合理的地下气化方法。目前，地下气化在技术经济上一般还不能与地上气化相竞争，但在某些特殊的场合(如煤层埋藏很深，甲烷含量很高，或煤层很薄，灰分含量高，顶板状况险恶)进行开采既不经济又不安全时，采用地下气化方法可以顺利地解决这些问题。

一、煤炭地下气化基本原理

煤炭地下气化是集煤的开采和转化于一体，将未开采的煤炭有控制地燃烧，通过对煤的热化学作用生产煤气的一种方法。

许多煤田由于煤层太薄、太深、高灰等，在技术和经济上不值得开采，或者由于煤层过于陡斜，顶板状况危险，为安全起见不适宜开采。而采用地下气化则能利用这些煤，显著地提高煤炭的可采储量。而且地下气化使能量以清洁的方式输出地面，大大减少了开采和地面制气对环境所造成的污染。图 7-33 为煤炭地下气化炉及反应原理示意图。

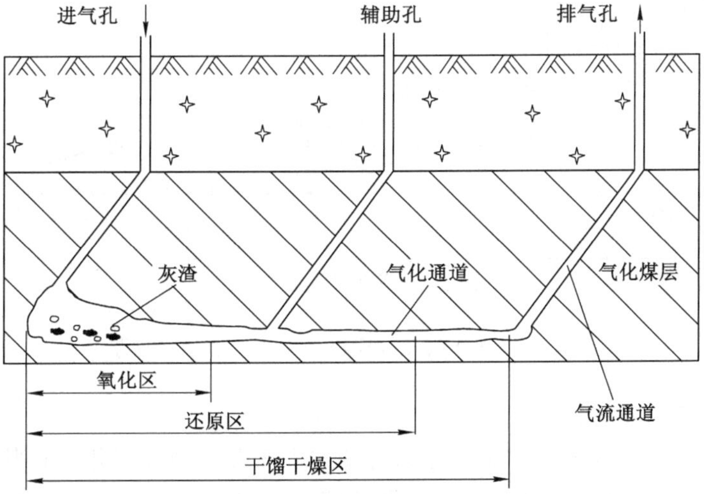

图 7-33 煤炭地下气化炉及反应原理示意图

在地下气化时，由地面到煤层开掘两个钻孔，两钻孔底部有一水平通道，水平通道和两个钻孔所包围的煤区即地下煤气发生炉。由于煤层是倾斜的，上方是顶板，当一个钻孔通入空气生产煤气时，煤气则从另一钻孔逸出。图 7-33 所示进空气的钻孔底部燃烧较为激烈，时间一久使煤层严重变形。为了避免这种情况，可交替地向一个钻孔供给气化剂，与此相应，生成煤气可以交替从另一钻孔排出。

沿水平通道，煤层表面遇到氧后，煤中的碳和氢燃烧生成 CO_2 和 H_2O。气流继续向前移动时，生成的 CO_2 和水蒸气被灼热的煤层表面所还原，但是只要气流中还有游离的氧时，则还原产物 CO 和 H_2 将发生燃烧，直到氧被耗尽为止，此时即为氧化层的终端。显然通道的截面越大，气流的涡流越弱，游离氧被完全消耗所需路径越长。气流中氧消耗的断面处为还原层的起点，在还原层中进行 CO_2 和水蒸气的还原反应。还原层的长度完全由煤层表面的温度所决定。在煤层温度降低到不能进行还原反应的地方，则为燃烧的干馏层始端。由还原层来的气体使煤干馏，干馏产物混入从还原层来的气流中。在干馏层之后，为燃烧的干燥层。在地下气化炉中反应区沿着气流流动的方向，分别为氧化、还原、干馏及干燥等区域。

根据在煤层纵深空间方向上所发生反应的不同可分成 5 个带，即燃空带、焦化带、干馏带、干燥带、自然带。在燃空带，煤中有机成分反应完全，剩下的灰渣并伴有塌落的岩石；焦化带区域温度高，煤经过软化、熔融和收缩过程变成半焦，并与气化剂发生氧化和还原反应；干馏带温度低于 700 ℃，煤中有机质受热发生热解，释放出挥发分；干燥带温度低于 300 ℃，煤中的液体水蒸发变成气态水蒸气；煤层自然带温度很低对煤影响很少。将图 7-33 沿横截面剖开示于图 7-34。

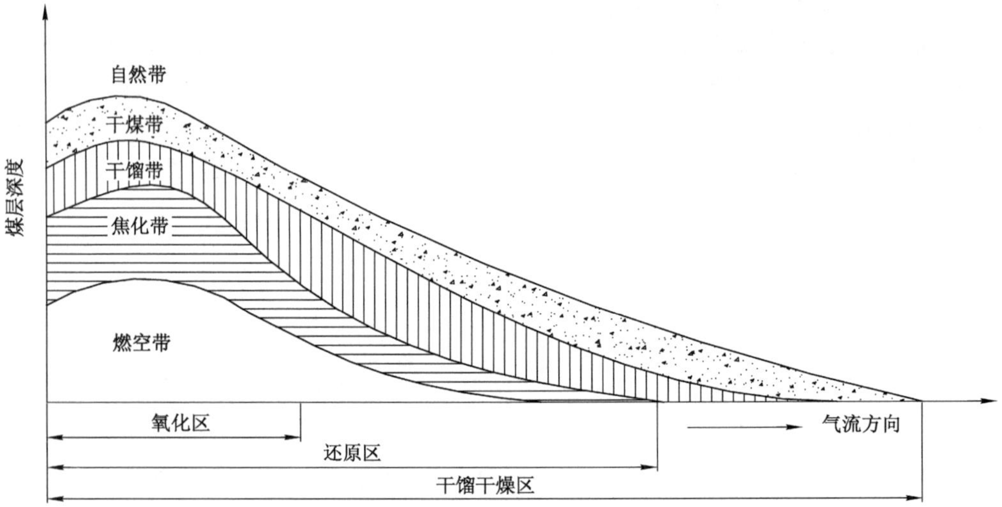

图 7-34　地下气化煤层纵深方向反应带示意图

二、煤炭地下气化方法

煤炭地下气化技术按施工方法可分为有井式和无井式两种工艺。有井式是指气化炉的施工都在地下进行，进、排气孔是井筒，气化通道是人工掘进的煤巷。无井式则是所有建炉工作都在地面进行，进、排气孔由地面打钻施工。

（一）有井式

所谓有井式地下气化就是从地面向煤层凿出井筒后，用煤层平巷连通，点燃煤层，生产煤气。有井式地下气化技术是在总结无井式地下气化工艺的基础上，结合在矿井遗留煤层中气化的特点提出的煤炭地下气化技术，它是利用井下巷道和井筒构成气化炉。

1. 内部钻孔法

内部钻孔法（图 7-35）也需要预先进行地下井巷的工程建设，但不需要对准备气化的煤层进行封闭工作，而是采取在竖井内部钻孔，以建立气化通道。1935 年，苏联曾在莫斯科近郊的地下气化站使用过此方法。

2. 气流式竖井法

气流式竖井法（图 7-36）试验的煤层厚度为 0.5～0.9 m，倾角 75°～80°，被气化煤层和

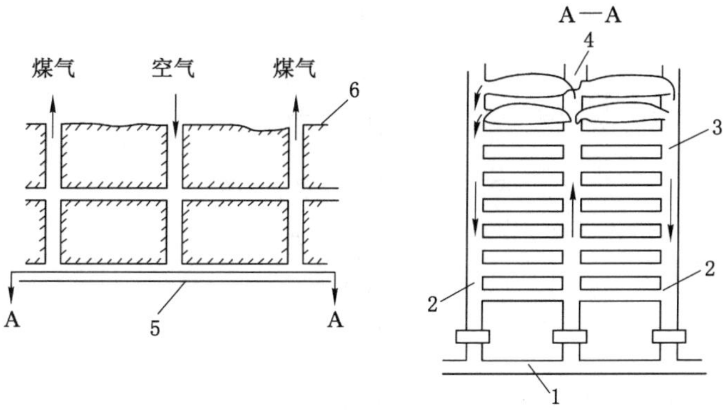

1—总巷道；2—生成气巷道；3—水平孔道；4—空气巷道；5—煤层；6—地面。

图 7-35　内部钻孔法

准备气化煤层隔为两个区域，竖井按煤层的倾斜角开掘，每个煤层有两个倾斜竖井，它们的底部有一个水平巷道连通。平行的两个竖井间距约 91 m，竖井沿煤层陡斜面的长度约 55 m，形成一个矩形待气化区，包含有 11 000～12 000 t 煤。

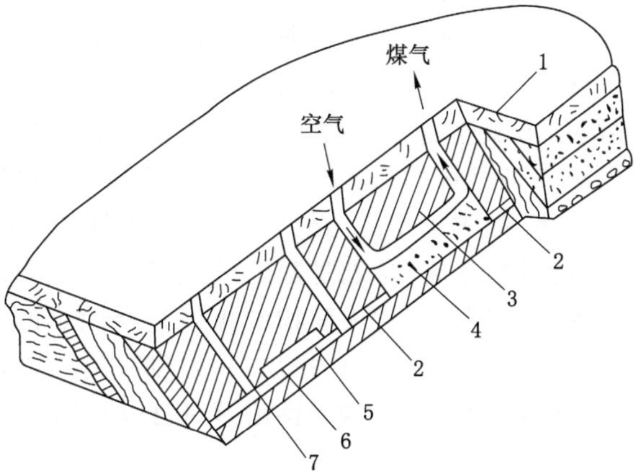

1—地面；2—石门；3—气化煤层；4—灰渣；5—火巷；6—点火区；7—待气化煤层。

图 7-36　气流式竖井法

（二）无井式

无井式地下气化炉主要由进气通道、排气通道、气流通道和气化通道组成，完全采用地面作业来进行钻孔建炉、气化通道贯通、地下燃烧过程控制和气化工艺条件操作。

无井式地下气化有以下几种方式。

1. 单孔式气化法

单孔式气化法(图 7-37)是一种简单的地下气化法。该法直接从地面向地下待气化的煤层内钻孔，在钻孔内装上套管，套管内再设内管，管道底部是敞开的，并深入到待气化的煤层内。气化时，空气从内管送入，在管道底端形成的煤层气化空腔内进行气化反应，生成气则通过套管送出。此法只能生产热值很低的煤气，且随着气化区域的扩大，煤气产量大减甚至停止产气，另外对管道材质要求较高，因此难以推广使用。

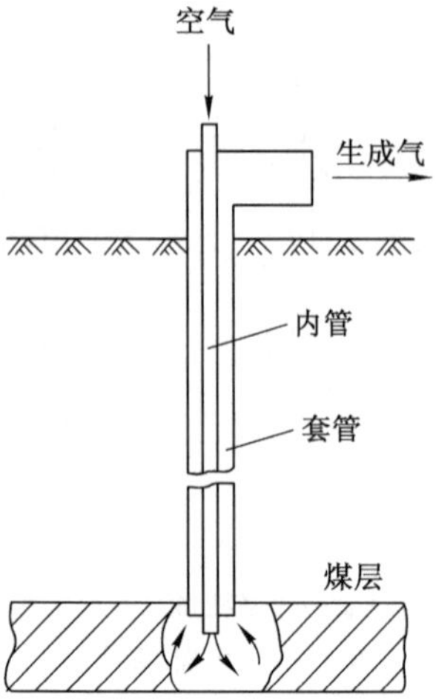

图 7-37　单孔式气化法

2. 渗透气化法

渗透气化法(图 7-38)使用的前提是被气化的煤层必须具有天然的空隙和裂隙,这样可以使气化剂顺利地进入煤层。该法是从地面上向被气化的地下煤层钻有相当数量的孔,并使孔之间能互相渗透。气化时,首先点燃煤层,通过钻孔向煤层鼓风,鼓入的空气沿煤层的天然裂缝渗透,即可在煤层中形成气化带-工作面。同时,随着煤层气化的进行,气化带逐渐发展成气化空间。生成的煤气通过排气孔送出地面。采用渗透气化法时,鼓风空气在天然缝隙中受到的流动阻力相当大,故需采用高压鼓风,这些高压气体中的一部分将透过顶底板的岩石而损失,不能参与气化反应过程,特别是随着气化析空区上方顶板岩石的破坏,气体的损失量将更大。使用这种方法同时气化大面积的煤层是有困难的,通常用此法在煤层内气化一条通道。但是,对于低品位的年轻煤如褐煤,一般都具有天然的透气性,因此可直接利用此法进行气化;高品位的煤,由于煤层透气性很差,用此法气化困难较大。

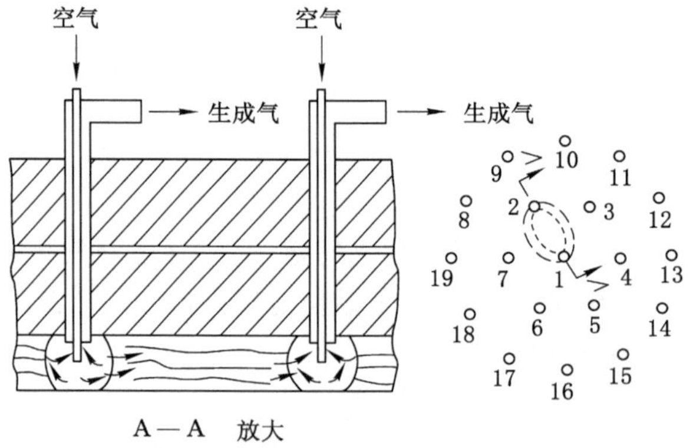

图 7-38　渗透气化法

三、影响煤炭地下气化运行因素

一般而言,影响地面煤炭气化运行的主要因素包括原煤的物理化学性质、气化过程操作条件以及气化炉的结构型式;而对地下气化而言,还包括地下气化炉的周边环境,如地质构造、水文特征等。

煤的性质包括煤的渗透性、受热膨胀性及传热和传质性质。煤的渗透率随煤的品位而变，褐煤的渗透率为烟煤的 1 000 倍，次烟煤的渗透率比烟煤高一个数量级，无烟煤的透气性最差。煤的膨胀性足够大，在气化时将会堵塞煤床中的气流通道，因此强黏结性的烟煤是难以进行地下气化的。无烟煤透气性最差，活性低，难以进行地下气化，而褐煤最适宜进行地下气化。

适当的地下水可以促进气化过程，提高煤气的热值，但是过多地下水涌入气化区又将使气化热量散失，使煤气热值降低；当煤层厚度小于 2 m 时，水涌入和围岩的冷却作用大，对煤气热值的影响较大。薄煤层可以用增加鼓风速率或富氧鼓风来提高煤气的热值。厚煤层有利于提高煤气热值和生产能力，但厚煤层又适宜于机械化开采。地下气化煤层厚度一般以 1.3～3.5 m 为最经济合理。

地下气化强度是由鼓风量来控制的，提高鼓风量可以增加气化强度，并减少水涌入量的影响，且因为气化区温度的提高，煤气热值也相应提高。但鼓风量过高，煤气的热值反而降低。一般认为富氧鼓风可以提高煤气的热值，但是在一些试验中发现 CO/CO_2 比率并不随鼓风中氧含量增加而明显变化，这是由于氧的旁路或者转化反应的增多所致。

地下气化通道较长时，燃烧区、气化区及干馏区较完整，有利于气化反应的进行，提高煤气的热值。地下气化通道较短时，干馏区减少或损失，使甲烷减少。但地下气化通道过长，也会使煤气过于冷却，降低 CO/CO_2 比例。

第八章 煤炭液化

第一节 概 述

一、煤炭液化的概念

煤炭液化是把固态的煤炭经过一系列化学加工过程，使其转化为液体产品的洁净煤技术。这里所说的液体产品主要是指汽油、柴油、液化石油气等液态烃类燃料，即通常由天然原油加工而获得的石油产品，因而，也把煤炭液化称为煤制油。

根据转化过程的不同，煤炭液化方法包括煤直接加氢液化和煤间接液化，广义的煤炭液化还包括煤的低温干馏制取煤焦油。

煤直接加氢液化是采用高温、高压氢气，在催化剂和溶剂作用下进行裂解、加氢等反应，将煤直接转化为相对分子质量较小的燃料油和化工原料的工艺技术。

煤间接液化是将煤气化得到的原料气，在一定条件下，经催化合成液体燃料及其他化学产品的工艺技术。

煤的低温干馏是在隔绝空气条件下把煤加热到 500～600 ℃的过程，产生半焦、低温焦油和煤气等产物。

二、煤炭液化的意义

煤炭液化与基本有机化学工业的发展密切相关，从基本有机化学工业原料发展历史来看，在 20 世纪初期，主要是以煤为基础，利用煤焦油中所含的芳烃来制造染料、香料和药物等所需的原料和中间体，后来利用由煤得到的电石发展了乙炔工业，用乙炔来生产乙醛、醋酸等化工原料及合成材料的单体。在 20 世纪 30 年代，开始用石油为原料来生产基本有机化工产品。由于石油和天然气资源丰富，可供大规模制取乙烯、丙烯等低碳烯烃，成本较低。以它们为原料比以煤(包括乙炔)为原料制取的基本有机化工产品的品种要多得多。50 年代初各国竞相发展以石油为原料的基本有机化学工业，70 年代以来，在能源危机的影响下，在世界范围内开发新原料的研究工作，其中一碳化学新技术受到普遍重视，使煤在基本有机化学工业中的地位得到增强。但由于存在着经济性和原料输送等问题，一碳化学新技术的开发和应用受到一定的限制，尤其是在生产大量基本有机化工产品方面。

目前，各国对煤炭液化技术的发展和应用前景看法存在着分歧，但是，主要发达国家和富产煤炭的国家仍继续进行基础研究和开发试验。事实证明，煤炭液化的重要性是不能忽视的，这反映了对世界石油资源有限存在着隐忧，同时，当前直接燃烧煤炭存在的严重污染问题也亟待解决。

第二节　煤炭直接液化

一、煤炭转化为液体燃料的原理

（一）煤炭转化为液体燃料的可能性

1. 煤与液体燃料的比较

煤是固体，而燃料油是液体。从元素组成来看，虽然都由碳、氢、氧等元素组成，但其含量各不相同，与石油、汽油相比，煤的氢含量低，氧含量高，H与C原子比低，O与C原子比高。汽油只含有C、H两元素，不含O、N、S元素，这些元素的存在，将使汽油性能变坏。从图8-1中可以看出，煤的H与C原子比最小，位于最左端，石油蒸馏产品的H与C原子比最大，位于最右端。加氢原料的H与C原子比一般为0.85左右，合成原油的H与C原子比为1左右。从分子结构来看，煤的分子结构极其复杂，迄今仍未能彻底了解。但是通过大量的研究，认为烟煤的有机质主要是以几个芳香环为主，环上有含硫、氧、氮官能团，由非芳香烃部分(—CH—、—CH—CH—或氢化芳香环)或醚键连接起来的数个结构单元(有人认为5～10个)所组成，呈空间立体结构的高分子化合物。另外在高分子立体结构中还嵌有一些低分子化合物，如树脂、树蜡等。随着煤化程度的加深，结构单元的芳香性增加，侧链与官能团数目减少。石油主要是由烷烃及环烷烃所组成的混合物。从相对分子质量来看，煤的相对分子质量很大，一般认为5 000～10 000或更大些；而石油的平均相对分子质量较小，一般为200左右，汽油的平均相对分子质量为110。

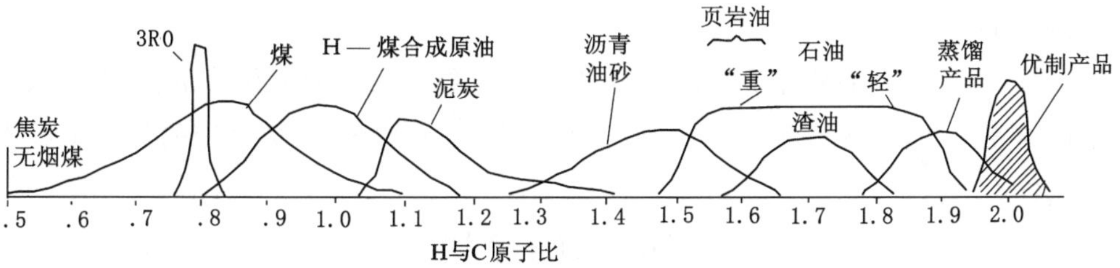

图8-1　各种碳氢原料的H与C原子比

2. 煤直接转化为液体燃料的可能性

除了在元素组成和分子结构方面的不同之外，煤炭与石油的另一个重要不同之处是煤炭中含有较多的无机矿物质，它们在煤炭转化或燃烧后以灰渣形式残留下来，只能作为固体废弃物处理。

煤与石油在化学组成和分子结构上也有相似之处，主要都由C、H元素组成。如果能创造适宜的条件，使煤的相对分子质量变小，提高产物的H与C原子比，那么就有可能将固态的煤炭转化为液体燃料油。根据煤炭与石油化学结构与性质的差异，要把固态的煤炭转化为液体燃料油，煤炭直接液化必须具备以下四大功能：

(1) 将煤炭的大分子结构分解成小分子结构；

(2) 提高H与C原子比，使其达到石油的H与C原子比水平；

(3) 脱除煤中的O、N、S等杂原子，使液化油的质量达到石油产品的标准；

(4) 脱除煤中的无机矿物质。

为了将煤中有机质高分子化合物变成低分子化合物，就必须切断煤的化学结构中的碳—碳之间的化学键，要切断这些化学键就必须供给一定的能量，如热能。为了提高 H 与 C 原子比，必须向煤中加入足够的氢。煤在高温下热分解得自由基碎片，如果外界不向煤中加入充分的氢，那么这些自由基碎片只能靠自身的氢发生再分配作用，而生成很少量 H 与 C 原子比较高、相对分子质量较小的物质——油和气，绝大部分自由基碎片则发生缩合反应而生成 H 与 C 原子比更低的物质——半焦或焦炭。也就是说，煤在热分解的同时，不可避免地发生缩合反应，这样就不可能将煤的有机质全部或绝大部分转化为液体油；如果外部能供给充分的氢，使热解过程中断裂下来的自由基碎片马上与氢反应结合，而生成稳定的 H 与 C 原子比较高、相对分子质量较小的物质，这样就可能在较大程度上抑制缩合反应，使煤中有机质全部或绝大部分转化为液体燃料油，这就是煤炭直接加氢液化的基本思想。

（二）煤炭加氢液化的反应机理及反应动力学

1. 煤在加氢液化过程中的反生

煤在加氢液化过程中的反应极其复杂，是一系列顺序反应和平行反应的综合，很难用几个方程式表示出来。但是根据煤在加氢液化过程中的状况，可以认为发生下列一些反应。

（1）热裂解反应

煤在加氢液化过程中，加热到一定温度（300 ℃左右）时，煤的化学结构中键能最弱的部位开始断裂呈自由基碎片。

$$\text{煤} \xrightarrow{\text{热裂解}} \text{自由基碎片} \sum R^{\circ} \tag{8-1}$$

随着温度的升高，煤中一些键能较弱和较高的部位也相继断裂呈自由基碎片。

（2）加氢反应

煤热解产生的自由基碎片是不稳定的，只有与氢结合后才能变得稳定。在加氢液化过程中，由于供给充足的氢，煤热解的自由基碎片 $\sum R^{\circ}$ 与氢结合，生成稳定的低分子成为液化初级产物。反应为：

$$\sum R^{\circ} + H = \sum RH \tag{8-2}$$

供给自由基碎片的氢源主要来自以下几方面：① 溶解于溶剂中的氢在催化剂作用下变为活性氢；② 溶剂可供给的或传递的氢；③ 煤本身可供应的氢；④ 化学反应生成的氢。

此外，煤结构中的某些 C=C 双键也可能被氢化。

研究表明，烃类的相对加氢速度随催化剂和反应温度的不同而异；烯烃加氢速度远比芳烃大；一些多环芳烃比单环芳烃的加氢速度快；芳环上取代基对芳环的加氢速度有影响。

加氢反应关系着煤热解自由基碎片的稳定和油收率的高低。如果不能很好地加氢，那么自由基碎片就可能缩合生成半焦，其油收率降低。影响煤加氢难易程度的因素是煤本身的稠环芳烃结构，稠环芳烃结构越密和相对分子质量越大，加氢越难，煤呈固态也阻碍与氢相互作用。

（3）脱氧、硫、氮杂原子反应

加氢液化过程，煤结构中的一些含氧、硫、氮等杂原子的化学键也发生断裂，分别生成 H_2O（或 CO_2、CO）、H_2S 和 NH_3 气体而脱除。煤中杂原子脱除的难易程度与其存在形式有关，一般侧链上的杂原子较环上的杂原子容易脱除。图 8-2 为以简单的芳烃为例示意煤中杂原子在直接液化过程中的脱除反应历程。

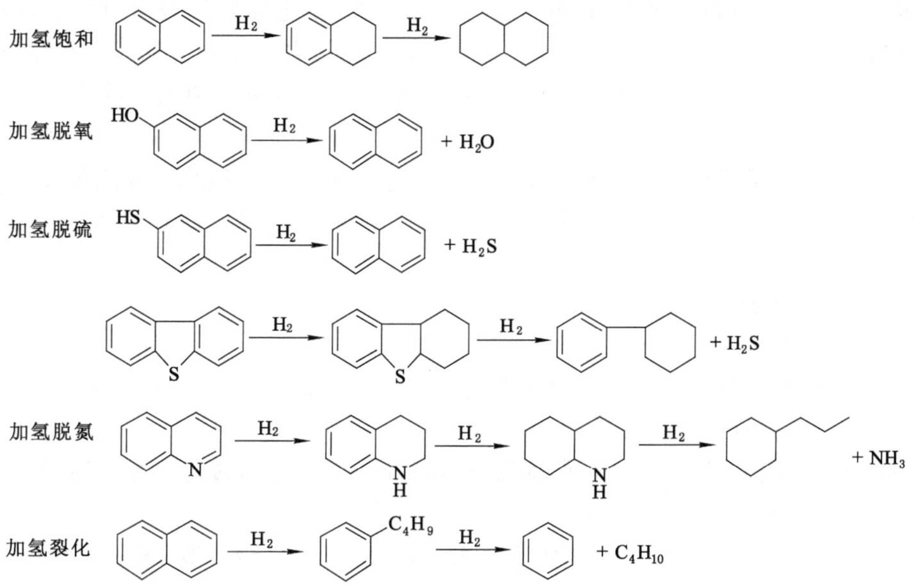

图 8-2　煤直接液化过程杂原子脱除反应历程示意

（4）缩合反应

在加氢液化过程中，由于温度过高或氢供应不足，煤的自由基碎片或反应物分子及产物分子会发生缩合反应，生成半焦和焦炭。缩合反应将使液化产率降低，它是煤加氢液化中不希望进行的反应。为了提高液化效率，必须严格控制反应条件和采取有效措施，抑制缩合反应，加速裂解、加氢等反应。另外，还可能产生异构化、脱氢等反应。图 8-3 是煤液化沥青缩合生成焦示意图。

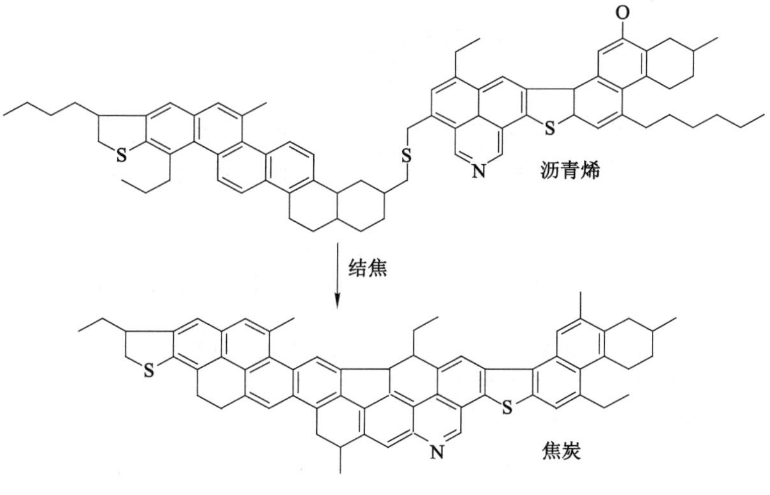

图 8-3　煤液化沥青缩合生成焦示意图

2. 煤加氢液化反应机理

一般认为煤炭加氢液化的过程是煤在溶剂、催化剂和高压氢气下，随着温度的升高，煤开始在溶剂中膨胀形成胶体系统，有机质进行局部溶解，发生煤质的分裂解体破坏，同时在煤质与溶剂间进行氢分配，350～400 ℃生成沥青质含量很多的高分子物质。在煤质分裂的同时，有分解、加氢、解聚、聚合以及脱氧、脱氮、脱硫等一系列平行和相继的反应发生，从而生成 H_2O、CO、CO_2、NH_3 和 H_2S 等气体。随着温度逐渐升高(450～480 ℃)，溶剂中氢的饱和程度增加，使氢重新分配程度也相应增加，就是说，使煤加氢液化过程逐步加深，主要发生分解加氢作用，同时也存在一些异构化作用，从而使高分子物质(沥青质)转变为低分子产物——油和气。

二、加氢液化原料

(一) 原料煤的选择

选择加氢液化原料煤，应从技术经济指标出发，主要考虑以下三个指标：

(1) 无灰干燥基原料煤的液体油收率高。

(2) 煤转化为低分子产物的速度，即转化的难易。对于容易转化的煤，可选用较缓和的反应条件，且反应设备处理能力较高。

(3) 氢耗量。氢气占煤液化成本的比例很高，一般为 30%或更高；另外生产氢气需要消耗大的能源，所以氢耗量也影响液化热效率。

加氢液化过程的氢耗量与很多因素有关，其中因素之一是与煤中的自由氢含量有关(图 8-4)。所谓自由氢是指生成烃的那部分元素氢，一些原料和汽油的自由氢含量见表 8-1。

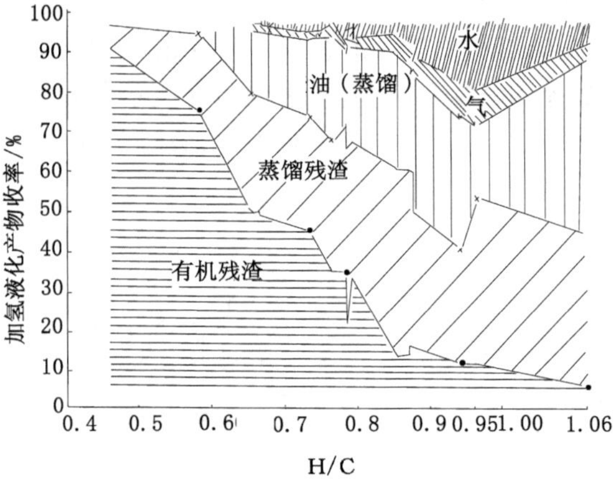

图 8-4　原料煤的 H 与 C 原子比与加氢液化产物收率的关系

表 8-1　一些原料和汽油的自由氢含量

名称	汽油	石油	褐煤低温干馏焦油	烟煤低温干馏焦油	烟煤	褐煤	泥炭
自由氢含量/(g/100 g碳)	16.8～17.5	12.2～16.0	11.7	7.6	4.0～4.4	4.1～4.3	3.2

由表 8-1 看出，汽油的自由氢含量最高，泥炭的自由氢含量最低，褐煤、烟煤的自由氢含量居中。因此，加氢液化过程中的氢耗量与原料煤中的自由氢含量呈反比关系。

煤性质和煤液化特性之间的相关关系是十分复杂的，这不仅因为煤的多样性和不均一性，还因为对一个特定的煤来说，这种关系除考虑煤本身性质外，还与煤的转化深度、液化反应速率、使用的溶剂、过程条件等密切相关。液化条件比较温和时，煤性质对煤液化特性影响就大；而在苛刻条件下，不同煤加氢液化时转化率的差异就不甚明显。即便如此，人们还是想找出一个或一组参数，这类参数和煤的基本化学、物理或地球化学性质相关，并与煤液化生成的液态产物之间产生相关关系，利用这些关系来选择液化用煤或指导液化工艺。

（二）溶剂的作用

1. 溶剂的分类

许多有机溶剂能在一定条件下溶解一定量的煤。根据溶解效率和溶解温度将溶剂分为五类：① 非特效溶剂；② 特效溶剂；③ 降解溶剂；④ 反应性溶剂；⑤ 气体溶剂。

2. 溶剂的作用

在煤炭加氢液化过程中，溶剂的作用有以下几个方面：

(1) 与煤配成煤浆，便于煤的输送和加压；

(2) 溶解煤，防止煤热解产生的自由基碎片缩聚；

(3) 溶解气相氢，使氢分子向煤或催化剂表面扩散；

(4) 向自由基碎片直接供氢或传递氢；

(5) 溶剂直接与煤质反应。

（三）氢气和其他反应剂

1. 氢气在液化中的作用

煤加氢液化通常在高压氢气中进行，有利于煤的溶解和加氢液化转化率的提高。

2. $CO+H_2O$ 反应剂在液化中的作用

煤液化时，通常使用氢气，但氢气很贵，约占总费用的 1/3，因此设法使用比较便宜的气体作反应剂，替代昂贵的氢气，是提高液化过程经济性的有效途径之一。

低变质程度煤与 $CO+H_2O$ 反应比与 H_2 反应要容易，特别是褐煤更加有利，用 $CO+H_2O$ 作反应剂时，煤的转化率比用 H_2 高，而且褐煤与 $CO+H_2O$ 反应速度要比烟煤快。

用 $CO+H_2O$ 作反应剂，煤的转化率与溶剂的性质、煤中矿物质成分等有关。使用异喹啉之类的多环氮碱作溶剂，可获得很高的转化率。

$CO+H_2O$ 与低变质煤的反应性高，可能与液化过程中 $CO+H_2O$ 发生下列作用有关。

(1) $CO+H_2O$ 发生变换反应生成 CO_2+H_2，这种氢的活性很高，容易与煤发生反应。

(2) CO 与煤结构中的羰基、酮基及醛基等含氧基团反应，使基团裂解，脱除煤中氧。

(3) 可能由于 $CO+H_2O$ 的存在，煤发生烷基化反应，引入烷基特别是甲基后，使煤更容易溶解。

（四）催化剂

1. 催化剂在煤炭加氢液化中的作用

(1) 催化剂活化反应物，加速加氢反应速度，提高煤炭液化的转化率和油收率；

(2) 促进溶剂的再氢化和氢源与煤之间的氢传递；

(3) 选择性作用。

为了加速煤加氢液化速度，提高转化率、油收率和设备的处理能力，降低反应压力和生产成本及改善油品性质，选用的加氢液化催化剂应具有活性高、选择性好、抗毒性强、价格低以及来源广等特点。

2. 煤加氢催化剂

适合作煤加氢液化催化剂的物质很多，但是有工业价值的催化剂主要有：铁系催化剂，Co、Mo、Ni 等金属氧化物催化剂及金属卤化物催化剂。

3. 影响催化剂活性的因素

各种催化剂的活性是不相同的。催化剂的活性主要取决于金属的种类、比表面积和载体等。当催化剂的组成和结构确定后，催化剂在使用过程中显示出活性的大小与下列因素有关：① 催化剂用量；② 催化剂加入方式；③ 煤中矿物质；④ 溶剂的影响；⑤ 炭沉积和蒸汽烧结。

三、煤加氢液化的工艺参数

反应温度、反应压力、反应停留时间、煤浆浓度和气液比是煤加氢液化的主要工艺参数，对煤液化过程有很大影响。

（一）反应温度

反应温度是煤加氢液化的重要工艺参数。煤液化反应对反应温度最敏感，这是因为一方面温度增加后，氢气在溶剂中的溶解度增加，更重要的是反应速度随温度的增加呈指数增加。没有一定的温度，无论多长时间，煤也不能液化。在其他条件配合下，煤加热到最合适的反应温度，就可获得理想的转化率和油收率。

反应温度对油品的性质也有很大影响，随着反应温度的增加，加氢裂解反应深度加深，油的相对分子质量减少，油品黏度下降，发生脱氢和脱烷基反应，使油的芳香度增加。

反应温度在一范围内提高，使催化剂活性增加，但是反应温度太高，催化剂表面产生炭沉积或蒸汽烧结现象，使活性降低或丧失活性，液化效果变差。

煤液化反应温度要根据原料煤性质、溶剂质量、反应压力及反应停留时间等因素综合考虑。一般说来，烟煤的反应温度要比更易液化的褐煤的反应温度高 5～10 ℃。

（二）反应压力

煤加氢液化过程中，通常采用较高的压力。催化剂存在下的液相加氢速度与催化剂表面接触的液体层中的氢气浓度有关。这个浓度取决于氢在溶剂中的溶解度和氢分压，氢在溶剂中的溶解度愈大和氢分压愈高，液体中氢的浓度愈大。催化剂表面氢气浓度则取决于液体的浓度及其扩散速度。当扩散速度和催化剂活性一定时，可以认为加氢反应速度服从质量作用定律，即与氢气分压成正比，所以氢分压越高越有利于煤的液化反应。

氢气压力提高，有利于氢气在催化剂表面吸附和氢向催化剂孔深处扩散，使催化剂活性表面得到充分利用，因此，催化剂的活性和利用效率在高压下比低压时高。

但是，氢压提高，高压设备投资、能量消耗和氢耗量都要增加，因而产品成本高，阻碍了煤加氢液化工业的发展，因此如何降低压力是目前努力追求的目标。

必须指出，压力对反应速度的影响主要是通过催化剂吸附能力的增强来实现的，而催化剂本身对反应速度的影响远超过压力的影响。

（三）反应停留时间

所谓反应停留时间是指反应器内液相的实际停留时间。它是一个平均的概念，实际上液相（包括固体颗粒）的某一组分或某一微小个体在反应器内的停留时间呈一分布曲线。反应停留时间和反应温度、反应压力一样，影响着煤加氢液化的转化率和油收率。在合适的反应温度和足够氢供应下，随着反应停留时间的延长，液化率开始增加很快，以后逐渐减慢；而沥青烯和油收率相应增加，并依次出现最高点；气体产率开始很少，随着反应时间的延长，后来增加很快；同时氢耗量也随之增加。从生产角度出发，一般要求反应时间短，这就意味着高处理能力。不过合适的反应停留时间与煤种、催化剂、反应温度、压力、溶剂以及对产品的质量要求等因素有关，应通过试验来确定。

（四）煤浆浓度

从理论上讲，煤浆浓度对液化反应的影响应该是浓度越稀越有利于煤热解自由基碎片的分散和稳定。但为了提高反应器的空间利用率，煤浆浓度应尽可能高。试验研究证明，高浓度煤浆在适当调整反应条件的前提下，也可以达到较高的液化油产率，主要是因为煤浆浓度提高后在液化反应器的液相中溶剂的成分减少，而煤液化产生的重质油和沥青烯类物质含量增加，更有利于它们进一步加氢反应生成可蒸馏油。

在煤液化工艺中，选择煤浆浓度还要考虑煤浆的输送和煤浆预热炉的适应性。对于煤浆的输送，首先要考虑的是煤浆能配制成多高的浓度，它取决于高压煤浆泵输送煤浆所允许的煤浆黏度范围。煤浆浓度过稀，煤的颗粒在煤浆管道内容易沉降，在高压煤浆泵的止逆阀处容易沉积，造成煤浆泵工作故障。煤浆浓度过高，造成煤浆黏度过高，煤浆在管道内流动的阻力增大，使煤浆泵输送功率增大，也会使煤浆泵不能正常工作。煤浆黏度与煤浆浓度有直接关系，也与煤的性质和溶剂的性质以及配制煤浆的温度有关。

（五）气液比

气液比通常用标准状态下的气体体积流量（m^3/h）与煤浆体积流量（m^3/h）之比来表示，是一个无量纲的参数。实际上对反应起影响作用的是在反应条件下气体实际体积流量与液相体积流量之比，其主要原因是在反应器内液体（包括溶剂和煤液化产生的液化油）各组分分子在液相和气相中必然达到气液平衡，而与气液平衡有关系的应是反应器内气相与液相的实际体积流量之比。

当气液比提高时，液相的较小分子更多地进入气相中，而气体在反应器内的停留时间远低于液体停留时间，这样就减少了小分子的液化油继续发生裂化反应的可能性，与此相反却增加了液相中大分子的沥青烯和前沥青烯在反应器内的停留时间，从而提高了它们的转化率。另外，气液比的提高会增加液相的返混程度，这对反应也是有利的。这些都是对反应的正面影响。但是，气液比提高会使反应器内气含率（气相所占的反应空间与整个反应器容积之比）增加，使液相所占空间（也可以说是反应器的有效空间）减小，这样就使液相停留时间缩短，反而对反应不利。另外，提高气液比还会增加循环压缩机的负荷，即增加能量消耗。这些是对反应的负面影响。综合以上分析，煤液化反应的气液比有一个最佳值，大量试验研究结果得出其最佳值为 700～1 000 m^3/t。

总而言之，煤液化工艺条件各因素对液化反应及液化装置的经济性均有正反两方面的影响，必须通过大量试验和经济性的反复比较来确定合适的工艺条件。

四、煤炭直接液化工艺

1869 年 Berthelot 用碘化氢使煤在常压、温度为 270～280 ℃下反应 24 h，产出烃类油和沥青物。1913 年 Bergius 继续研究，在压力为 18～20 MPa、温度为 400～500 ℃下，使煤加氢液化取得专利，由于没有使用催化剂，煤的转化率很低。1926 年 I・G 公司研究出高效加氢催化剂，奠定了工业化基础，1927 年在德国 Leuna 建成第一座褐煤加氢液化厂。随后英国、法国、意大利、朝鲜和我国也建立了煤或煤焦油加氢加工厂。当时德国缺乏石油，而煤储量丰富，为了战争需要，人造石油发展很快，到第二次世界大战末，德国已建成12座煤加氢液化厂，年产发动机燃料油40万t。

第二次世界大战后，石油跌价，煤价上涨，由于这种液化方法的压力高(30～70 MPa)、氢耗量大、产品成本高、难以与石油竞争，因此煤加氢液化厂都相继停产。

1973年世界能源危机发生后，美国、德国、英国、苏联、日本等国家加快煤液化的研究步伐，开发了许多煤直接液化新工艺。到20世纪80年代初，美国开发的氢-煤法、溶剂精炼煤(SRC-Ⅰ、Ⅱ)法、埃克森供氢溶剂(EDS)法和德国开发的Bottrop工艺，均已完成中试，技术基本成熟，可进入商业化阶段。

新工艺与早期德国液化工艺比较均显示出许多优点：操作压力由30～70 MPa降至10～30 MPa；氢耗量减少；生产能力和热效率分别提高50%和20%；经济性也明显改善。但是，产品成本与石油相比仍缺乏竞争性，因此目前还未能实现工业化。

为了进一步降低液化产物的成本，近年来，美国、加拿大、德国等国家正在开始研究煤两段直接液化、煤油共炼以及其他新工艺。从获得的资料来看，两段直接液化和煤油共炼新工艺较为先进，与氢-煤法比较，其油收率提高8%～17%(占无灰干燥基煤重)，氢利用率(油收率与氢耗量之比值)由8.4增加到10.4～18，油品质量显著改善，产物成本降低，是很有发展前途的直接液化工艺。

目前发达国家是以发展轻质油为煤直接液化物的主要方向。

(一) 早期的煤加氢液化工艺

1. I·G法

I·G法是由Berpius发明的经I·G公司改进的煤两段加氢液化工艺。采用烟煤、褐煤作原料，加氢液化制取发动机燃料。由于煤是固体，相对分子质量很大，煤结构中含有大量的稠环芳烃和部分不能液化的矿物质等原因，很难一步直接转化为汽油。I·G法分两段进行，第一段煤糊液相加氢，目的是制得小于325 ℃馏分油，为气相裂解加氢提供原料；第二段气相裂解加氢，将小于325 ℃馏分油加氢裂解为汽油。

(1) 煤糊液相加氢

烟煤或褐煤直接加氢液化的煤糊液相加氢工艺流程如图8-5所示。

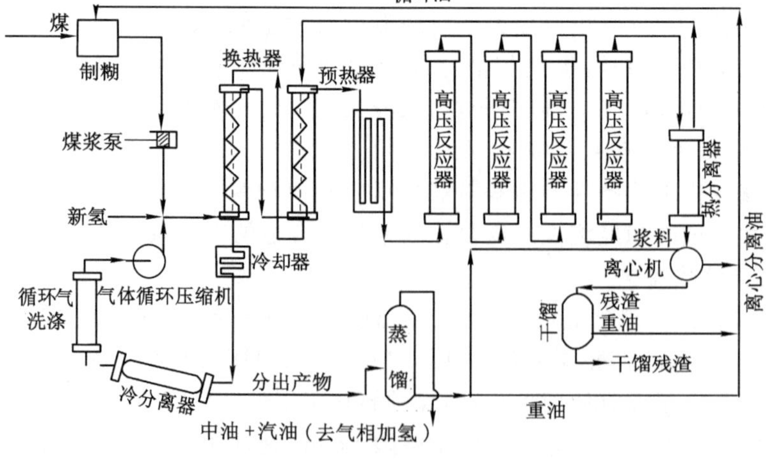

图8-5 煤糊液相加氢工艺流程

该工艺存在的问题是压力高，氢耗量大，使用重油作溶剂，故溶剂中固液分离困难，采用离心机进行固液分离效率低，残渣干馏半焦无法利用等。

（2）气相裂解加氢

气相裂解加氢是将液相加氢得到的小于 325 ℃馏分油进行催化裂解加氢为汽油，其工艺流程如图 8-6 所示。为提高汽油的辛烷值和强化生产过程，气相裂解加氢催化剂应力求满足下列要求：

① 活性高，能在较低温度下工作，气体产率少；

② 有异构化和芳构化性能，能保留单环芳烃；

③ 抗毒性好，操作周期长。

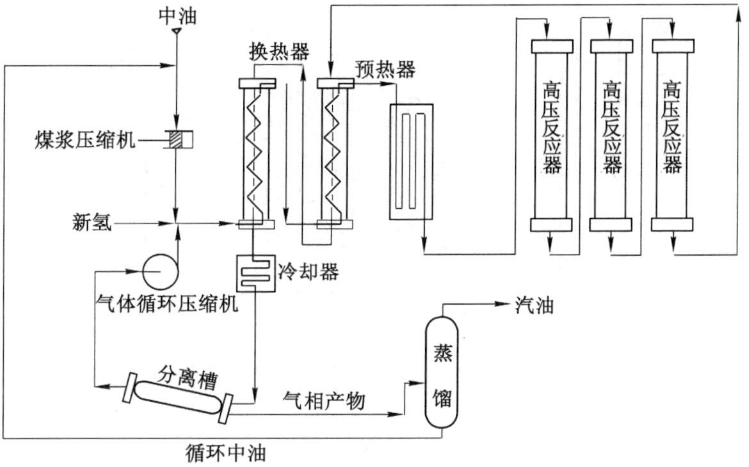

图 8-6　气相裂解加氢工艺流程

2. Pott-Broche 法

20 世纪 20 年代，Pott-Broche 采用 80％四氢萘和 20％甲酚作溶剂，烟煤和褐煤的萃物产率分别达 80％和 90％。1937～1944 年期间建立了日处理煤 100 t 装置，后被破坏，但在其基础上发展形成了溶剂炼煤法。Pott-Broche 工艺流程如图 8-7 所示。

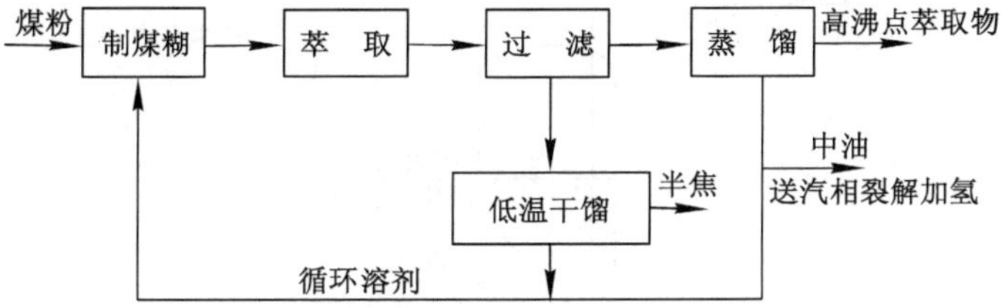

图 8-7　Pott-Broche 加压萃取工艺流程

高沸点萃取物是一种硬而易碎的沥青状物质，软化点约为 220 ℃，灰分为 0.15％～0.2％，可作低硫燃料或用于生产电极炭，加氢后可制得汽油、中油和重油。整个工艺对煤有机质的萃取率达 75％～80％。

该工艺存在问题是过滤困难、反应管内容易结焦以及煤糊在预热过程中传热不良等。

（二）煤直接加氢液化新工艺

新开发的煤加氢液化工艺很多，比较有代表性的有氢-煤法、Bottrop 煤加氢液化工艺、合成油法、煤炭溶剂萃取加氢液化工艺、煤油共炼技术以及煤超临界萃取。

1. 氢-煤法

氢-煤法是美国戴诺莱伦公司所属碳氢研究公司研制。以褐煤、次烟煤或烟煤为原料，生产合成原油或低硫燃料油，合成原油可进一步加工提质成运输用的燃料，低硫燃料油做锅炉燃料。氢-煤法工艺流程如图 8-8 所示。

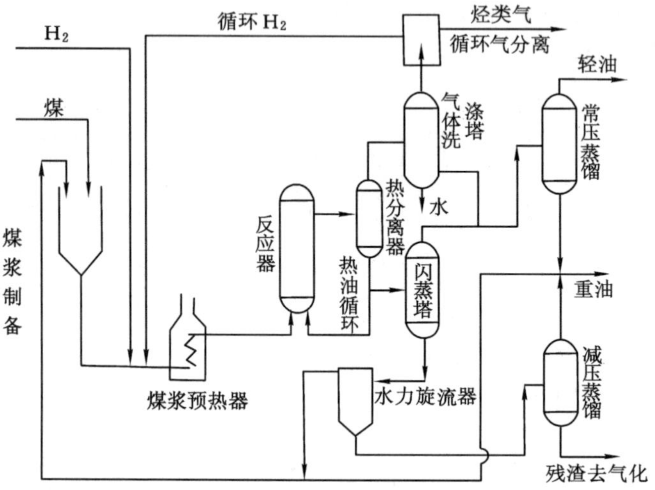

图 8-8　氢-煤法工艺流程

本工艺的特点是：

（1）采用固、液、气三相沸腾床催化反应器（图 8-9）使反应器内物料分布均衡，温度均匀，反应过程处于最佳状态，有利于加氢液化反应的进行。

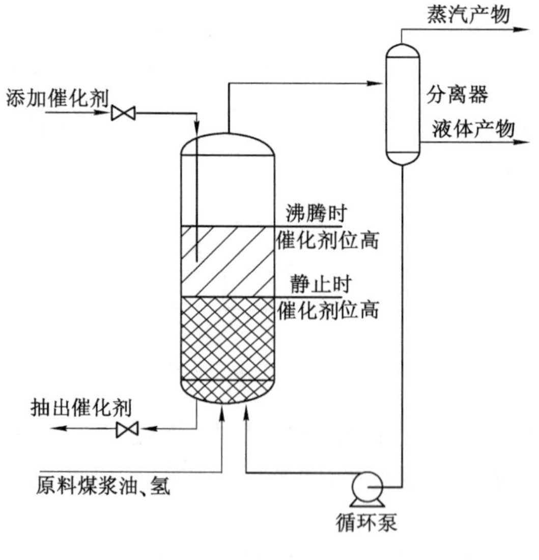

图 8-9　煤沸腾床催化反应器

(2) 残渣作气化原料制氢气，可有效地利用残渣中有机物，使液化过程的总效率提高。

(3) 实践证明，此法对制取洁净的锅炉燃料和合成原油是有效的。

2. Bottrop 煤加氢液化工艺

Bottrop 煤加氢液化工艺是由德国煤矿研究院和萨尔煤矿公司在早期 Bergius-I · G 工艺基础上研制成功的。以生产合成原油为目的。1981 年在 Bottrop 建立了日处理煤 200 t 工业试验装置，并进行了生产运转，其工艺流程如图 8-10 所示。

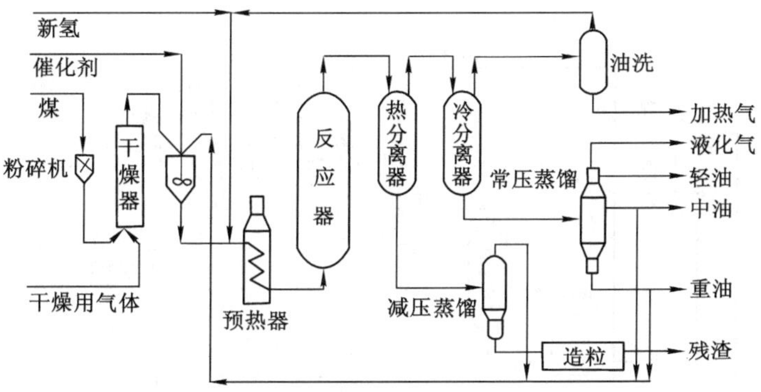

图 8-10 Bottrop 煤加氢液化工艺流程

3. 合成油法

合成油法(Synthoil Process)由美国矿业局开发，以煤催化加氢液化脱硫制取合成原油为目的，已在 0.5 t/d 装置上进行了半工业性试验。合成油法工艺流程如图 8-11 所示。

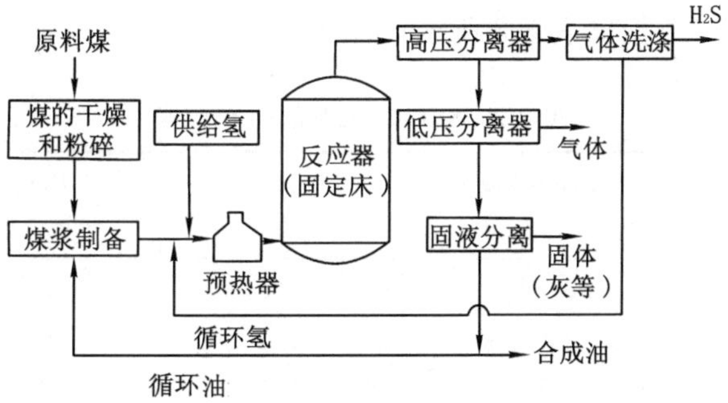

图 8-11 合成油法工艺流程

4. 煤炭溶剂萃取加氢液化工艺

溶剂精炼煤法(Solvent Refining of Coal)简称 SRC 法，是将煤用供氢溶剂萃取加氢，生产清洁的低硫低灰的固体燃料和液体燃料。通常对生产低硫、低灰固体燃料为主要产物的方法称为 SRC-Ⅰ法，而生产液体燃料为主的方法称为 SRC-Ⅱ法。

SRC-Ⅰ和 SRC-Ⅱ的液化机理基本相同，都是先将煤与溶剂混合制成煤糊，在高温高压下热解成碎片，然后碎片从供氢溶剂得到氢而稳定化，失去氢的芳烃溶剂再加氢成为供氢溶剂。两者的区别在于 SRC-Ⅰ氢化程度浅，加氢少(2%)，产品以高分子固体燃料为主；SRC-Ⅱ加氢量大(3%～6%),氢化程度较深,以低分子液体产品为主。下面简单介绍这两种方法的工艺过程和产品特性。

(1) SRC-Ⅰ法

SRC-Ⅰ法工艺很多,现只介绍一种 PAMCO 法,这是由美国匹茨堡和中途岛采煤公司(Pittsburgh and Midway Coal Mining Co)开发的方法,有两个试验工厂,处理量分别为 6 t/d和 50 t/d,其工艺流程如图 8-12 所示。该工艺采用过滤法进行固液分离,脱灰率可达98%以上但过滤速度慢,设备庞大。

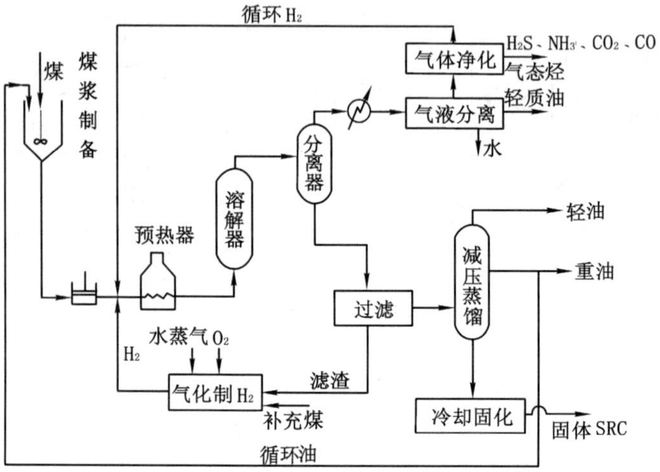

图 8-12 SRC-Ⅰ工艺流程

SRC-Ⅰ工艺的生产数据如表 8-2 所示。

表 8-2 SRC-Ⅰ工艺的生产数据

	Kentacky9 和 14 层煤	Pittsburgh 8 层煤	IIlinois No. 6 煤	Belle Aye 煤
原煤含 S 量/%	3.1	2.6	3.1	0.7
反应温度/℃	425～454	456	437	456
反应压力/MPa	10.3～16.5	11.72	12.4	16.5
进料速度/[kg/(h·m³)]	400～800	400	368	400
煤转化率/%	91～95	91	90	85
SRC 产率/%	55～65	69	63	45
SRC 含 S 量/%	0.8	0.9	0.9	0.1

(2) SRC-Ⅱ法

SRC-Ⅱ法是在 SRC-Ⅰ法的基础上发展起来的,其特点是将气液分离器排出的含固体的煤溶浆循环做溶剂,因此也称为循环 SRC 法。按流程和产品结构不同,可分为循环 SRC-Ⅱ(固体)法、循环 SRC-Ⅱ(联合产品)法和循环 SRC-Ⅱ(液体)法三种。通常将循环 SRC-Ⅱ(液体)法简称 SRC-Ⅱ法。工艺流程如图 8-13 所示。

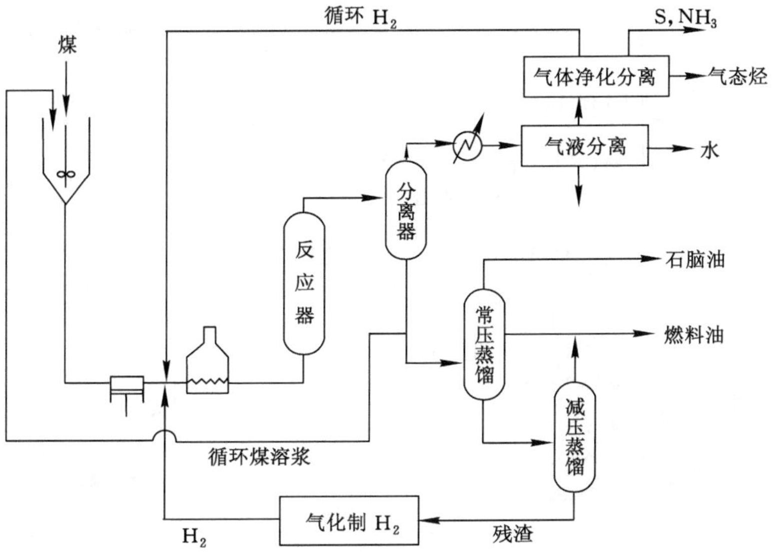

图 8-13　SRC-Ⅱ工艺流程

SRC-Ⅱ工艺特点：

① 用部分热煤溶浆做循环溶剂，使煤溶解的有效时间增长，煤浆中矿物质含量增加，有利于氢裂解反应的加速和液化反应的加深，使液体油产率增加。

② 采用蒸馏法完成产品分离，省去过滤、脱灰、产物固化等工序，简化工艺流程。

③ 不外加催化剂，通过煤中矿物质催化活性的有效利用，获得较高的液化效率，降低生产成本。

5. 煤油共炼技术

煤油共炼是 20 世纪 80 年代国外发展起来的一种煤液化新技术，是将煤和石油同时加氢裂解，转变成轻质油、中油和少量气体的加工工艺。

目前较先进的煤油共炼技术有：HRI 工艺、CCLC 工艺和 PYROSOL 工艺，其中 HRI 工艺已经具备建设大型示范工厂的条件。

HRI 工艺由美国碳氢化物研究公司开发，是在石油加氢裂解(H-油法)和煤两段液化技术基础上开发起来的。1988 年开始日处理 3 t 原料的工艺装置(PDU)试验，1989 年完成商业化示范工厂的初步设计。HRI 煤油共炼工艺流程如图 8-14 所示。

HRI 工艺特点：

(1) 采用两段沸腾床催化反应器，使用高活性 $CoMo/Al_2O_3$ 和 $NiMo/Al_2O_3$ 载体催化剂，以连续加入和排出的方式保持反应器内催化剂活性。

(2) 煤油浆一次通过反应装置，在煤浓度高时，用少量的重质油循环，循环比为 0.5。

试验表明，采用 HRI 工艺进行煤油共炼，煤和渣油(>528 ℃)的转化率高，分别达 90%～95%和 82%～92%，金属脱除率达 98%以上，氢利用率为 16%～20%，馏分油产率为 65%～80%，油品质量好，含 N、S 杂原子少，适合加工成各种运输燃料。

6. 煤超临界萃取

超临界萃取(SCE)技术在 20 世纪 50 年代开始开发，已应用于化工、油脂、食品及烟叶

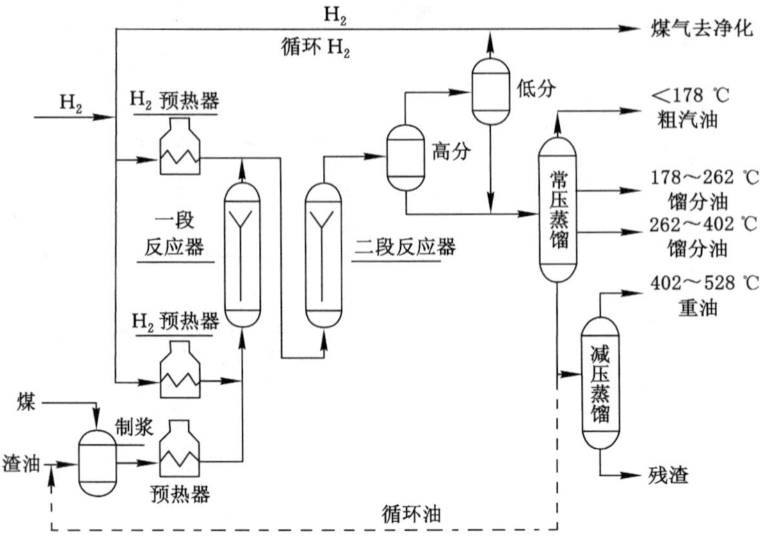

图 8-14　HRI 煤油共炼工艺流程

等部门。20 世纪 70 年代英国煤炭管理局(NCB)首先研究煤的超临界萃取技术,建立一套 5 kg/h连续萃取装置,以后美国、德国、中国、日本、波兰等许多国家都在研究这项技术,目前仍处在中试阶段。

(1) 基本原理

利用不同物质在任一溶剂中的溶解度不同,使混合物的组分得到完全分离或部分分离的过程称为萃取,通常萃取采用液体溶剂。超临界气体的萃取主要是基于物质在压缩气体的超临界状态下提高了其挥发能力,可以自由地蒸发和溶解。如果条件适宜,物质的挥发能力能提高 1 万倍。

物质的溶解度随溶剂的密度增加而提高。液体的密度高,对物质的溶解度大,但是液体的黏度也大,萃取过程中固液分离困难;气体的黏度很低,容易与萃取过程中的固体分离,但由于气体的密度小,能溶解的物质少。因此,作为萃取用的溶剂应具备高密度和低黏度的特性。

超临界压缩气体具有相当低的黏度、较高的密度和较大的扩散速度(表 8-3)。

表 8-3　流体的某些物理性质

物态	密度/(g/cm³)	黏度/[g/(cm·s)]	扩散系数/(cm²/s)
气体	10^{-3}	10^{-4}	10^{-1}
超临界气体	0.3	10^{-3}～10^{-4}	10^{-3}
液体	1	10^{-1}～10^{-2}	5×10^{-6}

超临界萃取主要利用压缩气体的超临界状态,提高物质的挥发能力和溶解能力,达到物质分离的目的。其过程既类似溶剂萃取,又类似蒸馏,因此,可以看成是萃取-蒸馏相结合的化工过程。

(2) 原料煤与溶剂的选择

① 原料煤

原料煤应选用低黏结或不黏结的高挥发分煤，黏结性煤在萃取过程中易结块，影响萃取效果。对原料煤细度有一定要求，但也不宜太细，因为煤是多孔隙物质，超临界压缩气体分子小，穿透力强，粒度小于 3 mm 的煤粒对萃取速率和产率影响不大，如果粒度太细，对煤粉与萃取物分离造成困难。

原料煤水分控制在 5%～15%范围内，对萃取产率影响很小。为了生产上易处理和减少热负荷，采用干燥过的煤较为合适。

② 溶剂的选择

溶剂一般按下列原则进行选择：

- 煤的超临界萃取应选择高密度溶剂。
- 溶剂来源广，价格低廉。
- 溶剂稳定性好。

通常在研究中采用甲苯作煤超临界萃取的溶剂。研究结果表明，添加四氢萘的混合溶剂，萃取率提高，而且四氢萘的促进作用主要发生在 350 ℃以后的温度，说明四氢萘的加入阻止了煤分解产物在较高温度时形成半焦的聚合反应。

(3) 工艺过程与工艺参数

麦多克斯提出日处理原料煤 10 000 t 的工厂设计方案，采用甲苯做萃取溶剂，其工艺流程如图 8-15 所示。

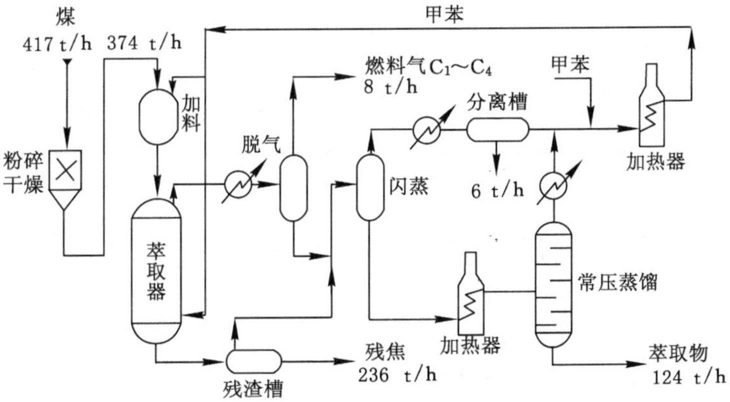

图 8-15 甲苯超临界萃取煤 10 000 t/d 工艺流程

将已干燥的煤破碎至小于 1.6 mm 与溶剂甲苯分别加热，逆向进入萃取器进行超临界萃取，萃取温度为 455 ℃，萃取压力 10 MPa，含萃取物的蒸汽(甲苯、萃取物、水和气态烃等)从萃取器顶部导出，经冷却、减压，使溶剂萃取物冷凝，送入脱气塔脱出的气态烃作燃料。

7. 中国神华煤直接液化工艺

神华煤直接液化工艺是在充分借鉴、消化、吸收国外现有煤直接液化工艺技术的基础上，结合国家“863”高效合成煤直接液化催化剂的开发成功，完全依靠自己的技术力量开发形成的具有自主知识产权的煤直接液化工艺。

神华煤直接液化工艺流程见图 8-16。神华煤直接液化工艺试验结果见表 8-4。

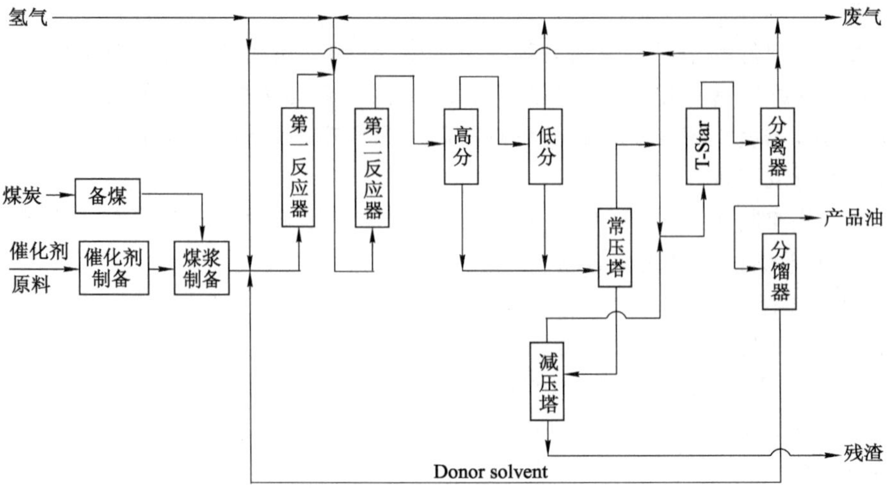

图 8-16　神华煤直接液化工艺流程

表 8-4　神华煤直接液化工艺试验结果

项　　目	采用"863"催化剂
转化率/%(daf)	91.22
油收率/%(daf)	57.17
气产率	13.11
水产率	12.51
有机残渣	23.99
H_2耗量	5.65

第三节　煤炭间接液化

一、概述

(一) 煤炭间接液化技术发展历史及现状

煤炭间接液化是将煤气化得到的原料气，在一定条件(温度和压力)下，经催化合成石油及其他化学产品的加工过程，又称一氧化碳加氢法。

1923 年，德国人 F. Fischer 和 H. Tropsch 利用碱性催化剂在温度 400～455 ℃、压力 10～15 MPa 条件下，将 CO 和 H_2反应生产烃类化合物和含氧化合物的混合液体，而且发现当压力降低至 0.7 MPa 时，主要是烷烃和烯烃。后来使用铁或钴催化剂，在常压和 250～300 ℃下得到几乎不含有含氧化合物的烃类产品。此后，人们将该方法称为费-托(F-T)合成法。利用间接液化技术，不但可以利用煤炭制取汽油、柴油、煤油等普通石油制品，而且可以生产出航空燃油、润滑油等高品质石油制品以及烯烃、石蜡等多种高附加值化学品。

F-T 合成技术率先在德国开始工业化应用，1934 年鲁尔化学公司建成了第一座间接液化生产装置，产量为 7 万 t/a，到 1944 年，德国共有 9 座工厂 57 万 t/a 生产能力。同一时期，日本、法国、中国也有 6 套装置建成。

20 世纪 50 年代初，中东大油田的发现使间接液化技术的开发应用陷入低潮，但南非例外。南非因其推行的种族隔离政策而遭到世界各国的石油禁运，促使南非下决心从根本上解决能源供应问题。南非煤炭质量较差，不适宜进行直接液化，经反复论证和方案比较，最终选择使用煤炭间接液化技术生产石油制品。南非 SASOL 公司，即南非煤油气公司(South African Coal，Oil and Gas Co.)于 1950 年成立。1955 年在距约翰内斯堡公司总部 80 km 的萨索尔堡区建成第一座由煤间接液化生产燃料油的 SASOL-Ⅰ厂。20 世纪 70 年代石油危机后，1980 年和 1982 年又在距总部 130 km 的赛空达区相继建成了 SASOL-Ⅱ厂和 SASOL-Ⅲ厂。目前三个厂年处理煤炭总计达 4 590 万 t(其中Ⅰ厂年处理 650 万 t，Ⅱ厂和Ⅲ厂年处理 3 940 万 t)，是世界上规模最大的以煤为原料生产合成油及化工产品的化工厂。主要产品为汽油、柴油、蜡、氨、乙烯、丙烯、聚合物、醇、醛、酮等 113 种，总产量达 760 万 t/a，其中油品占 60% 左右。南非不但打破了石油禁运，而且成为世界上第一个煤炭间接液化技术工业化的国家。1992 年和 1993 年，世界上又有两座基于天然气的 F-T 合成工厂建成，分别为南非 Mossgas 的 100 万 t/a 工程和壳牌在马来西亚 Bintulu 的 50 万 t/a 工厂。

受 20 世纪石油危机的冲击，世界发达国家的一些公司和研究机构也开发了一批新的间接液化工艺，最具有代表性的工艺有美国 Mobil 公司的 MTG 工艺、荷兰 Shell 公司的 SMDS 工艺以及丹麦 Topsoe 公司的 Tigas 工艺。80 年代，新西兰利用 MTG 工艺建成了以天然气为原料的年产 57 万 t 合成油工厂，马来西亚利用 SMDS 工艺建成了也以天然气为原料的年产 50 万 t 合成油工厂，这两个工厂至今都在运转。

20 世纪 50 年代我国曾在锦州石油六厂开展过合成油的试生产，后来由于大庆油田的发现和开发，研究工作随之中断。20 世纪 80 年代，我国又恢复了煤炭间接液化的研究工作，经过 20 多年的努力，在煤基合成汽油方面开发出固定床两段法合成工艺(MFT)和浆态床-固定床两段法合成工艺(SMFT)，同时对铁系和钴系催化剂都进行了较系统的研究。

2013 年 9 月，酝酿 9 年之久的神华宁煤 400 万 t 煤炭间接液化项目获得了国家发展和改革委员会的正式批复。2013 年 9 月 28 日，该项目在宁东能源化工基地开工奠基，是第二个国家煤炭深加工示范项目。该项目总投资 550 亿元人民币，2016 年建成投产后年均销售收入 266 亿元，年合成油品 405.2 万 t，是迄今为止世界上单体投资最多、单套装置规模最大的煤制油项目。

(二) 煤炭间接制取烃类油的一般加工过程

煤基 F-T 合成烃类油一般要经过原料煤预处理、煤炭气化、气体净制、部分气体转换(也可不用)、F-T 合成和产物回收加工等工序。图 8-17 为煤基 F-T 合成工艺过程。

1. 原料煤预处理

根据所选用气化炉对气化原料煤的要求进行预加工，以提供符合气化要求的原料。通常包括破碎、筛分、干燥等作业。

2. 煤炭气化

煤在高温下与气化剂(氧、水蒸气、CO_2 等)反应，生成煤气。为了生产合成原料气($CO+H_2$)，通常选用水蒸气和氧气(或空气)作气化剂，在一定范围内通过控制水蒸气与氧气比来调节原料气中 H_2 与 CO 的比值。工业上用于生产合成原料气的气化炉有鲁奇加压气化炉、水煤气炉、K-T 炉、德士古气化炉以及温克勒气化炉等。

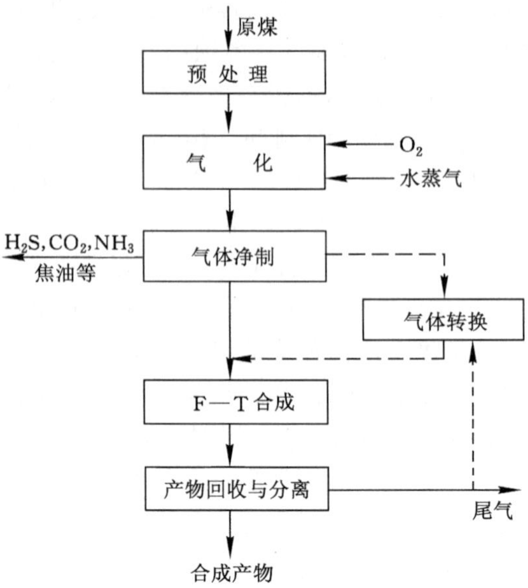

图 8-17　煤基 F-T 合成工艺过程

3. 气体净制

由气化炉出来的粗煤气，除有效成分 $CO+H_2$ 外，还含有一定量的焦油、灰尘、H_2S、H_2O 等杂质，这些杂质是 F-T 合成催化剂的毒物，CO_2 虽不是毒物，但是非有效成分，会影响 F-T 合成效率。因此，原料气在进入 F-T 合成前，必须先将粗煤气洗涤冷却，除去焦油、灰尘；再进一步净制，脱除 H_2S、CO_2、有机硫等。净制方法有物理吸收法、化学吸收法和物理化学吸收法。脱除净煤气中的酸性气体，具体选用哪一种净化工艺，要考虑经济问题，需根据原料气的组成、要求脱除气体的程度及净化加工成本诸因素来决定。

4. 气体转换

由气体炉产出的粗煤气经净制后，净煤气的有效成分 H_2 与 CO 之比值，一般为 0.6～2，一些热效率高、成本低的第二代气化炉，生产的原料气 H_2 与 CO 比值很低，只有 0.5～0.7，往往不能满足 F-T 合成工艺的要求，如常压钴剂合成，要求合成原料气的 H_2 与 CO 比值为 2，波动范围为±0.05；南非 SASOL 合成油厂气流床 Synthol 合成，要求新鲜原料气 H_2 与 CO比值为 2.7 左右，所以在合成工艺之前，需将部分净化气或尾气进行气体转换，调节合成原料气的 H_2 与 CO 比值，以达到合成工艺要求。转换方法有以下两种。

(1) CO 变换法

将部分净煤气中的 CO 与水蒸气作用生成 H_2 和 CO_2（$CO+H_2O\rightarrow CO_2+H_2$），提高 H_2 含量。

CO 变换工艺，根据选用的催化剂不同，分中温变换和低温变换两种。前者选用铁铬系催化剂，操作温度为 350～500 ℃，变换后气体的 CO 含量为 2%～4%；后者选用铜锌系催化剂，操作温度为 150～250 ℃，变换后气体中 CO 含量在 0.3%左右。

(2) 甲烷重整

某些加压气化炉生产的煤气含 CH_4 较多或者 F-T 合成尾气中含 CH_4 较多时，可采用甲烷重整法，将这些气体中的 CH_4 和水蒸气作用，转化为 CO 和 H_2，其反应式为：

$$CH_4 + H_2O \rightarrow CO + 3H_2 \tag{8-3}$$

该反应是吸热反应，为保证在高温下反应所需要的热量，可采用部分氧化重整，将部分原料气氧化燃烧，释放的热量供给甲烷重整。

气体转化工序的设置取决于 F-T 合成工艺对原料气组成（H_2/CO）的适应性。

5．F-T 合成和产物回收加工

经过气体净制和转换，得到符合 F-T 合成要求的原料气，再送 F-T 合成，合成后的产物冷凝回收并加工成各种产品。

F-T 合成，由于操作条件、催化剂和反应器的形式不同，形成许多不同的合成工艺。

常压钴剂合成是最先实现工业化的 F-T 合成工艺，由于生产操作、产品性质和成本等不如中压铁剂合成先进，现已被淘汰。

工业上采用的是中压铁剂固定床 Arge 合成和中压铁剂气流床 Synthol 合成。例如 SASOL-Ⅰ合成厂采用 Arge 合成和 Synthol 合成联合流程，见图 8-18。SASOL-Ⅱ、SAOL-Ⅲ合成厂均采用 Synthol 合成工艺，见图 8-19，其他工艺尚处在开发阶段。

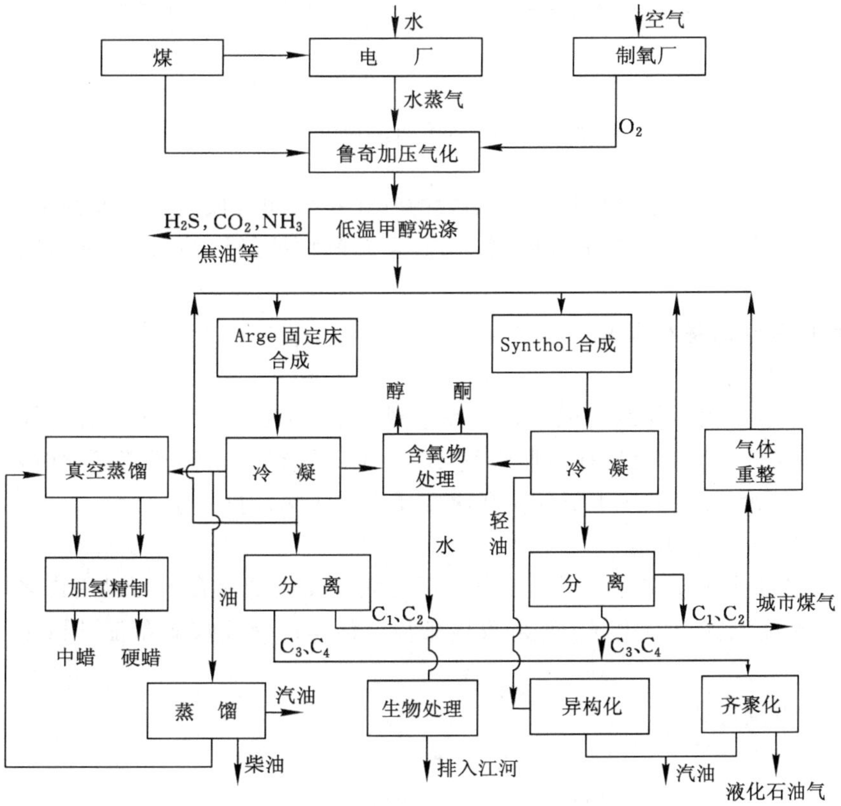

图 8-18 SASOL-Ⅰ合成工艺流程

（三）合成产物

CO＋H_2 合成气通过各种不同的路线可以制取许多的化工产品，通过 F-T 合成可以得到汽油、柴油、石蜡等各种产物。

目前开发的技术条件下，由于 F-T 合成技术投资大、成本高，阻碍了在工业上的广泛应

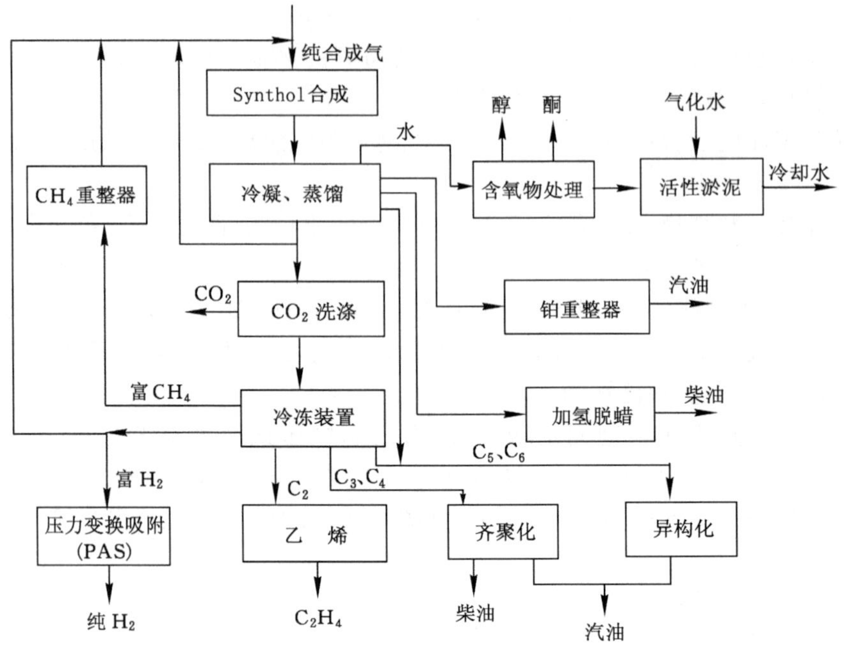

图 8-19　SASOL-Ⅱ合成工艺流程

用。因此,目前立足于研究开发大型的、高效的气化技术和合成技术以及高活性、高选择性的新型催化剂来降低吨油耗煤量,以改善 F-T 合成产物的经济性,这是许多国家致力开发的目标。

二、弗-托合成的基本原理

(一) 化学计量关系

在 F-T 合成中,由于煤制合成气占产品总成本的 60%～80%,F-T 合成烃类的经济性必须是高产率的合烃类。而只有当原料气 H_2 与 CO 的组成比等于消耗比时,才能获得产品的高产率。因此,必须了解主要反应和次要反应的化学计量关系。

1. 烃类形成的主要反应

CO 氢制烃的化学反应是一系列复杂的平行顺序反应的综合。可以用许多单个反应式表示,其相对速度取决于催化剂类型和反应条件。但是所有反应式都能从两个基本反应式推导得出。

第一个基本反应式

$$CO + 2H_2 \longrightarrow -(CH_2)- + H_2O \quad \Delta H_{R(227\,℃)} = -165\ \text{kJ} \tag{8-4}$$

第二个基本反应是水(反应生成水)煤气变换反应。在铁催化剂上很容易发生水煤气再次反应。即

$$CO + H_2O \longrightarrow H_2 + CO_2 \quad \Delta H_{R(227\,℃)} = -39.8\ \text{kJ} \tag{8-5}$$

反应式(8-4)是用钴催化剂时的反应,而用铁催化剂时,考虑水煤气变换反应,其总反应方程为

$$2CO + H_2 \longrightarrow \text{-}(CH_2)\text{-} + CO_2 \quad (8\text{-}6)$$
$$\Delta H_{R(227℃)} = -204.7\ kJ$$

根据反应式(8-4)和式(8-6)可生成烯烃，当每立方米($CO+H_2$)合成气完全转化时，可获得烯烃的最高产率 208.5 g。

研究证明：当 CO 浓度较高或反应温度较高时，钴剂也能保证水煤气变换反应。如果采用低温、短暂停留时间、合成气循环以及从循环气中脱去反应水等措施，可以抑制再次反应。因此，合成反应可以部分地按反应式(8-4)进行生成水，和部分地按反应式(8-6)进行生成 CO_2。

联立反应式(8-4)和反应式(8-5)×2，可以得到 $CO+H_2O$ 合成的基本反应方程：

$$3CO + H_2O \longrightarrow \text{-}(CH_2)\text{-} + 2CO_2 \quad (8\text{-}7)$$
$$\Delta H_{R(227℃)} = -244.6\ kJ$$

按反应式(8-4)和反应式(8-5)的逆反应生成烃的反应方程为：

$$CO_2 + 3H_2 \longrightarrow \text{-}(CH_2)\text{-} + 2H_2O \quad (8\text{-}8)$$
$$\Delta H_{R(227℃)} = -125.2\ kJ$$

由以上反应得出，合成烷烃的总反应方程为：

$$nCO + (2n+1)H_2 \longrightarrow C_nH_{2n+2} + nH_2O \quad (8\text{-}9)$$
$$2nCO + (n+1)H_2 \longrightarrow C_nH_{2n+2} + nCO_2 \quad (8\text{-}10)$$
$$(3n+1)CO + (n+1)H_2O \longrightarrow C_nH_{2n+2} + (2n+1)CO_2 \quad (8\text{-}11)$$
$$nCO_2 + (3n+1)H_2 \longrightarrow C_nH_{2n+2} + 2nH_2O \quad (8\text{-}12)$$

合成烯烃的总反应方程为：

$$nCO + 2nH_2 \longrightarrow C_nH_{2n} + nH_2O \quad (8\text{-}13)$$
$$2nCO + nH_2 \longrightarrow C_nH_{2n} + nCO_2 \quad (8\text{-}14)$$
$$2nCO + nH_2 \longrightarrow C_nH_{2n} + nCO_2 \quad (8\text{-}15)$$
$$nCO_2 + 3nH_2 \longrightarrow C_nH_{2n} + 2nH_2O \quad (8\text{-}16)$$

2. 烃类形成的次要反应

CO 氢化生成烃除上述主要反应外，还有下列副反应：

$$CO + 3H_2 \longrightarrow CH_4 + H_2O \quad (8\text{-}17)$$
$$\Delta H_{R(227℃)} = -214.8\ kJ$$
$$2CO + 2H_2 \longrightarrow CH_4 + CO_2 \quad (8\text{-}18)$$
$$\Delta H_{R(227℃)} = -254.1\ kJ$$
$$CO_2 + 4H_2 \longrightarrow CH_4 + 2H_2O \quad (8\text{-}19)$$
$$\Delta H_{R(227℃)} = -254.1\ kJ$$
$$2CO \longrightarrow C + CO_2 \quad (8\text{-}20)$$
$$\Delta H_{R(227℃)} = 134\ kJ$$
$$CO + H_2 \longrightarrow C + H_2O \quad (8\text{-}21)$$
$$\Delta H_{R(227℃)} = -94.2\ kJ$$

另外还有合成醇、醛、酸等含氧物的反应，如：

$$nCO + 2nH_2 \longrightarrow C_nH_{2n+1}OH + (n-1)H_2O \quad (8\text{-}22)$$
$$(2n-1)CO + (n+1)H_2 \longrightarrow C_nH_{2n+1}OH + (n-1)CO_2 \quad (8\text{-}23)$$

通过化学计量方程可以求得单个产物的最大理论产率。每立方米合成气生成烃的产率(Y)可按下式计算：

$$Y=\frac{(CH_2)_n\ 的物质的量\times 摩尔质量}{合成气消耗的物质的量}\times\frac{物质的量}{1\ m^3\ 合成气} \tag{8-24}$$

只有当给入的原料气 H_2 与 CO 比值和反应中 H_2 与 CO 的消耗比相同时，才能获得最佳的烃产率。

3. 弗-托合成反应机理

CO 和 H_2 两个简单分子在不同条件下可以合成不同的产物，反应机理很复杂。迄今为止，由于每个研究者的侧重点不同，故存在很多的争论与分歧。下面简单介绍表面碳化物机理。

表面碳化物机理由 F. Fisher 和 H. Tropsh 等人最先提出。他们认为 CO 和 H_2 接近催化剂时，容易被催化剂表面或表面金属所吸附，由于 CO 比 H_2 容易被催化剂所吸附，因此碳氧之间的键被削弱形成碳化物 $\begin{matrix}C\\|\\M\end{matrix}$ 。如果在 Co 剂、Ni 剂上合成，氧和活化氢反应生成水；而在 Fe 剂上合成，氧和 CO 反应生成 CO_2。碳化物 $\begin{matrix}C\\|\\M\end{matrix}$ 再与活泼氢作用生成中间产物次甲基，然后次甲基在催化剂表面上进行迭合反应，生成碳链长度不同的烯烃，烯烃再加氢得烷烃。反应历程如下：

CO 剂、Ni 剂上，

$$2Co+CO\longrightarrow CoC+CoO \tag{8-25}$$

$$CoO+H_2\longrightarrow Co+H_2O \tag{8-26}$$

$$CoC+H_2\longrightarrow Co+CH_2 \tag{8-27}$$

$$n(CH_2)\longrightarrow C_nH_{2n}\xrightarrow{+H_2}C_nH_{2n+2} \tag{8-28}$$

Fe 剂上，

$$3Fe+4CO\longrightarrow Fe_3C_2+2CO_2 \tag{8-29}$$

$$Fe_3C_2+H_2\longrightarrow Fe_3C+CH_2 \tag{8-30}$$

$$n(CH_2)\longrightarrow C_nH_{2n}\xrightarrow{+H_2}C_nH_{2n+2} \tag{8-31}$$

烃链长短取决于氢气活化情况，如果催化剂表面化学吸附氢少，则形成大分子的固态烃；如果氢的数量有限，则形成长度不同的链；如果氢气过剩，则生成甲烷。脱附速度取决于碳链的长短，高分子烃的脱附速度较慢，因而使它受到彻底的加氢，弗雪尔以此来解释低分子烃中含烯烃比高分子烃中多的原因。

（二）弗-托合成催化剂

催化剂是一种能够加速化学反应速度而其本身不成为反应最终产物的物质。

对 CO 和 H_2 合成，催化剂是非常重要的，它不仅能加速合成反应速度，而且也决定着反应方向、反应条件以及产物的组成和产率。因此对它应有足够的认识。

1. 催化剂组成与作用

催化剂可以是一种物质，也可以由几种物质组成，其结构是非常复杂的体系。催化剂的存在状态可以是气体、液体或固体。对 F-T 合成，目前工业上用的是多组分固体催化剂。多组分固体催化剂一般由主金属、助催化剂、载体（也有不用的）三部分组成。

(1) 主金属

主金属又称主催化剂，是催化剂实现催化作用的活性组分。

根据一氧化碳和氢合成的反应机理，一般认为 F-T 合成催化剂的主金属应该具有加氢作用、使一氧化碳的碳氧键削弱或解离作用以及迭合作用。

研究表明：加氢性能最好的金属是第Ⅷ族的金属，ⅣA、ⅥA、ⅦA 族的金属几乎没有加氢能力。但是对 F-T 合成催化剂的主金属，必须同时具有加氢性能和使一氧化碳的 C—O 键削弱和解离的能力。

同时吸附活化一氧化碳和氢气的是ⅣB 至Ⅷ族的金属。CO 在一些金属上吸附解离起始温度和容易解离的顺序如下：

$\begin{matrix}\mathrm{Ti} & \mathrm{Fe} \\ \mathrm{Mo} & \mathrm{W}\end{matrix}$（室温）>Ni(120 ℃)>Ru(140 ℃)、Rh(约 300 ℃)>Pt、Pd(>300 ℃)

大量的试验研究证明，对 F-T 合成有活性的金属是第Ⅷ族的金属 Fe、Co、Ni、Ru。在这些金属中，Ni 具有很高的加氢能力，又能使 CO 易于解离，因此最适合于作合成甲烷的催化剂。

(2) 助催化剂

助催化剂多用金属氧化物如 ThO_2、MgO、K_2O 等。

(3) 载体

通常选用一些比表面积较大、导热性较好和熔点较高的物质作载体。对 F-T 合成催化剂，常用的载体有硅藻土、Al_2O_3 和 SiO_2 等。

2. 合成催化剂的制备及其预处理

CO 和 H_2 的合成反应是在催化剂表面上进行的，要求催化剂有合适的表面结构和一定的表面积。这些要求不仅与催化剂的组分有关，而且还与制备方法和预处理条件有关。合成催化剂常用的制备方法有沉淀法和熔融法等。

无论何种方法制备合成用的催化剂，一般在使用前都需要经过预处理。所谓预处理通常是指用 H_2 或 H_2+CO 混合气在一定温度下进行选择还原。目的是将催化剂中的主金属氧化物部分或全部地还原为金属状态，从而使其催化活性最高，所得液体油收率也最高。

3. 合成催化剂的失效

催化剂的寿命对操作和合成技术经济指标有很大影响。一个活性良好的催化剂会在或长或短的时间内失效(失去活性或不能操作)，为了防止催化剂失效并设法恢复其活性，下面分析失效的原因。

(1) 催化剂因硫化物中毒而失效；

(2) 催化剂因氧化而失效；

(3) 由于产物蜡的覆盖而失效；

(4) 失去机械性能；

(5) 由于熔融而失效。

(三) 合成过程的工艺参数

以生产液体燃料为目的产物的 F-T 合成，提高合成产物的选择性至关重要。产物的分配除受催化剂影响外，还由热力学和动力学因素所决定。在催化剂的操作范围内，选择合适的反应条件，对调节选择起着重要的作用。表 8-5 分别列出几个工业化的气相固定床 F-T 合成厂的操作条件。

表 8-5　几个工业化的气相固定床 F-T 合成厂的操作条件

工艺特点		钴剂常压合成	钴剂中压合成	铁剂中压合成	Arge 高钢合成
工艺条件	压力/kPa	29.4	686～1 176	1 078	2 254～2 450
	温度/℃	180～195	180～210	190～230	220～250
	新鲜气中 H_2/CO	2	2	1.25	1.3～2
	循环气量/新鲜气量	无循环	通常无循环	2	2.5
	段数	2	3	2	1～2
	新鲜气进料/[$m^3/(m^3\cdot h)$]	700～100	100～110	100～110	500～700
	去热方法	层板水冷	双管水冷	双管水冷	管子水冷
催化剂	组成	100Co∶8MgO∶5ThO_2∶200 硅藻土	100Co∶8MgO∶5ThO_2∶200 硅藻土	100Fe∶5Cu∶5K_2O∶25SiO_2	100Fe∶5Cu∶5K_2O∶25SiO_2
	寿命/月	4～6	6～7	12	9～12
	催化剂填料量/m^3	10	10	10	40
反应器	管数	—	2 044	2 044	2 052
	管子尺寸(高×直径)/mm	a	b	b	—
	每根管子催化剂的量/L	—	4 450×10^2	4 450×10^2	12 000×46
	每个反应器生产能力/(t/d)	—	4.9	4.9	20
	C_2^+/(t/d)	1.9	2.5	2.5	50

注：a. 反应器尺寸：宽 1 500 mm；高 2 500 mm；长 5 000 mm；

b. 内管 21 mm×44 mm；44 mm×48 mm。

1. 原料气组成

原料气中有效成分($CO+H_2$)含量高低影响合成反应速度的快慢。一般是 $CO+H_2$ 含量高，反应速度快，转化率增加，但是反应放出热量多，易造成床层超温。另外制取高纯度的 $CO+H_2$ 合成原料气体成本高，所以一般要求其含量为 80%～85%。

提高合成气中 H_2 与 CO 比值和反应压力，可以提高 H_2 与 CO 利用比。排除反应气中的水汽，也能增加 H_2 与 CO 利用比和产物产率，因为水汽的存在增加一氧化碳的变换反应($CO+H_2O \longrightarrow H_2+CO_2$)，使一氧化碳的有效利用降低，同时也降低了合成反应速度。

对于铁催化剂合成，利用残气(尾气)循环可提高 H_2 与 CO 的利用比。此外，合成原料气中含硫量要求小于 2 mg/m^3($CO+H_2$)，因为含硫量过高容易导致催化剂中毒，失去活性。

2. 反应温度

F-T 合成反应温度主要取决于合成时所选用的催化剂。对每一系列 F-T 合成催化剂，只有当它处于合适的温度范围时，催化反应是最有利的。而且活性高的催化剂，合适的温度范围较低。

3. 反应压力

反应压力不仅影响催化剂的活性和寿命，而且也影响产物的组成与产率。对铁催化剂采用常压合成，其活性低，寿命短。一般要求在 0.7～3.0 MPa 压力下合成比较好。钴剂合成可以在常压下进行，但是以 0.5～1.5 MPa 压力下合成效果更佳。

压力增加，反应速度加快，尤其是氢气分压的提高，更有利于反应速度的加快，这对铁催化剂的影响比钴剂更加显著。

4. 空速

对不同催化剂和不同的合成方法，都有最适宜的空间速度范围。如钴催化剂合成适宜的空间速度为 80～1 200 h^{-1}，沉淀铁剂 Arge 合成的空间速度为 500～700 h^{-1}，熔铁剂气流床合成的空间速度为 700～1 200 h^{-1}。在适宜的空间速度下合成，油收率最高。但是空间速度增加，一般是转化率降低，产物变轻，并且有利于烯烃的生成。

(四) 弗-托合成工艺

1. 气相固定床合成

(1) 合成反应对反应器的要求

散热性能良好。因此，反应器的首要要求就是能够及时地将释放的大量热量散发出去，以保证反应器内部温度恒定均匀。这也是设计反应器时必须考虑解决的问题。

原料气分布均匀，充分利用催化剂。如果反应器中原料气分布不均，易造成局部地区反应剧烈，使催化剂局部中毒失去活性。

制造简单，便于操作和维修，并能容纳一定量的催化剂。

(2) 固定床反应器的散热方式

为达到散热、恒温、均温的目的，要求反应器有足够的散热面积，而且热载体能在反应温度下带走热量。所以最好选择沸点就是反应温度的液体作热载体，即在热载体的沸点温度下，以热载体的潜热带走热量。

(3) 几种气相固定床反应器

常压平行薄层反应器是最早用于工业生产的反应器，即常压钴剂合成反应器。反应器是用铁板制的长方形箱子，长约 5 m，高为 3～3.5 m，宽约 2 m，内装有大小为 2.5 m×1.5 m、厚为 1.6 mm 的钢板 560 块，目的是增大散热面积。钢板上穿过 630 根直径为 28/34 mm压力水管，管子与铁板应紧密接触，有利传热[图 8-20(a)、图 8-20(b)]。

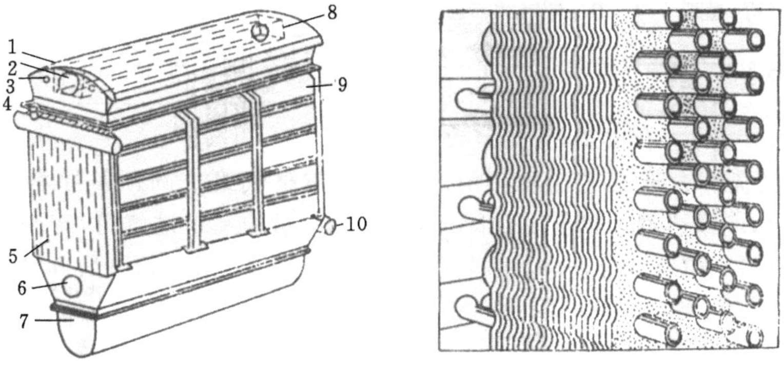

(a) 反应器构造示意图　　(b) 薄板束结构示意图

1—反应器顶盖；2—合成气入口；3—洗油管；4—前配水桶；5—前配水室；
6—合成油汽及残余气出口；7—U 形筒；8—方形匣；9—反应器本体；10—后配水筒。

图 8-20　常压平行薄层反应器

由于钴剂合成空速低(80～100 h^{-1}),气体流速低(0.5～0.1 m/s),散热系数小,所以反应器散热面积甚大,结构复杂,消耗大量钢材,而且生产能力低,目前工业上已不采用。

套管反应器为圆筒形,内装有 2 044 根同心套管,套管内、外径分别为 21 mm×24 mm 和 44 mm×48 mm,长为 4.5 m[见图 8-21(a)、图 8-21(b)],催化剂置于管间缝隙内。与薄层反应器相比,其热传递和生产能力有一定提高,但还不是很高,所以目前工业上也未能继续采用。

2. 气流床 Synthol 合成

(1) Synthol 反应器

所谓气流床是指催化剂随着合成原料气一起进入反应器,而又随反应产物排出反应器,催化剂在反应器中不停地运动,循环于反应器和催化剂分离器之间,也称为循环流化床。

Synthol 反应器是美国凯洛格公司为 SASOL-Ⅰ合成厂设计的,其结构如图 8-22 所示。

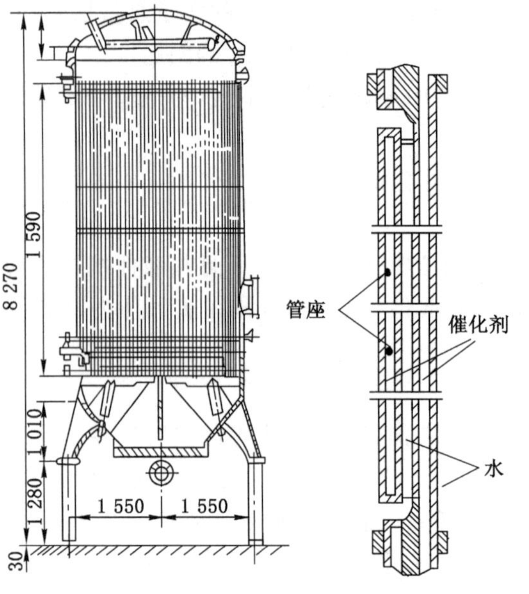

(a) 反应器结构示意图　(b) 套管结构示意图

图 8-21　套管反应器

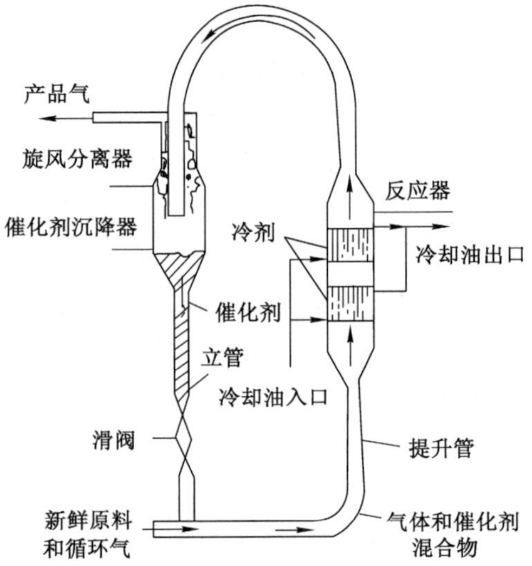

图 8-22　Synthol 反应器

(2) 气流床 Synthol 合成工艺

图 8-23 为气流床合成工艺流程。由净制气和重整气组成的新鲜原料气与循环气以 1∶2.4比例混合,经预热器加热至 160 ℃后,进入反应器的水平进气管,与来自催化剂储罐循环的热催化剂(340 ℃)混合,合成原料气被加热至 315 ℃,进入提升管和反应器内进行合成反应。

3. 流化床 F-T 合成

流化床合成是反应气体进入反应器,因气流速度大,反应器内的催化剂做上下不停地运动,但不被气体带出反应器,在催化剂处于稳定的湍流状态下进行的。流化床合成强化了传质、传热过程,提高了合成效果。

1950 年美国首先建立了工业规模的流化床 F-T 合成装置,见图 8-24,反应器为圆筒形,

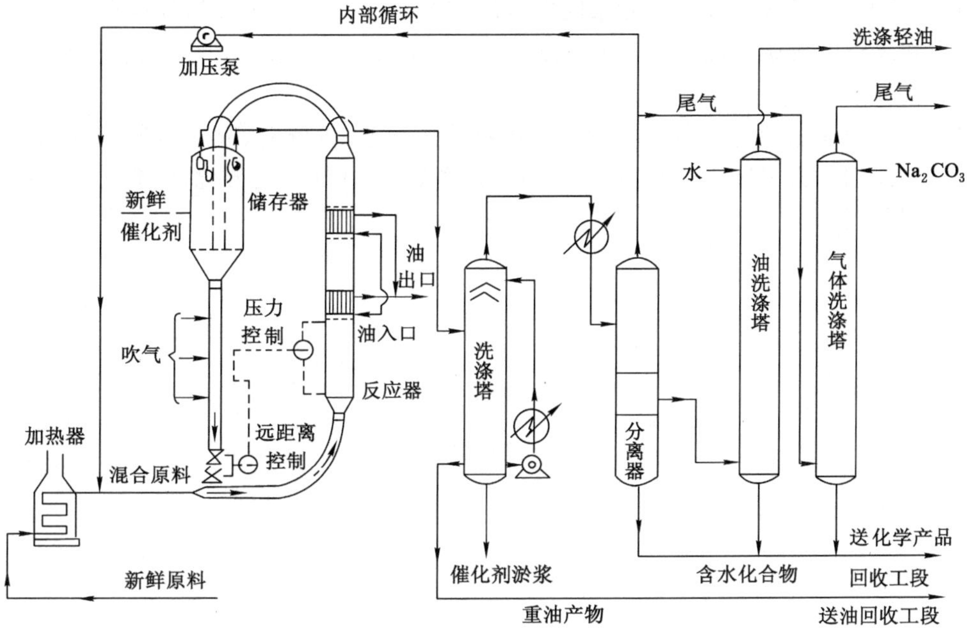

图 8-23　气流床 Synthol 合成工艺流程

直径为 5.0 m，体积约为 100 m^3，反应器内设有垂直管束水冷换热装置，可带出反应生成的热量，反应装置还带有旋风分离器及过滤系统，分离生成气及细粒催化剂，生产能力为18 万 t/a。

20 世纪 50 年代我国石油研究所与抚顺石油六厂合作先后建立了直径为 600 mm、800 mm、150 mm 的中试装置。图 8-25 为直径 1.5 m 的流化床反应器结构示意图。

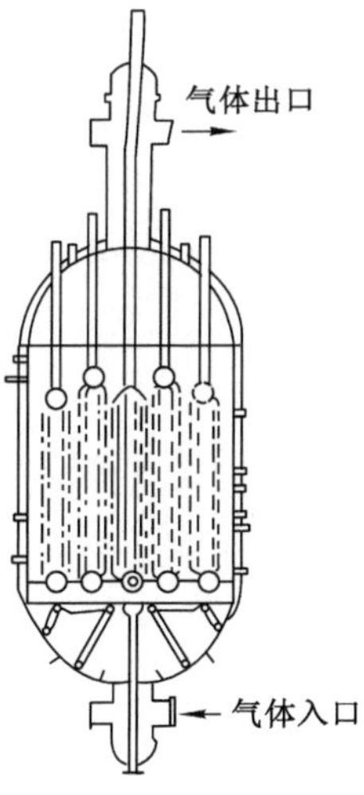

图 8-24　流化床 F-T 合成装置

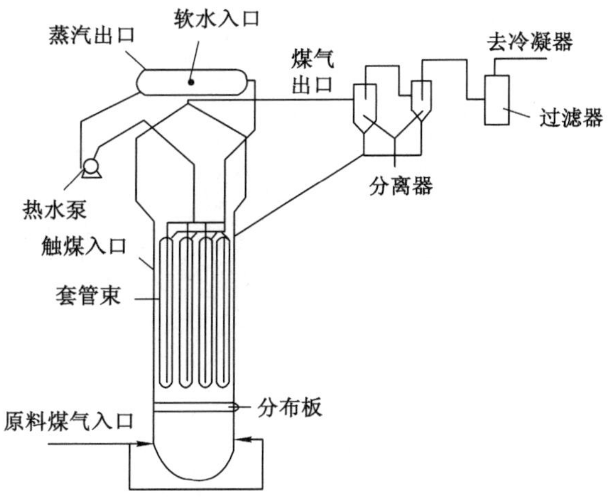

图 8-25　直径 1.5 m 的流化床反应器结构示意图

流化床合成与气流床合成相比，除保留了气流床合成的主要优点外，还具有体积小、设备简单、造价便宜(设备投资比气流床反应器低30%～40%)、操作容易等特点。为此,目前一些国家在继续开发研究流化床F－T合成技术。南非SASOL公司已建立了一套FFB示范装置。

目前F-T合成技术存在的主要问题是产物选择性差、投资高、成本高等,影响了它在工业上的推广应用。为了解决这些问题,必须开发高效、高选择性的催化剂,简化工艺流程,提高效率,降低消耗。

第九章　煤基化学品合成

第一节　概　　述

煤基化学品合成是指以合成气（CO 和 H_2）为原料合成醇类、醛类、胺类、有机酸类、酯类、醚类和烯烃等一系列有机化工产品。近年来，由于世界石油资源受到各种因素的影响价格波动较大，而随着大型煤气化技术和大型合成化学品技术的相继开发成功，煤基化学品的合成得到广泛重视。具体应用主要有以下几个方面。

(1) 甲醇及其衍生物

甲醇是重要的化工基础原料，广泛应用于有机合成、染料、医药、农药、涂料、汽车和国防等工业，其消费量仅次于乙烯、丙烯和苯。有资料显示，2012 年我国甲醇产量达到 2 586 万 t，同比增加 30.3%。与甲醇实际产量相比，其生产能力增长更是迅猛，2005 年我国甲醇产能只有 720 万 t，而 2010 年已发展到 4 254 万 t，2012 年甲醇产能继续保持高增长率，总产能接近 6 000 万 t。在近年来新增的产能中，大型甲醇装置多是以煤为原料，主要分布于西部煤炭资源丰富地区。并且大中型装置大多配套有下游产品，延伸了产业链。

进入 21 世纪，甲醇除了传统的化工应用外，新的应用范围也不断扩大，例如用于生产甲醛、二甲醚、醋酸、酸酐、碳酸二甲酯和甲酸甲酯等衍生化工产品。目前，甲醇及其衍生物的合成已成为化学工业与能源工业的一个重要领域。

(2) 煤制烯烃

乙烯、丙烯是基本有机化工原料，可用于生产乙醇、环氧乙烷、乙二醇等；同时也是合成材料的单体，可用于合成聚乙烯和聚丙烯。煤制烯烃是以煤炭替代石油生产甲醇，进而再向乙烯、丙烯和聚烯烃等产业链下游方向发展的一项技术。发展以煤为源头的合成低碳烯烃的技术有利于缓解我国油气资源的短缺，对部分替代石油、保障能源、促进经济可持续发展具有现实和长远的意义。

(3) 煤制天然气

煤制天然气是指煤经过气化产生合成气，再经过甲烷化处理，生产替代天然气（SNG），可利用天然气管网进行输送。煤制天然气的耗水量在煤化工行业中相对较少，而转化效率又相对较高，技术已基本成熟，且对环境的影响也较小。将富煤地区的煤炭资源就地转化为天然气，作为液化石油气和天然气的替代和补充，既可实现清洁能源生产的新途径，优化煤炭加工产业结构，又具有能源利用率高的特点，符合国内外煤炭加工利用的发展方向，对于缓解国内天然气短缺状况、保障能源安全具有重要意义。

(4) 煤制乙二醇

乙二醇是重要的化工原料和战略物资，用于制造聚酯（可进一步生产涤纶、饮料瓶、薄膜）、炸药、乙二醛，并可作防冻剂、增塑剂等。通常所说的“煤制乙二醇”是指以煤为原料，通过气化、变换、净化及分离提纯后分别得到 CO 和 H_2，其中 CO 通过催化偶联合成及精制生产草酸酯，再经与 H_2 进行加氢反应并通过精制后获得聚酯级乙二醇的过程。此技术路线符合我国缺油、少气、煤炭资源相对丰富的资源特点，不仅可以有效缓解我国乙二醇的供需矛盾，同时可以提升煤炭资源高效清洁转化利用水平。

第二节　甲醇及其衍生物

甲醇是最简单的饱和一元醇，分子式为 CH_3OH，相对分子质量 32.04，熔点 −98°，沸点 64.7 ℃。常温常压下，纯甲醇是无色透明、易挥发、可燃、略带醇香味的有毒液体。甲醇可以和水以及乙醇、乙醚等许多有机溶剂以任意比互溶，但不能与脂肪烃类化合物互溶。甲醇蒸气和空气混合能形成爆炸性混合物，爆炸极限为 6%～36.5%（体积）。甲醇可通过氧化、酯化、羰基化、胺化、脱水等反应合成醛类、醚类、酯类、酸类及其他衍生物。

一、甲醇

甲醇最早由木材和木质素干馏制得，故俗称“木醇”或“木精”。1661 年，德国的 Robert Boyle 发现焦木酸中含有一种“中性物质”，称其为木醇（Wood Alcohol）。木材在长时间加热炭化过程中，产生的焦木酸中含有甲醇、乙酸和焦油。除去焦油的焦木酸可通过精馏分离出天然甲醇和乙酸，是生产甲醇的最古老方法。美国于 20 世纪 70 年代初才完全摒弃这一过程。1934 年，Damds 和 P'eligh 从焦木酸中分离出甲醇，并测定了甲醇的相对分子质量。

合成甲醇可以用固体（如煤、焦炭）、液体（如原油、重油、轻油）或气体（如天然气及其他可燃性气体）为原料，经造气、净化（脱硫）、变换，除去二氧化碳，制成一定的合成气（CO 和 H_2）。合成气在催化剂作用下得到粗甲醇，将合成后的粗甲醇经预精馏脱除甲醚等副产物，精馏而制得产品甲醇。

煤作为制备甲醇合成气传统原料，由于气化和气体净化工艺复杂，成本相对较高，目前国际上天然气路线约占甲醇生产能力的 80%，但“缺油、少气、富煤”的我国主要采用煤原料路线（约占 80%）。从长远发展的趋势来看，煤是世界化石能源储藏量最多的资源，其储量远远超过天然气和石油，并且随着气化和煤气净化技术的发展，以及甲醇作为清洁能源替代产品（如车用洁净燃料和甲醇燃料电池等）的应用，煤制甲醇将成为合成甲醇的主要原料路线。

（一）合成原理

自从 20 世纪初由德国科学家米塔希（Mittash）和施耐德（Schneider）试验成功用 CO 和 H_2 合成出甲醇后，世界上甲醇的生产几乎全部采用以气体原料 CO、CO_2 和 H_2 合成甲醇。

合成甲醇的主要化学反应为 CO 和 H_2 在多相催化剂上的反应：

$$CO+2H_2 = CH_3OH$$

合成气中含有 CO_2 时，则还会发生以下反应：

$$CO_2+3H_2 = CH_3OH+H_2O$$

同时 CO_2 和 H_2 发生 CO 的逆变换反应：

$$CO_2+H_2 = CO+H_2O$$

反应过程中除生成甲醇外，还伴随一些副反应的发生，生成少量的烃、醇、醛、醚、酸和酯等化合物。

$$2CO+4H_2 = (CH_3)_2O+H_2O$$

$$CO+3H_2 = CH_4+H_2O$$

$$4CO+8H_2 = C_4H_9OH+3H_2O$$

$$CO_2+4H_2 = CH_4+2H_2O$$

$$2CO = CO_2+C$$

由 CO、CO_2 和 H_2 合成甲醇的反应是强放热的体积缩小反应。从热力学上说，提高反应压力和降低反应温度有利于生成甲醇的反应，但同时也有利于副反应的发生。因此，为了达到合成甲醇的目的，必须选择性能良好的催化剂，严格控制反应条件，以提高主反应的生成速率，抑制副反应的发生。

（二）合成工艺

甲醇的大规模工业化生产以 20 世纪 20 年代高压法合成甲醇为标志。1913 年，德国 BASF 公司在其高压合成氨的试验装置上进行了 CO 和 H_2 合成含氧化合物的研究，于 1923 年在德国 Leuna 建成了世界上第一座年产 300 t 甲醇的生产装置，并成功投产。该装置采用 Zn-Cr 氧化物为催化剂，CO 和 H_2 为原料，反应在 30～35 MPa、300～400 ℃条件下进行。1965 年采用该法生产的甲醇已达 198.8 万 t。高压法甲醇生产装置的成功投产，引起了世界各国的广泛重视，纷纷开展甲醇的实验室合成和工业生产研发。1927 年，美国 Commerical Solvent 公司建成了世界第一座利用 CO_2 和 H_2 合成甲醇的工业装置，并投入工业生产。该装置采用 Zn-Cr 氧化物或 Cu-Zn-Cr 氧化物为催化剂，反应压力为 31.6 MPa，产物组成为 68%的甲醇和 32%的水。由于经济因素，该装置于 1951 年停止使用。

高压法合成甲醇投资大，生产成本高。为此，世界各国都在探求能够降低合成压力的工业生产方法。英国 ICI 公司和德国 Lurgi 公司分别成功地研制出中低压甲醇合成铜基催化剂，降低了反应压力，促进了甲醇生产的高速发展。1966 年 ICI 公司使用 Cu-Zn-Al 氧化物催化剂，成功地实现了操作压力为 5 MPa 的 CO 和 H_2 合成甲醇的工艺生产，该过程称为 ICI 低压法。1972 年，ICI 公司又成功地实现了 10MPa 的中压甲醇合成工业生产。1970 年，Lurgi 公司采用 Cu-Zn-Mn、Cu-Zn-Mn-V 或 Cu-Zn-Al-V 氧化物等铜基催化剂，成功地建成了年产 4 000 t 甲醇的低压生产装置，该法称为 Lurgi 低压法。与此同时，世界其他化学公司也竞相开发自己的中低压甲醇合成工艺，建立甲醇合成装置，但 20 世纪 70 年代以来所建的甲醇装置主要采用 ICI 和 Lurgi 低压法合成工艺。

1. ICI 低压甲醇合成工艺

ICI 低压甲醇合成工艺采用的 ICI-1 型铜基催化剂是一种低温催化剂，操作温度 230～270 ℃，可在低压下（5 MPa）操作，抑制强放热的甲烷化反应及其他副反应，因此粗甲醇中杂质含量低，使精馏负荷减轻。另一方面，由于采用低压法，动力消耗减至高压法的一半，节省了能耗。ICI 低压甲醇合成工艺采用该公司开发的多段冷激型甲醇合成反应塔，单塔生产能力大，适合单系列和超大型化装置。多段冷激型甲醇合成反应器结构简单，催化剂装卸方便，通过直接通入冷激气调解床层温度，效果良好，设计的菱形分布器补入冷激气，使冷热气体混合均匀，床层温度得到控制，延长了催化剂的寿命。

图 9-1 为 ICI 工艺合成塔部分的流程示意图及合成塔内温度分布图。经过换热后的入塔气与一部分未经换热的冷激气混合后温度在 220 ℃左右，从合成塔上部进入第一反应床层。在催化剂作用下合成甲醇，反应放出的热量使气体升温到 260 ℃左右，离开第一段催化床层后，与第二层的冷激气混合，混合气的温度在 220 ℃左右并进入第二层催化剂继续反

应，如此循环，进入第三、第四反应床层。从合成塔出来的气体进入换热器加热入塔气后，经甲醇冷凝器、分离器分离甲醇后，大部分循环使用，小部分作为驰放气。

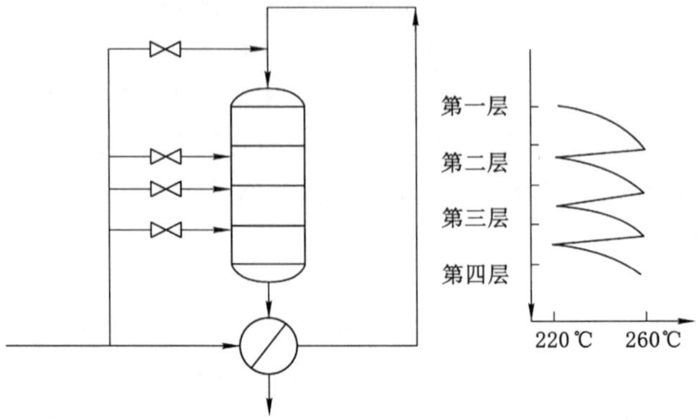

图 9-1　ICI 工艺合成塔部分的流程示意图及合成塔内温度分布图

ICI 甲醇合成工艺存在催化剂床层温差较大和段间返混、不能回收甲醇合成产生的高位能热量、催化剂时空产率不高、用量较大、单程转化率较低、合成塔出口甲醇含量低等问题。

2. Lurgi 低压甲醇合成工艺

Lurgi 低压法合成甲醇工艺采用管束式合成塔（图 9-2），管内装填催化剂，管间沸腾水移走反应热，并副产蒸汽 1.4 t/t 甲醇。这种合成塔温度易控制，同时，由于换热方式好，催化剂层温度分布均匀，可以防止铜催化剂过热，对催化剂寿命有利，且副反应大大减少，时空收率高达 0.72 t 甲醇/(m^3·h)，循环气量较少，因而设备、管道尺寸小，动力消耗低。

图 9-3 为 Lurgi 工艺合成塔部分的流程示意图及合成塔内温度分布图，经换热后的入塔气，温度为 225 ℃，直接从上进入合成塔的反应管内，在催化剂作用下发生反应生成甲醇，反应过程中放出的反应热被合成塔壳程的水汽化产生中压蒸汽带走，反应后的气体进入换热器加热入塔气后，经甲醇冷凝器、分离器分离甲醇后，大部分循环使用，小部分作为驰放气。

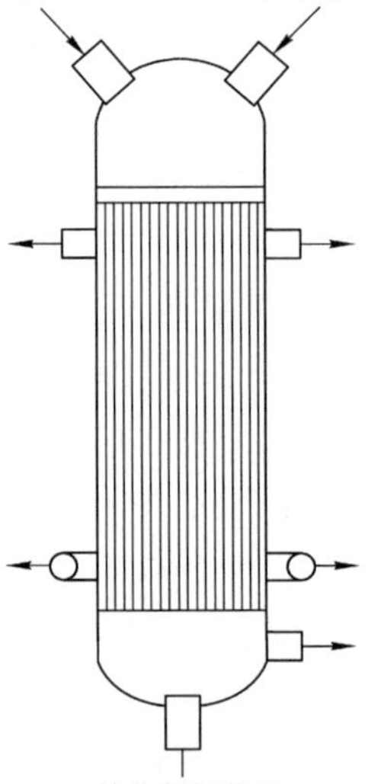

图 9-2　Lurgi 甲醇合成塔

（三）甲醇精馏

粗甲醇是甲醇、水及有机杂质组成的互溶液体混合物，将其分离为纯组分，最常用的方法是精馏。精馏过程的能耗很大，而且热能利用率低，精馏工序的节能有许多潜力可挖。粗甲醇精馏过程节能技术的方向大致有以下两个：一是废热回收，如利用合成塔中的反应热在塔出口副产蒸汽供精馏之用，利用再沸器冷凝水及塔釜液体等显热来预热进料，以提高精馏过程热能利用率；二是采用三塔精馏流程。

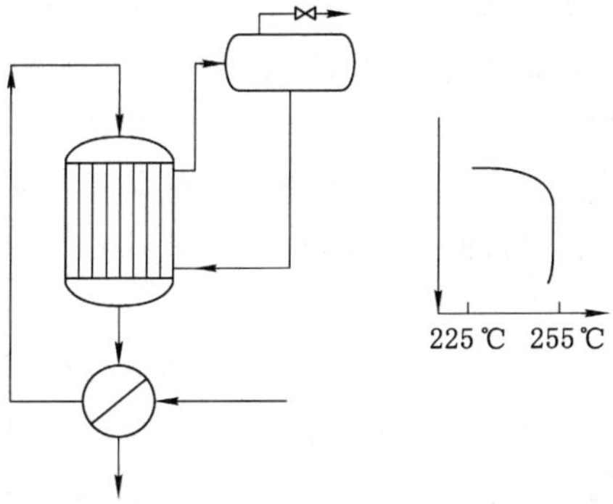

图 9-3　Lurgi 工艺合成塔部分的流程示意图及合成塔内温度分布图

甲醇三塔精馏系统流程如图 9-4 所示。由合成单元送来的粗甲醇经预热器预热后进入预精馏塔，溶解在粗甲醇中的低沸点杂质在预精馏塔塔顶精馏出并送入燃料管网；从预精馏塔塔底来的物料经泵加压后，送入加压精馏塔。加压精馏塔塔顶为 99.99%（体积分数）以上的甲醇蒸气，出加压精馏塔顶的甲醇蒸气被引入常压精馏塔底再沸器，蒸气冷凝热作为常压塔操作热源。冷凝后的甲醇进入回流槽，一部分作为精甲醇产品送到精甲醇混合罐，另一部分返回加压精馏塔塔顶作为回流。加压精馏塔塔底排出的甲醇水溶液送至常压精馏塔。常压精馏塔下部设杂醇油采出口，抽出含甲醇、水的异丁基油，以保证低于水沸点的杂质（主要是醇类）分离出塔。常压精馏塔塔底采出的废水送往废水处理系统。

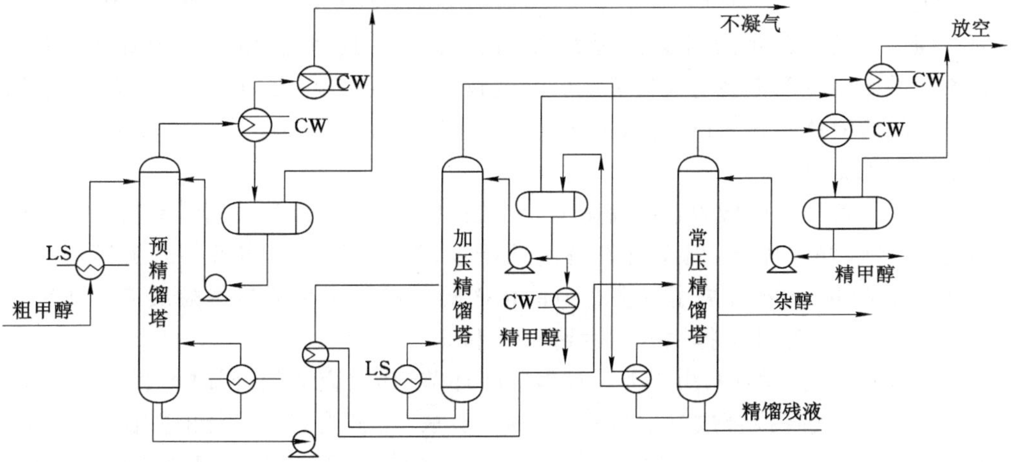

图 9-4　甲醇三塔精馏工艺流程

二、甲醇衍生物

（一）甲醛

甲醛是甲醇最重要的衍生物之一，主要用作生产缩醛树脂、脲醛树脂、酚醛树脂、三聚氰胺-甲醛树脂、多元醇、异戊二烯、乌洛托品、尼龙-4 等化工产品，也用于生产医药产品、农药和染料以及消毒剂、杀菌剂、防腐剂等。含 40% 甲醛和 8% 甲醇的水溶液叫作“福尔马林（Formalin）”，是常用的杀菌剂和防腐剂。

甲醛是最简单的脂肪醛，分子式为 CH_2O，相对分子质量为 30.03，熔点 −118 ℃，沸点 −19.5 ℃，闪点 60 ℃。甲醛在常温下是无色的具有强烈刺激性气味的气体，有毒，与蛋白质结合可产生疾病，如支气管哮喘、慢性中毒等。甲醛易溶于水，能与空气形成爆炸性化合物，爆炸极限 7%～73%。甲醛分子中含有醛基，具有典型醛的化学性质，同时又含有和羰基碳原子键合的较为活泼的 α—H，使甲醛的化学性质十分活泼，在一定条件下能参与多种化学反应。

甲醛最早由俄国科学家 A. M. Butlerov 于 1859 年通过甲基二乙酯水解制得。1868 年，A. W. Hoffmann 使用铂催化剂，用空气氧化甲醇合成了甲醛，并且确定了它的化学特性。1886 年 Loews 使用铜催化剂和 1910 年 Blank 使用银催化剂实现了甲醛的工业化生产。1910 年，由于酚醛树脂的成功开发，甲醛工业得到迅猛发展。

甲醇制备甲醛主要有 3 种途径，即甲醇氧化脱氢法、甲醇单纯氧化法和甲醇单纯脱氢法。目前工业上主要采用前两种方法合成甲醛。近年来合成性能优良的工程塑料和乌洛托品等药品对无水甲醛的需求日益增多，但甲醛和水形成恒沸物，使得分离和提纯无水甲醛十分困难。由甲醇催化脱氢制备无水甲醛，产物甲醛和氢气很容易分离，避免了甲醛水溶液的浓缩蒸发，能耗可大幅度降低，成为最具有工业前途的无水甲醛制备方法。

（二）二甲醚

二甲醚(DMF)是重要的甲醇衍生物，又称甲醚。二甲醚是最简单的脂肪醚，其分子式为 CH_3OCH_3，相对分子质量 46.07。二甲醚在常温下是无色气体，具有轻微的醚香味，熔点 −138.5 ℃，沸点 −24.9 ℃，闪点 −41 ℃，自燃点 350 ℃，爆炸极限 3.4%～18%。

二甲醚是重要的化工原料，可用作杀虫剂、抛光剂、防锈剂、烷基化剂、溶剂等。它还是气雾剂、发胶、空气清新剂、卫生杀虫剂等的优良促进剂。其理化性质与氟利昂极为相近，用它代替氟利昂作制冷剂不会对大气臭氧层产生破坏作用。二甲醚与甲醇按一定比例的混合物是一种理想的液体燃料，可作为城市煤气和液化气的代用品。此外，二甲醚还可作为汽油添加剂来生产无铅汽油。

二甲醚最早使用浓硫酸脱水剂使甲醇脱水制得，反应在液相中进行，具有反应温度低、转化率高、选择性好的优点，但又有设备腐蚀严重、污染环境、操作条件恶劣等不足之处。1965 年，美国 Mobil 公司开展了以沸石为催化剂的甲醇脱水生成二甲醚反应的研究，在常压、200 ℃左右，转化率和选择性分别达到 80%和 98%。

在甲醇脱水工艺过程中，由于涉及过多中间环节，热效应降低，同时不利于大规模生产二甲醚，因此合成气直接合成二甲醚法(也称一步法)工艺受到了广泛的关注。20 世纪 90 年代初，用合成气($CO+H_2$)一步法直接合成二甲醚的技术逐渐成熟。1991 年美国 ACC 公司开发了合成气浆态床一步合成二甲醚技术并建成 10 t/a 中试装置；1995 年丹麦 Topsøe 公司开发出以天然气为原料经合成气制二甲醚的技术并建成 50 kg/d 中试装置。进入 21 世纪后，由于石油替代资源更为重视，二甲醚的生产和技术开发得到空前发展。

目前生产二甲醚的工艺路线很多，工业上应用的主要是甲醇气相催化脱水工艺和合成气直接合成二甲醚工艺。

（三）甲基叔丁基醚

20 世纪 70 年代初，发达国家面对含铅汽油燃料对环境所造成的严重污染问题，相继采取了一系列措施。美国政府率先颁布了降低汽油中铅含量的法规，由此引起了提高汽油辛烷添加剂的更新换代。环境保护法要求人们在推行汽油无铅化的同时，应考虑加入含氧化合物，尽可能降低芳烃含量。而可代替烷基铅、芳烃，又满足含氧化合物条件的化合物只有醇和醚两类。但由于醇类有两个主要缺点：① 与汽油互溶性差，调入汽油时需另加助溶剂；② 调和蒸气压高，所以理想的汽油辛烷值改进剂是醚类。

甲基叔丁基醚（MTBE）常温下为无色透明液体，具有醚类所特有的气味，分子式为 $CH_3OC(CH_3)_3$，相对分子质量 88.15，熔点 −109 ℃，沸点 55.2 ℃，闪点 −10 ℃，着火点 480 ℃，空气中爆炸极限 1.65%～8.4%。

MTBE 分子中的 C—O—C 醚键与饱和烷基相连，没有活泼氢原子，分子之间难以形成氢键，和醇类添加剂相比沸点较低。分子中的醚键位于较大的叔丁基和甲基之间，具有显著的空间效应，使 MTBE 分子难以断裂，化学稳定性好。另外，MTBE 具有较好的汽油溶解性，可和汽油以任何比例互溶，不发生分层现象。再加上 MTBE 分子中含氧量高的（18.2%）特性，使其成为优良的汽油添加剂。

但是，MTBE 作为提高汽油辛烷值的添加剂，改善汽车尾气排放，控制大气污染做出巨大贡献而用量不断增加时，人们发现 MTBE 稳定的化学和生物特性导致其难于自然生物降解，即使降解也很缓慢，因此会对土壤和饮用水造成污染。2005 年美国通过再生燃料标准（RFS）2005 能源法案，在汽油中以乙醇替代 MTBE 作为含氧化合物。由于亚洲应用 MTBE 时间较晚，各国没有限制或禁用的法令出台，加之处于发展中的亚洲和中东各国家对汽油的需求快速增长，预计今后 MTBE 消费量将继续增长，其中中国和印度是最有发展潜力的国家。

MTBE 主要由甲醇与异丁烯反应制得，生产工艺已经成熟。甲醇和异丁醇、叔丁醇进行缩合脱水也可以生成 MTBE，但由于反应的选择性较低等，尚未实现工业化生产。

（四）醋酸

醋酸又称乙酸和冰醋酸，分子式为 $C_2H_4O_2$，相对分子质量为 60.06，是重要的低级脂肪族一元羧酸。纯乙酸为无色水状液体，有刺激性气味与酸味，并有强腐蚀性，熔点 16.6 ℃，沸点 117.9 ℃。高纯度乙酸（99%以上）于 16 ℃左右即凝结成似冰片状晶片，故常称为冰醋酸。其蒸气易着火，能和空气形成爆炸性混合物。乙酸能与水及一般常用的有机溶剂互溶，而且是许多树脂的溶剂，在水和非水溶性的酯和醚混合物中常倾向于非水相。根据这种分配特性，可用酯或醚类从乙酸水溶液中萃取回收乙酸。醋酸在有机酸中的产量最大，是重要的有机化工原料之一，广泛应用于化工、医药、合成纤维、轻工、纺织皮革、农药、炸药、橡胶、金属加工、食品以及精细有机合成等行业。

醋酸生产的历史悠久，原料路线多。最初从粮食发酵、木材干馏生产，逐渐发展到以石油、煤和天然气为原料。虽然用粮食通过发酵能生产乙酸，但发酵法原料消耗大，水含量高，需消耗大量能量进行蒸发浓缩，且纯度也不高，不能用作生产冰乙酸。从木材干馏副产的焦木酸中回收乙酸曾是工业生产乙酸的主要方法，目前仍有工业规模生产，但不多见。目前国内外所采用的生产工艺有乙醛氧化法、丁烷和轻质油氧化法以及甲醇羰基化法。与其他方法相比，甲醇羰基化法以其成本低、反应条件缓和、副产物少、产品收率高、纯度高等优点而备受关注，成为目前世界生产乙酸的主要方法，其产量占总乙酸产量的 65%。

（五）酯类衍生物

1. 甲酸甲酯

甲酸甲酯（MeF）是重要的甲醇衍生物和重要的化工原料之一，分子式 $C_2H_4O_2$，相对分子质量 60.05，常温下为无色液体，有芳香气味。熔点 −99.8 ℃，沸点 32.0 ℃，闪点 −32 ℃，起燃温度 449 ℃，爆炸极限 4.5%～32.0%，能与氧化剂发生剧烈反应。

甲酸甲酯是 C_1 化学重要的中间体，具有广泛的用途。主要用作生产甲酸、醋酸、乙二醇、碳酸二甲酯、乙醇酸甲酯及有机合成中的甲酰化剂（我国目前主要用于生产甲酰胺、二甲基甲酰胺等）；也常用作硝化纤维素、醋酸纤维素的溶剂；还可代替较昂贵的石化产品甲基叔丁基醚作汽油高辛烷值添加剂；在医药上，常用作磺酸甲基嘧啶、磺酸甲氧嘧啶等药物的合成原料；在农业中，可用作杀虫剂、杀菌剂、谷类作物熏蒸剂、烟草处理剂、果品干燥剂等。另外，还用作气相色谱参比物。随着甲酸甲酯合成技术的不断发展，其应用范围会越来越大。

到目前为止，甲酸甲酯的合成工艺主要有 5 种：① 甲醇、CO_2 和 H_2 合成法；② 甲酸酯化法；③ 甲醇羰基化法；④ 甲醇气相催化脱氢法；⑤ 合成气直接合成法。方法①是 CO_2 化工研究的新成果，20 世纪 70 年代以来随着环保要求的提高，为了消除 CO_2 对环境的影响，这种方法在国外比较受关注。但根据目前的研究资料，甲酸甲酯产率较低，而且因为 CO_2 的性质非常稳定、不易活化，制备有效转化 CO_2 的催化剂比较困难，还不能保证经济上的可行性，距工业化较远。方法②是由甲酸和甲醇通过酯化反应合成甲酸甲酯，工艺落后，甲酸消耗量大，设备腐蚀严重，生产成本为甲醇气相催化脱氢法的 2 倍，国外已淘汰，国内个别生产 *N*，*N*-二甲基酰胺（DMF）的小厂仍在采用。后 3 种方法国内外研发较多，成为生产甲酸甲酯的主要方法。

2. 碳酸二甲酯

碳酸二甲酯（简称 DMC）结构式 $(CH_3O)_2CO$，相对分子质量 90.08，熔点 4 ℃，沸点 90.1 ℃。在常温下为无色液体，具有可燃性，爆炸极限为 3.8%～21.3%，微溶于水但能与水形成共沸物，可与醇、醚、酮几乎所有的有机溶剂互溶。

DMC 是近年来受到国内外广泛关注的环保型（绿色）化工产品。由于其分子中含有 CH_3—、CH_3O—、CH_3O—CO—、—CO—等多种官能团，因而具有良好的反应活性，可以在诸多领域替代光气、硫酸二甲酯（DMS）、氯甲烷及氯甲酸甲酯等剧毒或致癌物进行羰基化、甲基化、甲酯化及酯交换等反应生成多种重要高附加值的精细化学品，在医药、农药、合成材料染料润滑油添加剂、食品增香剂、电子化学品等领域获得广泛应用。另一方面，其非反应性用途如溶剂、溶媒和汽油添加剂等也正在或即将实用化。另外，1992 年 DMC 在欧洲通过了非毒性化学品的注册登记，属于无毒或微毒化工产品。因此，DMC 被誉为 21 世纪有机合成的一个“新基石”和“绿色化工产品”，具有广泛的应用前景。

DMC 是重要的甲醇衍生物，其研究、开发和生产大致经历了 3 个阶段。1918 年，Hood Murdock 成功地用光气与甲醇制得 DMC。反应分两步完成，首先由光气与甲醇反应得氯甲酸甲酯，氯甲酸甲酯进而与甲醇共沸制取 DMC，但是因光气的剧毒和设备的腐蚀以及在工艺中的三废问题（包括光气本身），光气法受到了环保法规的限制，非光气法成为人们开发的目标。1979 年，Ugo Romano 等人在长期研究羰基化的基础上成功开发了由一氧化碳、氧气、甲醇液相低压羰基化生产 DMC 的技术，并由意大利 Enichem Synthetic 公司于 20 世纪 80 年代初实现了工业化。20 世纪 90 年代以来，DMC 进入了大力发展阶段，美国、日本、德国、英国等国家化工公司纷纷提出各自的制备技术，具代表性的有日本宇部兴产公司开发的气相亚硝酸酯法甲醇羰基合成技术以及美国 Texaco 公司开发的联产乙二醇的酯交换工艺路线。

目前，碳酸二甲酯的制备方法有光气甲醇法、甲醇氧化羰基化法、二氧化碳直接氧化法、电化学合成法、酯交换法以及尿素醇解法等。传统的光气法生产趋于淘汰并正在被甲醇氧化羰基化法所取代，酯交换法也实现了小规模的工业生产。其他合成方法均处于探索研究阶段，距工业应用还有一段距离或不具有工业应用价值。

（六）胺类衍生物

甲醇胺类衍生物主要包括甲胺、甲酰胺和二甲基甲酰胺等化合物，它们广泛用于有机合成工业中。

1. 甲胺

甲胺，包括一甲胺（CH_3NH_2）、二甲胺[$(CH_3)_2NH$]和三甲胺[$(CH_3)_3N$]，它们均为无色、有毒、易燃气体。一甲胺是有氨味的气体，可溶于水、乙醇、乙醚，易燃烧，与空气形成爆炸性混合物，弱碱性。二甲胺能溶于水、醇、醚。三甲胺有辛辣鱼腥味，味咸，常温时借加压或冷凝会液化，呈弱碱性，易溶于醚苯、氯仿。甲胺物理性质见表 9-1。

表 9-1　甲胺物理性质

	一甲胺	二甲胺	三甲胺
分子式	CH_3NH_2	$(CH_3)_2NH$	$(CH_3)_3N$
凝固点/℃	−93.5	−96	−124
沸点/℃	−6.3	7	3.2～3.8
相对密度(d_4^{20})	0.67	0.68	0.6709
闪点(闭杯)/℃	<−17.8	<−17.8	<−17.8
分解温度/℃	250	879	809
临界温度/℃	156.9	164.6	161
临界压力/MPa	7.46	5.24	4.15
临界密度/(g/cm^3)	0.216	0.256	0.233
比热容/[kJ/(kg·℃)]	3.20	—	—
蒸发潜热/(kJ/mol)	25.8	26.5	22.9
熔融热/(kJ/kg)	197.5	—	—
爆炸极限/%(体积分数)	4.96～20.75	2.80～14.40	2.00～11.60

甲胺是生产多种溶剂、杀虫剂、除草剂、医药和洗涤剂的重要中间体。二甲胺的需求量最大，用于制造 *N*,*N'*-二甲基甲酰胺和 *N*,*N'*-二甲基乙酰胺两种用途广泛的溶剂，还可以用来制造橡胶硫化促进剂、离子交换树脂及表面活性剂。一甲胺在需求上占第二位，它主要用于生产医药（吗啡因、麻黄素等）、农药（乐果、杀虫脒、甲萘威等）、燃料（蒽醌系中间体）、炸药（水胶炸药），还可用于生产 *N*-甲基吡咯烷酮和二甲基脲等。三甲胺用途较少，用于合成除草剂、饲料添加剂和离子交换树脂等。

甲胺的生产方法很多，如甲醇气相氨化法、卤代甲烷、甲醛和甲醚氨解法、硝基甲烷还原法等。但在工业上采用的仅有甲醇气相氨化法。

2. 甲酰胺

甲酰胺（$HCONH_2$），又称氨基甲醛，无色透明油状液体，略带氨味，具有吸湿性。能与水和乙醇混溶，微溶于苯、三氯甲烷和乙醚。密度 1.146 g/cm^3，沸点 200～212 ℃(180 ℃开始部分分解)，熔点 2.5 ℃，闪点 154.4 ℃。甲酰胺有中等毒性，对皮肤和黏膜有刺激性。对青蛙皮下注射致死量为 300 mg/kg。

甲酰胺具有活泼的反应性和特殊的溶解能力，可用作有机合成原料、纸张处理剂、纤维工业的柔软剂、动物胶的软化剂，还可用作测定大米中氨基酸含量的分析试剂。也是优良的有机溶剂，主要用于丙烯腈共聚物的丝纺和离子交换树脂中，以及用于塑料制品的防静电涂饰或导电涂饰等，此外，还用于分离氯硅烷、提纯油脂等。

甲酰胺一般由甲酸和甲醇进行酯化反应生成甲酸甲酯，然后经氨解生成含醇甲酰胺，通过蒸馏除去甲醇制得甲酰胺。反应式：

$$HCOOH+CH_3OH═HCOOCH_3+H_2O$$

$$HCOOCH_3+NH_3═HCONH_2+CH_3OH$$

3. 二甲基甲酰胺

二甲基甲酰胺是 *N*,*N*-二甲基甲酰胺的简称，是无色透明、淡氨气味的液体，为极性惰性溶剂，除卤代烃以外，能与水及大部分有机溶剂互溶。分子式为 $HCON(CH_3)_2$，相对分子质量 73.10，相对密度 0.944 5(25 ℃)，熔点－61 ℃，沸点 152.8 ℃，闪点 57.78 ℃。二甲基甲酰胺既是一种用途极广的化工原料，也是一种用途很广的优良的溶剂，医药工业上用于生产维生素、激素，也用于制造杀虫脒。

二甲基甲酰胺的生产有酯化法、一步法和二氯乙醛法等工艺。酯化法是先由甲醇与甲酸生成甲酸甲酯，再与二甲胺气相反应生成二甲基甲酰胺和甲醇，粗产品经蒸馏回收甲醇，然后经减压精馏即得成品二甲基甲酰胺。其反应式为：

$$HCOOH+CH_3OH═HCOOCH_3+H_2O$$

$$HCOOCH_3+(CH_3)_2NH═HCON(CH_3)_2+CH_3OH$$

一步法是二甲胺与一氧化碳在甲醇钠催化剂存在下加压直接合成，粗品经精馏即可制得二甲基甲酰胺成品。而三氯乙醛法是三氯乙醛与二甲胺反应生成二甲基甲酰胺，分馏脱除氯仿，即得成品。

(七) 含硫衍生物

甲醇的重要含硫衍生物有甲硫醇、甲硫醚和二甲基亚砜等。

1. 甲硫醇和甲硫醚

甲硫醇为无色气体，有不愉快的气味。不溶于水，溶于乙醇、乙醚等有机溶剂。用于有机合成及喷气机添加剂、杀虫剂的原料、催化剂等。甲硫醚为无色至淡黄色透明易挥发液体。有难闻的气味，极度稀释时有蔬菜样香气。用作许多无机化合物的溶剂等，还可以用于调配食用香精。甲硫醇和甲硫醚的物理性质见表 9-2。

表 9-2 甲硫醇和甲硫醚的物理性质

名 称	甲硫醇	甲硫醚	名 称	甲硫醇	甲硫醚
分子式	CH_3SH	CH_3SCH_3	沸点/℃	5.96	37.5
相对分子质量	48	62	相对密度(d_4^{25})	0.859 9	0.845
熔点/℃	－123	－83	自燃温度/℃	—	206.1

甲醇和二硫化碳在催化剂作用下反应，生成甲硫醇和甲硫醚。若选用硫化镉-氧化铝、氧化钍-氧化铝为催化剂，则产物中主要是硫醚；若选用第Ⅵ族元素含氧酸的碱金属盐负载在氧化铝或硅酸铝载体的催化剂，则甲硫醇的选择性较高。反应式：

$$CS_2+2CH_3OH \longrightarrow 2CH_3SH+CO_2$$

$$CS_2+4CH_3OH \longrightarrow 2(CH_3)_2S+CO_2+2H_2O$$

$$2CH_3SH \longrightarrow (CH_3)_2S+H_2S$$

2. 二甲基亚砜

二甲基亚砜$(CH_3)_2SO$是无色、微臭、呈弱碱性无色液体，与水、乙醇、苯、氯仿、丙酮可互溶。它可与许多有机溶剂及水互溶。二甲基亚砜吸湿性很强，极易渗透皮肤造成使用人员感觉类似牡蛎般的味道。其物理性质见表 9-3。

表 9-3　二甲基亚砜的物理性质

名　称	数　值	名　称	数　值
相对密度(d_4^{20})	1.101 4	折光率/(n_D^{40})	1.477 0
沸点/℃	189	闪点/℃	90
凝固点/℃	18.45	蒸发潜热/(kJ/kg)	677.8
比热容/[kJ/(kg·℃)]	2.05	蒸气压/Pa	55.6
汽化热/(kJ/mol)	47.3	溶解热/(J/g)	251
熔融热/(kJ/kg)	83.7	燃烧热/(kJ/kg)	25 313
生成热(kJ/mol)	196	动力黏度/(Pa·s)	1.98×10^{-3}
表面张力(N/m)	42.9×10^{-3}	膨胀系数	0.000 88

工业生产二甲基亚砜通常以甲醇和二硫化碳为原料，以γ-Al_2O_3为催化剂，先合成甲硫醚，再用二氧化氮（或硝酸）氧化得二甲基亚砜，经精馏得纯品。反应式：

$$4CH_3OH+CS_2 \longrightarrow 2(CH_3)_2S+CO_2+2H_2O$$

$$(CH_3)_2S+NO+O_2 \longrightarrow (CH_3)_2SO+NO_2$$

$$NO+1/2O_2 \longrightarrow NO_2$$

或

$$3(CH_3)_2S+2HNO_3 \longrightarrow 3(CH_3)_2SO+2NO+H_2O$$

第三节　煤制烯烃

自从化学工业开始发展以来，煤、石油和天然气等一直作为有机产品的重要原料。伴随20 世纪 60 年代石油开采量的大增，使得石油在能源结构中跃居主导地位，并衍生出石油化学工业。当今石油化学工业已经发展成为推动各国经济发展的重要支柱产业之一，而作为石油化工的核心和石油化工最为重要的基础原料——乙烯和丙烯，其产量的多少已经成为一个国家石油化工和经济发展水平的“晴雨表”。进入 21 世纪以来，随着石油资源的持续短缺以及可持续发展战略的要求，世界上许多国家的石油公司都致力于开发非石油合成低碳烯烃的技术路线，并取得一些重大的进展，其中以煤基或天然气基合成的甲醇为原料，生产低碳烯烃的化工工艺技术日益受到关注。

乙烯、丙烯在我国有旺盛的市场需求，随着经济的发展，我国乙烯、丙烯的消费量急剧增长。国内乙烯、丙烯的产量远远不能满足需求，40%～50%需要进口。国际油价的持续上涨和我国石油资源的短缺使得以煤为原料经甲醇制取乙烯、丙烯的工艺在技术上已趋于成熟，并随着石油价格的屡创新高而在经济上日益显示出竞争性。

煤基甲醇制烯烃工艺主要由煤气化制合成气、合成气制甲醇及甲醇制烯烃等三项技术组成。甲醇制烯烃主要反应如下：

$$2CH_3OH \xlongequal{} CH_3OCH_3 + H_2O$$

$$nCH_3OCH_3 \xlongequal{} 2C_nH_{2n} + nH_2O \qquad n=2\sim8$$

煤气化制合成气、合成气制甲醇两项技术均已较为成熟，能适应规模化经济的发展。甲醇制烯烃技术目前世界上现行的方法主要有两种：一是 MTO 技术(Methanol to Olefin，甲醇制烯烃)，即由合成气首先生产出甲醇，然后将甲醇转化为乙烯和丙烯混合物的工艺；二是 MTP 技术(Methanol to Propylene，甲醇制丙烯)，即由合成气首先生产出甲醇，然后将甲醇转化成丙烯的工艺。上述两种技术均是从天然气或煤转化成甲醇开始，然后再将甲醇转化成烯烃。

一、甲醇制烯烃(MTO)技术

(一) Mobil 公司的 MTO 技术

甲醇制烯烃的转化反应最初是 20 世纪 70 年代初利用 ZSM-5 催化剂发现的。Mobil 公司采用 ZSM-5 催化剂，在列管式反应器中进行甲醇转化制烯烃的工艺流程，并于 1984 年进行了 9 个月的中试试验，规模为 10 桶/d，产物中乙烯的质量收率为 60%，烯烃质量收率为 80%，但催化剂寿命比较短。

(二) UOP/Norsk Hydro 公司的 MTO 工艺

美国环球油品公司(UOP)和挪威海德鲁(Norsk Hydro)公司选用不同于 Mobil 的催化剂开发出 MTO 工艺。与 Mobil 的工艺相比，UOP/Hydro 的 MTO 工艺最大的先进性在于开发了基于 SAPO-34 的新型分子筛催化剂，选择性生成乙烯和丙烯。由于 SAPO-34 催化剂易结焦，反应器采用循环流化床，类似流化催化裂化的连续反应-再生过程。该工艺另一个特点是通过改变反应的强度可以改变产物中乙烯与丙烯的比例，这个特点决定了该工艺具有较高的利润率，并易于适应变化的烯烃市场要求。1995 年 UOP 和 Norsk Hydro 公司在挪威建成一套示范装置，甲醇加工能力 0.75 t/d，装置连续平稳运行 90 多天。

UOP/Hydro 的 MTO 工艺采用流化床反应器和再生器设计，其流程见图 9-5。

反应热通过产生的蒸汽带出并回收，失活的催化剂被送到流化床再生器中烧炭再生，然后返回流化床反应器继续反应。该装置采用以磷酸硅铝分子筛 SAPO-34 为主要成分的 MTO-100 型催化剂，在 0.1～0.5 MPa 和 350～550 ℃下进行反应。反应产物中乙烯和丙烯的比例可调(物质的量比 0.75～1.50)，乙烷、丙烷、二烯烃和炔烃生成的数量少。

MTO-100 型分子筛催化剂的成功开发是该 MTO 技术取得重大突破的基础。SAPO-34 分子筛催化剂的酸性位具有可控性，而且具有择形选择性，与早期的 ZSM-5 催化剂相比，这一特点大大提高了乙烯和丙烯的选择性。MTO-100 型 SAPO-34 分子筛催化剂可使乙烯和丙烯产率达到 80%，而用 ZSM-5 催化剂时产率仅为 50%。

(三) 大连化物所的 DMTO 工艺

中国科学院大连化学物理研究所在 20 世纪 80 年代初开始进行 MTO 工艺所用 SAPO-34

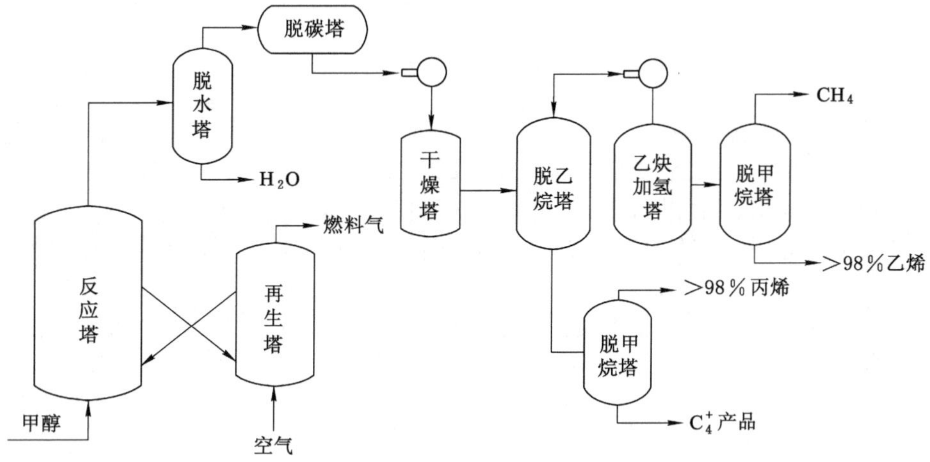

图 9-5　MTO 工艺流程示意图

硅磷铝酸催化剂的研究开发工作。20 世纪 90 年代发明了分别用三乙胺(TEA)模板剂、二乙胺(DEA)模板剂及用 TEA(或 DEA)和四乙基氢氧化铵(TEAOH)双模板剂制备 SAPO-34 分子筛的工艺。以此为基础,研制出 MTO 催化剂 DO123,并以二甲醚(DME)为原料,在上海青浦化工厂进行了试验,试验规模 0.1 t/d 流化床中试,试验结果良好。

2004 年 8 月,陕西新兴煤化工科技发展有限责任公司与大连化学物理研究所和洛阳石化工程公司合作共同开发 DMTO,于 2005 年底建成世界首套万吨级甲醇制烯烃工业化示范装置,成功验证了大连化学物理研究所的 DMTO 技术。取得的技术指标为:甲醇转化率 99.8%,目标产品乙烯、丙烯选择性大于 78.11%,两者比例可根据工艺参数在 1.5～0.8 调整。

2009 年 9 月神华煤制烯烃 DMTO 项目开工建设,2010 年 5 月装置建设完毕,2010 年 8 月 28 日投料试车一次成功,装置运行稳定后,甲醇转化率为 99.87%,乙烯和丙烯的选择性为 79%,产品气体顺利引入烯烃分离系统。该装置为世界首套甲醇制低碳烯烃工业装置(年产 60 万 t 烯烃),标志着中国煤制烯烃新兴产业取得了里程碑式的进展。图 9-6 为 DMTO 工艺流程示意图。

(四) 上海石油化工研究院 STMO 技术

中石化上海石油化工研究院于 2000 年开始进行 MTO 技术的开发。2005～2006 年,采用三乙胺和氟化物为复合模板剂及新型干燥方法制备成功 SMTO-1 流化床催化剂,其价格低廉,催化性能优异。2003～2006 年,上海石油化工研究院详细研究了 MTO 反应的反应行为、失活行为和积碳行为等,并于 2005 年建立了一套 12 t/a 的循环流化床热模试验装置,将实验室研究的结果在该试验装置上进行了验证。SMTO-1 催化剂在 12 t/a 的 MTO 循环流化床热模试验装置上平稳运行 2 000 t,催化剂物性未见明显变化,甲醇转化率大于 99.8%,乙烯和丙烯碳基选择性大于 80%,乙烯、丙烯和 C_4 碳基选择性超过 90%。2007 年 11 月,中石化在燕山石化建设的一套 100 t/d 的甲醇制烯烃装置投产,装置产出的乙烯丙烯直接送燕山石化现有装置,实现连续运行。

表 9-4 对 MTO 工业示范装置技术进行了比较,从表中可以发现,大连化学物理研究所

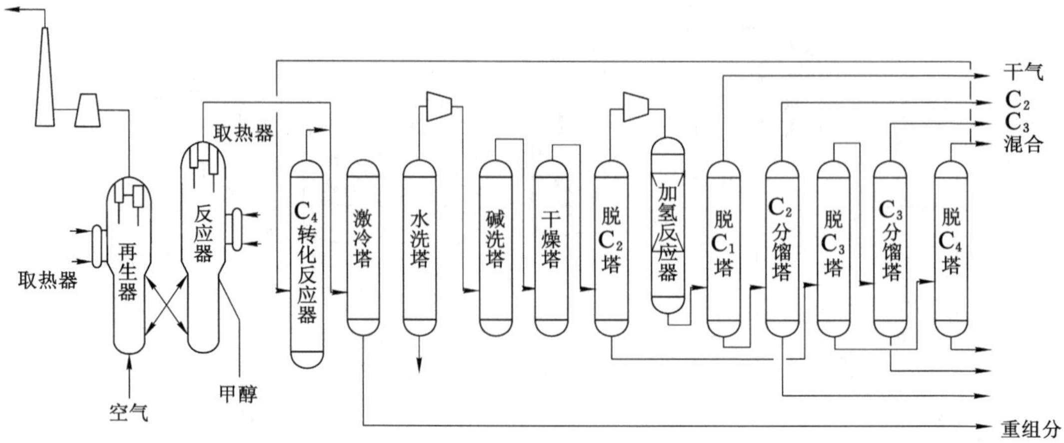

图 9-6　DMTO 工艺流程示意图

自主开发的甲醇制烯烃技术在主体工艺流程和催化剂方面和 UOP 技术基本相同，主要工艺参数优于 UOP 技术，试验装置规模为 UOP 技术的 66.7 倍，进一步表明国产 MTO 技术已达到并超过国外技术，而且进行进一步工业放大可信程度高于国外。

表 9-4　MTO 工艺示范装置技术比较

项目来源	UOP/Hydro	大化所	中石化
工艺名称	MTO	DMTO	SMTO
主体工艺流程	类似于炼油工业 FCC 工艺的循环流化床反应-再生技术		
催化剂类型	以 SAPO-34 为活性组分的分子筛催化剂		
催化剂型号	MTO-100	DO-123	SMTO-1
甲醇单程转化率/%	99	99.18	99
乙烯+丙烯收率/%	78	78.71	78.24
甲醇进料量/(t/d)	0.75	50	100
完成时间	1995 年 6 月	1995 年 6 月	2007 年 1 月

二、甲醇制丙烯(MTP)技术

(一) Lurgi 公司的 MTP 工艺

德国 Lurgi 公司开发了甲醇制丙烯的 MTP 工艺，其催化剂采用改性的 ZSM-5 分子筛催化剂，其反应装置主要由 3 个绝热固定床反应器组成，其中 2 个在线生产，1 个在线再生，这样可保证生产的连续性和催化剂的活性。每个反应器内分布 6 个催化剂床层，各床层布置若干激冷喷嘴，定量注入冷的甲醇/水/二甲醚物流来控制床层温度达到稳定反应条件、获得最大丙烯收率的目的。为了减少床层热效应，在固定床前设置预反应器，甲醇先在预反应器内转化成二甲醚；反应过程中生成的乙烯和丁烯循环回反应器进行回炼，目标产品为丙烯，副产物主要是汽油、液化石油气等。

MTP 工艺流程如图 9-7 所示。原料甲醇预热到 260 ℃后进入固定床绝热式二甲醚(DME)预反应器，采用高活性、高选择性的催化剂将 75%甲醇转化为二甲醚和水，该反应的转化率几乎达到热力学平衡程度。甲醇-水-二甲醚物流进入分凝器，气相受热到反应温度后进入MTP反应器，液相作为控温介质经流量控制仪通过激冷喷嘴进入MTP反应器。甲醇-二甲醚的转化率为99%，丙烯是主要产物。反应产物经冷却后，进入分离工段。气相产物脱除水、CO_2和二甲醚后进一步精馏得到聚合级丙烯。副产物烯烃（乙烯、丁烯）返回系统再生产，作为歧化制备丙烯的原料。为避免惰性组分在回路中富集，轻组分燃料气排出系统。LPG和高辛烷值汽油是该反应的主要副产物。部分合成水也返回系统用来生产不可或缺的工艺用蒸汽。

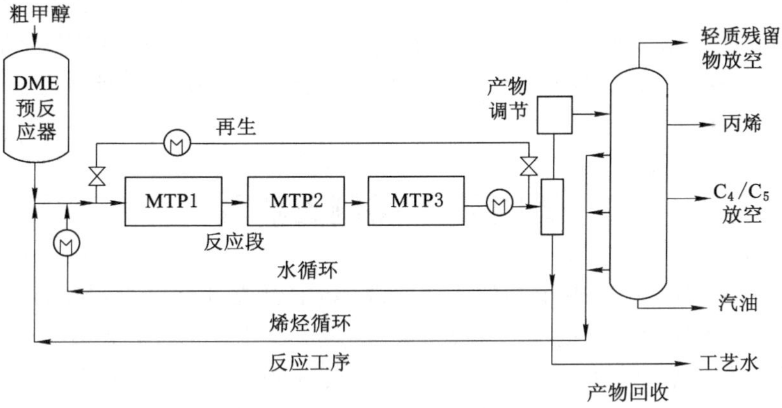

图9-7　MTP工艺流程

相对于甲醇制烯烃流化床工艺，甲醇制丙烯固定床工艺只用于生产丙烯，在工业放大过程中风险较小。流化床工艺放大一般要经过复杂的逐级放大过程，而固定床工艺放大却成熟简单得多。但固定床的反应温度需要复杂的温控装置来控制，而流化床的反应温度控制就容易得多。

Lurgi公司在实验室小试的基础上于2001年在挪威Statoil的Tjeldbergodden工厂建立了一套示范装置，该装置正常运转11 000 h。在压力130～160 kPa、温度420～450℃、甲醇空速1 h^{-1}条件下，甲醇转化率达到99%以上，丙烯单程选择性达到46.6%。2011年8月29日，大唐多伦MTP工艺流程全线顺利贯通并产出精馏丙烯产品，该项目主产聚丙烯（46万t/a），联产汽油（20万t/a）、液化气（3.6万t/a）等多种副产品，项目总投资180亿元。

（二）清华大学循环流化床甲醇制丙烯FMTP工艺

清华大学自1999年开始进行甲醇及二甲醚制烯烃方面的研究，相关研究成果已经获得国家发明专利，开发了甲醇制丙烯的FMTP技术。特点是采用SAPO-18/SAPO-34分子筛交相混晶催化剂使反应的低碳烯烃收率较高，并具有将乙烯、丁烯高选择性转化为丙烯的能力。

FMTP技术采用气固并流下行式流化床短接触反应器；催化剂与原料在气固并流下行式流化床超短接触反应器中接触、反应，物流方向为下行，催化剂及反应产物出反应器后进入设置在该反应器下部的气固快速分离器进行分离，及时中止反应的进行，有效地抑制了二次反应的发生；分离出的催化剂进入再生器中烧炭再生，催化剂在系统中连续再生，反应循环进行。此项专利技术减小了副产物烷烃的产生，降低了后续分离工艺的难度，增加了低碳烯烃的产量，甲醇转化率大于 98%，低碳烯烃收率也大于 93%。

2006 年 7 月 13 日，清华大学与中国化学工程集团公司签订“流化床甲醇制丙烯(FMTP)工业化技术开发”项目合作协议，并与安徽淮化集团合作建立了工业试验装置。该工业试验装置建设规模为年处理甲醇 30 kt，年产丙烯近 10 kt，副产液化石油气 800 t，总投资约 1.6 亿元，2009 年 3 月投料试车。至 2009 年 10 月 9 日 15 时，该装置已连续、稳定、安全、环保地运行了 470 h，达到了预期的效果，取得了成功。

（三）上海石油化工研究院 MTP 工艺

上海石油化工研究院在 MTP 技术研究方面也取得了很大成绩，该技术主要采用 ZSM-5 分子筛催化剂和固定床反应器。目前完成了 100 t/a 的中试，甲醇转化率达到99.8%，丙烯单程选择性 38%～40%，在产物 C_4 模拟循环的条件下，丙烯碳基选择性为 66%～70%，催化剂再生周期 30 天以上。

第四节　煤制天然气

天然气是一种使用安全、热值高的清洁能源，其主要成分是甲烷，与相同质量的煤炭相比，燃烧排放的 CO_2 仅为煤炭的 40%，没有废水、废渣产生。因此，天然气被广泛应用于发电、化工、城市燃气、汽车燃料等行业，是世界上主要的清洁能源之一。随着中国国民经济的迅速发展，对天然气资源的需求也持续增加，要解决中国天然气的供求矛盾问题除了要立足国内现有资源外，还必须多渠道、多方式扩大资源供给，满足日益增长的市场需求。

中国煤炭资源丰富，尤其是低变质程度煤的储量大，这部分煤不适宜长距离运输，需要就地加工转化为易于运输的产品。因此，发展煤制天然气既是清洁加工利用煤炭资源的有效途径，也可以有效补充中国天然气资源的供给，达到能源和环境双赢的效果，兼具重大的经济价值和社会价值。

煤制天然气与其他煤化工技术相比，具有设备流程简单、技术成熟可靠、单位热值投资成本低、生产过程污染物较少、生产效率高以及废热循环利用等优点。早在 20 世纪 50 年代国外就展开了煤制天然气技术的研究，有些已经正式投产，中国在 20 世纪 80 年代也开始了煤气甲烷化的研究，但主要集中在甲烷化催化剂的研发方面。

一、煤制天然气技术路线

传统的煤制天然气技术是以煤炭为原料，气化生产合成气，经净化和转化以后，在催化剂的作用下发生甲烷化反应，生产热值符合规定的替代天然气(SNG)，甲烷含量达 95%，也被称为煤气化转化技术。所谓甲烷化反应通常是指 CO 或 CO_2 在催化剂作用下加氢生成 CH_4 和 H_2O 的强放热反应：

$$2H_2+2CO \longrightarrow CH_4+CO_2(\Delta H_R{}^0=247\ kJ/mol)$$

$$4H_2+CO_2 \longrightarrow CH_4+2H_2O(\Delta H_R{}^0=165\ kJ/mol)$$

近年来，也出现了直接合成天然气技术，是将煤气化和甲烷化合并为一个单元直接由煤生产富甲烷气体，典型工艺有加氢气化工艺和催化气化工艺两种。相比直接合成天然气技术，煤气化转化技术需要的设备较多，投资较高，但技术非常成熟，甲烷转化率高，技术复杂度略低，因此应用更加广泛，是煤制天然气中的主流工艺。

煤制天然气技术主要使用固定床反应器和流化床反应器，其中，固定床甲烷化技术比较成熟，应用也更加广泛。催化剂以镍系催化剂为主，这种催化剂活性高，寿命长，但容易被硫毒化。近年来出现了以钼系催化剂为代表的耐硫催化剂，降低了合成气脱硫成本，但活性没有镍系催化剂高。

二、煤气化转化技术制天然气

一般情况下，经煤气化得到的合成气的 H_2/CO 比达不到甲烷化的要求，因此需要经过气体转换单元提高 H_2/CO 比，有些工艺有单独的气体转换单元，提高 H_2/CO 比后再进入甲烷化单元，称为两步法甲烷化工艺；有些工艺将气体转换单元和甲烷化单元合并为一个部分同时进行，称为一步法甲烷化工艺。

（一）两步法甲烷化工艺

从煤转化为 SNG 需要经历以下几个步骤：

(1) 气化：在一定压力(3～4 MPa)和温度(1 000～1 300 ℃)下，煤与 O_2 和过热蒸汽的混合物发生气化反应生成富含 H_2 和 CO 的煤气。

(2) 变换冷却：煤气通过部分变换反应将 H_2 和 CO 体积比调整为 3∶1。所用催化剂为耐硫的钴钼催化剂，操纵温度为 200～500 ℃。然后再将高温变换气冷却至约 40 ℃。

(3) 净化(低温甲醇洗)：在－17～40 ℃下，利用甲醇对 H_2S 和 CO_2 优良的吸收性能，脱除变换气中的 H_2S 和 CO_2，得到净化气。H_2S 可以通过克劳斯反应转化为单质硫。

(4) 甲烷合成：在一定温度(250～675 ℃)、压力(2.3～3.2 MPa)和镍基催化剂存在下，碳氧化物($CO+CO_2$) 与 H_2 在甲烷化反应器中生成甲烷合成反应，得到 SNG。

(5) 干燥压缩：出甲烷化装置的 SNG 通过干燥、脱水至适当露点温度(取决于冬季最低温度)，再压缩达到管线所要求的压力。

（二）一步法甲烷化工艺

1. HICOM 工艺

HICOM 工艺由英国煤气公司研发设计。技术特点是将气体转化单元和甲烷化单元合并为一个单元完成。气化炉生产的合成气经冷却、净化、脱硫处理以后，和水蒸气一起通入甲烷化单元。蒸汽除了调节 H_2/CO 比，还可以防止碳沉积，但是水蒸气降低了热效率，可能引起催化剂烧结，系统的温度通过冷却产品气循环来调节，甲烷化反应放出的热量用于生产高压蒸汽。

HICOM 工艺没有气体转化单元，热回收装置少，减少了设备投资，能效较高，技术成熟度较高。但是技术复杂度略高，合成气转化率还有待提高，目前还没有实现完全商业化运营。

2. Comflux 工艺

1975～1986 年，德国的 Thyssengas GmbH 公司和德国卡尔斯鲁厄大学共同研发了 Comflux 工艺。工艺最大特点是气体转换反应和甲烷化反应同时在流化床反应器中进行。由于没有单独的气体转换单元和生产高压循环气的空气压缩机，大大降低了设备投资和生产成本，与固定床工艺相比，大约节省了 10%的成本。同时由于使用了流化床工艺，质量和热量传导率高，催化剂的装卸和回收更加便利，废热得到了合理利用。工艺经过了中试和半商业运营，技术成熟度较高。

3. 液相甲烷化工艺

美国的化学系统研究所提出了另一种 SNG 的方法——液相甲烷化工艺。气化炉生产的合成气直接进入装有循环液(矿物油)和催化剂的液相甲烷化反应器。液相甲烷化工艺具有很好的传热性能,实现了恒温操作,具有较高的选择性和较大的灵活性,反应水可用于水煤气的变换反应,因此不需要单独的气体转化单元,单台反应器生产能力大,投资成本低,但是产品气不太容易实现完全的气液分离。目前,该工艺还处于研发阶段。

三、直接合成天然气技术

(一) 催化气化工艺

美国 Exxon 科学工程公司提出了一种催化气化工艺(Catalysis Coal Gasification, CCG),可以将气化和甲烷化合并为一个单元直接生产合成天然气。工艺最大特点是气化炉中加入钾的酸性盐催化剂,同时通入水蒸气,生成的产品气分离出未反应的 CO 和 H_2 循环回气化炉继续甲烷化反应,节省了气体转换单元、脱硫装置和甲烷化反应器等设备投资成本,但是增加了产品气分离装置的投资,单程甲烷合成率和产量还有待提高。

(二) 加氢气化工艺

20 世纪 80 年代初期,英国煤气公司与日本大阪煤气公司合作开发了煤的加氢气化工艺(图 9-8),其核心装置是具有内部热气循环的夹带流反应器。煤粉通过高压浓相输入系统引入,热氢气通过一个特制喷嘴喷入反应器,热氢气与煤粉混合均匀加热煤粉,直接生产富氢气体。该工艺热效率高,工艺简单,设备投资少,反应温度容易控制,反应规模容易放大,适用的原料煤范围广。但是该工艺碳的转化率还有待提高,需要增加氢气发生装置和氢气分离装置。美国亚利桑那州公共机构(APS) 也将研究的重点放在了加氢气化工艺上,含有合成气的甲烷可在没有催化剂存在的情况下生产,而在气化炉中未转化的焦炭和氧气用来燃烧发电。

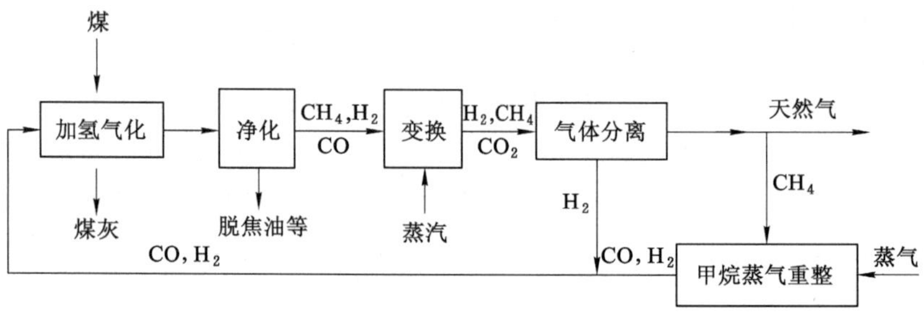

图 9-8 加氢气化工艺流程示意图

参考文献

[1] 岑可法，姚强，曹欣玉，等. 煤浆燃烧、流动、传热和气化的理论与应用技术[M]. 杭州：浙江大学出版社，1997.

[2] 岑可法，姚强，骆仲泱，等. 高等燃烧学[M]. 杭州：浙江大学出版社，2002.

[3] 陈鹏. 型煤强度分析与成型性指标[J]. 煤炭加工与综合利用，1988(3)：18-25.

[4] 樊泉桂. 亚临界与超临界参数锅炉[M]. 北京：中国电力出版社，2000.

[5] 冯俊凯. 循环流化床燃烧锅炉[M]. 北京：中国电力出版社，2003.

[6] 高晋生，张德祥，万晨. 煤焦油加工技术的发展和建议[J]. 煤化工，1999，27(1)：3-6.

[7] 郭树才. 煤化工工艺学[M]. 2 版. 北京：化学工业出版社，2006.

[8] 韩才元，徐明厚，周怀春，等. 煤粉燃烧[M]. 北京：科学出版社，2001.

[9] 郝西维，张军民，刘弓. 甲醇制烯烃技术研究进展及应用前景分析[J]. 洁净煤技术，2011，17(3)：48-51.

[10] 何建平. 炼焦化学产品回收与加工[M]. 北京. 化学工业出版社，2020.

[11] 霍然. 工程燃烧概论[M]. 合肥：中国科学技术大学出版社，2001.

[12] 江超鸿. 型煤粘结剂[J]. 煤化工，1993，21(2)：52-58.

[13] 江镇海. 国内外合成气制乙二醇技术进展[J]. 合成技术及应用，2010，25(4)：27-30.

[14] 寇公. 煤炭气化工程[M]. 北京：机械工业出版社，1992.

[15] 李大尚. 煤制合成天然气工艺技术经济分析[J]. 煤化工，2010，38(2)：1-7.

[16] 李改英. 甲酸合成工艺的现状及发展[J]. 煤化工，1998，26(3)：7-10.

[17] 李五忠，赵庆波，吴国干. 中国煤层气开发与利用[M]. 北京：石油工业出版社，2008.

[18] 李新柱，陈瑶，陈吉强. 煤化工路线合成乙二醇技术研究进展[J]. 煤化工，2007，35(3)：15-18.

[19] 李玉林，胡瑞生，白雅琴. 煤化工基础[M]. 北京：化学工业出版社，2006.

[20] 林宗虎，魏敦崧，安恩科，等. 循环流化床锅炉[M]. 北京：化学工业出版社，2004.

[21] 刘红星，谢在库，张成芳，等. 甲醇制烯烃(MTO)研究新进展[J]. 天然气化工，2002，27(3)：49-56.

[22] 刘宏建，盛于蓝. Lurgi 和 ICI 低压甲醇合成工艺比较[J]. 煤化工，2001，29(4)：18-19.

[23] 刘小隽，任玉贺. 焦化装置操作技术[M]. 北京：化学工业出版社，2020.

[24] 刘招君. 中国油页岩[M]. 北京：石油工业出版社，2009.

[25] 卢元俭，黄纯懿. 济钢干法熄焦节能示范工程[J]. 山东冶金，1999，21(S1)：18-20.

[26] 路春美，王永征. 煤燃烧理论与技术[M]. 北京：地震出版社，2001.

[27] 吕锋，殷玉圣. 甲酸甲酯合成工艺评述[J]. 化学工业与工程技术，2000，21(2)：31-34.

[28] 罗同仁，高克萱. 煤沥青深加工工艺与粘结剂的性能[J]. 燃料与化工，2000，31(5)：246-250.

[29] 毛健雄，毛健全，赵树民. 煤的清洁燃烧[M]. 北京：科学出版社，2000.

[30]《煤气设计手册》编写组.煤气设计手册[M].北京:中国建筑工业出版社,1983.
[31] 潘立慧,魏松波.炼焦新技术[M].北京:冶金工业出版社,2006.
[32] 钱伯章.煤化工技术与应用[M].北京:化学工业出版社,2015.
[33] 沙兴中,杨南星.煤的气化与应用[M].上海:华东理工大学出版社,1995.
[34] 苏福永.工程燃烧学[M].北京:冶金工业出版社,2023.
[35] 唐必光.燃煤锅炉机组[M].北京:中国电力出版社,2003.
[36] 唐宏青.现代煤化工新技术[M].北京:化学工业出版社,2009.
[37] 田树勋,朱伟平.甲醇制烯烃催化剂研究进展[J].天然气化工(C1化学与化工),2009,34(6):66-72.
[38] 田旭,刘小英,秦丽萍,等.甲醇精馏工艺流程分析[J].小氮肥,2011,39(11):1-5.
[39] 汪家铭,蔡洁.煤制天然气技术发展概况与市场前景[J].天然气化工,2010,35(1):64-70.
[40] 王太炎,高成亮.焦炉煤气净化系统技术改造问题的商榷[J].燃料与化工,2000,31(3):139-142.
[41] 王太炎.碳纤维工业发展态势与我国沥青基碳纤维现状[J].燃料与化工,1999,30(6):259-266.
[42] 王月春,张淑谦.能源矿产原料[M].北京:化学工业出版社,2013.
[43] 王兆熊,高晋生.焦化产品的精制和利用[M].北京:化学工业出版社,1989.
[44] 温燕明,徐新洲,陈昌华.德国VFT公司焦油加工技术的考察报告[J].燃料与化工,1999,30(4):157-160.
[45] 吴国光,张荣光.煤炭气化工艺学[M].2版.徐州:中国矿业大学出版社,2015.
[46] 夏喜英.锅炉与锅炉房设备[M].哈尔滨:哈尔滨工业大学出版社,2001.
[47] 谢克昌,房鼎业.甲醇工艺学[M].北京:化学工业出版社,2010.
[48] 谢克昌,赵炜.煤化工概论[M].北京:化学工业出版社,2012.
[49] 许祥静,刘军.煤炭气化工艺[M].北京:化学工业出版社,2005.
[50] 许志华.煤炭加工利用概论[M].徐州:中国矿业大学出版社,1988.
[51] 杨晓刚,司芳,郭林,等.二甲醚的生产现状及发展前景[J].精细与专用化学品,2005,13(15):5-7.
[52] 叶江明.电厂锅炉原理及设备[M].北京:中国电力出版社,2004.
[53] 应庆烂.炼焦化学产品的精制[M].北京:冶金工业出版社,1987.
[54] 应卫勇,曹发海,房鼎业.碳一化工主要产品生产技术[M].北京:化学工业出版社,2004.
[55] 尤景红.煤化学[M].北京:化学工业出版社,2016.
[56] 于涌年,顾小愚,高俊.型煤生产现状与发展[J].煤炭科学技术,1992,20(9):28-33.
[57] 曾蒲君,王承宪.煤基合成燃料工艺学[M].徐州:中国矿业大学出版社,1993.
[58] 张双全.煤化学[M].4版.徐州:中国矿业大学出版社,2015.
[59] 张艳梅,石自更.合成气经草酸酯法制取乙二醇的技术进展[J].化肥设计,2011,49(5):20-22.
[60] 赵宇培,刘定华,刘晓勤,等.合成气合成乙二醇工艺进展和展望[J].天然气化工,

2006,31(3):56-60.

[61] 郑楚光. 洁净煤技术[M]. 武汉:华中理工大学出版社,1996.

[62] 钟英飞. 对各种炼焦工艺及无回收焦炉的评述[J]. 燃料与化工,2001,32(2):57-61.

[63] 钟英飞. 我国焦化工业的现状和 21 世纪应面对的课题[J]. 燃料与化工,2000,31(3):115-120.

[64] 周安宁,马志军,张传祥. 洁净煤技术[M]. 3 版. 徐州:中国矿业大学出版社,2023.

[65] 朱杰,崔宇,陈元君,等. 甲醇制烯烃过程研究进展[J]. 化工学报,2010,61(7):1674-1684.

[66] 庄永茂,施惠邦. 燃烧与污染控制[M]. 上海:同济大学出版社,1998.

[67] 宗志敏,魏贤勇. 多环芳香族化合物的性质及应用[M]. 徐州:中国矿业大学出版社. 1999.

[68] PERRY NOWACKWI. 煤炭气化工艺[M]. 赵振本,钱笑公,等译. 太原:山西科学教育出版社,1987.